河南省“十四五”普通高等教育规划教材

高等学校粮食工程专业教材

油脂深加工及制品

主编　孙尚德　马传国

中国轻工业出版社

图书在版编目（CIP）数据

油脂深加工及制品 / 孙尚德，马传国主编. — 北京：中国轻工业出版社，2023. 11

ISBN 978-7-5184-4437-3

Ⅰ. ①油…　Ⅱ. ①孙… ②马…　Ⅲ. ①油脂制备—生产工艺　Ⅳ. ①TQ644

中国国家版本馆 CIP 数据核字（2023）第 088970 号

责任编辑：马　妍　　责任终审：劳国强
文字编辑：巩孟悦　　责任校对：朱燕春　　封面设计：锋尚设计
策划编辑：马　妍　　版式设计：砚祥志远　　责任监印：张　可

出版发行：中国轻工业出版社（北京东长安街 6 号，邮编：100740）
印　　刷：三河市万龙印装有限公司
经　　销：各地新华书店
版　　次：2023 年 11 月第 1 版第 1 次印刷
开　　本：787×1092　1/16　印张：19
字　　数：433 千字
书　　号：ISBN 978-7-5184-4437-3　定价：60. 00 元
邮购电话：010-65241695
发行电话：010-85119835　传真：85113293
网　　址：http://www. chlip. com. cn
Email：club@ chlip. com. cn
如发现图书残缺请与我社邮购联系调换
210486J1X101ZBW

本书编写人员

主　　编　孙尚德　河南工业大学

　　　　　马传国　河南工业大学

副 主 编　毕艳兰　河南工业大学

　　　　　陈小威　河南工业大学

参编人员（按姓氏笔画排列）

　　　　　李　军　河南工业大学

　　　　　张永太　河南工业大学

　　　　　张林尚　河南工业大学

　　　　　周燕霞　河南工业大学

　　　　　梁少华　河南工业大学

　　　　　魏安池　河南工业大学

前言 Preface

油脂是人类不可或缺的重要成分之一，不仅提供热量，还能提供人体所需的脂肪酸和多种营养成分，因而与人们的饮食和健康息息相关。同时油脂还是现代食品工业的重要原料，赋予食品良好的质地、风味、色泽和口感，在烘焙、煎炸、速冻以及糖果食品等行业中广泛使用。随着我国油脂和食品工业的快速发展，油脂深加工及制品产业也得到较快发展，丰富的油脂深加工制品相继出现，以满足食品行业的旺盛需求。目前，国内油脂深加工制品结构单一，加工食品的多样化，对创新性油脂深加工制品的需求急剧增加，因此，加强自主创新能力推动产品及技术的进步势在必行。随着科技的进步，油脂加工工艺和设备逐步完善，自动化程度越来越高，新产品不断开发，这为油脂深加工及制品的研究提供了强有力的支撑。在此背景下，油脂深加工技术的发展对食品专用油脂创新开发、食品健康持续发展发挥着重大的助推作用。

本教材在油脂化学和油脂加工工艺学的基础上，系统地论述了油脂深加工及制品的工艺理论、工艺过程、工艺效果、生产设备及品质控制。通过学习，使学生掌握有关油脂深加工及制品的理论、工艺过程、生产设备和制品配方，重点突出当前国内外在油脂深加工及制品领域的发展动态和科研成果。

全书共十章，主要介绍了油脂分提、油脂氢化、酯交换和凝胶化等油脂改性的意义、基本原理、工艺过程和生产设备，同时就油脂制品如人造奶油、起酥油、巧克力及调味油脂的生产方法、产品配方及质量标准等进行了阐述。绪论由陈小威编写，第一章由马传国、张永太编写，第二章由马传国、梁少华编写，第三章由孙尚德、周燕霞编写，第四章由陈小威编写，第五章由孙尚德、张永太编写，第六章由孙尚德编写，第七章由张林尚编写，第八章由毕艳兰编写，第九章由陈小威、魏安池编写，第十章由李军、马传国编写，附录由陈小威编写。

油脂深加工及制品是高等学校粮食工程专业（油脂工程方向）的主干课程，本教材为该课程配套教材，适合本专业学生学习。同时也可供食品科学与工程以及精细化工等专业学生学习。本教材对从事油脂、食品、化工以及轻工领域的科研人员也有较高的参考价值。

在本教材的编写过程中，得到了河南工业大学教务处、粮油食品学院的领导和老师等各方面的帮助。另外，粮油食品学院油脂工程系的部分研究生参加了图表绘制和编辑工作，在此一并表示感谢。由于编者水平有限，难免会存在一些缺陷与不足之处，竭诚希望广大专家学者和读者批评指正。

编　者

2023. 4

目录 Contents

绪论 INTRODUCTION

油脂、蛋白质、碳水化合物是自然界存在的三大营养物质，是食品的三大主要成分。自然界一切生物过程都是在酶、维生素、激素等物质催化和帮助下参与的上述三大物质的代谢、合成和转化过程。蛋白质由一系列氨基酸组成，碳水化合物由一系列单糖组成，油脂则主要由一系列脂肪酸的甘油酯组成。

油脂是一大类天然有机化合物，它是脂肪酸甘油酯的混合物。就一般天然油脂而言，其组成中除约95%的甘油三酯（工业上常简称为甘三酯）外，还有含量少而成分又复杂的类脂物，包括甘油二酯（工业上常简称为甘二酯）、甘油单酯（工业上常简称为甘一酯）、脂肪酸、磷脂、固醇、脂溶性维生素、脂肪酸醇酯（蜡）、色素等。事实上，纯净的甘油三酯无色、无臭和无味，不同种类天然油脂独特的颜色、气味和味道正是这些少量成分所赋予的。

一、油脂与人类社会的关系

油脂是人类不可或缺的重要食品之一，不仅富含人体所需三大营养物质之一的脂肪，而且还能提供其他多种营养成分，与人们的饮食和健康息息相关。油脂是食品中不可缺少的重要成分之一，其主要功能之一是提供能量。油脂中含碳量达73%~76%，高于蛋白质和碳水化合物，单位质量油脂的含热量是蛋白质和碳水化合物的两倍（每克油脂产生热量39.7kJ）。除了能够为人体提供能量，脂肪在胃内消化停留时间较长，可增加饱腹感。油脂还提供人体无法合成而必须从油脂中获得的必需脂肪酸（亚油酸、亚麻酸等），这些必需脂肪酸主要参与磷脂分子的合成，是所有细胞结构的重要组成部分。油脂还是各种脂溶性成分（如维生素A、维生素D、维生素E、维生素K、植物甾醇和生育酚等）的载体，缺乏这类物质，人体会产生多种疾病甚至危及生命。油脂是食品加工的重要传热媒介，可赋予产品理想的质地、风味和口感，如用于煎炸食品等。塑性脂肪可以提供造型的功能，如人造奶油在蛋糕或其他食品上的图案造型；起酥油可以使糕点产生酥脆性；专用油脂给食品提供很多其他功能。

油脂除了作为食品的重要组成部分，还有很重要的工业用途，如被用作润滑油、制作肥皂、照明用油、油墨和生物柴油等。随着科学的进步，油脂及其衍生物产品日益增多，经济意义越来越重要。例如，适合各种不同要求的、结构不同的表面活性剂（洗涤剂、乳化剂、破乳剂、润湿剂、印染剂、浮选剂、起泡剂等）以及涂料、增塑剂和合成的多聚物，在矿冶、石油、机械、航空、汽车、电器、化工、纺织、建筑、医药、食品等工业和人民生活用品各个方面，都起到非常重要的作用。这一切都与天然脂肪酸结构有关，其既有非极性长短适当的碳链，又有能进行许多化学反应的活性基团和长短不等的不饱和链。在石油化学工业未发展前，油脂是长碳链的唯一来源。当今世界资源日趋紧张，动植物油脂已成为重要的再生资源，作为不可或缺的食物和工业原料，其重要价值受到高度重视。

人类食用油脂、利用油脂已有数千年的历史。在原始社会之初，人类依靠渔猎和采集植物为生。火的出现让他们开始学习烤制食物。在他们烤制肉食之际，发现从动物体内熔滴下来的油脂具有特殊的香味，而且肥肉细嚼也能挤出油脂，进而懂得日晒、烘烤和挤压均能从含油丰富的动物肌肉中得到油脂，从此开始了人类利用动物油的历史。而后，古人在烤食过程中，发现一些果仁掉进火里也会飘逸出香味，并熔出像动物油似的液体，植物油从此也得到应用。但在古代，油脂仅仅作为一种很不重要的资源被利用，油脂与社会的繁荣很少有紧密的联系，重要原因之一是油脂资源十分匮乏，油脂仅被作为一种副产品自产自销，油脂在社会经济生活中占据很小的比重。直到 20 世纪，油脂才逐渐成为一种重要商品，在社会、经济发展中占据越来越重要的地位。在人类认识到油脂与人类生命的紧密联系之前，油脂资源的匮乏曾使油脂化学的发展受到很大阻碍。当前，油脂产量增加使其在社会经济生活中的地位提高，同时也促进油脂科学的研究。

20 世纪 50 年代以后，美国大豆产量急剧增加，大豆油产量也迅速增长，成为美国第一大油源。大豆和大豆油产量的增加，促使美国科学家大力研究大豆和大豆油的各个方面，从基因改良到油脂制备、加工、利用都进行了系统的研究。油脂工业中大豆油抗氧化问题、回味问题、返酸问题、氢化问题以及大豆磷脂、大豆蛋白的研究推动了油脂科学的发展。加拿大和其他一些国家大力开发低芥酸菜籽油，至 20 世纪 70 年代后期获得成功，芥酸降至 5%以下，在此基础上又开发出双低品种（低芥酸、低硫代葡萄糖苷），称为 Canola（卡诺拉油）。同样的，马来西亚政府大力推广种植棕榈，使棕榈油成为当今世界的第一大油源，并使棕榈油（包括棕榈仁油）的研究和应用在各个方面展开。20 世纪 90 年代以来，中国油脂加工业取得了突飞猛进的发展，油脂加工规模快速增长，油脂加工企业数量和产能均达世界之最。

全球范围内的食用油脂消费稳定增长，主要是受到中国、印度、欧盟、撒哈拉以南非洲、中东、印尼等国家和地区人口增长、人口结构、饮食习惯等因素的驱动。我国食用油消费量增长迅速，人均食用油消费量约 30kg/年，平均每日人均摄油量为 82g，远超联合国粮农组织（FAO）推荐的食用油温饱标准 10kg/年和《中国居民膳食指南（2022）》中推荐的食用油摄入 25~30g/d。随着社会经济水平的发展、居民生活水平的提高，多种慢性疾病的多发、早发，也让居民不断提升对膳食结构失衡、健康吃油的关注度。一直以来，国家高度关注人民健康，党的二十大报告明确指出，推进健康中国建设，把保障人民健康放在优先发展的战略位置。践行“健康中国 2030”，全面推进居民健康生活方式，减少疾病发生，倡导居民健康饮食，少吃油、吃好油。这也对油脂科技工作者提出新要求，研制既保持油脂营养和风味而能量又低的油脂制品，满足人民美好生活需要。

油脂科技与现代生命科学的关系越来越紧密。迄今为止，人类多种疾病均与油脂有关，如动脉硬化、高血压、脑血栓、心脏病、糖尿病等。研究发现，摄入过多工业反式脂肪酸会增加人群患冠心病、糖尿病，甚至阿尔茨海默病的风险。这些与油脂有关的疾病对人体健康不利，也给社会带来较大负担，甚至人类目前无法克服的癌症、精神病也与油脂有一定的关系。深入研究油脂将为人类克服上述疾病提供理论和技术支撑。

二、国内外油脂工业现状及发展趋势

近年来，国内外油脂科技和工业都有了长足的发展，尤其是我国油脂工业近半世纪取得快速的发展，油脂加工能力之大、企业之多均属世界之最。近年来国内外油脂工业具备以下特点：①油脂工业企业生产大型化，单线日处理可达6000t，生产过程自动化、智能化程度高，半成品和成品的生产成本较低，油料副产品综合利用充分；②油脂精炼普遍采用大型连续式生产线，以高品质、多元化的食用油及调和油投放市场，从生产单一营养型向营养保健型油脂制品发展；③油脂工业产品向多元化、高端化发展，产品进一步细分，在突出安全、营养、功能、特殊医学用途、工艺及原料的要求等方面将有更高追求；④油脂深加工加快，油脂深加工制品规模和市场快速发展，2020年中国烘焙油脂消费量为124.9万t；⑤油脂消费水平整体较高，如我国食用油消费量在4200余万t，高居世界第一，人均每天食用油的消费量达到80g，远远超过推荐摄入的25~30g。而一些发展中国家日人均仅有10~30g油脂的消费量，有的甚至更低。

进入21世纪，随着改革的不断深化和市场经济的发展，我国油脂工业引进外资的势头迅猛发展，沿海的一些港口兴建了100多个大型油脂加工企业，大大地提高了我国油脂工业的生产水平、技术水平、管理水平以及油脂产品的质量水平，推动了中国油脂工业向大型化、规模化、自动化、管理现代化方向发展，使中国油脂工业步入国际先进水平的行列。油料预处理一些单机设备、1000~6000t/d油脂浸出设备、100~600t/d油脂精炼设备的加工水平也达到国际水平。近几年来，我国国民的油脂消费量也在稳步增长，2021年年人均消费量在30.1kg，超过世界平均消费量27kg的水平。

我国的油料加工总能力已远远超过亿吨，成为世界上油料加工能力最大的国家。我国用于食用油加工的油料基本维持在6800万t左右，而食用油消费量在4200万t左右，使我国植物油脂缺口在1100万t左右，我国每年需进口油料高达1.1亿t，其中约95%为大豆。随着国际贸易保护的加剧，菜籽、葵花籽等油料的进口与消费量日益增加。为满足我国食用植物油消费量持续增长需求，降低对外依存度，保障食用植物油安全，国家也相继出台政策加大对我国特种油料和木本油料产业发展的支持。

随着我国油脂和食品工业的快速发展，油脂深加工制品行业产业也得到较快发展，丰富的油脂深加工制品相继出现以满足食品行业的旺盛需求，总产值已超过1000亿元，并以每年15%以上的速度增长，如2019年我国烘焙食品零售额达到2312亿元、巧克力产品零售额达到223亿元。但目前国内油脂深加工制品结构单一，加工食品的多样化，对创新性油脂深加工制品的需求急剧增加，亟须加强自主创新能力推动产品及技术的进步。同时，随着国家对食品安全的日益严格管理和食品行业对食用油脂制品质量要求的不断提升，油脂制品标准不一、质量参差不齐的弊端日益凸显。随着科技进步，油脂加工工艺和设备逐步完善，自动化程度越来越高，新产品不断开发，油脂深加工及制品的研究也不断完善和深入。在未来，油脂加工应注重以下几点：

1. 科学引领食用油脂加工

油脂是人类赖以生存的基本食物，确保食用油脂供给与质量安全，对促进经济发展和社会稳定具有重要意义。回顾历史，我们经历过食用油供应匮乏时期。改革开放后，我国油脂加工业取得了突飞猛进的发展，从“吃饱”向“吃好”转变，从粗放式的“吃干榨净”“全精炼”加工向提质增效的“适度”和“精准”加工发展，最大程度地保存油料中的固有营养成分和最大限度地防范加工过程中有害物质的产生，以科学引领油脂工业的健康发展，满足人民群众对美好生活的向往。同时，科学的适度加工和新技术与装备（如酶法制油、纳米中和、膜分离、新型脱臭塔）应用也将降低能耗，减少环境污染。

2. 绿色生物技术在油脂工业中的应用

环境友好型的油脂加工利用方式将是未来发展的趋势与人类科技突破的归宿。随着生物工程、基因工程和固定化酶技术的不断进步，酶源不足、酶成本高、稳定性差和易失活等问题将逐步得到解决，酶技术在油脂加工业中有着广阔的应用前景，是未来油脂工业新科技的发展方向之一。如利用生物酶提取油脂并保持蛋白质高品质；利用生物酶（磷脂酶、脂酶）的脱胶、脱酸；对微生物油脂进行研究和开发；生物制造开发功能性结构脂（如中长碳链甘油三酯、甘油二酯、婴幼儿母乳脂替代品、功能性磷脂以及脂质衍生物等）；可生物降解材料以及可再生燃料的开发。

3. 废弃油脂综合利用

随着人们生活水平的提升，我国食用油产生的废油脂量约达 900 万 t/年。废弃油脂已成为一种环境污染物，并冲击食品安全。将废弃油脂合理回收利用，替代石油资源生产生物柴油、表面活性剂、化工原料（如增塑剂、胶黏剂、润滑剂、工业甘油、工业溶剂），对于改善生态环境、缓解能源危机、促进经济可持续发展具有重要意义。

4. 精深加工向纵深挺进

全球油脂工业产品呈现由单一化向多元化、低附加值向高附加值、营养型向营养保健型转变的新态势，传统粮油产业与食品产业的无缝衔接成为产业链延伸的主要方向。近年来，我国的食品消费结构也在发生快速的转变，烘焙食品、糖果食品、速冻食品、冷冻食品、休闲食品等领域发展迅猛。油脂深加工制备的食品专用油脂（如人造奶油、起酥油、巧克力及糖果用脂等），因赋予加工食品特有的功能特性（如结构、风味、感官特性及延长保质期等）和乳化食品（如蛋黄酱、花生酱、芝麻酱、色拉酱及色拉汁等）赋予食品口感和风味特性而被广泛应用。油脂深加工制品作为油脂工业的重要组成部分，也是食用油脂加工领域中盈利最高的产业之一，营养、健康、功能性定制等是油脂深加工及制品的发展趋势。

三、 油脂深加工理论基础

油脂深加工理论基础建立在胶体化学、物理化学、油脂化学及化学工程学基础上，主要涉及油脂的氢化、分提、酯交换、凝胶化及乳化等，在油脂提取和精制的基础上进行，通过这些理论技术改变油脂的组成成分或结构，从而改变其物理性质或化学性质，提高质量，扩大用途，使油脂产品从单一的营养型向营养功能复合型转变，适应各种特殊功能性及营养性的要求。

现代氢化技术起源于 1897—1905 年。而在 20 世纪初，人造奶油基料油脂供不应求，为缓解奶油基料短缺，德国科学家威廉（Wilhelm）于 1902 年用镍作催化剂，使氢与油脂中的双键加成获得成功，先后在德国、英国获得专利。由此人们开始大规模地利用氢化技术生产各种专用油脂。油脂氢化过程是在催化剂的存在下将氢加成到天然油脂（甘油三酯）双键上的化学反应，最终改变了甘油酯的组成和结构。油脂氢化可将饱和程度低的液态油脂转化为高饱和度的塑性脂肪，即为氢化油（也称硬化油）。氢化后的油脂，提高了熔点、改进了品质、扩大了用途、便于运输和储存。随着美国过剩棉籽油亟待开发，氢化技术在美国得到广泛的应用，将棉籽油变成美国人传统习惯所需的塑性食用脂肪。氢化过程中，氢原子加成到碳链的双键上形成活跃的中间体，这种中间体并不稳定，有一定概率发生构型变化，从顺式构型转变为反式构型，从而形成反式脂肪酸。近年来，科学研究表明反式脂肪酸与人体的心血管疾病有相关性。欧盟、美国等已经严禁加工产生的反式脂肪酸在食品中使用。我国国家标准 GB 28050—2011《食品安全国家标准　预包装食品营养标签通则》也明确规定了“无或不含饱和脂肪”“低饱和脂肪”和“无或不含反式脂肪酸”所应遵循的标准。该标准建议每天摄入反式脂肪酸不应超过 2.2g，反式脂肪酸摄入量应少于每日总能量的 1%。

为了降低油脂中的反式脂肪酸含量，利用分提天然油脂中的高熔点甘油三酯组分是减少和消除氢化油的方法之一。油脂作为脂肪酸甘油酯的混合物，其中脂肪酸的碳链长度各异，不饱和程度也不尽相同，这就使得油脂含有相当数量的低熔点及高熔点的甘油三酯，高熔点的以液体形态存在称为“油”，而低熔点的以固体、半固体形态存在称为“脂”。分提就是通过控制油脂的冷却结晶过程把油脂分成低熔点液相（液体油）及高熔点固体脂（硬脂），并将油与脂分开的油脂加工方法。油脂分提工艺应用已超过 150 年。1867 年法国化学家梅热-穆里埃（Hippolyte Mege-Mouries）开创性地从牛奶中分离出黄油，并通过温和冷却将液态成分从普通牛油中分离出来以及从棕榈油中分离出固体沉淀，这样的成分可用于人造黄油的制造。他因此分别于 1869 年和 1873 年获得法国和英国的专利，不久后他的美国专利由纽约市的美国乳品公司获得，用于生产人造奶油。直到 20 世纪 60 年代，东南亚棕榈油的生产大量增加，分提技术才得以蓬勃发展。然而，当时的技术边界主要是由相分离来决定的。在分提技术的早期阶段，油与脂仅依靠重力使较重的固相和较轻液体油分离，但固相中夹带超过 75%液体油。在过去的几十年中，从结晶反应器、真空带过滤到离心机和膜压力过滤机等分离技术的不断发展，分提成为一种油脂通用的经济深加工改性技术。

随着反式脂肪酸和饱和脂肪酸对健康的潜在影响日益受到关注，酯交换进入油脂深加工的核心舞台。20 世纪 50 年代 E. W. Eckey 开始利用酯交换技术制备塑性脂肪，成功克服了氢化产生反式脂肪酸的缺点。后来 Y. L. Lo、G. R. List 和 B. Screenivasan 等以富含饱和脂肪酸的牛油、羊油等与富含亚油酸的玉米油、葵花籽油、红花油等进行酯交换生产出具有起酥性、延展性的塑性脂肪。1961 年联合利华（Unilever）公司获得油脂酯交换的生产专利，由于具有可改良油脂的熔点及结晶功能特性，酯交换成为一个十分有效的油脂深加工手段。酯交换即在催化剂的作用下，酰基发生位置交换，使得甘油三酯中的脂肪酸与另外一个甘油三酯中的脂肪酸进行相互交换，从而生成新的甘油三酯分子。这种酯交换方式可以发生在甘油三酯分子内，也可以发生在甘油三酯分子间。因此，根据需求原料可以是单一油脂或多种油脂混合物。酯交换后油脂的分子结构、熔点以及热熔性质均发生改变。根据催化剂的不同，酯交换又分为化学酯交换和酶促酯交换，前者通常以强碱性物质（如甲醇钠）作为催化剂，后者是用酶制剂作为催化剂。化学酯交换反应难以控制，会产生较多的反应副产物，并且对原料品质要求苛刻。酶促酯交换反应具有条件温和、酰基重排位点可控、反应副产物少等特点，可以精确以目标为导向，被更广泛地使用，如 OPO 结构脂的生产。此外酯交换还具有诸多优势，例如，相对于分提得到的固体脂，酯交换油脂在防止棕榈油后硬，提升人造奶油稳定性、延展性、可塑性等方面有很好的效果，可替代氢化油脂；调配专用油脂配方时，中间熔点（30~40℃）的原料油脂较少（主要是乳脂和猪油），酯交换油脂可根据需要自行设计酯交换油脂配方，把熔点控制在需求的范围。尽管酯交换可以在一定程度上降低饱和脂肪酸的含量，但效果有限。随着人们对健康饮食的不断关注，油脂深加工制品的开发正呈现出“零反式、低饱和”的趋势和特点。

随着对油脂深加工理论进一步认识，油脂凝胶化技术近年来得到快速的发展。油凝胶是一种热可逆的黏弹性固状的脂类混合物，它由植物液体油与少量（<10%）小分子有机凝胶因子组成。有别于传统高熔点的饱和脂肪酸或反式脂肪酸结晶成核形成的脂肪晶体网络，油凝胶中液态油脂被限制或固定在由凝胶因子组装的三维网络结构中，而具有与传统固体脂肪相似的可塑性、涂抹性和延展性等属性。在油脂凝胶化过程中，控制生产过程中工艺参数、油脂配方、凝胶剂种类和用量等可以制备不同硬度和性能的凝胶油。由于不使用氢化工艺，凝胶剂不含反式脂肪酸成分。与此同时，油脂凝胶化将具有不饱和脂肪酸的植物液体油转化为具有塑性的凝胶态，远远降低了饱和脂肪酸的含量，甚至可低至8%。此外，还可利用具备良好界面稳定能力的乳化剂，包括乳球蛋白，明胶/黄原胶复合体系，明胶与葡甘露聚糖、大豆分离蛋白、玉米醇溶蛋白复合体系等，通过乳化物理包封液态油脂后干燥去除水分，使油滴密集堆叠，形成软质油凝胶。其中，乳化剂通过分子间作用力在油滴相界面上桥接形成具备强保护膜层从而稳定油滴。因此，油脂凝胶化在提高液态油脂塑性、减少或替代食品中的反式脂肪酸或饱和脂肪酸的方面具有显著优势。

四、 本课程内容与学习任务

油脂作为保障国家食物安全和国民健康的战略必需品，在经济健康发展和社会稳定方面担当重要的物质基础。油脂深加工是油脂纵深加工的重要产业环节，也为现代食品加工制造提供基础性原料和多元化产品，对促进农民持续增收和国民经济发展具有重要意义。

油脂深加工及制品是一门新兴和发展中的学科，同时也是一门实用性很强的学科。本课程是在油脂化学和油脂制取与加工工艺学的基础上，以产品开发为主的多学科综合性课程，既涉及许多专业理论知识（包括结晶与分子组装基础理论、氢化、酯交换及胶体科学），同时又涉及工艺过程、工艺效果及生产设备等工程技术知识。通过本课程的学习，使学生掌握有关油脂深加工与制品的理论、工艺过程、生产设备、制品配方和产品品质控制与评价，重点突出当前国内外在油脂深加工及制品领域的发展动态和最新科研成果，培养学生分析问题、解决问题和初步开展科学研究的能力。本课程及教材适于高等学校粮食工程专业（油脂工程方向）学生的学习，也可供食品科学与工程及精细化工等专业辅修，对从事油脂、食品、化工以及轻工领域的科研人员也有较高的参考价值。

第一章 油脂分提

CHAPTER 1

学习要点

1. 了解油脂分提的概念、基本原理、目的与意义；

2. 理解影响油脂分提过程中的因素，掌握油脂组分和操作条件等对脂晶的大小和工艺特性的影响；

3. 学习比较常规分提、表面活性剂分提和溶剂分提三种方法的相似点、不同点以及优缺点，并掌握它们的关键工艺和加工设备；

4. 了解不同结晶分提原料的特性和分提途径；

5. 了解当前国内外在油脂分提领域的发展动态和最新科研成果。

天然油脂是由多种甘油三酯组成的混合物。由于组成甘油三酯的脂肪酸碳链长度、不饱和程度、双键的构型和位置及各脂肪酸在甘油三酯中的分布不同，使各种甘油三酯组分在物理和化学性质上存在差别。油脂由各种熔点不同的甘油三酯组成，不同组成油脂的熔点范围有差异。在一定温度下利用构成油脂的各种甘油三酯的熔点差异及溶解度的不同，把油脂分成固、液两部分，这就是油脂分提（fractionation）。早在 1870 年，法国、意大利等国以固体脂或其他油脂［如牛脂（又称牛油）、棉油］为原料，通过结晶、分离生产人造奶油、起酥油及代可可脂等专用油脂。1901 年 Holde 和 Starge 将橄榄油的乙醚溶液冷却至-40℃，分离得到了少量的固体甘油三酯，这是最早报道利用溶剂低温结晶分提植物油中甘油三酯组分。分提是油脂改性不可缺少的加工手段。

很多天然油脂由于它们特有的化学组成，使其应用领域受到了限制，影响产品的使用价值。食用油脂制品起酥油、人造奶油中，如果二烯以上的脂肪酸含量低，那么，制品的稳定性就会提高，商品的保质期会延长；冷餐色拉油要求低温下保持清晰透明，对油脂中固态甘油三酯组分的含量就有所限制；用于制漆行业的油脂原料，要求较高的不饱和度，有利于改善产品的质量。根据目前的分析和分离手段，不仅可以分离、测定几种类型的甘油三酯的熔点，而且可以测定其晶型，为油脂分提提供理论基础。天然油脂的甘油三酯大体上分为四大类，即三饱和型（GS_3）、二饱和单不饱和型（GS_2U）、单饱和二不饱和型（GSU_2）及三不饱和型（GU_3）。目前的工业生产过程尚未实现甘油三酯中所有组分的分提，仅限于熔点差别较大的固体脂和液体油的分离。

目前，工业中常使用的油脂分提方法有常规法（干式）、溶剂法、表面活性剂法等。另外，在油脂工业和科技中，已对液-液萃取、分子蒸馏、超临界流体萃取以及吸附的方法应用于油脂分提进行了研究和实践。

第一节　油脂分提理论

结晶分提通常有别于冬化，尽管两种工艺都是基于同一原理，但它们有不同的目的。在冬化过程中，油脂在低温下保持一些时间，然后通过过滤除去能使液态油脂产生混浊的固体，这些物质是高熔点的甘油酯或高熔点的蜡，作为需要除去的固体物质其含量是相当少的（<5%），冬化大多被认为是精炼工艺的一部分。油脂结晶分提是改性的过程，它涉及物质组分较大改变，并且提高获得产品的物理特性。这里，冷却和分离不是一个简单的过程，而是需要严格的条件控制。

一、油脂分提机制

工业中对油脂分提的方法都分为结晶和分离，即都要使油脂冷却析出晶体，然后进行晶、液分离，得到固体脂和液体油。

（一）甘油三酯的同质多晶体

同一种物质在不同的结晶条件下所具有不同的晶体形态，称为同质多晶现象。不同形态的固体结晶称为同质多晶体。同质多晶体间的熔点、密度、膨胀及潜热等性质是不同的。高级脂肪酸的甘油三酯一般有 α、β'、β 三种结晶形态（特殊情况下，有的仅有两种结晶形态，而有的则超过三种），其稳定性为 $\alpha<\beta'<\beta$。另外，在快速冷却熔融甘油三酯时会产生一种非晶体，称为玻璃质。由于 α、β'、β 三种晶型所具有的自由能不同，其物理性质也不同。表1-1是甘油三酯三种晶型主要特征的定性比较。

表1-1　甘油三酯三种晶型主要特征的定性比较

类型	形态	表面积	熔点	稳定性	密度
α	六方结晶	大	低	弱	小
β'	正交结晶	中	中	中	中
β	三斜结晶	小	高	强	大

由此可见，同一甘油三酯的不同晶型具有不同的熔点。

（二）互溶性

不同甘油三酯之间的互溶性取决于它们的化学组成和晶体结构，它们可以形成不同的固体溶液。结晶分提的效率不仅取决于分离效率，也受固态溶液中不同甘油三酯互溶性的限制。晶体的形成与油脂的特性有关。

相平衡是结晶过程的理论基础。利用图形来表示物质的组成、温度和压力之间的关系以研究相平衡，这种图称为相图，又称为平衡状态图。可以利用固液平衡相图说明固态溶液的互溶性。一般说来，油脂的固态溶液为部分互溶型，并具有低共熔点，如图 1-1 所示。

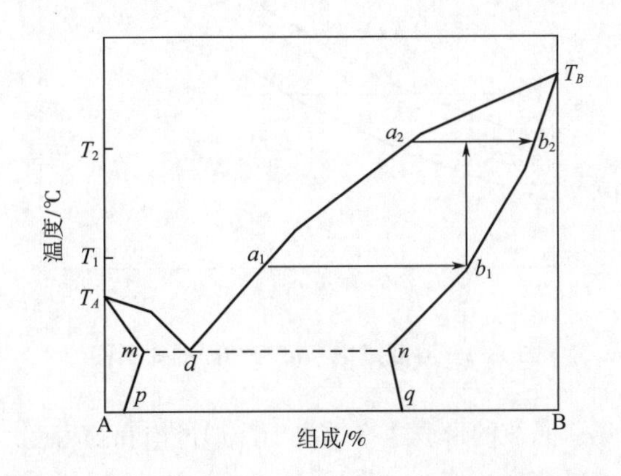

图 1-1　分提法提纯某一组分假定二元混合物相图

图 1-1 中的六个相区，曲线 T_AdT_B以上是液相区，曲线 T_AmP 左侧为固体 α 相区（固体 α 为 B 溶于 A 的固态溶液），T_Bnq 右侧是固体 β 相区（固体 β 是 A 溶于 B 的固态溶液），T_Adm、T_Bdn 及 $mnqp$ 为两相区。点 d 是低共熔点，此时固体 A 与固体 B 同时析出。这种同时析出的 A 和 B 的混合物，称作低共熔混合物。低共熔点的物系像一纯化合物，熔化迅速。如果从组成为 C 的二元物系 A+B 中分离高纯度的物质 B，应首先熔化物系，然后控制冷却至温度 T_1，分离出现组成为 b_1的晶体和组成为 a_1的液体。若晶体进一步熔化，冷却至温度 T_2，将产生纯度较大的晶体（组成为 b_2）及组成为 a_2的液体。由于低共熔点的存在，不能利用重复结晶法从物系中分离出纯净的组分 A。低熔点有机溶剂的存在不影响相的特点，并且，此原理也适应于多元物质（组分可分为两大类，每类中的各组分性质相近）。

（三）结晶

1. 结晶过程

油脂结晶过程分为三个阶段，即熔融油脂的过冷却、过饱和，晶核的形成以及脂晶的成长。当熔融油脂的温度比热力学平衡温度低得多，即过冷却（或稀溶液变得过饱和）时，将出现晶核。过饱和形成的浓度差（过饱和度）是晶核形成和晶体成长的浓度推动力，其大小影响脂晶的粒度及粒度分布。溶液中晶核有三种成核现象，即在大量液相中均匀成核；外来物质的异类成核；以及微小晶粒从母体晶核上剥离，并作为二次成核的晶核。

溶液过饱和度与结晶的关系如图 1-2 所示，*AB* 线为普通的溶解度曲线，*CD* 线代表溶液过饱和而能自发地产生晶核的浓度曲线即超溶解曲线，它与溶解度曲线大致平行。这两条曲线将浓度-温度图分割为三个区域。在 *AB* 线以下是稳定区域，在此区域中溶液尚未达到饱和，因此没有结晶的可能。*AB* 线以上为过饱和区，此区又分为两部分，即在 *AB* 与 *CD* 线之间称为介稳区，在该区域中，不会自发地产生晶核。如果溶液中已加入了晶种，那么，这些晶种就会成长；*CD* 线以上是不稳区，在此区域中，溶液能自发地产生晶核。若原始浓度为 *E* 的溶液冷却到 *F* 点，溶液刚好达到饱和，此时由于缺乏作为结晶推动力的过饱和度，因此不能结晶。从 *F* 点继续冷却到 *G* 点后，溶液才能自发产生晶核，越深入不稳区（如 *H* 点），自

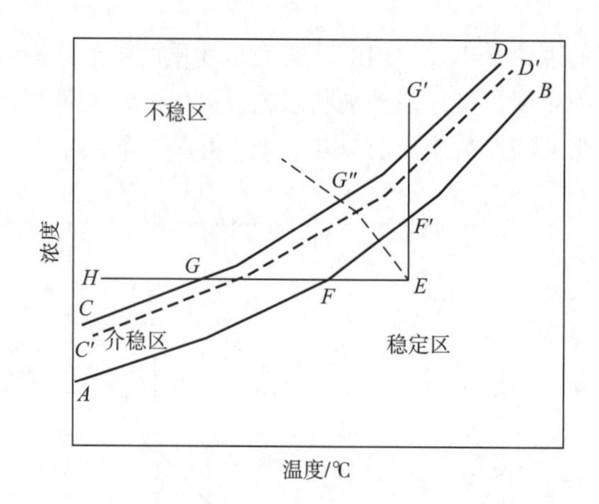

图 1-2 溶液过饱和度与结晶的关系图

发产生的晶核越多。可见，晶核的形成速率取决于冷却过饱和的程度。

在过饱和溶液中已有晶核形成或加入晶种后，以过饱和度为推动力，晶核或晶种将长大。晶体的生长过程是由三个步骤组成的：待结晶的溶质扩散穿过靠近晶体表面的一个静止液层，从溶液中转移到晶体的表面，并以浓度差作为推动力；到达晶体表面的溶质长入晶面使晶体增大，同时放出结晶热；放出的结晶热借传导回到溶液中，结晶热量不大，对整个结晶过程的影响很小。成核速率与晶体生长速率应匹配。冷却速率过快，成核速率大，生成的晶体体积小、不稳定，过滤困难。

在晶体的成长过程中，晶粒之间的相互吸引作用，使它们靠弱键结合在一起形成附聚物，这种附聚作用会使分离效率降低，这是因为晶体内部夹带着较多的液体。

图 1-3 是添加晶种的油脂缓慢冷却结晶的情况。由于溶液中晶种存在，且降温速率得到控制，溶液始终保持在介稳状态，晶体的生长速率完全由冷却速率控制。因为溶液不会进入不稳区，不会发生初级成核现象，可产生粒度均匀的晶体。

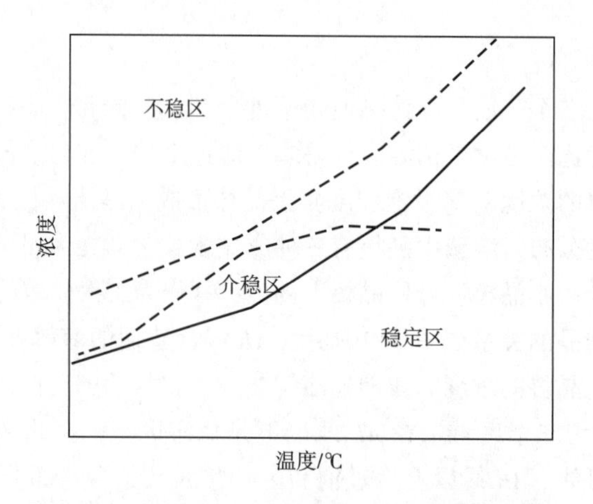

图 1-3 添加晶种时溶液过饱和与超溶解度曲线

2. 晶型对分提的作用

将熔化的油脂冷却到熔点以下，抑制了高熔点甘油三酯的自由活动能力，变成称为过饱和溶液的不稳定状态。在此状态下，首先形成晶核。通过在晶核表面逐步供给高熔点甘油三酯分子，使结晶生长到一定体积及形状，以便有效地分离。在晶体成长的固相内，还发生相转移，这是结晶的多晶现象。

油脂一般有 α、β'、β 三种晶形，以这个顺序，结晶的稳定性、熔点、熔解潜热、熔化膨胀逐步增大。稳定晶型的形成受冷却速率、时间、纯度及溶剂等因素的影响，在缓慢冷却的情况下晶型的过程一般呈以下规律：

$$\text{熔融油脂} \longrightarrow \alpha \begin{cases} \nearrow \beta \\ \searrow \beta' \longrightarrow \beta \end{cases}$$

同质多晶体的相转移是单向性的，即 $\alpha \rightarrow \beta' \rightarrow \beta$，而 $\beta \rightarrow \beta' \rightarrow \alpha$ 不能发生。油脂结晶速率为 $\alpha > \beta' > \beta$ 的顺序。三硬脂酸甘油酯的三种晶型特性见表 1-2。

表 1-2　　三硬脂酸甘油酯的三种晶型特性

特性	晶型		
	α	β'	β
熔点/℃	55	64	72
熔化焓/(J/g)	163	180	230
熔化膨胀/(cm^3/kg)	119	131	167

有机溶剂能够降低油脂的黏度，使甘油三酯分子的迁移变得容易，能够在短时间内生成稳定的、易过滤的结晶。将油脂急冷，首先生成 α 结晶，不稳定晶型向稳定晶型转变的快慢主要取决于甘油三酯的脂肪酸组成及分布。一般地，脂肪酸碳链长或脂肪酸种类复杂的油脂转变速率慢；同一碳链长度，甘油三酯结构对称的转变速率快。油脂结晶时是容易取得 β 型还是容易产生 β' 型的稳定晶型，主要取决于油脂的结晶习性。固液分提工序，需要晶粒大，稳定性佳，过滤性好的 β' 或 β 型结晶。

二、影响分提的因素

分提过程力求获得稳定性高、过滤性能好的脂晶。由于结晶发生在固体脂和液体油的共熔体系中，组分的复杂性及操作条件诸因素都直接影响着脂晶的大小和工艺特性。

（一）油品及其品质

天然脂肪由各种甘油三酯组成，甘油三酯中含有不同链长、不饱和程度和甘油主链上位置排列的脂肪酸不同，加上油脂在制取、精制过程中的工艺影响，使得脂晶在离析的难易程度上存在着差异。固体脂肪含量较高或脂肪酸组成较整齐的油品，如棕榈油、椰子油、棉籽油及米糠油等的分提较容易。某些油脂（如花生油）由于组成其脂肪酸的碳链长短不齐，冷冻获得的脂晶呈胶性晶束，从而无法进行分提。因此，工业脱脂的可行性首先取决于油脂的品种（即甘油三酯的组成）。

天然油脂中存在一些极性更强的脂质，如甘油二酯、甘油单酯、游离脂肪酸、磷脂等，还有其他微量成分也可以影响结晶，这些成分长期以来被认为是影响结晶的活化剂。在某些情况下，这些组分的存在可能会增强结晶，而在其他体系中，也观察到抑制结晶作用。

（1）胶质　油脂中的胶性杂质会增大各种甘油三酯间的互溶度和油脂的黏度，而起结晶抑制剂的作用。另外，在低温下有可能形成胶性共聚体，从而降低了脂晶的过滤性，因此，油脂在脱脂前必须进行脱胶和吸附处理。

（2）游离脂肪酸（FFA）　由于游离脂肪酸在液态油脂中的溶解度较大，且易与饱和甘油三酯形成共熔体，使得部分饱和甘油三酯随其进入液态油脂中，从而阻碍了结晶化，降低了固体脂的得率。据研究，游离脂肪酸含量达7%时即影响油脂的结晶和可塑性。但是，也有人认为适量的游离脂肪酸能起到晶种的作用，可降低结晶的温度，使分提范围变窄，有利于分提，不过这很可能是针对固体脂肪酸而言。

（3）甘油二酯（DG）　天然油脂中的甘油二酯大部分是植物体内合成甘油三酯过程中的中间产物。在分提过程中能减小油脂的固体脂肪含量，能与甘油三酯形成共熔混合物，而且有拖延α脂晶形成，延缓α脂晶向β'或β型转化的作用，从而阻碍脂晶的成长。一般认为含量超过6.5%，阻晶作用即会加强。值得注意的是甘油二酯在甘油三酯中的溶解度大，脱除较困难。

（4）甘油单酯（MG）　甘油单酯具有乳化性，在固体脂结晶过程中起阻碍作用，含量超过2%时即阻碍晶核形成。另外，在应用极性溶剂（如丙酮、异丙醇）进行分提时，甘油单酯具有分散水的作用，使得溶剂的极性降低，从而影响分提效率。

甘油单酯较活泼，用碱炼法或物理精炼法即可降低其含量。

（5）过氧化物　过氧化物不仅会降低油脂的固体脂肪含量，而且会增大油脂的黏度，对结晶和分离均有不良影响。

油脂分提一般在脱臭以前进行。油脂经过加工处理后，分提又进一步除去了液态油脂中的杂质。这样的液态油脂脱臭所需的时间较短，成品油的质量好。

（二）晶种与不均匀晶核

晶种是指在冷却结晶过程中首先形成的晶核，而诱导固体脂在其周围析出成长的物质。天然脂肪的结晶可以通过添加固体种子材料来促进，种子可以是所需结晶的晶种，也可以是具有成核特性的外来粒子。如果加入所需结晶的晶种，它们可以促进进一步的成核和/或为进一步的晶体生长提供一个表面积。一般在分提过程中，添加与固体脂中脂肪酸结构相近的固体脂肪酸；有时则对油脂不进行脱酸预处理，以含有的游离脂肪酸充作晶种，以利脂晶成长。例如，巧克力的熟化是为了在熔化的巧克力中产生少量（3%）的晶种，当巧克力随后冷却时，晶种促进可可脂的进一步结晶。通过熟化过程，在β型中形成种子晶体。当巧克力冷却时，这些稳定的晶体会促进大量小的可可脂晶体的形成，同样也是稳定的β多态形式。

不均匀晶核是指油脂在精制、输送过程中，由于油温度低于固体脂凝固点而析出的晶体。这部分晶体由于是在非匀速降温过程中析出的，晶型各异，晶粒大小不一，当转入冷冻结晶阶段后，会不利于脂晶的均匀成长和成熟，使结晶体本身产生缺陷，影响油脂的分提。因此，分提过程中油脂在进入冷冻阶段前，必须将这部分不均匀晶核破坏。通常将油脂熔融升温至固体脂熔点以上，破晶20~30min，然后再转入正常冷冻分提阶段。

（三）过冷度或结晶温度

影响脂类结晶的最重要参数是过冷度，也就是脂类冷却到平衡点以下的温度。过冷度越大，成核速率越大，诱导结晶时间越短。如果过冷很小，只有具有一定构型的分子（空间方向、脂肪酸组成、脂肪酸的位置排列等）才会被纳入晶体，因为分子需足够的时间来定位自己。在低过冷（结晶温度在熔化温度的几度以下）状态，结晶速率很慢，有更稳定的晶型形成。过冷度较大时，分子与晶体表面的结合速率较快，导致甘油三酯分子与表面的附着不完全。不同的甘油三酯如果链长和熔点接近，就可以产生共晶。因此，不同构型的甘油三酯更容易融入晶体中。其结果是更快地结晶，但以形成复合晶体和较低的稳定性晶型为代价。

分提过程中，由于甘油三酯分子中的三个酰基碳链都较长，结晶时会有较严重的过冷、过饱和现象，其结晶的温度往往远低于固体脂的凝固点。在整个结晶过程中，油脂中具有高熔点的三饱和型甘油三酯最先结晶，然后依次是二饱和、单饱和及其他易熔组分，最后达到相平衡。这种平衡主要根据外界冷却条件和晶体的有关特性而定。如果过冷度太大，同时会形成很多晶核，使整个体系黏度增加，分子移动困难，妨碍结晶成长。将油脂逐渐冷却，溶液过饱和形成的晶核少时，就能在较短时间内形成包含液体少的稳定型结晶。由此可见，结晶温度与分提效果紧密相联。不同分提工艺，不同的结晶温度，具有相应的分提效果（表1-3、表1-4）。

表1-3 棕榈油常规分提工艺不同温度下的分提效果*

结晶温度/℃	得率/%		液体油浊点/℃	固体脂熔点/℃
	液体油	固体脂		
29	75	25	12	—
24	70~80	20~30	9	—
22	65	35	7.5	50
18	55~60	40~45	6	45~50

注：*真空转鼓过滤机过滤。

表1-4 棕榈油溶剂分提工艺不同温度下的分提效果*

结晶温度/℃	得率/%		液体油浊点/℃	固体脂熔点/℃
	液体油	固体脂		
5	85	15	10	55
0	83	17	7	-52.5
-5	52.5	47.5	5	48.5
-10	45	55	3	46.5
-15	40	60	-1	43
-20	35	65	-4	41.6

注：*工业己烷占油脂数量的25%。

分提过程中，脂晶的晶型影响分离效果，适宜过滤分离的脂晶必须具有良好的稳定性和过滤性。各种油脂最稳定的晶型与其固体脂的甘油三酯结构有关，分子结构整齐或对称性强的甘油三酯［如三硬脂酸酯、猪脂（又称猪油）、三软脂酸酯或结构相近的StOP、StOSt、POP构型］的稳定晶型为β型；分子结构不太整齐（即组成甘油三酯的脂肪酸碳原子数相差

2个以上的或OPP型）的则为β'型。表1-5列出各种油脂最稳定的结晶型。

表1-5 各种油脂最稳定的结晶型

晶型	β'型	β型
油品	棉籽油、棕榈油、菜籽油、步鱼油、鲱鱼油、鲸鱼油、牛脂、奶油、改质猪脂	大豆油、红花籽油、葵花籽油、芝麻油、玉米胚油、橄榄油、花生油、椰子油、棕榈仁油、猪脂、可可脂、卡诺拉油

某种油脂最稳定晶型的获得是由冷却速率和结晶温度决定的，温差过大的急骤冷却易形成无法分离的玻璃质体，缓慢冷却至一定的结晶温度，才能获得相应的晶型，表1-6列出了棕榈油的结晶温度与相应晶型。

表1-6 棕榈油的结晶温度与相应晶型

结晶温度/℃	晶型
<-5	次α型
-5~7	α型和β'型
>7	β'型

（四）冷却速率

脂肪结晶很大程度上受冷却速率的影响。快速冷却通常导致在比缓慢冷却更低的温度下形成晶核。也就是说，在缓慢冷却过程中，温度越高，时间越长，甘油三酯有更多的机会重新排列成晶格。冷却速率也影响成核速率，成核速率决定晶体的大小。快速冷却到低温促进了更高的成核速率，这导致了许多小晶体的形成。当脂肪冷却较慢时，就会形成大的晶体。

冷却速率取决于冷却介质与油脂的温差和传热面积，过大的温差会在换热器表面形成晶核垢，影响换热和延缓分提历程。为了在较小的温差前提下保证冷却速率，结晶塔的换热面积一般均设计得较大。

冷却速率还与工艺有关，溶剂分提的冷却速率可高于常规分提法，例如，溶剂分提棕榈油时，冷却速率可提高至3~5℃/h以上。各种油脂中高熔点组分的组成不同，晶体的特性各异，因此要求不同的结晶温度和冷却速率。某种油品适宜的结晶温度和降温速率，需要通过试验得到的冷却曲线和固体脂肪含量曲线所示的函数关系确定。例如，棉籽油的结晶分提过程一般分为Ⅰ、Ⅱ、Ⅲ三个阶段，各个阶段的工艺参数见表1-7。

表1-7 棉籽油分提工艺参数

分提阶段	冷却温度/℃		冷却速率/（℃/h）	油与冷却剂温差/℃
	初温	终温		
Ⅰ	21~26	13	1~2	10~14
Ⅱ	7~13	7	0.3~0.5	5
Ⅲ	7	7	恒温养晶12h	—

（五）结晶时间

由于甘油三酯分子中脂肪酸碳链较长，结晶时有过冷现象，低温下的黏度又大，所以自由度小，形成一定晶格的速率较慢。加之不稳定的 α 晶型要向稳定的 β' 和 β 晶型转变；甘油三酯的同质多晶体分别与液态油脂之间的转化是可逆的，因此达到稳定晶型需要足够的时间。天然油脂组分复杂，又因为一定温度下每个特定体系有其相应的溶解度，因此，某种油脂结晶达到平衡所需要的时间是较难预测的。

固体脂的结晶时间不仅与体系黏度、多晶性、某种饱和或不饱和甘油三酯稳定晶型的性质、冷却速率以及达到平衡的速率等因素有关，而且还受结晶塔结构设计的影响。某种油品在某种结构的结晶塔达到结晶相平衡的时间需要通过试验来确定。

（六）搅拌速率

搅拌可以促进成核，因为机械搅拌提供能量以克服成核的能量势垒。搅拌有助于冷却、结晶和小晶体的形成。缓慢的冷却速率和脂肪的缓慢搅拌可能导致混合晶体的数量增加。较高的搅拌速率导致较高的结晶速率和小晶体的形成。搅拌也促进二次成核，主要是通过小颗粒从晶体结构中分离。

晶核一旦形成将进一步长大。生长速率不仅取决于外部环境（过冷、抑晶剂的存在等），也取决于体系的内部因素（如同质多晶体的形成、晶体的形态、晶体缺陷等）。生长速率与过冷度成正比，与油脂的黏度成反比，黏度越大，母液相和晶体表面之间的传质就越困难，因而晶体生长越缓慢。另外，黏度对结晶热从晶体表面传递到主流体中也起阻碍作用。因此，工艺过程中如果采用静置结晶罐，依靠扩散传热，冷却速率较慢，时间较长。如果采用具有搅拌的结晶罐，能加快热的传递速率，保持油温和各成分的均匀状态，则能加快结晶分提速率。但是，若搅拌力度不够，会产生局部晶核；若搅拌太剧烈，会使结晶被撕碎，致使过滤发生困难，则更为不利，所以应该控制适当的搅拌速率，一般为 10r/min 左右。

有人认为，在晶核生成过程用搅拌，结晶成长过程可不用搅拌，但一般认为全过程中都用搅拌为好。也有人认为，搅拌速率与结晶温度有关，增大搅拌速率，同时控制较低的结晶温度，也会获得同样好的脱脂效果。但是，由于需要更多能量，经济上不合算，所以应选用较低搅拌速率和较高结晶温度。

（七）辅助剂

溶剂在分提中的作用是稀释，不仅降低了黏度，而且增加了体系中的液相比例，使饱和程度高的甘油三酯自由度增加，脂晶成长速率加快，向稳定型结晶转变加快。另外，还有利于得到易于过滤的结晶，并且得到的固体脂中含液体油少，分出的液体油浊点比较低，有效地提高了分提效果。

分提中采用的溶剂分极性和非极性两类。不同的溶剂要配合相应的操作条件，例如，非极性溶剂对油脂的溶解度大，因此，相对于其他溶剂，结晶温度需要低些，养晶的时间也要适当延长些。溶剂比影响分提效果和成本，操作中需综合平衡。

分提过程中获得的脂晶是多孔性的物质，孔隙和表面吸附有一定量的液态油脂，常规分提法是无法分离这部分液体油的。当脂晶-油混合体中添加表面活性剂时，脂晶由疏水性变为亲水性而移向水相，脂晶孔隙和表面的液体油也会直接地或由于毛细管作用的湿润，而从结晶体中分离出来，从而提高了分提效果。分提工艺使用的表面活性剂要求憎水基的结构要近似于固体脂的结构，操作中还要防止水包油（O/W）体系逆转。为此，在应用表面活性剂时，还要添加电解质助剂。

有各种各样的晶体改良剂以改善或延缓结晶。为改善晶体结构和特性，通常助晶剂是在结晶之前加入油中。助晶剂无论是与热油混合还是以固态形式添加，都起到晶种的作用。加入结晶促进剂如羟基硬脂酸酯、固体脂等，诱发晶核，促进结晶成长。加入非脂质固体细粒，如硅藻土，除上述作用外还有助滤作用。

在结晶过程中加入改良剂以抑制油脂结晶，将改善油脂的冷藏稳定性，延缓液态油脂混浊的时间；或阻止晶体转化防止脂肪起霜。抑制油脂结晶剂有卵磷脂、甘油单酯、甘油二酯、山梨醇脂肪酸酯及聚甘油脂肪酸酯等。Bailey 曾通过实验证实没有添加抑制剂的棉籽油在 10h 时已浑浊，并在 48h 已经固化；当在相同的棉籽油中添加 0.05%的卵磷脂作为抑制剂时，15h 才出现浑浊，150h 后变成糊状。

（八）输送及分离方式

冷冻形成的脂晶仅是甘油三酯熔点差异下的产物，其结构强度有限，不能承受高剪切和压力，因此，在输送过程中应尽量避免受紊流剪切，最好用真空吸滤或压缩空气输送。

过滤压强不宜太大，最好是开始 1h 左右借其重力进行过滤，不加压，然后慢慢加压过滤，最后最高压力不宜超过 0.2MPa，否则结晶受压易堵塞滤布孔隙，使过滤困难。

为了改善过滤速度，可加入 0.1%助滤剂，这样，可提高过滤速度达四倍之多。过滤速度与过滤温度有极大关系，首先应考虑结晶温度。一般认为，过滤温度可以比结晶温度稍高。

三、分提过程及产品质量控制

多种分析方法均可用来确定油脂分提组分的性质，以及控制分提过程的相行为。这些方法大多是美国油脂化学家协会（AOCS）标准方法或是国际纯粹和应用化学联合会（IUPAC）油脂及其衍生物分析的标准方法。表 1-8 中列出的是经常应用油脂分提过程的 AOCS 方法及目录。

表 1-8　油脂分提常用的分析方法

	分析方法	AOCS 方法的编号		分析方法	AOCS 方法的编号
物理特性	固体脂肪含量	Cd 16b-93	化学特性	碘值	
	固体脂肪指数	Cd 10-57		韦氏法	Cd 1-25
	熔点			气相色谱法	Cd 1c-85
	毛细管法	Cc 1-25		脂肪酸组成	
	威利法（Wiley）	Cc 2-38		气相色谱法	Ce 1-62/Ce le-91
	滑点测定法	Cc 3-25		甘油三酯组成	
	滴点	Cc 18-80		气相色谱法	Ce 5-86
	浊点	Cc 6-25		高压液相色谱法	Ce 5b-89/Ce 5c-93
	冷却试验	Cc 11-53		过氧化值	Cd 8-53
				色泽	Cc 13-e-92

碘值（IV）是不饱和程度的一种衡量标准。在分提过程中，饱和度高、熔点较高的甘油三酯富集在固体脂中，而更多的不饱和甘油三酯在液体油中。当碘值作为分离过程的界限时，碘值的变化也是一种分离效果的衡量标准：

$$\text{固体脂得率（\%）}=\frac{\text{液体油碘值}-\text{原料油碘值}}{\text{液体油碘值}-\text{固体脂碘值}}\times 100 \tag{1-1}$$

另外，通过用高效液相色谱（HPLC）或气相色谱（GC）测定甘油三酯和脂肪酸组成，脂肪酸组成也可用来计算油脂的碘值：

$$\text{碘值}=0.95\times\text{棕榈油酸百分含量}（C_{16:1}）+0.86\times\text{油酸百分含量}（C_{18:1}）+1.732\times\text{亚油酸百分含量}（C_{18:2}）+2.616\times\text{亚麻酸百分含量}（C_{18:3}）\tag{1-2}$$

浊点和冷却试验从另一方面反映了结晶分提的效果，它们主要用来表征分提的液体组分的性质。浊点是测定油脂在设定的冷却条件下结晶开始的温度；冷却试验是在一定时间、一定温度下液体组分阻止晶体形成的抵抗能力的尺度。

通常用熔融特性（即熔点/滴点）来表示固体脂肪组分的性质。然而，这些参数仅能给出一种熔化终结的温度标记，无法表示熔融过程的行为。由膨胀计测得的固体脂肪指数（SFI）和由核磁共振法（NMR）测得的固体脂肪含量（SFC），可以对不同油脂的固相特性进行更为量化的描述。由于测定 SFC 具有较高的精确度和使用的方便性，更为油脂工业和科技工作者所青睐。核磁共振法也能用于分提过程中对油脂结晶行为的定量分析。

差示扫描量热法（DSC）可以直接反映有关油脂熔化和结晶的特性，但是，目前准确解释差示热分析图是不容易的，这可能是因为在熔化和结晶过程中发生同质多晶体间的转化。

第二节　油脂分提工艺及设备

一、油脂分提工艺

油脂分提工艺按其冷却结晶和分离过程的特点，分为常规分提法、表面活性剂法、溶剂分提法等。

（一）常规分提法

常规分提法是油脂在冷却结晶（冬化）及晶、液分离过程中，不附加其他措施的一种分提工艺，有时也称干法分提。

常规分提工艺分间歇式、半连续式和连续式。目前大多数使用常规分提法的工厂采用的是间歇式和半连续式工艺。这种分提过程涉及一定量的固体物质产生，这些固体沉积在结晶器的底部和换热表面，造成设备的传热性质和油脂结晶行为不断变化。半连续工艺是由间歇结晶和连续过滤过程组成。

图 1-4 为 Tirtiaux 法分提工艺流程。

1983 年，比利时科学家发明的 Tirtiaux 法是当今世界上常规分提法的典范。它是比利时首先应用于工业生产的。关键是控制冷却速率和温差，使结晶颗粒过滤性能好，工业生产中多采用膜式压滤机将固、液两相分开，目前干式冬化分提工艺既可用于油脂分提，也可用于

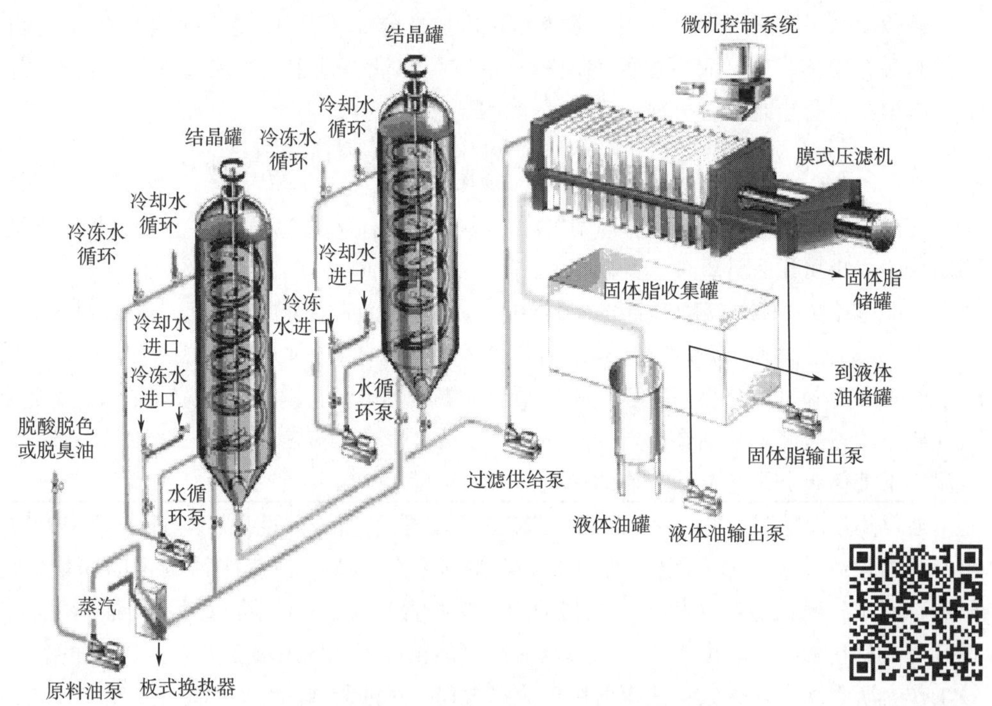

图 1-4 Tirtiaux 法分提工艺流程

油脂脱蜡。

如图 1-4 所示，经前处理的油脂通过换热器加热到 70℃，使固体脂完全熔化后，通过流量计计量后送入结晶罐。油脂结晶过程是在控制系统利用可编程序控制（PLC）按预先的结晶冷却曲线，设置结晶冷却速率、结晶时间和养晶时间等工艺参数，并进行自动控制。使油温从 70℃逐渐冷却到 40℃，并在 40℃维持 4h。此阶段饱和甘油三酯之间均匀析出晶核，并作为下一步冷却结晶的晶核。

用不同温度的冷却水和冷冻水（添加乙二醇的水溶液），根据程序降温分别开启相应的阀门并调整相应的流量。用温度为 t_1的冷却水泵入结晶罐盘管中换热，然后逐一改用温度 t_2、t_3的冷冻水进入盘管进行换热。在此期间，使油温和冷却（冻）水温度差控制在 5~8℃，冷却时间约 6h，油温从 40℃降到 20℃，整个过程边搅拌边冷却。油温在 20℃时滞留 6h，在此阶段晶体逐渐成长。

用膜式压滤机进行固液分离，每个结晶罐内的油脂均用 6h 完成过滤。该流程中结晶罐的生产能力与膜式压滤机的相匹配，若干个结晶罐与多台膜式压滤机按一定的作业程序组合，实现油脂结晶和固液分离连续进行。分离出的液体油和熔化的固体脂分别由泵输送储存。

结晶罐内的油脂过滤完毕后，罐内温度较低，这时不能将 40℃的棕榈油直接送入该罐，否则，罐内油脂会立即产生结晶。在排空料液之后，应将温度 t_2的冷却介质通入罐的盘管中，待罐内温度接近 t_2后再进新料。

上述分提工艺条件的确定是根据棕榈油的冷却规律得出的。图 1-5 是棕榈油实际测定的冷却曲线的变化规律：从 70℃缓慢冷却到 40℃，在 40℃维持 4h，然后降到 20℃。在 20℃恒温维持 6h，然后用过滤机过滤 6h，方可以得到较好的分提效果。这条曲线为人们确定棕榈油分提的工艺流程和参数提供了依据。

各种油脂中含有的甘油三酯组分及比例均不相同，导致冷却结晶的冷却温度和控制养晶的时间均不一样。每种油脂在生产之前，应当做小样测定其冷却趋向，根据曲线提供的数据确定工艺条件和工艺流程，以得到较好的分提效果。

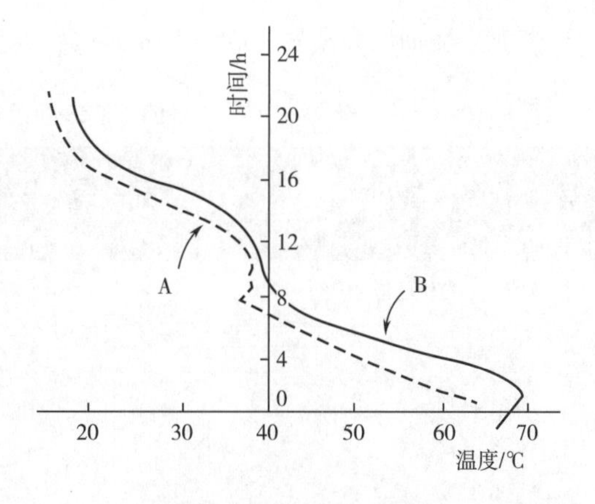

图 1-5　棕榈油的冷却曲线

A—冷却水　B—脱酸棕榈油

常规分提法工艺和设备简单，在膜式压滤机出现前，分提效率低，固体脂中液体油的含量较高，使固体脂和液体油的品级低。目前，以棕榈油分提为代表的大型油脂分提企业均采用 PLC 控制系统和膜式压滤机，使常规分提法工艺普遍应用于棕榈油、棉籽油的分提生产，以及葵花籽油、玉米油等脱蜡的工艺中。

（二）表面活性剂法

表面活性剂分提是 20 世纪初，由意大利科学家 Fratelli Lanza 发明，被用于牛油和脂肪酸的分离。1965 年瑞典 α-Laval 公司成功地用于棕榈油的分提。其工艺流程包括冷却结晶、表面活性剂湿润、离心分离以及表面活性剂回收等工序。

在油脂冷却结晶后，添加表面活性剂，改善油与脂的界面张力，借脂与表面活性剂间的亲和力，形成脂晶在表面活性剂水溶液中的悬浮液，促进脂晶的离析的工艺称表面活性剂分提工艺。表面活性剂分提适用于粗棕榈油的分提。该过程包括冷却、结晶和在表面活性剂（十二烷基硫酸钠溶液）和电解质（硫酸镁或硫酸钠）的帮助下对晶体进行分离。表面活性剂十二烷基硫酸钠添加量一般为油量的 0.2%~0.5%。为了稳定 O/W 体系，还需添加 1%~3%的硫酸镁或硫酸铝等电解质。

将冷却结晶的油脂与已冷却到和油相同温度的表面活性剂、电解质混合物进行混合。表面活性剂湿润固体脂晶体，并释放出阻塞在晶体中的液体油。在离心机中分离出固体脂晶体和液体油组分。从离心机轻相出口分离出的液体油组分，进行水洗涤以除去表面活性剂，干燥并储存。固体脂、表面活性剂和电解质一起从离心机重相出口排出。重相组分经加热熔化固体脂，并通过第二个离心机，将熔化的固体脂从表面活性剂中分离出来。熔化固体脂再进行洗涤、干燥和储存。表面活性剂再循环重复使用。

不同油品的冷却结晶时间和温度见表 1-9。

表 1-9　　表面活性剂法冷却结晶工艺参数

项目	油品							
	棕榈油	棉籽油	米糠油	葵花籽油	牛脂	改性猪脂	乳脂	鲱鱼油
冷却时间/h	8~12	10~12	4~6	4~6	6	8	6	4
结晶温度/℃	18~25	0~5	10~20	5~10	35	35	22	2

表面活性剂法分离效率高，产品品质好（表 1-10），用途广，适用于大规模生产。

表 1-10　　棕榈油表面活性剂分提效果

项目		组分		
		原料油	软质脂	硬质脂
碘值/(g/100g)		53	58±2	36±4
熔点/℃		37	20±2	50±2
得率/%		100	70~80	20~30
脂肪酸组成/%	$C_{14:0}$	1.13	1.10	1.20
	$C_{16:0}$	48.53	44.00	59.10
	$C_{18:0}$	4.58	4.40	5.00
	$C_{18:1}$	35.82	39.30	27.70
	$C_{18:2}$	9.94	11.20	7.00

（三）溶剂分提法

溶剂分提法是指在油脂中按比例掺入某一溶剂构成混合油体系，然后进行冷却结晶、分提的一种工艺。溶剂分提法可形成容易过滤的稳定结晶，提高分离得率和分离产品的纯度，缩短分离时间。尤其适用于组成甘油三酯的脂肪酸碳链长、并在一定范围内黏度较大的油脂分提。溶剂分提存在投资成本高、操作成本高、爆炸风险大、溶剂损失大等缺点。

一定温度下溶解度不同的甘油三酯可通过分提法结晶得到分离。油脂在溶剂中的溶解以及降低体系的黏度是溶剂分提方法最重要的机制。一般情况下，饱和甘油三酯熔点高，溶解性差；反式脂肪酸甘油三酯较顺式脂肪酸甘油三酯的熔点高，溶解度低。

选择溶剂主要根据物质的介电常数（极性大小）来确定，两种物质极性相近则易于溶解，即遵循相似相溶的原理。表 1-11 列出油脂和几种常用分提溶剂的介电常数。

表 1-11　　油脂和几种常用分提溶剂的介电常数

油脂与溶剂	正己烷	四氯化碳	苯	异丙醇	丙酮	乙醇	甲醇	油脂
介电常数	1.89	2.24	2.28	18.6	21.5	25.7	31.2	3.0~3.2

物质的介电常数越大，其极性越大。由表 1-11 可知溶剂的极性大小的顺序为：甲醇>乙醇>丙酮>异丙醇>苯>四氯化碳>正己烷。油脂的介电常数为 3.0~3.2。具体溶剂的选择取决于油脂中甘油三酯的类型及对分离产品特性要求等。目前，用于工业分提的溶剂有正己烷、丙酮及异丙醇等。

丙酮分提工艺如图 1-6 所示，利用丙酮分提部分氢化大豆油。溶剂和油的典型比例是 1∶3或 1∶4。油和溶剂混合物被冷却，结晶被过滤，溶剂被脱除和从两种馏分中回收。

部分氢化大豆油和丙酮按所要求的比例在暂存罐 A 内充分混合。部分氢化大豆油和丙酮混合物依次进入冷却结晶器 B 和 C 中，冷却介质按可编程序控制（PLC）依次泵入通过结晶

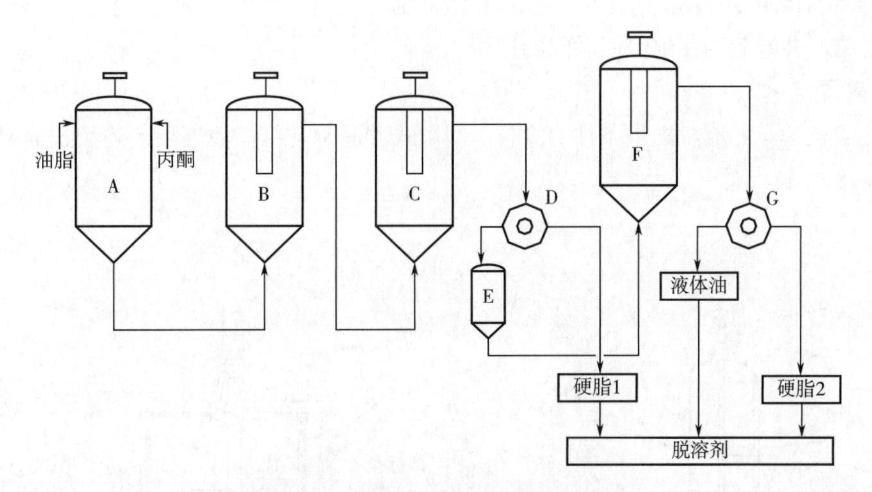

图 1-6　两段溶剂分提过程示意图

器 B 和 C 盘管中，混合物中硬脂进行第一阶段结晶。然后晶体混合物在一台密封的过滤器 D 中被过滤分离。第一阶段硬脂（硬脂 1）进入脱溶工序将丙酮溶剂脱除。值得注意的是，溶剂结晶分提工厂使用的设备要求为相应等级的防爆设备，而且不允许有溶剂蒸气被释放到车间环境内。

过滤后的液态油脂和溶剂混合液进入 E 槽中储存，后被泵入冷却结晶器 F 中，在结晶器 F 的冷却盘管中通入温度更低的冷却介质进行第二阶段结晶分提，在冷却介质的作用下混合液体系中熔点较低的硬脂进行冷却结晶，形成的固体晶体在第二台密封过滤器 G 中分离。分离的液体混合物（液体油和丙酮）进入脱溶工序脱除丙酮溶剂。从过滤器 G 中获得的硬脂（硬脂 2）进入脱溶工序脱除丙酮溶剂。两种硬脂组分具有不同的物理性质和甘油三酯组成。冷却结晶器内的温度决定了从进料中获得的固体馏分的类型。蒸馏后的溶剂被浓缩、回收并重复使用。

二、油脂分提设备

油脂分提设备按其功能分为结晶设备、养晶设备、固液相分离设备和硅藻土处理设备。按工艺过程的连贯性又可分为间歇式和连续式设备。

（一）结晶设备

结晶设备的设计决定了控制油脂结晶过程的条件。尤其是油脂结晶的速率很大程度上由设备的技术特性、结晶设备的换热方式所决定。

结晶塔（罐）是给脂晶提供适宜结晶条件的设备。一般间歇式的称结晶罐，连续式的称结晶塔。前者结构类似于精炼罐，只是将换热装置由盘管式改成外夹套式；罐体直径相对减小的同时增加了罐体的长度，搅拌速度要调整到适宜于脂晶成长。后者如图 1-7 所示。

结晶塔的主体由若干个带夹套的圆筒形塔体和上、下碟盖组成。塔内有多层中心开孔的隔板。塔体轴心设有搅拌轴，轴上间隔装有搅拌桨叶和导流圆盘挡板。搅拌轴由变速电机通过减速器带动，转速根据结晶塔内径大小可控制在 3～10r/min。搅拌使塔内油脂缓慢对流，有利于传热和结晶。各个塔体上的夹套由外接短管相互连通，内通入冷却水与塔内油脂进行热交换，使固体脂冷却结晶。塔内的隔板和搅拌轴上的圆盘挡板，规定了油流的路线，可防止产生短路，并能起到控制停留时间的作用。

（二）养晶罐

养晶罐是为脂晶成长提供条件的设备。间歇式养晶罐与结晶罐通用。连续式养晶罐的结构如图 1-8 所示。

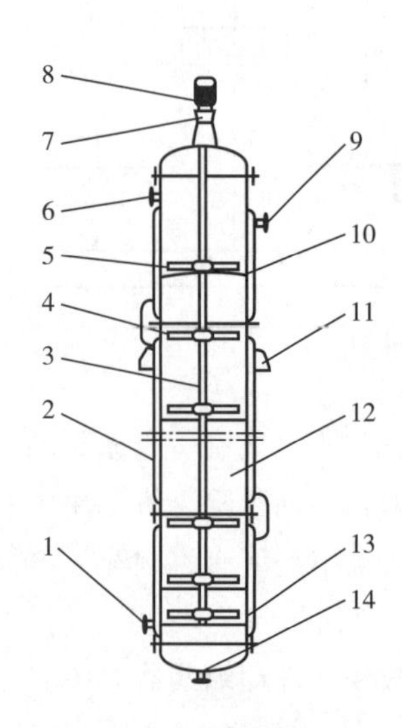

图 1-7　连续式结晶塔

1—进水口　2—夹套　3—轴　4—圆盘
5—桨叶　6—进料口　7—摆线针轮减速器
8—电机　9—出水口　10—孔板　11—支座
12—塔体　13—下轴承架　14—出料口

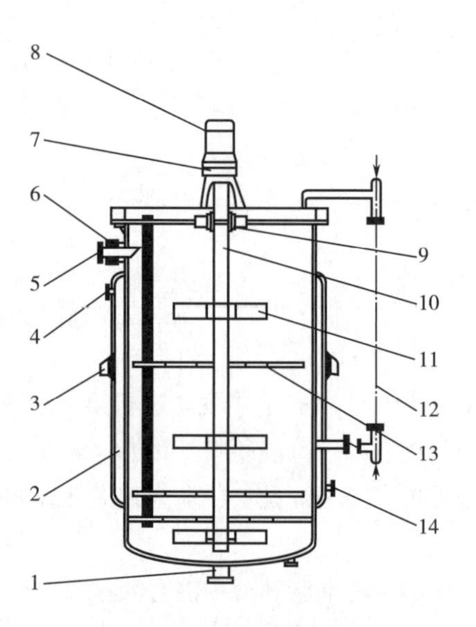

图 1-8　连续式养晶罐

1—出油管　2—夹套　3—支座　4—出水管
5—进油口　6—视镜　7—减速器　8—电机
9—轴承　10—轴　11—桨叶　12—液位计
13—孔板　14—进水管

连续式养晶罐的主体是一带夹套的碟底平盖圆筒体。罐内通过支撑杆上装有导流圆盘挡板。置于轴心的桨叶式搅拌器，由变速电机通过减速器带动，搅拌速度根据养晶罐内径大小可控制在 3~10r/min，缓慢搅拌初析晶粒的油脂。夹套内通入冷却剂维持养晶温度，促使晶粒成长。罐体外部装有液位计，以掌握流量，控制养晶效果。

（三）分离设备

分提工艺使用过滤、分离设备，如板框过滤机、立式叶片过滤机、碟式离心机等。目前在油脂分提工艺中分离设备还有真空过滤机以及由迪斯美（De smet）公司开发的高压膜式压滤机。

1. 真空过滤机

两种使用最普遍的真空过滤机是转鼓过滤机和带式过滤机，这两种设备都是连续式的。真空过滤机分为三个阶段，在第一阶段中，液相或油相通过吸力透过固体层和过滤介质，使晶体在过滤介质（所形成的硬脂饼）上被浓缩。第二阶段，通过空气流（或对氧气敏感产品用氮气）透过浓缩晶体对滤饼进行“干燥”。最后阶段，借助空气（或氮气）流逆向流动或依靠后部刮刀将滤饼从过滤介质上卸除。

过滤速率及分离效率主要取决于晶体的形态。晶体尺寸分布范围越广，晶体层越不致密，从固体脂中分离液体油就越困难，那么滞留在结晶物质中的油相上升的幅度加大。由于抽滤压差受到限制（工业用真空过滤机的压力大多在0.03~0.07MPa），真空过滤机通常安装的滤布或滤带具有较高的渗透性和较大的孔隙，因此，为减少晶体透过过滤介质，一般需要脂晶的尺寸要大。再者，可利用硬脂饼代替滤布作为过滤介质应用。

图1-9所示为转鼓真空过滤机的结构示意图。主要由机座1、密封机壳4、转鼓6、卸饼机构（刮刀）11和分配头5等组成。由于转鼓壁内外压力差的作用，液态油脂透过过滤介质吸入滤室，经分配头由液态油脂出口排出。悬浮液中的固体脂颗粒被截留在介质表面形成滤饼。当转鼓载着硬脂饼进入沥干区，继续依靠负压进行沥干所含的液态油脂。随后硬脂饼进入卸渣区后，分配头5向滤室内通入压缩空气，使硬脂饼与滤布松离，并由刮刀将硬脂饼卸入输送机。卸饼后的滤室继续回转至再生区，由压缩空气或蒸汽吹落堵塞在滤布孔隙中的颗粒，使滤布得到再生。每个滤室经过一个周期后，即可进入下一个循环。

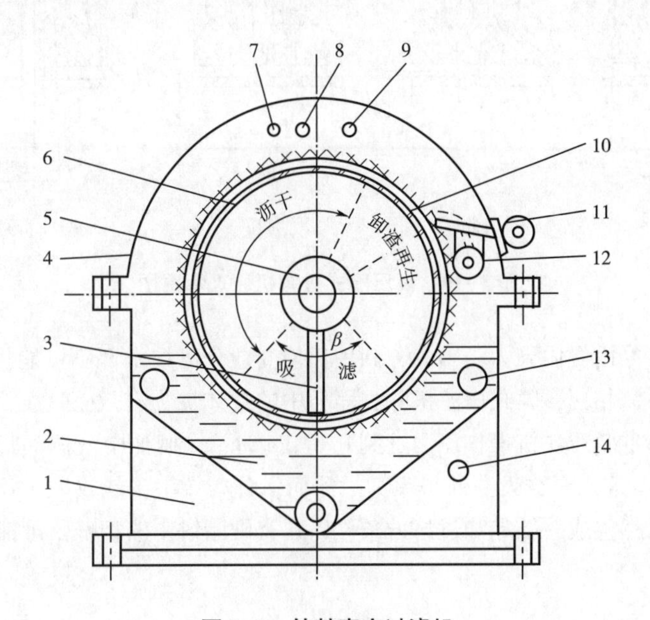

图1-9　转鼓真空过滤机

1—机座　2—悬浮液槽　3—液体油出口　4—密封机壳　5—分配头　6—转鼓　7—预涂管　8—洗涤液管　9—真空管　10—滤布　11—刮刀　12—硬脂饼输送机　13—悬浮液进口　14—冷却液进口

2. 高压膜式压滤机

压滤技术的发展已经使分离效率有明显的改善。如今，许多分提装置都安装了迪斯美公司的膜压滤机。膜压滤机由一系列滤板柜组成，通过液压活塞使它们形成一体，可用的过滤表面比真空过滤机大得多，适合于更快和更合理的过滤。充满滤室后被浓缩的硬脂晶体，通过膨胀的膜进一步挤压在一起，可以使残留的液相更好地除去，从而得到较多液态油脂。由于采用较高的压力，使晶体结构变化对分离的影响不太敏感。膜压滤机过滤是一个半连续过程，可分为连续的两个步骤：过滤和挤压。如图1-10所示，装砌过滤机后，滤浆被压入滤室，大部分游离的油从滤浆中分离，再接下来的是膜板间对浓缩的晶体进行机械挤压，目的是将包裹在固体物内的部分油挤压出来。然后，过滤机被打开，滤饼靠重力卸出。相对于真空过滤机来说，膜压滤机有一些重要的优点，即：较高的分离效率，较强的耐晶体形态变化的能力，较好的保护油脂不受氧化的性能，过滤快，以及能耗低。由于提高了分离效果，因此硬脂具有碘值较低（即饱和度高），高熔点以及较陡的固体脂肪曲线（SFI）的特性。同时，所得到的液相质量与真空吸滤的相比大多更好。压滤的缺点在于工艺过程是半连续的。

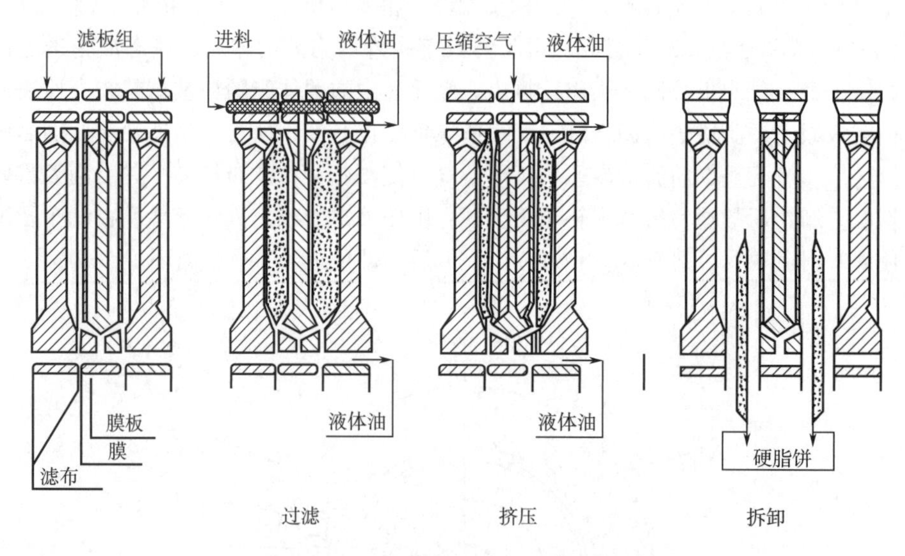

图 1-10　高压膜式过滤机原理示意图

由于液体在脂晶内有内聚力，因此，利用任何商业分离技术都不可能将固相中的液相完全除去。与真空吸滤相比，膜式压滤机除去固相中的液体更为有效，这主要是由于施加了变化的高压。一台标准膜压滤机操作压力达到 0.6MPa 时，棕榈油中液体油脂量增加 10%（计算液体油脂部分），这比真空吸滤的得率高。然而，分离效率不能仅限于压滤机不同压力的施加上，脂肪的天然组成，结晶和过滤的条件，还有硬脂饼中液相残留量都应考虑。

第三节　结晶分提的原料

油脂是由各种不同脂肪酸组成的复杂甘油三酯的混合物。大多商业油脂含有常见的棕榈酸、硬脂酸、油酸、亚油酸和亚麻酸。这些脂肪酸可以大体上分为饱和脂肪酸及不饱和脂肪酸，这些甘油三酯表现出不同的物理和化学特性，以及所具有的最终特殊用途见表 1-12。

表 1-12　　不同种类甘油三酯特性表

甘油三酯种类	物理状态	用途
SSS	固体	脂肪酸产品、硬脂涂层
SSU-SUS	固体→半固体	糖果脂

续表

甘油三酯种类	物理状态	用途
SUU-USU	半固体→液体	人造奶油
UUU	液体	烹调油、液体煎炸油

注：S—饱和脂肪酸；U—不饱和脂肪酸。

然而，上述特性表不能推断脂肪是富含短碳链还是中碳链。例如，棕榈仁油和椰子油富含月桂酸（$C_{12:0}$）和豆蔻酸（$C_{14:0}$），这些油有与 SSU-SUS 类似的特性，而富含 $C_{8:0}$ 和 $C_{10:0}$ 脂肪酸的油有很多特性类似于 SUU-USU 类型。

一、植物油

植物油的范围较广，棉籽油和部分氢化豆油通过分提生产符合冷冻试验的一级油，被分提的棕榈油生产高附加值的油脂如类可可脂（CBE）。

（一）棕榈油

棕榈油是最重要的分提原料。如今，运行中的工业分提装置每日处理棕榈油高达 2000t 以上，不论毛棕榈油还是精制棕榈油都可被分提，后者是最普遍的，主要的目的是获取低凝固点和较好冷冻稳定性的油。单级分提生产的液体油凝固点（浊点）在 10℃以下，硬脂熔点为 44~52℃。液体棕榈油用于烹调软脂和调味油的代用品，而硬脂应用于煎炸脂、人造奶油和起酥油。图 1-11 表示棕榈油分提的不同途径，其中 PMF 为棕榈油中间分提物，CBE 为类可可脂。

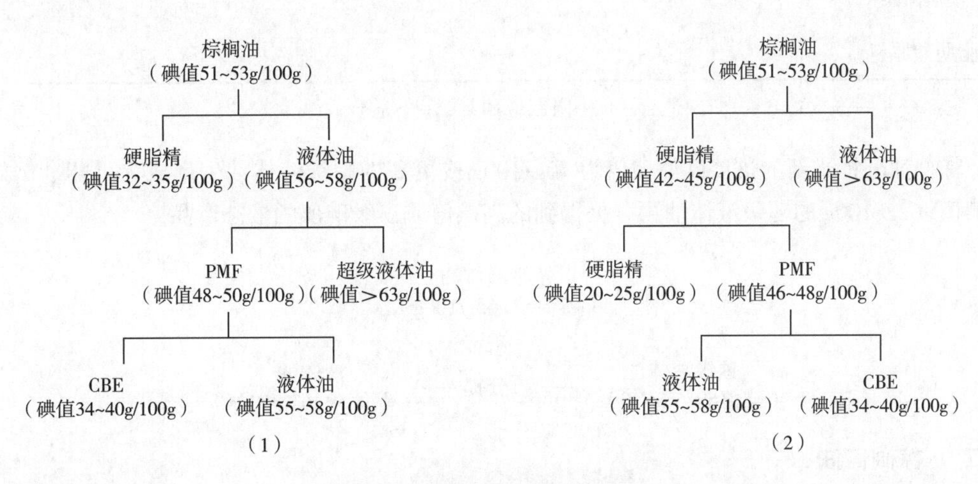

图 1-11　棕榈油分提的不同途径

（1）液体油路线　（2）硬脂路线

单级分提棕榈油工艺有进一步发展，为了分提特殊性能的棕榈油，分提工艺趋向两级甚至三级分提。高碘值超级液体油脂（碘值>63g/100g）和棕榈油中间分提物（碘值 34~50g/100g）。将初级分提物进行再分提，提出棕榈油中间体或软脂，用于如人造奶油、起酥油或用于生产类可可脂的原料（表 1-13）。

表 1-13　　　　棕榈油组分的应用

产品	棕榈油	液体油	固体脂	超级液体油	软脂	PMF
起酥油	+++	+++	++	-	+++	+
人造奶油	++	+++	+	-	+++	+
煎炸油	+++	+++	-	+++	++	+
烹调油	-	++	-	+++	-	-
色拉油	-	+	-	+++	-	-
特殊涂层脂肪	-	-	-	-	+	++
类可可脂	-	-	-	-	+	+++
冰淇淋	+++	-	-	-	-	-
糖衣	++	-	-	-	+	++
饼干	+++	+	+	-	++	-
蛋糕	+++	-	+	-	++	-
家常小甜饼	+++	-	+	-	++	-
脆皮点心	+++	+	+	-	++	-
面条	+++	+++	-	-	++	-
硬质涂层	-	-	++	-	-	-
脂肪酸原料	+	-	+++	-	-	-

注：+++ —高度适合；++ —适合；+ —限制应用；- —不适合。

棕榈油分提最新的进展已使碘值为 70g/100g 或更高的超级液体油生产成为可能。例如，将碘值>62g/100g 的超级液体油再分提得到的高碘值或顶级碘值的液态产品。

超级液体油
（碘值63~65g/100g）
↓
顶级液体油（碘值69~71g/100g）← 再分提 → 液体油（碘值59~61g/100g）

（二）棕榈仁油

棕榈仁油分提后生产的硬脂，通过氢化被作为高质量的硬奶油或高附加值脂肪。硬脂一般通过用劳动强度大的高压液压机干法分提，或采用成本较高的溶剂混合油分提生产。

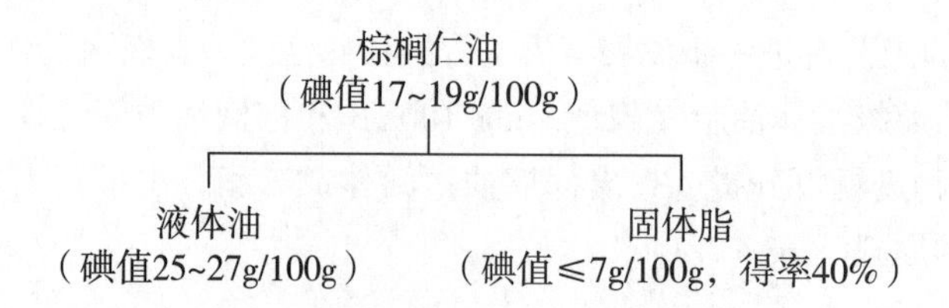

对于特殊结晶行为的棕榈仁油，改变结晶罐，利用高压膜式压滤机使干法分提棕榈仁油像分提棕榈油一样成为可能。

（三）氢化豆油

豆油的碘值在135g/100g左右，是一种富含多不饱和脂肪酸（50%~60%亚油酸和5%~10%亚麻酸）的油脂，这使得豆油极易氧化。为了延长它的保质期，豆油被部分氢化。然而，氢化会使部分甘油三酯的熔点升高，因而为了生产稳定的液体色拉油需进行固体脂的分提。要生产冷藏稳定性好的液体色拉油，油脂通常被氢化至碘值为100~110g/100g（减少亚麻酸含量至2%~3%），油脂可冬化至很低温度（2~3℃）。作为烹调或煎炸油，为了提高氧化稳定性（亚麻酸含量<0.5%），豆油进一步氢化至碘值小于90g/100g。从氢化豆油中分提的硬脂组分是起酥油和人造奶油较好的基料油，并可作为可可代用脂（CBR），见表1-14。

表1-14 氢化大豆油干法分提

大豆油（IV135）	液体油				固体脂	
	得率/%	IV/（g/100g）	CP/℃	CT/h	IV/（g/100g）	DP/℃
氢化						
IV115	85~90	119	-11	>24	98	33.5
IV109	75~80	114	-10	18~24	92	34.5
IV97	65~70	104	-9	12~18	84	35.5
IV85	50~55	94	-7	<5	75	36.5
IV75	40~45	84	-5	<2	68	37.0

注：IV—碘值；CP—浊点；CT—冷却试验；DP—滴点；在0℃下冷却试验方法测定油脂的质量。

（四）特殊油脂

为了得到物理特性与可可脂相同的脂肪，一些特殊的油脂，如娑罗双树脂、牛油树脂和芒果脂，可被分提处理。它们采用与棕榈仁油类似的方法进行分提，通常在溶剂分提工厂中进行。然而这些特殊油脂中的大多也能采用干法分提，一种典型的产品可通过标准干法分提单元得到，见表1-15。

表1-15 典型干法分提工艺产品

	产品	液体油	固体脂	固体脂得率/%
娑罗双树脂				
碘值/(g/100g)	41	47	34	45
$SFC_{20℃}$/%	56	26	87	
$SFC_{30℃}$/%	42	–	72	
芒果脂				
碘值/(g/100g)	47	55	39	50

续表

	产品	液体油	固体脂	固体脂得率/%*
$SFC_{20℃}$/%	45	17	74	
$SFC_{30℃}$/%	32	—	62	

注：* 压力为 0.6MPa 的标准压滤机加工的结果。

二、 动物脂肪

（一）乳脂

由于季节的影响、饲料方式以及品种的不同，使乳脂成分有较大的差异。为了全年都获得一个物理特性不变、质量稳定的产品，根据物理指标分提和重新提炼乳脂，除乳脂稠度外，特殊乳脂分提物在多种食品中有如下作用。

①脆松饼需要高熔点硬脂。

②含 40%乳脂的低脂奶油需加入硬脂。

③软质奶油为了提高其延展性，需加入低熔点分提物。

④糖脂的特殊奶油分提物。

⑤冰淇淋含有液态油脂分提物。

⑥丹麦小甜饼含有乳脂中间分提体。

⑦减少巧克力起霜特性用的硬脂和中间分提物。

⑧液态烹调奶油。

昂贵的奶油被工业用户严格限定了质量标准，一个范围较广的成品可以通过简单或复杂的分提得到。图 1-12 给出了一个多阶段分提乳脂的实例。

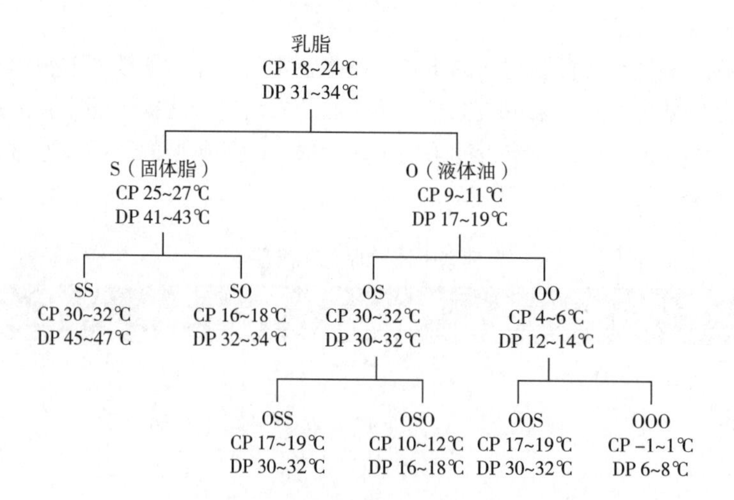

图 1-12 乳脂多级分提示意图

CP—浊点 DP—滴点

乳脂可以通过以下途径分提得到。

①从黄油中分提无水乳脂。

②从奶酪中分提无水乳脂。

③免洗乳脂。

④脱臭乳脂。

（二）牛脂

除了乳脂，在食品工业中还有其他两种重要的动物脂肪即牛脂和猪脂。由于棕榈油的发展迅速，这些动物脂肪逐渐失去了它们的重要性，但它们在煎炸和焙烤制品中广泛应用。由于季节、饲养方式和动物种类等原因，牛脂有一个较高的熔点，且熔点在 42~48℃变化。牛脂分提的主要优点是全年都可得到组分相似以及低熔点软脂分提物。依据软脂熔点，分提可分为一级或多级。具体过程如图 1-13（1）和图 1-13（2）所示。

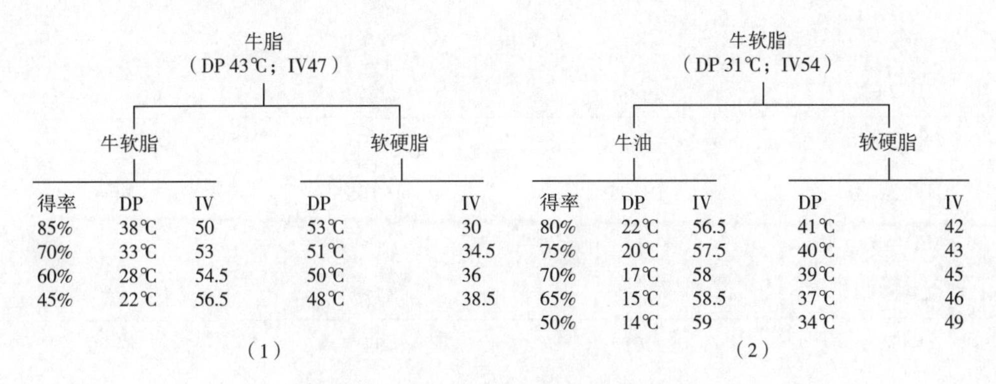

图 1-13　牛脂的一级和二级分提产品示意图

DP—滴点　IV—碘值/（g/100g）

（三）猪板油

由于猪板油敏锐的熔点和陡峭结晶曲线，使得其分提更加困难。然而，经过酯交换或部分氢化的猪脂就容易进行分提。依据所需液体油质量，猪脂的分提可通过单段或连续多阶段分提来完成，如图 1-14 所示。

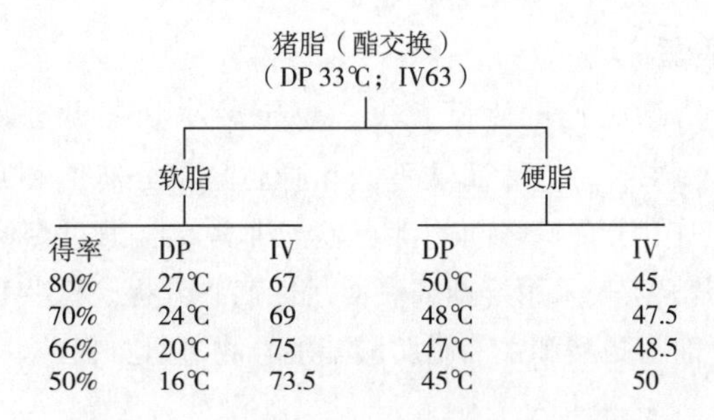

图 1-14　酯交换猪脂干法分提产品示意图

DP—滴点　IV—碘值/（g/100g）

（四）鱼油

鱼油含有大量的多不饱和脂肪酸。为了提高鱼油的氧化稳定性和防止回味，通常使鱼油部分氢化至碘值在 120g/100g 左右。在氢化过程中的高熔点成分在低温（5~15℃）下被分提除去。鱼油的质量主要取决于原料的品种以及氢化的条件，见表 1-16。

表 1-16　　粗鱼油和氢化鱼油的分提产品

鱼油	液体油	固体脂	液体油得率/%
粗鱼油			
IV146	IV156	IV119	约 70
CP	-5℃	18℃	
CT 5℃	>18h		
IV198	IV208	IV160	约 80
CP	-8℃	14℃	
CT 2℃	>36h		
氢化鱼油			
IV124	IV135	IV105	约 60
CP14℃			
DP28℃		34℃	
IV115	129	84	约 70
CP17℃	-2℃		
DP31℃		37℃	

注：IV—碘值/(g/100g)　CP—浊点　DP—滴点　CT—冷却试验。

三、 油脂的衍生物

除了上述动植物油脂原料通过分提可得到相应的产品外，还有其他脂肪类物质可以通过干法分提而得到，并且用于食品和非食品工业中。

（一）脂肪酸和脂肪酸酯

脂肪酸的分离通常依据它们的碳链长度，减压蒸馏分离出短碳链（$C_{12:0}$）、中碳链（$C_{14:0}$）和长碳链（$C_{16:0}$、$C_{18:0}$）。然而从不饱和脂肪酸中分离饱和脂肪酸，例如：硬脂酸（$C_{18:0}$）和油酸（$C_{18:1}$），由于它们之间的沸点差异非常小，通过蒸馏不能完全分离。如今分离这类脂肪酸大多分提工艺是采用溶剂或表面活性剂法分提。这些物质也可用干法进行分提。表 1-17 列出对从牛油脂肪酸和牛油脂肪酸酯混合物进行分提的一个典型实例。

表 1-17　　脂肪酸和脂肪酸酯的分提

初级产品	油酸（酯）	硬脂酸（酯）	油酸（酯）得率/%
牛油脂肪酸			
IV45	IV83	IV17	40~45

续表

初级产品	油酸（酯）	硬脂酸（酯）	油酸（酯）得率/%
CP38℃	CP5℃		
DP47℃		DP58℃	
牛油脂肪酸酯			
IV41	IV60	IV8	60~65
CP11℃	CP-1℃	CP24℃	

注：IV—碘值/(g/100g)；CP—浊点；DP—滴点。

（二）甘油单酯和甘油二酯混合物

另一类有价值的产品是甘油和脂肪酸的部分酯化产品，它们作为乳化剂在食品工业、医药工业领域广泛使用。通过玉米油和豆油部分水解，甘油三酯（TG）可转化为复杂的甘油单酯/甘油二酯/甘油三酯（MG/DG/TG）混合物。在水解过程中，为了获得一个较好冷冻稳定性完全的液态成分，高熔点的甘油酯被分提出去，见表1-18。

表1-18　部分水解甘油酯的分提

MG/DG/TG 混合物（36：48：16，质量百分比）	液态混合物	固态混合物	液态混合物得率/%
IV114	IV120	IV97	
CP16℃	CP-8.5℃	CP30℃	70~75
DP23℃	DP3.5℃	DP44℃	
MP38℃	MP7℃	MP48℃	

注：IV—碘值/(g/100g)；CP—浊点；DP—滴点；MP—熔点。

第二章 油脂氢化

CHAPTER 2

学习要点

1. 了解油脂氢化的概念、目的与意义；
2. 了解油脂氢化选择性、反应级数和反应速率，掌握影响氢化反应速率及选择性的因素；
3. 掌握油脂氢化催化理论，了解催化剂中毒；
4. 了解油脂氢化典型工艺流程及各工序的技术要求及工艺参数；
5. 熟悉油脂氢化的应用，掌握油脂氢化产品的种类、特征及质量标准；
6. 了解国内外油脂氢化加工发展状况先进技术动态，尤其是“零反式”油脂。

油脂氢化是一种将氢加成到由天然植物、陆地动物、海洋动物和微生物等生产的甘油三酯烯键（双键）上的化学反应。油脂氢化是油脂工业中的一个重要组成部分。饱和程度较低的油脂，在一定条件下，通过加氢而变成饱和程度较高的油脂，即为氢化油（也称硬化油）。从这个意义上来说，自然界的所有油脂都可以用来氢化，但在工业生产上主要将液态油脂转化为固体油脂或半固体油脂。

植物油氢化的第一个专利于 1903 年在英国颁发给威廉·诺曼（Wilhelm Normann）。但不饱和化合物和氢气之间的氢化反应原理在 1903 年之前被保罗·萨巴捷（Paul Sabatier）在气态中论证。1912 年，保罗·萨巴捷和维克多·格林尼亚（Victor Ginard）因他们在利用金属催化剂使有机化合物加氢方面的独创性工作而被授予诺贝尔化学奖。宝洁公司在 1909 年获得了专利权，第一个商业化应用进入市场的是 Crisco 品牌起酥油，它是由氢化棉籽油制成的，这个产品非常成功。氢化工艺在接下来的 60 年里经历了不断研究开发。宝洁、联合利华、鲁奇等公司开发了自己的技术，丰富了氢化技术的知识。

在美国和欧洲，在氢化技术发展之前，黄油、猪脂和牛脂等动物脂肪是可食用脂肪的主要来源。氢化过程使植物油转化为人们习惯的塑性脂肪形式，具有更强的风味稳定性，成本更低。油脂通过氢化，提高了熔点，改进了品质，扩大了用途，便于运输和储存。氢化食用脂肪和食用油产品可以制备具有乳化特性、油炸稳定性、急剧熔化特性和其他特定应用所需的功能特性的产品。液相催化氢化反应是食用油脂加工过程中最重要、最复杂的化学反应之一。大多教科书将油的氢化描述为使用镍作为催化剂，将不饱和脂肪中的双键加氢饱和。实际上，这只是氢化过程中几个非常复杂的反应之一。氢化产物是一种非常复杂的混合物，因为同时发生以下反应：①双键的饱和；②双键的顺/反式异构化；③双键位置的移动，通常是低能量的共轭态。目前氢化油产品已广泛用于肥皂用油、工业用油及食用油脂工业上，包括将液体油脂转变为硬脂或塑性脂，把软脂转变成硬脂，提高因氧化或回味而引起油脂变质的抵抗力；促使各种油脂之间有高度的互换性。

第一节　油脂氢化理论

一、氢化机制

不饱和碳-碳双键氢化的基本化学反应式如下所示：

$$—CH═CH—+H_2 \xrightarrow{\text{催化剂}} —CH_2—CH_2—$$

从其反应式来看似乎十分简单，但实际上反应是极其复杂的。如上述反应所示，只有当三个反应物即液体不饱和油、固体催化剂和气体氢共处在一起时，氢化反应才能进行。

体系的三相——气相、液相和固相被一起送入一个带加热及搅拌的反应器中，空间充满加压下的氢气。反应发生前氢气必须溶于液相中，因为只有已溶解的氢才是能发生反应的氢，然后这种氢通过液相扩散到固体催化剂的表面。一般来讲，至少有一种反应物必须被化学吸附到催化剂的表面上，但是不饱和烃与氢之间的反应是经过表面有机金属中间体而进行的。

催化剂表面的活化中心具有剩余键力，与氢分子和甘油三酯分子中双键的电子云相互影响，从而削弱并打断 H—H 中的 σ 键和 C═C 中的 π 键，形成氢-催化剂-双键不稳定复合体（图 2-1）。在一定条件下复合体分解，双键碳原子加成，生成半氢化中间体，然后再与另一个氢原子加成饱和，并立即从催化剂表面解吸，扩散到油脂主体中，从而完成加氢过程。

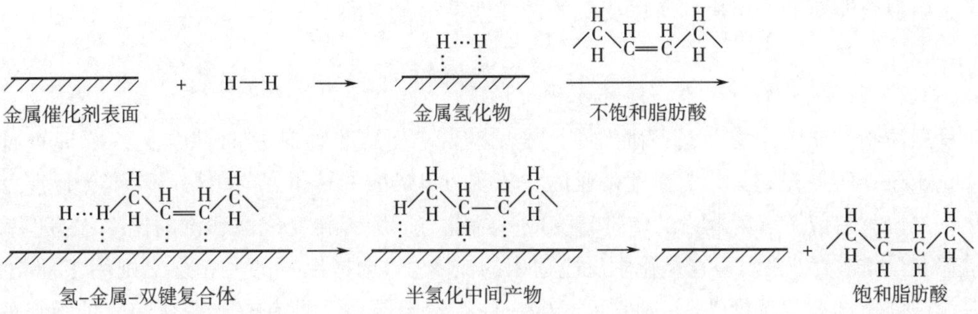

金属催化剂表面　+　H—H　→　金属氢化物　→（不饱和脂肪酸）

氢-金属-双键复合体　→　半氢化中间产物　→　+　饱和脂肪酸

图 2-1　油脂催化加氢的历程示意图

半氢化中间体在完成加氢饱和的同时，还可能通过以下三种途径恢复反应产物的原结构或形成各种异构体（图 2-2）。

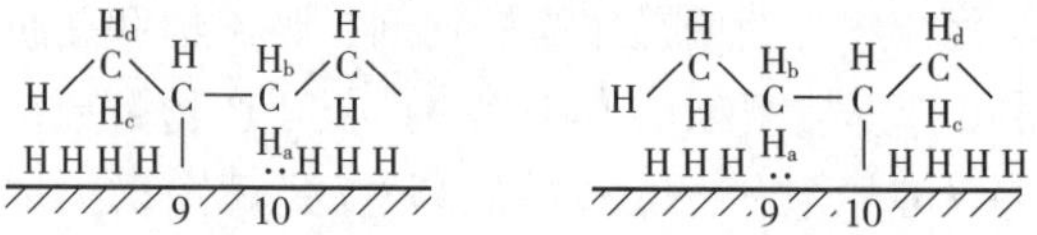

（1）C_{10}半氢化中间体　　（2）C_9半氢化中间体

图 2-2　氢化过程中异构体形成示意图

（1）若氢原子 H_a脱氢回到催化剂表面，恢复原双键或解吸，则恢复底物原结构；

（2）若 C_{10}（或 C_9）上的氢原子 H_b脱氢回到催化剂表面，则生成反式异构体；

（3）若 C_8（或 C_{11}）上的氢原子 H_c（或 H_d）脱氢回到催化剂表面，则产生 Δ^8（或 Δ^{10}）位置（或反式）异构体。

通常多相反应包括以下一系列的步骤：①反应物扩散到催化剂表面；②吸附；③表面反应；④解吸；⑤产物从催化剂表面扩散出去。奥尔布赖特（Albright）详细论述了传递、吸附、解吸、氢化和异构化等步骤。

脂肪酸链的每一个不饱和基团，都能在油脂主体与催化剂表面之间向前或向后移动，这些不饱和基团能被吸附于催化剂表面。被吸附的不饱和基团能和氢原子作用形成一种不稳定的络合物，这就是被部分氢化了的双键。有些络合物可与另一氢原子反应，从而使双键完全饱和。如果络合物不与另一氢原子反应，则氢原子就会从被吸附的分子中脱出，而形成新的不饱和键。无论饱和键或不饱和键都能从催化剂表面解吸出去，并扩散到油脂的主体中。这样不仅有一些键被饱和，而且某些键可被异构化而产生新的位置异构体或新的几何异构体。

当多不饱和脂肪酸链的一个双键被氢化时，也将发生类似的一系列步骤，同时也发生异构化反应，至少有部分双键被异构成新的位置异构体。当由一个被亚甲基将两个双键分开的二烯烃在催化剂表面反应时，则在一个双键被饱和之前第二个双键可能产生共轭化，而已共轭的二烯烃在再次被吸附和部分饱和之前，可从催化剂表面上解吸进入油的主体。

如果氢化含有单烯、二烯或多烯的混合物，则在不同的不饱和体系之间将对催化剂表面进行竞争，用简单的数学概率，高度不饱和油脂的一个烯键将优先从油中吸附到催化剂表面上，异构化和（或）氢化，然后解吸并扩散至油脂的主体中去。只要二烯或多烯在油中的浓度不是很低，它们就会一直被优先吸附，然后单烯才能被吸附并产生反应。因为被氢化油的分子是由混合脂肪酸所组成，所以反应的选择性是很重要的。

二、选择性

食用油脂工业中，将“选择性”用于氢化反应及其产物时有两种含义，按理查德森（Richardson）等原先定义，选择性是亚油酸转变为单烯酸的转化率与单烯酸转变为硬脂酸的转化率之比；目前一般解释为二烯键转变成一烯键与一烯键转变成饱和键的比率；这也就是所谓“化学选择性”，因为它是化学反应速率的比率。“选择性”的另一含义则用于催化剂。如果说某催化剂有“选择性”，则它可产生一种在给定碘值下具有较低稠度和较低熔点的油脂。因为这些描述都没有严格定量的性质，因而“选择性”的定义总有些含糊不清，一些人称为“选择性”的催化剂，可能被别人称为另外的名称。由于这两种“选择性”都不可能以任何精度测出，因而此术语仅可用作相对比较。

1949 年贝雷（Bailey）曾提出下列模式，用以测量亚麻籽油、大豆油及棉籽油间歇氢化时，每一氢化步骤的相对反应速率常数：

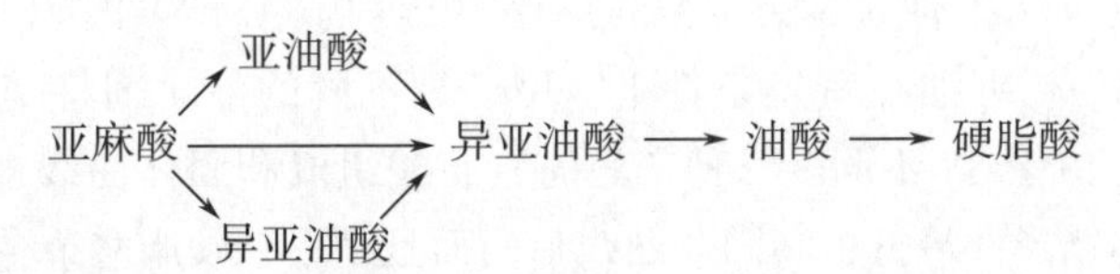

贝雷根据此式，认为每个反应均系一级不可逆反应，因此在导出的动力学方程中，将每一种酸基的浓度都表达为时间的函数，经过运算就可得出相对反应速率常数。而亚油酸转变成油酸的反应速率常数与油酸转变成硬脂酸的反应速率常数之比值，即是反应的选择性。如果此比值大于或等于31，则称为选择性氢化，如果低于7.5则为非选择性氢化。然而由于计算反应速率常数十分麻烦，故很少用它来进行定量测定。

因为当一个双键被氢化时，三烯酸（亚麻酸）将产生几种不同的二烯酸（异亚油酸），而这些二烯酸混合物的氢化速率差别甚小，因而可包括在同一项中。此外将2mol氢加入亚麻酸中没有发现直接产生油酸，所以可从模式中将并列反应的支路除去；又因为形成的几何异构体和位置异构体几乎具有相同的反应性，故可不再放入模式中。因此，反应模式可被简化如下：

$$\text{亚麻酸} \xrightarrow{K_1} \text{亚油酸} \xrightarrow{K_2} \text{油酸} \xrightarrow{K_3} \text{硬脂酸}$$

这是奥尔布赖特1965年提出的更为简单的反应程序。K_1表示亚麻酸氢化转变成亚油酸反应速率常数；K_2表示亚油酸氢化转变成油酸的反应速率常数；K_3表示油酸氢化转变成硬脂酸的反应速率常数。所谓选择性比或选择性系数（*SR*），是K_1/K_2或K_2/K_3等氢化反应速率之比，也就是用数字来表示的选择性。加氢的选择性比定义如下：选择性比（*SR*）＝亚油酸转化为油酸/油酸转化为硬脂酸。

运用这样的计算值来计算*SR*是复杂的，必须用计算机进行，但由生成物的对比作图得出的*SR*比较简单。如从反应所增加的硬脂酸含量（$S-S_0$）与比值L/L_0（氢化后亚油酸含量/氢化前亚油酸含量）作图，如图2-3所示。

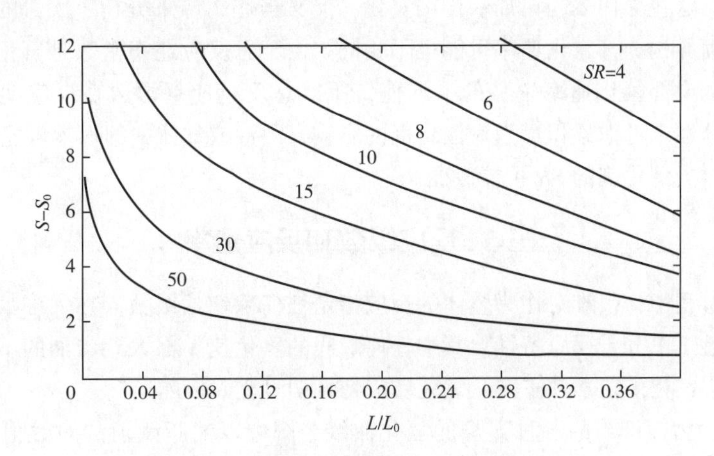

图2-3　以脂肪酸的组成计算选择性比

从图2-3看L/L_0之比，当缓慢降低，而（$S-S_0$）也是缓慢增加时，即油酸氢化成硬脂酸很少，证明其选择性高，*SR*为50。设L/L_0降低缓慢，而（$S-S_0$）迅速增加时，则证明选择性极低，如 L/L_0 至 0.28，而（$S-S_0$）已增加到 12%时，*SR* 为 4。

大多数用于工业氢化条件（34.5～345kPa 和 125～215℃）下的工业催化剂，其 *SR* 为 20～80。表 2-1 所示为棉籽油在特定条件下，用三种不同的催化剂将其氢化到碘值为 75g/100g 时的有关数据。由于 *SR* 不同，三种产品的脂肪酸组成和固体曲线也不同。其中一种产品的硬脂酸最多者，选择性最低，其固体曲线最高而且稍平；硬脂酸最少者，选择性最高。

表 2-1　　棉籽油氢化到碘值 75g/100g 的结果

催化剂	1	2	3
棕榈酸/%	21.8	21.8	21.8
硬脂酸/%	3.6	4.0	4.8
单烯酸/%	62.3	61.8	61.4
二烯酸/%	11.6	11.7	11.3
反式酸/%	37.8	35.7	36.6
SR	60	50	32

注：氢化操作温度 204℃，氢化压力 137.9kPa（表压）。

油脂氢化时脂肪酸的不饱和程度越大，则脂肪酸的氢化速率越高。例如，亚油酸加氢转化到油酸的氢化速率比油酸加氢转化到硬脂酸的氢化速率快 2～10 倍。当不同程度的不饱和的混合脂肪酸进行氢化时，在混合脂肪酸中的氢化速率差别很大。例如，在高温条件下豆油氢化用镍催化剂进行氢化，亚麻酸、亚油酸和油酸的双键氢化的速率常数比平均为：

亚麻酸：亚油酸：油酸＝30：20：1

上述的选择性忽略了在氢化期间形成的所有异构体，亚麻酸可以生成具有两个隔离双键的二烯异构体，这些异构体同单烯一样被氢化，但又当作二烯来分析，大量的单烯、二烯键位置异构及几何异构，其氢化速率可能也不相同。由于总反应速率常数是氢化期间形成的各种不同异构体的全部氢化速率常数的平均值，所以总反应速率常数在反应期间可能有所变动。同时，选择性未考虑累积毒素对催化剂的影响，因油或气体中的毒素可能改变 *SR*。当重新使用催化剂时，催化剂的 *SR* 可能改变。

三、反应级数和反应速率

油脂氢化过程中，很难对作为整体的反应指定任何确切的级数。在大多数固定压力的条件下，氢化接近于单分子反应特性。其中任何瞬间的氢化速率都大致与油的不饱和程度成正比。然而，由于氢化工艺条件不同，氢化反应特性明显受到影响。

图 2-4 所示为棉籽油的各种典型的氢化曲线，图中以油脂碘值的对数值对氢化时间作图。当按此作图时，真正的单分子反应，其碘值与氢化时间的关系是一条直线，如 B 线。在通常的压力、搅拌、催化剂浓度和中温或低温（低于 150℃）的氢化条件下，常可得到类似于曲线 B 的曲线。而在较高温度下，氢化曲线的形状类似于曲线 C，因为增加温度，对初期氢化加速的程度比对后期大得多，即加速亚油酸转化为油酸比加速油酸转化为硬脂酸的程度

大得多。在曲线 A 的情况下，氢化更接近于线性速率。这种曲线常得自氢化较饱和的油脂，如牛脂或棕榈油。当用低压、高浓度催化剂氢化时，有时也能得到这类曲线，此时氢化速率决定于氢气在油中的溶解速率。曲线 D 表示极高温度的氢化情况，或所用催化剂的浓度很低，或是在反应期间催化剂产生累积缓慢中毒的条件下氢化的结果。曲线 E 表示用一种本身已中过毒的硫酸镍作催化剂的氢化，在其反应的后期催化剂几乎完全失去作用。在催化剂迅速中毒条件下也可得到类似的曲线。如上所述，反应的简单顺序为：

$$亚麻酸 \xrightarrow{K_1} 亚油酸 \xrightarrow{K_2} 油酸 \xrightarrow{K_3} 硬脂酸$$

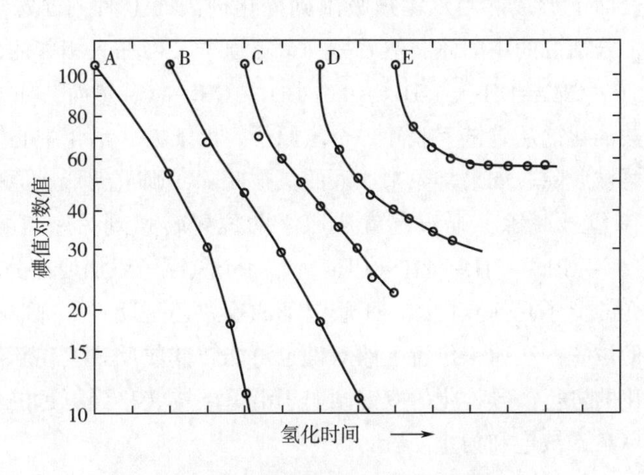

图 2-4　典型的棉籽油氢化曲线

这只是许多反应总体的一个近似情况。然而，一级反应的反应速率常数是可以算出的。图 2-5 表示实验所得的点，其中氢化豆油的组成用反应速率常数计算所得，而反应速率常数是以实验数据用数字计算机算得。对此反应二者有很好的一致性。由计算所得的速率常数可知，亚麻酸氢化是亚油酸的 2.3 倍（K_1/K_2），而亚油酸氢化是油酸的 12.3 倍（K_2/K_3）。

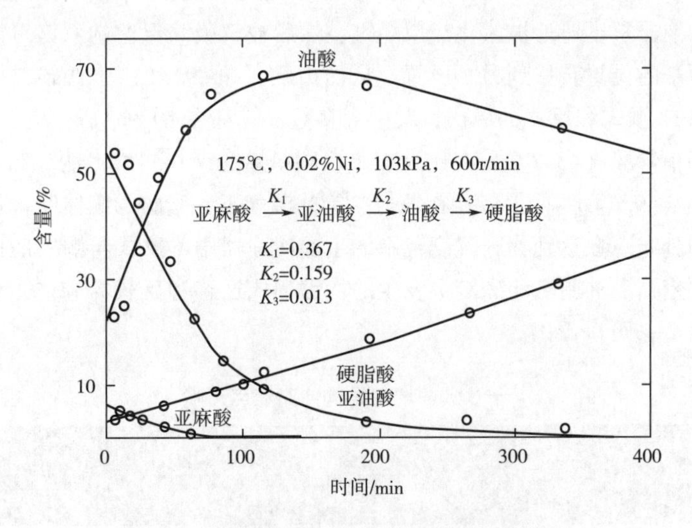

图 2-5　豆油氢化时各脂肪酸随时间的变化

四、 异构化

油脂氢化过程是在催化剂和氢气存在下，发生一系列化学变化的总和。当油脂被吸附于催化剂表面时，氢原子结合到不饱和脂肪酸的双键上，即起氢化作用。因此，双键既可被饱和，也可以产生异构化。对于部分氢化油脂的产生来说，位置异构体及几何异构体二者都将形成，而且均十分重要。

油脂与氢原子反应时，产生位置异构体和几何异构体，基本上均按吸附、表面反应、解吸机制，在催化剂表面上形成。当双键被吸附到催化剂表面上时，首先与一个氢原子起反应，由此产生一个十分活泼的中间体，然后另一个氢原子又可加入相邻的位置上，接着被解吸成一个饱和分子（$—CH=CH— + H_2 \rightleftharpoons —CH_2—CH_2—$）。然而，如果没有一相应氢原子与之反应，则可被催化剂从碳链上脱除一个氢原子。由于在“活化中心”两侧的氢均是活化的，因此两者均可被脱除。如果是原来加入的氢被脱除，则重新形成原来的双键，分子就被解吸。如果是另一氢被脱除，则双键就从原来的位置转移到另一位置（$—CH_2—CH=CH—CH_2— + H_2 \rightleftharpoons —CH_2—CH_2—CH=CH—$）。一个氢原子添加使部分双键饱和并有机会自由旋转成方向改变的分子几何异构体。不管是形成顺式还是反式，都取决于含有双键的碳原子在碳链上的几何位置。在原来位置上的双键也可能转变成反式，在新位置上的双键也可能被转移。随着氢化的进行，异构化的双键倾向于沿着碳链转移到更远的位置上，反式异构体的含量将增加到单烯键被饱和为止。

$$\begin{matrix} —CH_2—CH \\ \| \\ —CH_2—CH \end{matrix} \rightleftharpoons \begin{matrix} —CH_2—CH \\ \| \\ CH—CH_2— \end{matrix}$$

在亚油酸、亚麻酸及其他甘油三酯中有隔亚甲基的双键体系，也可能经历异构化过程。由于双键之间亚甲基上的氢很不稳定，当戊二烯接近催化剂时，亚甲基上的一个氢可被催化剂脱除，从而造成一个双键转移至共轭位置，一个氢加到共轭体系末端的碳原子上。当双键转移时它可以是顺式或反式，但是反式占主导地位。显然共轭体系被牢固地化学吸附在催化剂表面，因此它能非常迅速地被氢化成单烯键，然后被解吸。保留的双键可能既有顺式也有反式，也可由原来的位置转移到另一位置。从而由顺，顺-9，12-十八碳二烯酸酯氢化可得到9、10、11和12顺式和反式的单烯，其中大多数反式都在10和11位置上。

反式十八碳单烯酸（43.7℃）有比顺式十八碳单烯酸（16.3℃）明显高的熔点，但比起饱和的甘油三酯（69.6℃）低得多，在任何给定的温度下，脂肪的固体脂含量取决于这些或其他甘油三酯的分布。在达到物料温度范围的主要冷冻器中，反式与顺式的比例是确定熔化曲线斜率的主要依据。油脂氢化碳链上发生的双键顺式迁移和反式异构体，对氢化油的熔点影响很大，从表2-2可以看出。

表2-2 十八碳一烯酸异构体对熔点影响

双键位置	熔点/℃	
	顺式异构体	反式异构体
6—7	32~35	54.0
7—8	14	45.5

续表

双键位置	熔点/℃	
	顺式异构体	反式异构体
8—9	24	52. 5
9—10	16. 3	43. 7
10—11	22. 5	52. 5
11—12	14. 5	44. 0
12—13	27. 5	52. 5

五、 影响油脂氢化的因素

油脂氢化过程受诸多因素影响，就其加工条件而言，主要是反应温度、压力、搅拌速度和催化剂浓度。当然，油的种类和催化剂的种类，也对氢化后的产品有决定性作用。但对于同一类的油脂和催化剂，可根据所需产品的类型来变更反应参数，以求获得更接近所需产品要求的效果。虽然这些反应参数之间互相关联，但为更好了解这些条件的影响将分别讨论。因此，根据其对反应速率和选择性的影响分别讨论如下。

（一）温度的影响

氢化和其他化学反应一样，反应速率将随温度升高而加快。温度对氢化反应速率的影响略小于对一般反应的影响。但是，如果改变其他反应条件（如压力、搅拌等），其影响结果会发生不同程度的变化。

如图 2-6 所示，实验所用原料是碘值 130g/100g 的大豆油，氢化压力（103kPa）及催化剂种类（Ni）和浓度（0. 005%）相同条件下，改变反应温度对大豆油氢化反应速率的影响结果。从图中可以看出，达到碘值 80g/100g 时，在 204℃下氢化需要 65min 左右（曲线 A），在 160℃下氢化需要将近 110min（曲线 B）。

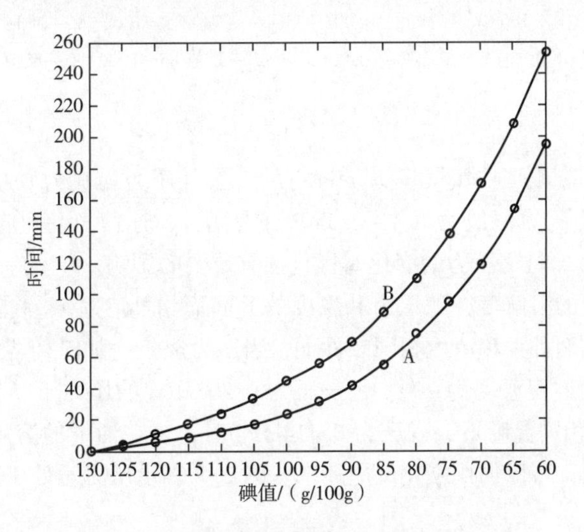

图 2-6 温度对大豆油氢化反应速率的影响

温度对氢化反应速率的影响，是反应过程中的主要因素之一。温度升高增大了氢气在油脂中的溶解度，加快了在催化剂表面的反应，使氢化反应速率加快。

氢化反应是放热反应，一般的植物油氢化时，每降低一个碘值单位就能使油温升高1.6~1.7℃。这种氢化热在工业上用于向氢化反应器供热。当反应物被加热到某一最低温度时就导入氢气，用反应热把反应物加热到某一氢化过程被控制的最高温度，以充分利用过程中的热能。

温度对反式异构体的选择性有明显的影响。它是两个作用的结果：①各种氢化反应活化能的不同；②在较高温度下增加反应速率而引起氢的不足。图 2-7 反映了这一点。图中比较了在 160℃（曲线 A 和 C）和 204℃（曲线 B 和 D）下氢化时，碘值为 70~85g/100g 的固体脂熔化曲线。温度对氢化过程中的异构化也有影响。随着反应温度的升高，反式不饱和物的生成量几乎直线上升。原因是在单独提高温度时，虽然有更多的氢供给到催化剂表面，但因反应极快，催化剂上的氢仍可能部分被耗尽，致使较高温度下异构化增加。

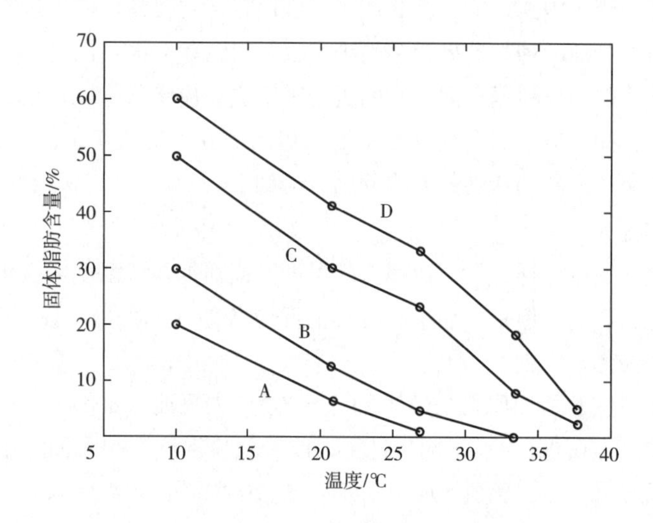

图 2-7　反应温度对大豆油固体脂肪含量的影响

曲线 A 和 C 在 160℃、103kPa、0.005%Ni，A—碘值 85g/100g，C—碘值 70g/100g；

曲线 B 和 D 在 204℃、103kPa、0.005%Ni，B—碘值 85g/100g，D—碘值 75g/100g

（二）压力的影响

大多数油脂工业氢化是在氢气压力下进行的，氢气压力一般为 0.07~0.4MPa（表压），目前国内间歇式氢化压力一般为 0.1~0.5MPa（表压），连续氢化（悬浮催化剂）压力在0.5~1.0MPa（表压），氢化压力的变化对氢化油有重要的影响。

氢气在植物油中的溶解度，随压力和温度的升高而增加。对某一指定的油脂氢化过程，在温度、搅拌、催化剂种类和浓度相同条件下，当压力成倍增加时，溶解在油中的氢气量也成倍增加。如在氢化过程温度为 200℃，表压为 0.207MPa 的压力下，氢在油中的溶解度为0.216L/kg 油，而在相同温度下，表压为 0.414MPa 时，氢在油中的溶解度为 0.432L/kg 油。因此，升高氢化压力，可以加快氢化反应速率。图 2-8 表示压力对处于两种不同温度下大豆油氢化速率的影响。

氢化压力对异构化的影响是有限的，在较高压力下异构化增长的速率较小。在低压下，溶于油中的氢并未覆盖催化剂的表面，但在高压下，特别是在低温下，增大压力并不能改变异构体的形成。因为在此条件下催化剂表面已被覆盖，而且压力已高至足以供给为增加氢化速率所需的全部氢气，但不改变异构化速率。压力对选择性比 *SR* 的影响，在较高压力下 *SR* 的增长速率，比在较低压力下的增长速率小，这也是由于被溶解的氢在催化剂表面上的浓度，即反应的有效氢所引起。

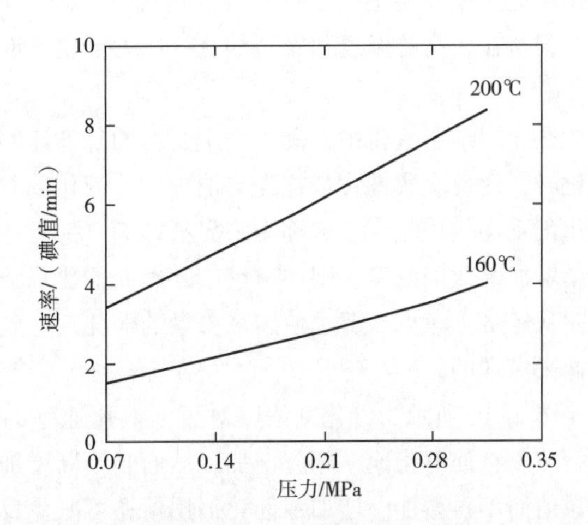

图 2-8　反应压力和温度对大豆油氢化速率的影响

（三）搅拌的影响

油脂氢化是在液体不饱和油、固体催化剂和气体（H_2）共处在一起时发生的非均相反应。氢化过程包括以下几个阶段：氢在液相中的溶解；已溶解的氢在液相范围内的质量传递；已溶解的氢从催化剂周围液体的边界层向催化剂表面扩散；氢从催化剂粒子外表面向催化剂微孔表面扩散；甘油三酯向催化剂粒子外表面和内表面扩散；反应物分子在催化剂上的化学吸附；在催化剂表面上的化学反应；液体边界层内反应产品在催化剂上的吸附；在液相范围内反应产品的质量传递。

油脂多相氢化不仅包含几个连续的和同时发生的化学反应，而且还包含气体和液体在固体催化剂表面传入和传出的传质物理过程。因此反应物必须搅拌。为了控制温度，搅拌必须使传热均匀。搅拌还将保持固体催化剂在整个反应物中悬浮，以使反应均匀。搅拌的形式可以是机械搅拌，也可以是具有一定压力的氢气以特定的形式连续不断地鼓入液体不饱和油和固体催化剂的混合物中，从而起到搅拌作用。

在低温氢化时，高速搅拌对氢化速率的影响比较小。因为在缓慢的反应速率下高速搅拌已把足够的氢供应到催化剂上，这时再增强搅拌已不会改变氢气的供应量。但在高温氢化下，氢化速率将随搅拌的变化而迅速变化，所以此时氢气的供应将限制氢化速率。搅拌对反应的选择性比 *SR* 有很大的影响。如图 2-9 所示，搅拌速度越高，*SR* 越低，因为如果有足够的氢供应到催化剂表面上，选择性就下降。同样，随着搅拌的增强异构化也减少。

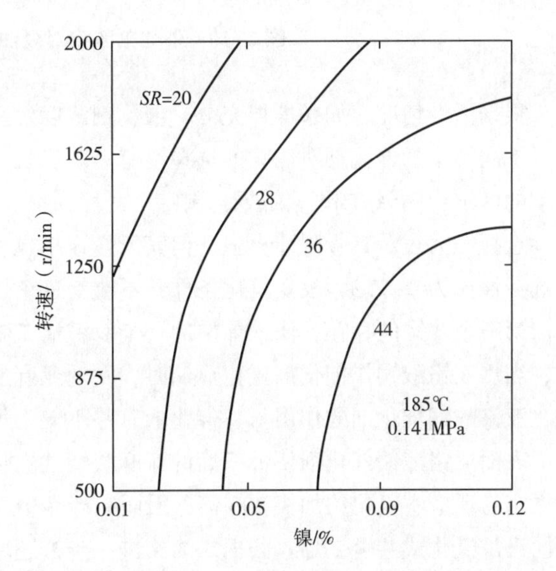

图 2-9　搅拌和催化剂对豆油氢化选择性比 *SR* 的影响

（四）催化剂浓度的影响

油脂氢化只有在催化剂存在的条件下才能实现。催化剂能引发和加速油脂氢化反应速率，就是说在绝大多数情况下，没有催化剂存在，油脂加氢的反应是不能实现的，甚至在极高的温度和极高的氢气压力下也不能实现。因此，油脂氢化使用的催化剂非常重要。

在食用油脂氢化中，催化剂主要目的是加速实现加氢到油分子的双键上。可是，在油脂氢化时，活性金属催化剂首先与油中能使催化剂失活的物质作用而消耗，直到与油中所有的催化剂毒物作用完全。这称为临界值影响。一旦达到这种临界值水平，继续添加催化剂，即继续增加催化剂浓度，则加速反应。然而催化剂浓度可以在很宽范围内变动，在实际生产中往往从经济上考虑，要求使用最少量的催化剂达到快速反应，而且这一目的通常是通过加速搅拌来实现的。

图 2-10 所示为催化剂浓度对豆油氢化速率的影响。在氢化温度和压力相同时，增加催化剂浓度将使氢化速率相应增加，然而当不断增加催化剂的用量时，氢化速率最终将达到某一数值而不再增加。增加镍催化剂用量还可减少反式不饱和物的生成，但影响不大。

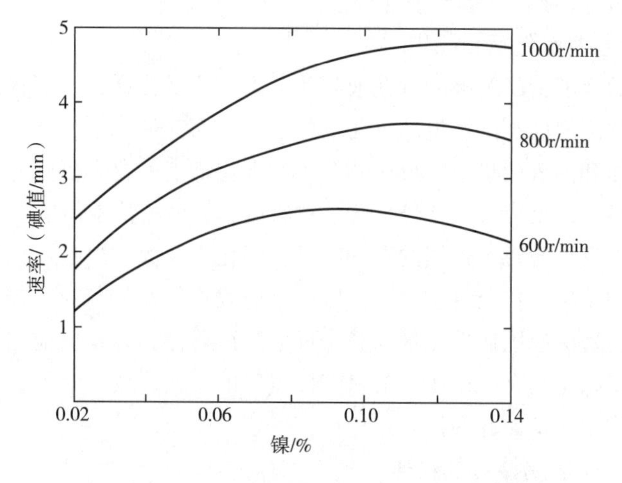

图 2-10　催化剂浓度对豆油氢化速率的影响

根据活性情况，如果搅拌充分，催化剂浓度对氢化的选择性没有明显的影响。

不同类型的催化剂对氢化的选择性有一定影响。常用的多相催化剂其选择性的强弱具有如下的区别：铜>钴或钯>镍或铑>铂。

选择性大表示其吸附能力强，但其反应速率也相应降低。镍催化剂氢化亚麻酸与亚油酸的选择性比为 2~2.3，改变氢化条件并不改变这个比例，显然二烯和三烯也以同样的机制氢化。第三个双键的存在，使三烯中的一个双键比二烯中的一个双键具有双倍氢化的机会。然而，当用亚铬酸铜作催化剂氢化豆油时，发现亚麻酸的 *SR* 是 8~12。

亚铬酸铜催化剂的作用与镍催化剂有些不同，可得更高的亚麻酸选择性比。显然，在催化剂表面亚铬酸铜催化剂使带三烯的亚麻酸酯共轭化。因为共轭化后的三烯要比原来亚麻酸酯更容易反应，氢化约加快 200 倍，因而在产品中不能累积。在共轭三烯从催化剂表面解吸之前已被氢化成共轭二烯。共轭二烯又进一步被还原为单烯，而单烯不会再被催化剂还原为饱和产品，因为用这种催化剂氢化的烯必须含有二个或多个双键。这种催化剂还能使共轭体系的异构化延伸，而镍、铂或钯并无此特性。异构化可延伸到末端位置，因为在氢化后的产品中发现相当量具有末端双键的单烯。特别是在低温条件下也有一些共轭二烯残留在油中。异构化反应速率要比二烯氢化为单烯更快。

（五）催化剂中毒的影响

成品油和氢气中可能含有会改变或毒害催化剂的杂质。催化剂中毒是一个可以对产品产生重大影响的因素。有毒物质有效地降低了催化剂的浓度，从而改变了反应的选择性、异构化和速率。已知原料油和氢气中存在的杂质对镍催化剂有有害影响。氢气可能含有一氧化碳、硫化氢或氨。成品油可能含有肥皂、硫化合物、磷脂、水分、游离脂肪酸、无机酸和许多其他可以改变催化剂的物质。研究已经确定，1mg/kg 的硫中毒 0. 004%镍，1mg/kg 的磷中毒 0. 0008%镍，1mg/kg 的溴中毒 0. 00125%镍，1mg/kg 的氮中毒 0. 0014%镍。硫主要通过抑制镍催化剂吸附和解离氢的能力来影响促进异构化的活性。磷以磷脂和皂的形式驻留在催化剂孔入口，阻碍甘油三酯通道，以达到更高的饱和度，从而影响选择性。水或水分和游离脂肪酸是钝化剂，通过与催化剂化学反应形成镍皂来降低氢化速率。

（六）精炼油质量的影响

成品油质量对加氢过程至关重要。微量杂质，如磷（磷脂）、残皂和水分可以通过催化剂中毒而降低其活性，对氢化反应和氢化油的质量都有很大的影响。因此，精炼油必须满足质量标准后，方可送去进行氢化。精炼油中最常见的有害杂质是残皂、磷脂（磷）、水分、游离脂肪酸、醛、酮和溶解氧。

为了获得良好的氢化反应，保持精炼油的以下质量标准是很重要的。

含磷：<1mg/kg；最好<0. 5mg/kg；

水分：<0. 1%；最好<0. 05%；

残皂：0mg/kg；

过氧化值：<4. 0g/100g；最好<2. 0g/100g；

游离脂肪酸：<0. 15%；最好<0. 1%。

磷脂在油中以磷的百万分之一（mg/kg）来测量和表示。这些化合物是表面活性剂。它们能使催化剂的活性部位中毒（失活）。它们在自然界中也是强极性的，这意味着它们有可以获得自由电子的能力。这些自由电子会毒害催化剂，降低其活性位点。这同样适用于肥皂和水分。因此，如果这些杂质（磷、肥皂或水分）的水平高于上述推荐的水平，催化剂就会中毒。这些杂质的影响在较长的诱导期和较慢的反应中被注意到。这就意味着，当成品油中某些杂质含量高于推荐含量时，反应开始缓慢。此外，这导致催化剂消耗量高于正常，氢化油质量不一致。

第二节　油脂氢化工艺及设备

一、油脂氢化工艺

油脂氢化工艺根据原料经过反应器运动状态的不同分为间歇式和连续式两种；根据氢气经过反应器的特点又可分为充氢的加氢氢化工艺和氢气外循环的加氢氢化工艺。

事实上，油脂氢化只是食用氢化油生产过程中的一个工段，总体工艺流程如下所示：

毛油→脱胶→脱酸→吸附脱色→氢化→后脱色→脱臭

由上述工艺流程可知，以毛油为原料生产氢化油时，整个工艺过程可分为前处理、氢化和氢化后处理三部分。无论是食用级氢化油还是工业级氢化油在氢化之前都要经过严格的前处理，氢化后处理的深度应根据氢化油的用途或者用户的具体要求决定。

油脂氢化的前处理的优劣直接影响到氢化单元操作和氢化的生产成本。所有天然油脂都含有能抑制氢化的物质，其量和种类非常大，如硫化物、钠皂及金属皂、棉酚及其衍生物、磷脂等均对催化剂有抑制作用，甚至微量的硫化物也能迅速并且不可逆地毒化催化剂。因此，为了减少催化剂的消耗，降低加氢温度减少油脂的水解和分解，必须对加氢的原料进行严格的前处理，脱除油脂中的毒物。油脂前处理的方法根据原料品种的不同会有所差异，但基本方法却大体相同，即都要经过脱胶、脱酸、吸附脱色等过程。油脂氢化的后处理工艺的设置由氢化油的最终质量要求而定，其处理方法是脱色和（或）脱臭。

现就氢化单元操作的不同工艺阐述如下。

（一）间歇式充氢的加氢氢化系统

间歇式充氢的加氢氢化工艺是食用（或工业用）油脂氢化工业早先使用的一种加工工艺，目前仍在沿用，而且在工业应用中占绝大多数。其工艺流程如下：

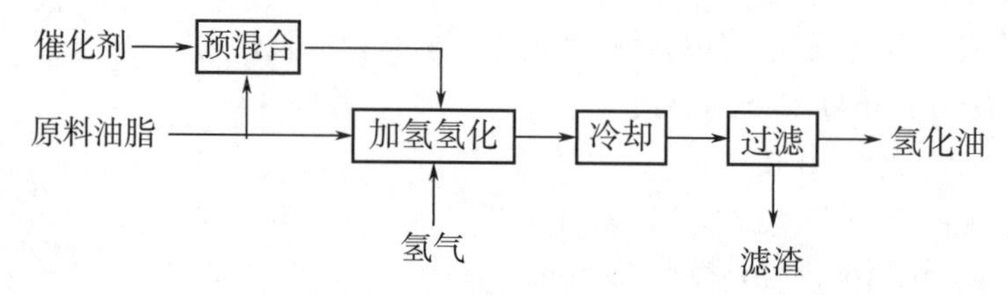

图 2-11 所示是油脂间歇式充氢的加氢氢化工艺设备流程。经过前处理的待氢化原料油脂分别计量后一部分送入预混合罐与催化剂预混合，混合温度在 80~120℃，搅拌速率 80~120r/min，催化剂浓度控制在 30%，催化剂用量根据待氢化油脂的品质、催化剂的活性等因素而定，一般用量 0.02%~0.1%（以整个待氢化油脂质量为基准），混合均匀后进入氢化反应器；其余大部分直接送入氢化反应器。

待氢化油脂在进入氢化反应器之前，要先将氢化反应器抽成真空状态，并维持 9.48×10^4Pa的真空度。在升温过程中、加氢前要保持真空状态一段时间，以便在达到高温前除去油中的空气及水分，以免影响氢化时氢气的纯度，而导致氢化反应速率减慢、氧化分解等副反应的加剧。当加热盘管中的蒸汽把这批物料加热到所需的操作温度时，即停抽真空，将氢气通入反应器，并通过补充加氢维持所需的压力。氢化时，压力一般控制在 0.2~0.5MPa，反应温度 180~200℃（终温），一般不超过 220℃，氢化反应时间根据原料油脂的品种及氢化油的用途（或碘值降低数）确定。当氢化反应完成后，停止加氢气。将上部空间的氢及积累的杂气通过阻火器放入大气，再将反应器抽真空，冷却盘管中通冷却水，同时开动搅拌器，把油温降至 70~90℃，然后破真空。

经冷却降温的物料由输送泵先送到预涂层罐，在此与一定量的过滤助剂混合均匀，再泵入压滤机过滤，最初滤出的混浊油应返回氢化反应器，待滤液清澈后送至后处理工段进行后脱色，根据氢化油的具体用途，必要时进行脱臭处理。

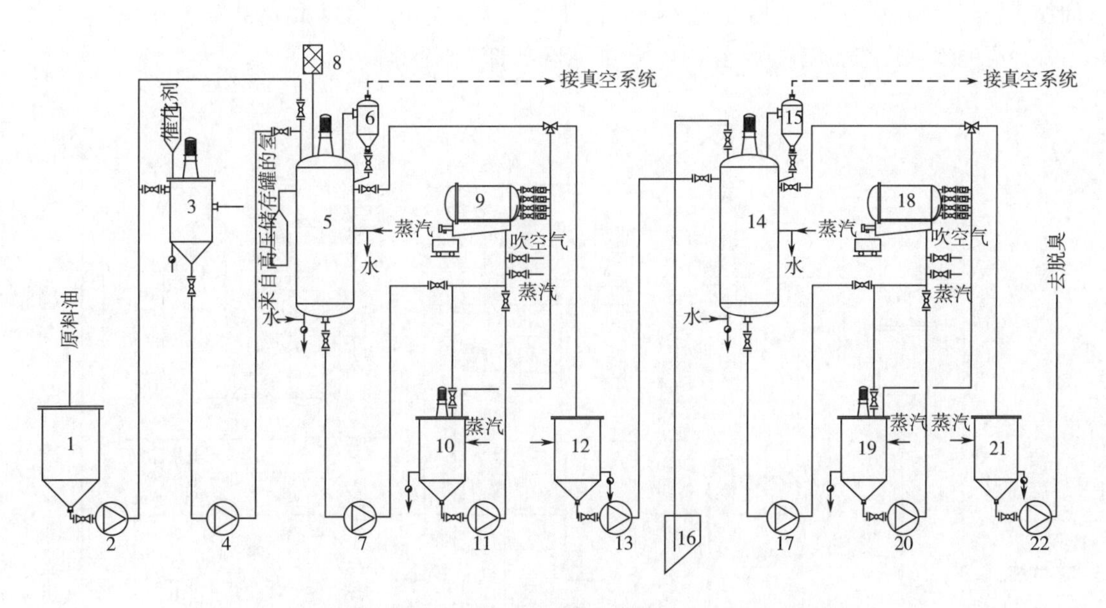

图 2-11　油脂间歇式充氢的加氢氢化工艺设备流程

1—原料油储罐　2—油泵　3—预混合罐　4—油泵　5—氢化反应罐　6—捕集器
7，11，13，17，20，22—油泵　8—阻火器　9，18—过滤机　10—预涂层罐
12—氢化油储罐　14—脱色罐　15—捕集器　16—白土加料罐　19—浊油暂存罐　21—脱色油储罐

间歇式充氢的加氢氢化系统操作中，氢气的非反应损耗取决于氢化结束时从氢化器上部空间放空的氢气量及不小心造成的氢气泄漏量。在设计良好和操作良好的工厂中，用纯氢由棉籽油和豆油生产起酥油和人造奶油时，氢气的非反应损耗不超过反应所需氢气的 3%~5%。

氢化的主要设备采用有机械搅拌的反应器，其他辅助设备按工艺要求进行配置。

间歇式充氢的加氢氢化工艺有如下特点：①因为物料经过脱气和脱水，故可防止油脂氧化和水解；②能更有把握地控制反应，因此能改进产品的均一性（整个反应在一定的恒温下进行，被油吸收的氢气量易于从氢气供应罐的压力降来确定）；③选择性的范围较广，决定选择性的因素不仅依赖于温度，也依赖于操作压力可在较大程度上的变动；④设备较简单，投资额低，易于维修。

（二）间歇式氢气外循环的加氢氢化系统

间歇式氢气外循环的加氢氢化工艺与间歇式充氢的加氢氢化工艺的主要区别在于氢化时加氢方式不同。即充氢方法加氢时，供给反应器氢气，在反应器内部循环，只有在它卸料或放氢时，从设备排出；氢气外循环加氢方法是在氢化反应过程中有大量过剩的未反应的氢气从反应器内连续地排出，经分离、冷却、洗涤等过程最后与补充的新鲜氢气一起送回反应器中。其他工艺操作基本相同。

图 2-12 所示是油脂间歇式氢气外循环的加氢氢化工艺设备流程。在具有机械搅拌的氢化反应器内，为了扩大氢气-油脂界面的建立和补充氢气的反应消耗，氢气的供给量是其理论消耗量的 2~4 倍。未反应的氢气从反应器排出并在净化后循环使用。从图中知道，从氢气储存罐（或储存氢气的钢瓶）中来的新鲜氢气进入混合器，在混合器内与从净化系统排出的循环氢气混合，再用压缩机经稳压罐送入列管式冷却器，低温冷载体在冷却器与制冷装置之

间循环，氢气通过冷却器被冷却到3~5℃，其水蒸气含量可从25~40g/m³降至3g/m³左右。已被冷凝的水从冷却器流入接受器中，经捕油器定期溢流出来。

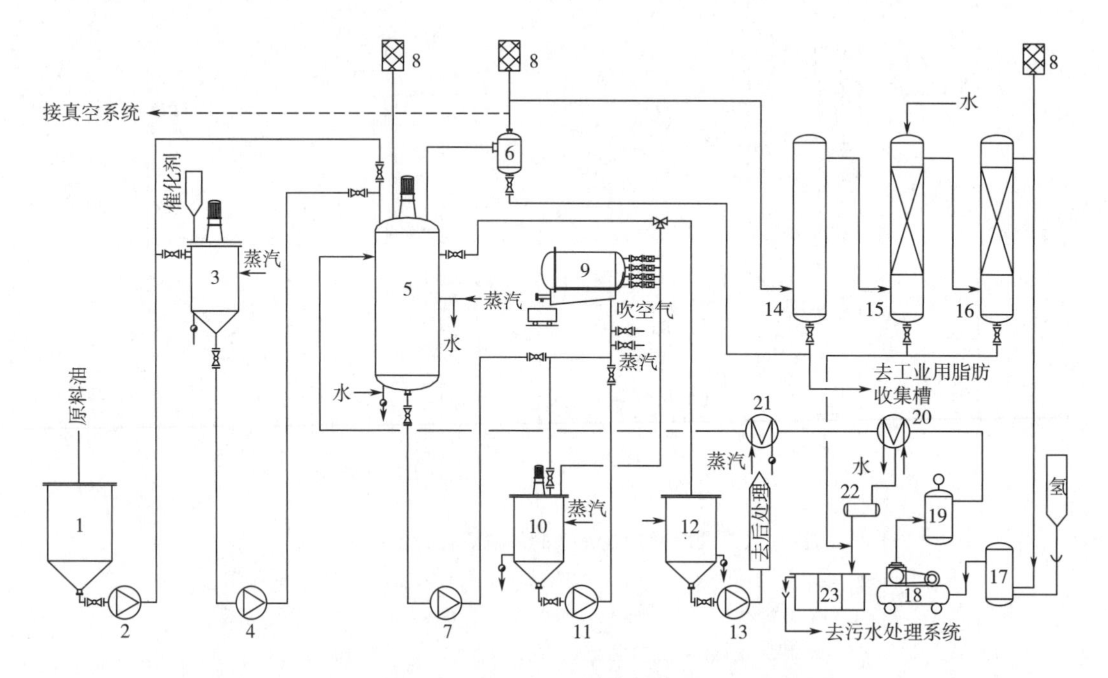

图2-12 油脂间歇式氢气外循环的加氢氢化工艺设备流程

1—原料油储罐 2，4，7，11，13—油泵 3—预混合罐 5—氢化反应罐 6—捕集器 8—阻火器 9—过滤机 10—预涂层罐 12—氢化油储罐 14—空心塔 15—洗涤塔 16—液滴捕集器 17—混合器 18—氢气压缩机 19—稳压罐 20—冷却器 21—预热器 22—接受器 23—捕油器

已干燥的氢气经预热（100~120℃）后进入反应器的鼓泡器，在通过物料层时部分发生反应，未反应（50%~75%）的氢气（温度150~170℃）从反应器进入离心液滴分离器，分出夹带的油脂，分离后的气体进入空心塔，在空心塔内已膨胀的气体降低流速并被冷却，同时进一步分出夹带的油脂。氢气往下连续地通过用水喷淋的洗涤塔进行洗涤净化，并被冷却到30~40℃，洗涤后的气体再经液滴捕集器捕集后进入混合器与补充的新鲜氢气混合后进行连续不断地循环，直至一批油脂氢化完毕。

氢气净化过程中捕集的油脂含有令人不愉快气味的油脂深度分解产物。在单独处理后作为工业用油。

在氢气净化系统中每吨氢化油水的消耗为0.7~1m³。

在再循环系统的操作中，反应器几乎总是充满氢气，其压力与贮罐压力相同。即除非氢化正在进行外，其压力总是随氢气低压储罐而变动。当催化剂随着油投入后，氢化通常在加热下进行，直到油的碘值降低到要求的数值时为止。

由于对氢气净化设备的作用，人们有不同的看法，因此在设计上这一部分的变化很大。早期的装置中再循环气的处理有水洗、碱洗，有时甚至还用活性炭吸收。用现代的电解法、蒸汽-烃法或铁-水蒸气法可制备出纯度较高的氢气，因而复杂的净化装置并无真正的优点。有些工厂除保留水洗外其余各步都已省去。

（三）连续氢化系统

因为在现代食用油脂生产中，脱胶、脱酸、脱色、脱臭和包装均是连续和半连续的，因而油脂连续氢化也是人们所期望的，它将使工厂能最经济地使用空间、劳动力和能源。

根据催化剂和油脂接触方式，连续氢化工艺分悬浮催化剂的连续氢化和固定床催化剂的连续氢化。

1. 具有悬浮催化剂的连续氢化系统

图 2-13 所示是具有悬浮催化剂的油脂连续氢化工艺设备流程。氢化的主要设备是悬浮催化剂加氢反应塔，根据工艺需要反应塔可以是一只、两只或多只串联组成的一组氢化反应器（该工艺中采用了两只）。

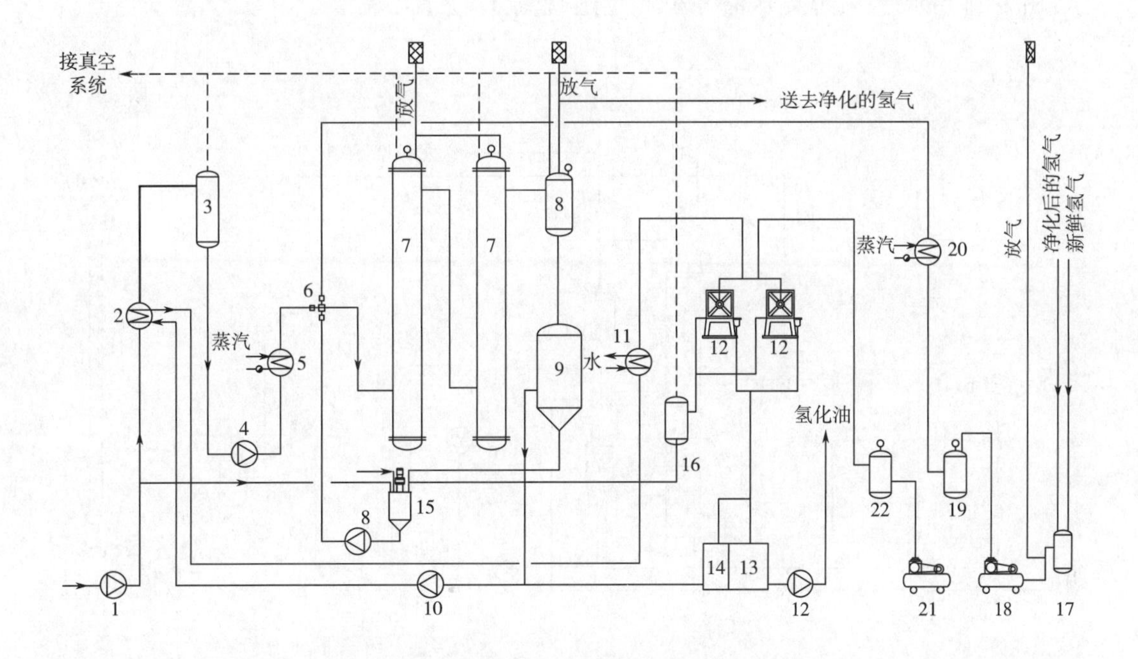

图 2-13 具有悬浮催化剂的油脂连续氢化工艺

1—输油泵 2—热交换器 3—析气器 4，10—泵 5—预热器 6，17—混合器 7—氢化反应塔 8—分离器 9—氢化油收集罐 11—列管式冷却器 12—压滤机 13—收集槽 14—污油罐 15—混合罐 16—浊油管 18—压缩机 19—高压集气罐 20—列管式加热器 21—空气压缩机 22—储气罐

待氢化油脂计量后由输油泵 1 经热交换器 2 送入析气器 3，在真空状态下脱除溶解在油脂中的空气（在油中水分偏高时也可以进一步脱水），控制析气前油脂的温度在 100~120℃；然后用泵 4 送到预热器 5 及混合器 6，在这里油脂、催化剂和氢气按照工艺要求的比例进行混合，混合均匀的物料进入第一只氢化反应塔 7，并依此进入其余的反应塔。油脂在预热器 5 内的预热温度根据氢化工艺要求反应温度一般控制在 180~220℃，最高不超过 240℃；所用氢气的表压一般为 0.2~0.6MPa，最高不超过 1MPa。

氢化油从最后的反应器上部与氢气和催化剂一起通过分离器 8，在那里压力降低并且含有催化剂的氢化油从大量氢气中分离出来，往下通过氢化油收集罐 9，再用泵 10 经热交换器 2 和列管式冷却器 11，把油温降至 70~90℃后进入压滤机 12，将氢化油和催化剂分离。过滤后的氢化油汇集在收集槽 13 里，根据其用途，再由泵送往后处理系统或作为成品储存。

新鲜的和已净化的氢气混合物从混合器 17 用压缩机 18 经高压集气罐 19 和列管式加热器 20 送入混合器 6 内。与被加氢的原料一起根据过程的进程进入第一只氢化反应塔 7，氢气在分离器 8 内从氢化油中分离出来之后进入氢气的净化系统，净化后循环使用。

新鲜催化剂在混合罐 15 与待氢化油脂或氢化油按照工艺要求的比例混合后送入混合器 6 再送到氢化反应塔 7。循环使用的催化剂首先在压滤机 12 底板上待氢化油脂或氢化油稀释卸入混合罐 15 内，在氢化油收集罐 9 内沉淀的催化剂，间歇地卸入混合罐 15 内。

2. 具有固定床催化剂的连续氢化系统

图 2-14 所示是具有固定床催化剂的油脂连续氢化工艺设备流程。

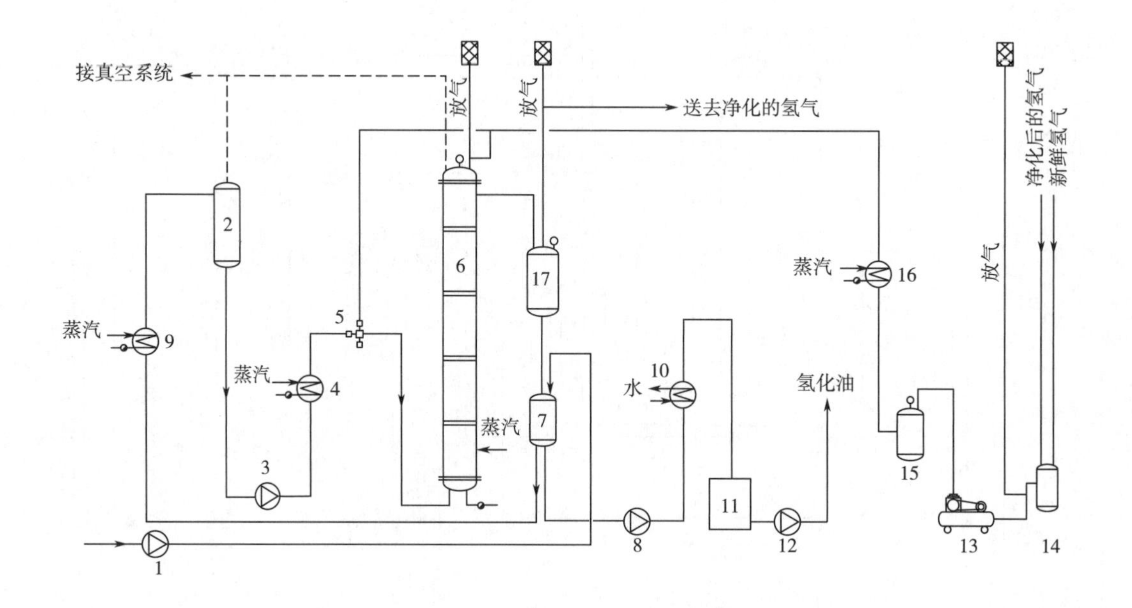

图 2-14　具有固定床催化剂的油脂连续氢化工艺

1—输油泵　2—析气器　3，8，12—输油泵　4—预热器　5，14—混合器
6—氢化反应塔　7—热交换器　9—加热器　10—冷却器　11—暂存罐
13—压缩机　15—高压集气罐　16—加热器　17—分离器

待氢化油脂计量后由输油泵 1 经热交换器 7 和加热器 9 送入析气器 2，在真空状态下脱除溶解在油脂中的空气（若油中水分偏高时也可以进一步脱水），控制析气前油脂的温度在 100～120℃；然后用泵 3 送到预热器 4 及混合器 5，在这里油脂和氢气按照工艺要求的比例进行混合，混合均匀的物料进入第一只氢化反应塔 6。油脂在预热器 4 内的预热温度根据氢化工艺要求反应温度一般控制在 180～220℃，最高不超过 240℃；所用氢气的表压一般为 0.6～1.6MPa。反应后的氢化油经分离器 17 气-液分离后，在热交换器 7 内与待氢化油脂进行换热。氢化油根据其用途由泵送往后处理系统或经冷却器冷却后作为成品储存。

新鲜的和已净化的氢气混合物的操作方式与悬浮催化剂的连续氢化系统基本相同。采用悬浮或固定床催化剂的连续氢化时氢气的供应量超过氢气消耗量的6~10倍。

固定床催化剂的连续氢化系统，氢化油不需要过滤除去催化剂，使操作更加方便。但固定床催化剂随着使用的进程其催化活性逐渐降低，因此，在使用1~3个月后直接在反应塔内进行再生或更换新的催化剂。该氢化系统适合于催化剂毒物含量极低的油脂氢化。

二、 油脂氢化设备

随着近代油脂工业的不断发展，油脂氢化技术越来越引起人们的重视，产品也越来越多。由于油脂氢化是在液体不饱和油、固体催化剂和气体（H_2）共处在一起时发生的非均相反应，因此对氢化反应设备也提出相应的设计要求，如催化剂与待氢化油脂的均匀混合，氢气与油脂、催化剂的充分接触，氢化反应温度、反应压力等加工条件的可调性，操作的安全性，有效的气密性，同时还要兼顾到设备制造的可行性和经济性。

根据原料油脂在氢化反应器内的运动状态，氢化设备分间歇式氢化和连续式氢化两种类型。一个完整的氢化系统（或氢化车间）是由氢化主要设备和辅助设备组成。

氢化反应器是氢化单元操作的主要设备，包括有机械搅拌的反应器（氢化反应釜）、环路文丘里反应器、塔式反应器（氢化反应塔）等。

（一）有机械搅拌的反应器（氢化反应釜）

常规的氢化反应釜（图2-15）是固定装配在釜体上的转速为100~120r/min搅拌器的立式罐。设备的总容积根据其产量的大小来确定；在靠近釜体的底部装有一个或多个环形氢气鼓泡器，每个环形氢气鼓泡器的内外两侧设有两组数量不等、直径为1~2mm的氢气喷孔，用来均匀分布氢气。搅拌装置采用涡轮搅拌器，搅拌可以分散喷入的氢气气泡，从而使氢气通过料层缓慢地上升至顶部空间，增加了氢气与其他物料的接触面积，延长了相互作用时间，同时也有利于固体催化剂在反应体系中均匀分散。氢气鼓泡和搅拌的协调作用有效地提高氢化反应速率。沿釜体内壁周向设置4~6组蛇管热交换器，用于物料的加热和氢化产品的冷却。根据氢化反应压力的大小，釜体的上下封头均采用受压均匀的曲面封头（球形封头、椭圆封头或碟形封头），在上封头或釜体上设置检修孔和供料、排料接管以及安全阀、温度计、压力表等接管。

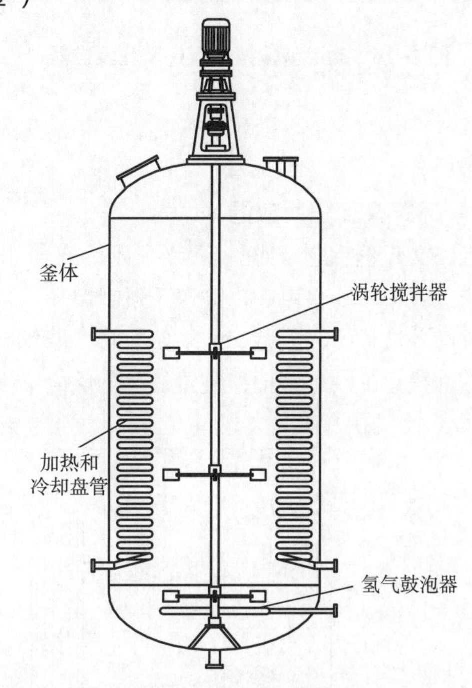

图2-15 常规氢化反应釜

图2-16是改进型搅拌装置的氢化反应釜。该设备的外形与常规的氢化反应釜相类似，其区别主要是搅拌装置的不同，它是采用套筒式螺旋搅拌器，搅拌器的螺旋转动产生一种有效下压的轴向力，使物料沿轴向向下运动，并在套筒上端入口处设置挡板，形成许多涡流，

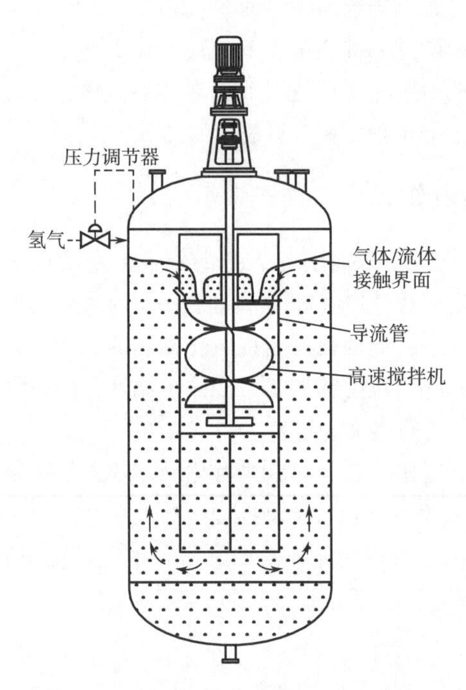

图 2-16 改进型搅拌装置的氢化反应釜

涡流连续地使油脂带着釜体顶部空间的氢气进入套筒，通过套筒向下运动。这种搅拌器的转速为200~300r/min。在食用油脂工业应用以及其他类似的应用中，已证实轴向螺旋混合器的效果。

上述氢化反应釜大多情况下被用作间歇式氢化的主要设备，间歇式氢化操作物料的进出是间断性的，即物料在氢化反应釜内反应时，主物料相对于工艺系统的其他工序是静态的，而氢化反应釜内部由于强烈搅拌作用，使油脂、催化剂和氢气在整个反应体系内浓度均衡，操作易于控制，产品质量容易保证。这类氢化反应釜也可以用作连续氢化的主要设备，连续氢化是用一组串联的机械搅拌反应器来完成，物料在连续不断地流经氢化设备（一组）时，容易产生部分物料短路和部分物料滞留现象，氢化反应不易均衡，操作不易控制，影响产品质量，实际生产中较少采用。

（二）环路文丘里反应器

环路文丘里反应器如图2-17所示。它使用一种文丘里管原理的喷射型混合喷嘴，在氢化反应过程中，物料由一台输送泵强制循环，并以一定压力通过文丘里喷射型混合喷嘴使周围氢气随着液体一起喷射，结果使油脂、催化剂和吸入的氢气强烈地混合。环路文丘里反应器与前面描述的改进型搅拌装置的氢化反应釜不同，然而它的效果是相同的，即它增加了氢有效溶解在油中的量。已经表明这种设计对食用油脂氢化是有效的。此反应器被用作间歇式氢化的主要设备。

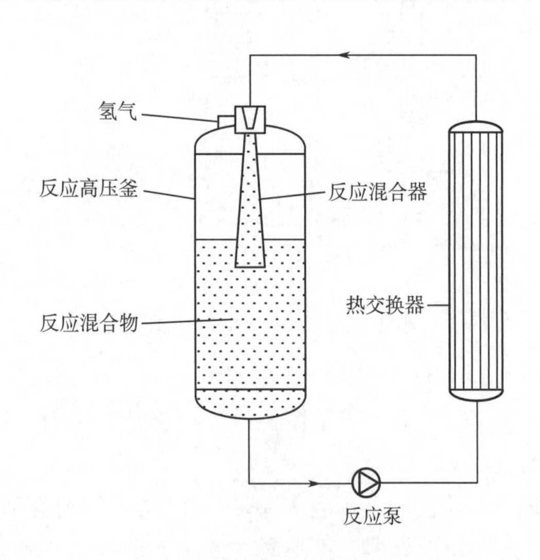

图 2-17 环路文丘里反应器

（三）悬浮催化剂加氢反应塔

如图2-18所示为早先使用的悬浮催化剂加氢反应塔，塔径与塔高比为1：(10~20)。塔体的上端部分冷却段，在塔体外设冷却用夹层，用来冷却已反应的物料；下端部分为反应段，在塔体设加热（或保温）用夹层，用来控制或调节氢化反应温度；在上、下封盖或釜体上设置供料、排料和真空接管以及安全阀、温度计、压力表等接管；在塔内连续氢化反应时间一般为10min左右，反应速率高达每分钟降低碘值

25~30g/100g。

待氢化的液态油脂、氢气及催化剂的混合物从原料进口管 11 进入加氢反应塔的下部并经过上面的氢化油出口 3 从反应器内排出。反应压力为 1MPa，温度为 180~240℃。反应过程中需要补充的氢气从底部封头的放空管 9（也供停车时卸料用）压入。在连续氢化成套装置中，用该塔作为氢化的主要设备时，根据原料和产品的具体要求，可采用单塔氢化工艺，也可以采用多塔串联的催化剂工艺。

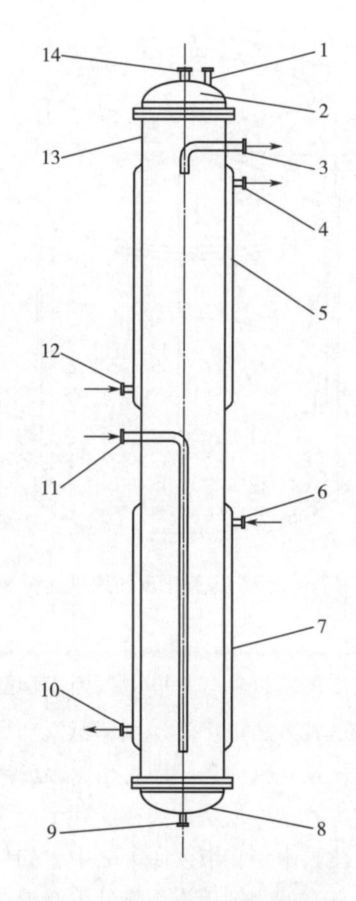

图 2-18 悬浮催化剂加氢反应塔

1—放氢接口 2—上封头 3—氢化油出口 4—冷却水出口管 5—冷却夹套 6—蒸汽进口 7—加热夹套 8—下封头 9—放空管 10—冷凝水出口管 11—原料进口管 12—冷却水进口管 13—真空管 14—真空接口

待氢化的液态油脂从设备的下部进入并从它的上部排出。从理论上讲，在塔式反应器内液流的运动不伴随物料纵向和径向的混合，称为完全（理想）位移的反应器，理论上像这样的反应器内原始物质所有的质点停留时间是一样的，并且等于液流经过反应区的时间，而反应物的浓度沿着反应器从下向上逐渐降低，那么，在完全（理想）位移的反应器内可以保证所有液流原料具有同样的化学转化程度。事实上，在氢气强烈鼓泡的条件下，塔式反应器应处在完全位移反应器和完全混合反应器之间的过渡状态。所以，在产量和设备一定的前提下，也存在产生部分物料短路和部分物料滞留现象，影响氢化产品质量。

另一种氢化反应塔，塔体内设置一系列的固定挡板，将其分成许多反应室，每一反应室有一固定的涡流搅拌器。因为每一反应室用一块距搅拌轴四周只有很小间隙的水平挡板盖着，因此有效地减少了反应室之间的物料返混（部分物料短路和部分物料滞留）现象。使油脂连续氢化反应更均衡。

（四）固定床连续催化加氢反应塔

所谓固定床连续催化加氢反应塔，其外形与悬浮催化剂加氢反应塔基本相似。固定的催化剂装在带有底孔的圆筒形催化剂篮里，如图 2-19 所示。带底孔的催化剂篮在塔内的安装高度约为 7m，在催化剂上面气体空间的高度为 1~1.5m。待氢化油脂及氢气从塔的底部进入反应塔，氢化油从靠近塔顶部的出口管排出。

在连续氢化成套装置中，用该塔作为氢化的主要设备时，根据原料和产品的具体要求，可采用单塔氢化工艺，也可以采用多塔（一般为两塔或三塔）串联的催化剂工艺。

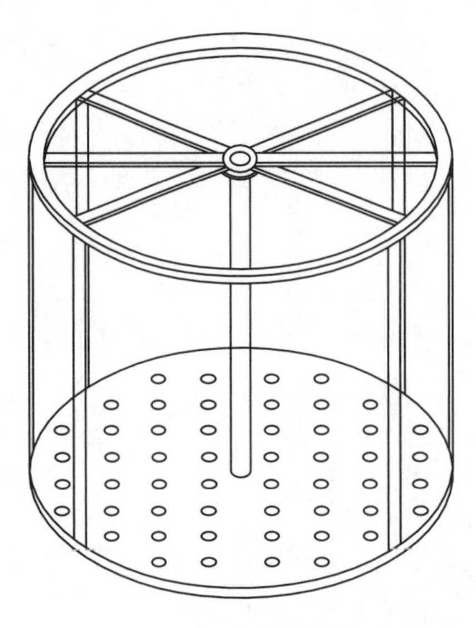

图 2-19 固定床氢化反应塔催化剂篮

固定床催化剂加氢反应塔，其特点是油脂氢化反应过程中催化剂在塔内是相对静止，而且是一次性的，也就是说，待氢化油脂和氢气的混合物料在流经塔内固定床催化剂时发生反应，而后从塔顶排出，氢化油不需要过滤除去催化剂，操作更加方便。固定床系统的主要缺点是由于原料中的杂质累积在催化剂上，会使催化剂逐渐中毒或失活，影响反应速率和选择性。实际生产时，需根据原料的品质和产品的要求，定期更换催化剂。上述原因致使该技术的应用受到限制。

根据氢气经过反应器的特点，氢化反应器又可分为充氢的加氢方法和氢气外循环加氢方法两种类型。充氢方法加氢时，供给反应器氢气，在反应器内部循环，只有在它卸料或放氢时，从设备排出，在氢气压力足够时这种方法被广泛采用；氢气外循环加氢方法是在氢化反应过程中有大量过剩的未反应的氢气从反应器内连续地排出，经分离、冷却、洗涤等过程最后与补充的新鲜氢气一起送回反应器中，这种加氢方法在实际生产中较少采用。

连续氢化技术仍在继续研究之中，如何进一步降低氢化原料中的杂质含量、优化氢化设备的设计、减少催化剂用量、降低生产消耗等，将是目前油脂氢化研究的方向。

三、 氢化过程反式脂肪酸控制

天然存在的食用油和脂肪中的大多数不饱和脂肪酸都含有顺式结构的双键碳链。不饱和油中的反式几何异构体以及由此产生的脂肪是高温工业加工的结果，如物理精炼、脱臭，特别是不饱和脂肪酸的部分氢化。食用含反式脂肪酸（TFA）含量高的脂肪食物已被证明会提高低密度脂蛋白胆固醇（LDL），从而增加患冠心病（CHD）的风险。这促使美国食品与药物管理局（FDA）强制要求在食品中标明反式脂肪的含量。FDA 对 TFA 或反式脂肪（TF）的化学定义是，“在反式结构中含有一个或多个孤立（非共轭）双键的不饱和脂肪酸”。反式脂肪酸还能降低人血清中理想高密度脂蛋白的水平。

在商业上有几种途径可用于减少氢化油中反式脂肪酸含量。一是使用合适的镍催化剂，控制操作反应条件，如反应温度、反应压力、催化剂浓度等，以实现油中反式脂肪酸的还原。二是使用铂或其他贵金属催化剂。

（一）综合控制操作条件

必须理解的是，有必要操纵这些过程变量中的一个或多个，使得氢化油中反式脂肪酸的含量降低。有利于生产低反式脂肪酸的反应条件见表 2-3，即：低反应温度、高反应压力、强力搅拌、低催化剂浓度、高催化剂活性和低选择性催化等。

表 2-3　　同一终点生产高、低含量反式脂肪酸的工艺条件

工艺参数	产生较高的反式脂肪酸产品	产生较低的反式脂肪酸产品
反应温度	反应温度高	反应温度低
反应器压力（氢气压力）	低压	高压
搅拌	低速搅拌	高速搅拌
催化剂（镍）浓度	高浓度	低浓度
催化剂活性	低活性	高活性
催化剂选择性	高选择性	低选择性

例如，与使用较低温度（104℃）、较高压力（620kPa）和较高镍负荷（0.04%）时相比，较高反应温度（204℃）、较低反应压力（310kPa）和较低镍负荷（0.005%）的豆油中，相同终点碘值（65g/100g）产生的反式脂肪酸显著较高，结果见表 2-4。后一种反应条件在反应器温度较低时产生的反式脂肪酸明显较低，而在操作压力和镍负荷较大时产生的反式脂肪酸明显较低。

当反应温度为 77℃，反应压力为 1717kPa，镍负荷为 0.11%时，反式脂肪酸水平进一步下降，结果见表 2-5。加氢温度对加氢油中反式脂肪酸含量的影响如图 2-20 所示。

表 2-4　　生产低反式脂肪酸型大豆油的反应操作条件

碘值/（g/100g）	温度：204℃；压力：310kPa；镍：0.005%						温度：104℃；压力：620kPa；镍：0.04%					
	$C_{18:0}$	$C_{18:1}$	$C_{18:2}$	$C_{18:3}$	TFA	SFC	$C_{18:0}$	$C_{18:1}$	$C_{18:2}$	$C_{18:3}$	TFA	SFC
130	3.3	23.0	54.4	8.2	0.0	0.0	4.8	21.9	52.9	7.7	3.1	0.0
125	3.7	29.6	49.8	6.4	6.1	0.0	5.4	24.1	49.6	7.2	5.1	1.2
120	3.9	36.0	45.1	4.9	11.6	0.4	5.9	27.1	46.2	6.6	7.1	2.3
115	4.0	42.2	40.5	3.6	16.4	0.6	6.2	30.6	42.6	5.9	9.2	2.9
110	4.0	48.0	35.8	2.6	20.8	1.0	6.5	34.5	38.9	5.1	11.2	3.4
105	4.2	53.3	31.1	1.8	24.6	2.0	6.8	38.6	35.2	4.3	13.2	3.7
100	4.4	58.1	26.6	1.1	28.0	3.5	7.1	42.8	31.4	3.5	15.2	4.1
95	4.9	62.2	22.3	0.7	30.9	5.7	7.6	47.0	27.6	2.7	17.2	4.8
90	5.8	65.5	18.2	0.4	33.4	8.7	8.3	51.0	23.8	1.9	19.0	5.9
85	7.1	68.1	14.4	0.2	35.5	12.6	9.3	54.6	20.1	1.3	20.8	7.5
80	8.9	69.7	11.0	0.1	37.2	17.5	10.6	57.7	16.5	0.7	22.5	9.9
75	11.4	70.2	8.0	0.0	38.7	23.5	12.3	60.2	13.0	0.2	24.1	13.3
70	14.6	69.7	5.5	0.0	39.8	30.8	14.5	61.9	9.7	0.0	25.6	17.7
65	18.6	68.0	3.5	0.0	40.8	39.4	17.3	62.6	6.6	0.0	26.9	23.3

注：①加下划线值表示与其他条件相比有显著差异；②所有的分析都以百分比表示；③SFC 为在 21.1℃下的值。

表 2-5　　氢化大豆油中反式脂肪酸的进一步减少

碘值/(g/100g)	温度：77℃；压力：1717kPa；镍：0.11%					
	$C_{18:0}$	$C_{18:1}$	$C_{18:2}$	$C_{18:3}$	TFA	SFC
135	4.0	20.7	55.8	8.0	0.9	—
130	5.2	22.3	52.8	7.6	2.7	0.0
125	6.1	24.3	49.7	7.0	4.5	0.0
120	6.9	26.8	46.5	6.4	6.3	1.3
115	7.6	29.7	43.2	5.7	8.1	1.9
110	8.3	32.7	39.9	4.9	9.8	2.5
105	8.9	35.9	36.6	4.2	11.5	3.0
100	9.7	39.2	33.2	3.4	13.1	3.7
95	10.5	42.4	29.8	2.6	14.7	4.5
90	11.5	45.4	26.4	1.9	16.1	5.6
85	12.7	48.2	23.1	1.3	17.4	7.2
80	14.3	50.6	19.8	0.8	18.6	9.2
75	16.1	52.6	16.6	0.3	19.7	11.9
70	18.3	54.0	13.4	0.1	20.5	15.3
65	21.0	54.8	10.3	0.0	21.2	19.5
60	24.2	54.9	7.4	0.0	21.8	—

注：①加下划线值表示与其他条件相比有显著差异；②所有的分析都以百分比表示；③SFC 为在 21.1℃下的值。

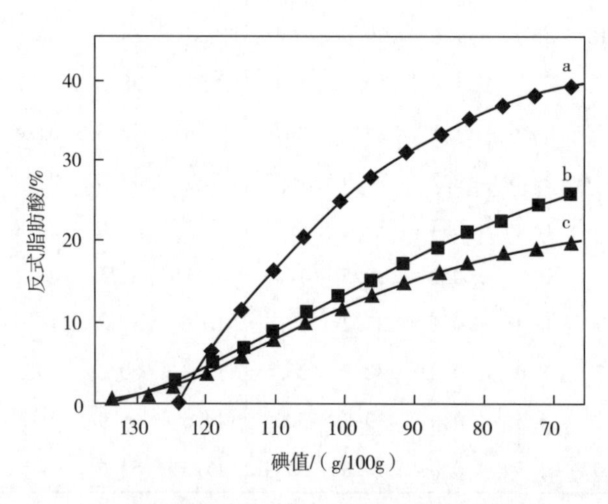

图 2-20　加氢温度对加氢油中反式脂肪酸含量的影响

a—温度：204℃，压力：310kPa　b—温度：104℃，压力：620kPa　c—温度：77℃，压力：1717kPa

（二）使用铂或其他贵金属催化剂

用铂催化剂可以生产低反式脂肪酸含量的氢化油。与镍催化剂相比，这些催化剂具有很高的活性，反应可以在很低的温度下进行。铂催化剂可以有载体，如碳或铝。表 2-6 显示了用铂催化剂将大豆油加氢至碘值为 100g/100g 的反应条件和一些具体分析，并将数据与镍催化剂（在较高的镍负载下）的数据进行了比较。

表 2-6　　　　铂催化剂加氢结果

条件	镍催化剂 Nysosel 325	铂催化剂 5% Pt/C	铂催化剂 5% Pt/Al
催化剂量	1000mg/kg	100mg/kg	100mg/kg
支撑材料	—	碳	铝
反应温度/℃	140	60	60
反应压力/Pa	10^7	10^7	10^7
碘值/(g/100g)	100.5	101.2	101.8
反应时间/min	10	42	90
硬脂酸/%	6.8	12.8	17.6
亚油酸/%	1.7	3.0	4.2
反式脂肪酸/%	18.8	8.5	5.4

据观察，铂催化剂在较低的温度（60℃）产生反应，与镍催化剂（140℃）相比，反式脂肪酸含量较低，但硬脂酸高得多。铂催化剂的反应时间比镍催化剂长得多。但镍的浓度明显高于铂的浓度。

四、氢化产品与质量控制

油脂的氢化使油脂的稠度发生变化，诸如熔点、软化点、凝固点、固体脂肪指数（SFI）和固体脂肪含量（SFC），都与氢化条件和催化剂的特性有很大关系。氢化油的稠度随着样品中饱和酯和异油酸酯的量而变化。熔点随着饱和脂肪酸酯的含量而变化，因而取决于氢化反应的选择性。在氢化后期，油中饱和脂肪酸的含量成为单一碘值的函数。在不同的氢化条件下，异油酸的含量没有很大的差异，以致熔点和碘值变化完全可以预计。

由于油脂氢化时选择性的不足，不可避免地要生成反式异构体，因而氢化所得的油脂不可能与天然油脂相同。天然油脂具有比碘值相同的氢化油较低的稠度和熔点。

（一）食用基料油的氢化

1. 硬化油（硬脂）

硬化油或硬脂，主要用于制备掺和型起酥油，其作用在于增加全氢化起酥油在高温下的稠度或使软猪脂变硬。硬化油也可用作生产硬脂酸的原料，或作其他的用途。术语“植物硬脂”和“动物硬脂”分别指植物油和动物油脂被氢化到脆性稠度的硬脂，其碘值通常小于20g/100g，常在5~10g/100g。硬化油使油脂变硬的效果可由其脂肪酸凝固点精确衡量。植物硬脂原来是作为硬牛脂的代用品，硬牛脂的脂肪酸凝固点为50℃左右，它必须与棉籽油按20：80左右的比例混合才可得到具有一定稠度的起酥油。为了掺和的目的，现习惯于将植物油氢化到脂肪酸凝固点为58℃或更高，只要用10%~15%或更低的这种极度硬化油就可掺和成起酥油。

豆油、葵花籽油、玉米胚芽油或芝麻油可以氢化到更高凝固点的硬化油，但这些高度硬化油用于制备掺和型起酥油时就不方便，因为将这些油的碘值降得太低，就会固化成不理想的同质多晶体，这会使起酥油结晶及随后的使用中发生问题。产生同质多晶体的倾向和高的脂肪酸凝固点一样，无疑都是由于在这些油中十八碳脂肪酸占优势的结果，从而造成完全硬化产品的主要成分是三硬脂酸甘油酯。棉籽油、棕榈油、牛脂或鱼油含有足够比例的C_{18}以下的脂肪酸，从而保证了三硬脂酸甘油酯的形成不致过多，并且在脂肪酸凝固点为58~60℃时，结晶成更符合需要的同质多晶体。

生产硬脂的氢化操作是所有氢化操作中最不严格的，在制取这些产品时，对于选择性、抑制异构体增长等的考虑是不重要的。如果催化剂仅用于生产极度硬化油，选用时只需考虑其活性。为使氢化反应尽可能快，常使用高的压力，温度往往可升高至200~220℃。在表压4.137×10^5Pa、最高温度204℃、催化剂浓度相当于0.03%~0.04%的新鲜活性镍条件下，将棉籽油氢化至碘值为10g/100g、脂肪酸凝固点为60℃，一般需要3~4h。如仅用新的催化剂，操作中留存一部分催化剂在氢化末期加入，则可取得最佳效果。例如，氢化开始时先加入0.02%~0.04%，当碘值降到30~40g/100g时再加入0.01%~0.02%。

2. 起酥油基料油

起酥油常用于焙烤、烹调和煎炸中。目前国内生产的起酥油分全氢化型起酥油、氢化油和植物油掺和型起酥油。

全氢化起酥油，其色度、风味、气味、稳定性、稠度及特性都按严格的标准进行生产。一般将其氢化到最低的碘值和最高的稳定性，即始终要有适当的稠度和特性。对于一般用途以及糕点和糖霜起酥油的氢化基料，要求在21~27℃下有合适的稠度，在较高及较低温度下稠度的变化不大，其碘值应在75~80g/100g；如果稳定性比宽的塑性范围更重要，则碘值应为65~75g/100g。这些基本基料和不同比例（高至10%左右）的上述硬基料相掺和就可得到最佳的塑性范围。

上述氢化油的碘值可通过调节氢化条件来控制，使饱和脂肪酸及反式异构体的生成降到最低。这种调节很重要，必须细心控制。有些氢化反应器采用在两种不同温度下的连续操作，氢化初期采用低温，以尽量减少反式异构体的生成，后期采用高温使亚油酸含量减少。

掺和起酥油大多情况下是用来生产流动性植物油。虽然全氢化起酥油和掺和起酥油在以前曾构成两种完全不同的类型，但随着起酥油工业的发展，使这种分类从应用观点来看基本上已无实际意义。大量高稳定性的起酥油和高质量的标准起酥油，已经用全氢化动物脂、动物脂和植物油的全氢化掺和脂以及动物脂和氢化植物油的掺和脂制造出来。多数情况下这些油脂的氢化都是在最大选择性的条件下进行的。表2-7是全氢化标准起酥油和高稳定性起酥油的分析数据。

表 2-7 全氢化标准起酥油和高稳定性起酥油的分析数据

分析项目	标准起酥油	高稳定性起酥油
硬基料加入量/%	10	5
碘值/(g/100g)	73.2	69.2
熔点/℃	48.3	43.1
亚油酸（用紫外吸收法）/%	6.4	1.5
固体脂肪指数（SFI）		
10℃	27.1	43.8
21.1℃	18.4	27.5
26.7℃	16.9	22.0
33.3℃	11.8	11.3
37.8℃	8.7	4.7

3. 人造奶油基料油

人造奶油基料油的氢化和全氢化起酥油的氢化同样是一个高度严格的过程，虽然对产品特性的要求有所不同。起酥油要求在较低温下尽可能柔软并具可塑性，同时在接近 36.6℃下具有一定的稠度，固体脂肪指数曲线应尽可能接近水平，即温度每变化一个单位时其固体甘油酯的变化率应该最小。虽然人造奶油在较低温度下（即冰箱温度下）也必须尽可能具有可塑性，但在 21~27℃下必须含有足够的固体甘油酯以便于成形和常规包装，并能在 27~32℃下适当的时间内保持其外形并不析出油，在人体温度下必须完全熔化，不粘嘴。因此，人造奶油配方的 SFI 曲线比起酥油陡。曲线最好稍呈凸状，低温时比高温时的 SFI-温度的变化率较小。图 2-21 表示出其差异性。

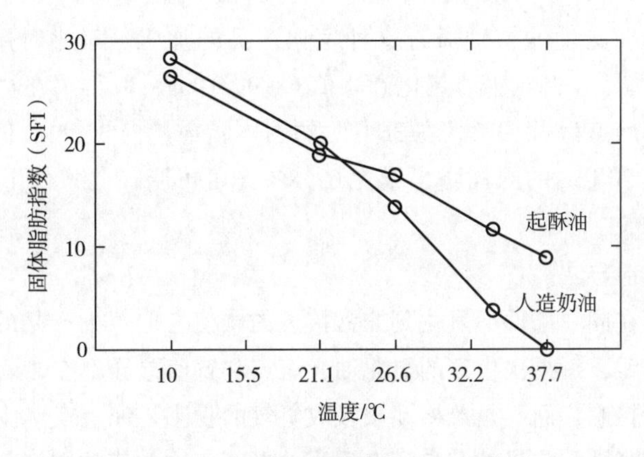

图 2-21 起酥油和人造奶油 SFI 曲线

将两种或更多种氢化到不同程度的基料油进行掺和，可使人造奶油油相具有理想的特性。通常把氢化到碘值范围为80~90g/100g的棉籽油或豆油作为人造奶油油相的主体，把碘值55~65g/100g的硬化油作为次要成分进行掺和。氢化条件的选择应使得在固体脂肪指数曲线的低温处“固体”量最少。表2-8所示为用80%软基料和20%硬基料配制的掺和人造奶油油相及其两种基料氢化油的分析数据。

表2-8 用80%软基料和20%硬基料配制的掺和人造奶油油相及其两种基料氢化油的分析数据

分析项目	人造奶油油相掺和脂	软基料	硬基料
碘值/(g/100g)	79	86	55
熔点/℃	37.7	30	43.8
固体脂肪指数（SFI）			
10℃	27	18	66
21.1℃	16	7	59
26.7℃	12	2	57
33.3℃	3.5	0	43
37.8℃	0	0	27

4. 可可脂代用品

可可脂是最适合在糖果中应用的天然脂肪。它最重要的特性是在室温下相当硬且无脂肪的稠度，但在体温下完全熔化。可是，可可脂价格高且来源少，故希望使用其代用品。其代用品可采用镍-硫催化剂经部分氢化植物油加工得到。这种油在21~27℃时比较硬，并无油腻感，而在体温下几乎完全熔化。这种氢化油是通过高度选择氢化而制得，在其SFC曲线上，温度每变化一个单位，其SFC值变化很大，特别在高温下。

据有关资料报道，花生油特别适合这种氢化产品的加工。氢化时用镍-硫催化剂，在170℃和0.14MPa压力下，将花生油氢化到碘值68.9g/100g，取得了在物理特性上十分类似于可可脂的产品，其熔点为38.3℃，在36℃时的固体脂含量仅3.2%，但在26.6~29.4℃时却十分硬。此产品在20℃时的固体脂含量为62.8%（可可脂在此条件下含固体脂约64%），产品中异油酸含量为53.5%。

（二）氢化过程控制方法

尽管每一批油都在同一条件下氢化到非常接近的碘值，但每批产品的成分和特性难免有些差异。根据生产实践，每批次生产的氢化油，熔点和碘值差异都在1~2。因此食用油氢化必须按其物理特性来控制，而不是严格地按吸收氢气的量来控制。实际上一般是用调整氢化条件来使生成的饱和脂肪酸与异油酸之间有适当的平衡，以便使油继续氢化，使各批产品在常温下或指定的冷冻储藏温度范围内达到一致的稠度。

如果最后的产品是以一种以上的氢化油料掺和而成，或以多批氢化油掺和成为一批产品，则氢化的控制问题比较简单。在加工某些基料时，大都是在氢化反应接近终点时使氢化暂停，取样分析检查稠度，然后再将这批料氢化至终点。然而对于同一种类的原料油脂和催化剂，在氢化产品的终点确定后，同样原料的以后各批的氢化通常就可根据吸收的氢气量或折射率来满意地控制，因为氢化的不规则性通常是由于油或催化剂的变化所造成。

在判断氢化油脂稠度的各种分析方法中，SFI 和 SFC 是最广泛使用的方法。SFI 是用膨胀法测定的，尽管它只是一个经验方法，但它是最常用的一种技术。SFC 是用核磁共振法测定，它适用于任何试验温度下固体脂肪含量的精确测定。

SFI 的主要优点在于能在很宽的温度范围内预示油脂的稠度，因此，SFI 曲线可用来表示起酥油的塑性范围或人造奶油脂相在 10℃ 的硬度以及在口温下的熔化性等特性。然而 SFI 不是直接测定稠度的方法，两种具有同一固体脂肪指数的不同油脂的稠度差别可能很大，这取决于油脂固有的结晶特性，以及对其冷却与调温时的处理方法。对于任何一种按标准方法处理的特定的油或油的掺和物，一旦有了足够的经验，得出了这种油或油的掺和物的 SFI 曲线，我们就有可能相当精确地预测人造奶油或起酥油成品的稠度。

在实际生产时，对氢化油进行必要的工艺测定，目的是指导生产。测定项目包括熔点、折射率、过氧化值、酸值、水分含量、SFI 和 SFC 等指标。测定方法尽可能采用快速的方法，如折射率的测定：取氢化油快速过滤分出催化剂，油温 60℃ 时在折射仪上测氢化油的折射率，利用这一测定方法几分钟内就能判别出氢化油的碘值范围。熔点的测定用毛细管上升法，这一测定方法也能很快判别出氢化油的终点。

反式异构体的含量对氢化油的物理性质有一定的影响。测定氢化油中反式异构体的含量常采用气相色谱法或红外光谱法。

在任何加氢操作中，除非是为了生产低碘值的硬脂肪，最终目的是生产具有确定的预先一致性的部分氢化基础油或适合与其他基础油或油混合以生产所需成品功能的基础油。由于原料油、催化剂活性和选择性以及其他小变量的不同，即使在相同的加氢条件下，也会遇到每批与每批之间的一致性变化。因此，重要的是要确定控制，使反应在提供所需一致性的某一点停止。这些控制通常在氢化结束时进行，但也可以在整个反应过程中使用，以跟踪氢化过程。大多数成品起酥油、人造奶油和其他油脂产品的物理一致性是通过分析方法确定的，如 SFI、碘值和/或熔点。

然而，在实际氢化过程中的时间限制需要更快速的控制。用于确定基料油终点的氢化控制包括：

（1）折射率　氢化作用降低了油的碘值和折射率。碘值和折射率之间的关系取决于甘油酯的分子质量，除月桂酸和芥酸含量高的油脂除外，大多数油是非常接近的。碘值和折射率之间的相关性并不精确，但在 1 到 2 个碘值单位之间，这足够监测氢化反应，并指示何时中断反应以进行更精确的评价。

（2）梅特勒滴点　碘值与熔点的关系可以通过不同的加氢条件、催化剂类型和用量而改变，因此，对于大多数碘值低于 90g/100g 的基料油，有必要同时测量折射率和熔点特性。梅特勒滴点分析可以在 30min 内为这些基料油提供可靠的结果。通常，在确定梅特勒滴点之前，油被氢化到折射率，这是控制分析。如果熔点（滴点）低于要求，则继续加氢，并重复此过程，直到达到规定的熔点。

（3）快速滴度　折射率很少用于低碘值硬脂肪加氢控制。折射计一般保持在（40.0±0.1）℃，在这个温度下，硬脂肪会在棱镜上凝固。对滴点测定来说硬脂肪太硬，碘值或官方滴度测定太耗时。非标准化“快速滴度”评价通常用于硬脂肪的终点控制。在这个评估中，滴度温度计直接从反应釜中浸入热样品中，并在空气中旋转，直到脂肪在温度计球上形成云。每一种原油的碘值与快速滴度结果之间的相关性是不同的，因此，必须为每一种产品预先确定快速滴度限值。

第三章 酯交换

CHAPTER 3

学习要点

1. 理解酯交换定义和分类，掌握影响油脂酯交换过程的重要因素；

2. 掌握油脂典型的酯交换和定向酯交换的工艺流程，各工序的技术要求及工艺参数；

3. 了解酶促酯交换反应机制，掌握影响酶促酯交换的因素，熟悉其工艺流程和设备；

4. 掌握油脂酯交换反应终点的检测，了解酯交换油脂的性质与应用。

酯交换（interesterification）有时也被称作交酯化，是指油脂或由脂肪酸所构成的酯类物质与脂肪酸、醇或其他酯发生化学作用，并伴随着脂肪酸基团的交换而产生新酯的一类反应。酯交换反应同氢化、分提统称油脂的三大改性方法，它们在油脂工业中发挥着极其重要的作用。酯交换与氢化反应一样，均是化学反应过程。酯交换反应是通过改变甘油三酯中脂肪酸（或称酰基）的分布而使油脂的物理化学性质，尤其是油脂的结晶及熔化特征发生变化；氢化反应只能改变甘油三酯酰基上的不饱和程度，不能改变各自的甘油三酯分子内酰基接在甘油上的位置。分提工艺是根据各组分之间熔点及溶解度的差异性来实现不同组分的分离，它是通过简单的物理操作而达到改变油脂物理性质的目的。氢化过程会导致反式脂肪酸的形成，而近几年人们认为反式脂肪酸对人体健康有不利的影响，从而使氢化技术在油脂工业的应用与发展受到一定的限制。因此，无论产品的预定用途如何，就目前而言，酯交换技术已广泛地应用于特殊用途类油脂，如人造奶油、起酥油、可可脂代用品；食品乳化剂，如甘油单酯、甘油二酯以及蔗糖酯等；植物燃料油，如脂肪酸烷基酯类等生产方面。

酯交换是一类比较复杂的化学反应，人们常根据酯交换过程中所使用的催化剂不同将其分为化学酯交换反应和酶促酯交换反应两大类。

第一节　化学酯交换

化学酯交换使用化学催化剂来促进脂肪酸分子在甘油骨架上发生重排，其反应成本低，反应容易控制，自20世纪40年代以来已经存在了很长时间，被广泛应用于提高猪脂的涂抹性和烘烤性能等，是一种工艺成熟的油脂改性技术。但是化学酯交换要用到碱金属等催化剂，会对反应产物造成污染，产生副产物，使产品后处理步骤多，且对环境污染大。化学酯交换的反应温度也较高，会破坏油脂里的微量成分如生育酚、固醇等。此外，对原料的水分和酸值要求也高，需要对油脂进行预处理脱除水分，降低酸值到0.2mg KOH/g以下。

一、化学酯交换理论

油脂的化学酯交换是指油脂或酯类物质在化学催化剂如酸、碱作用下发生的酰基交换反应。根据酯交换反应中的酰基供体的种类（酸、醇、酯）不同，可将其分为酸解（acidolysis）、醇解（alcoholysis）以及酯-酯交换（ester-ester interchange 或 transesterification）反应。

（一）酸解

油脂或其他酯在酸性催化剂如硫酸的参与下与脂肪酸作用，酯中酰基与脂肪酸酰基互换，生成新酯的反应，称为酸解（acidolysis）。

$$R-\overset{O}{\overset{\|}{C}}-OR' + R''-\overset{O}{\overset{\|}{C}}-OH \rightleftharpoons R''-\overset{O}{\overset{\|}{C}}-OR' + R-\overset{O}{\overset{\|}{C}}-OH$$

酸解反应十分缓慢，并较之醇解反应有更多副反应，在较高温度下副反应更多。尽管如此，通过酸解反应可以将低分子质量的酸引入到由较高分子质量脂肪酸构成的油脂中去。例如，施瓦茨（Schwartz）将甲酸、乙酸或丙酸与中性椰子油在150~170℃及硫酸催化下反应，生产一种用于火棉（硝化纤维）的稳定低熔点增塑剂（十二酰二乙酰甘油及十四酰二乙酰甘油）。米德（Meede）和沃尔德（Walder）将牛脂和氢化牛脂在2%甲苯磺酸的催化剂存在下，与98%乙酸中回流24h来完成乙酸解（acetolysis）反应。产物中含有18%~18.5%的三乙酸甘油酯。

通过酸解反应也可以将高分子质量的酸引入到由低分子质量脂肪酸构成的油脂中去。例如，将椰子油与棉籽油脂肪酸在260~300℃下进行非催化反应2~3h，并在减压下除去所产生的低分子质量的游离脂肪酸，产物的皂化值由原来的258降低到245。

酸解反应中，人们对最终产品组成的控制是有限的。因为酸解反应中酰基随机交换，任何一种特定的酸都是在已酯化的状态和游离态两部分之间任意地分布着。但是，也可以通过控制反应条件，将高分子质量的酸优先结合到酰化产物中，而低分子质量酸以游离态为主。该反应是在一个配有分馏柱容器内进行，真空操作以连续地除去低分子质量酸。

酸解反应完成时，反应混合物中都有过量的游离酸存在，要得到中性产物，须通过使用碱中和或在减压下蒸汽蒸馏来除去过量的游离脂肪酸。

（二）醇解

中性油或脂肪酸一元醇酯在催化剂的作用下与一种醇作用，交换酰基或者说交换烷氧基，生成新酯的反应叫醇解（alcoholysis）。醇解也是可逆反应，酸或碱均可催化醇解反应。

$$R''OH + R—\overset{O}{\overset{\|}{C}}—OR' \rightleftharpoons R—\overset{O}{\overset{\|}{C}}—OR'' + R'OH$$

反应机制如下。

①酸催化的醇解机制。

$$R—\overset{O}{\overset{\|}{C}}—OR' \overset{H^+}{\rightleftharpoons} R—\overset{\overset{+}{O}H}{\overset{\|}{C}}—OR' \overset{CH_3OH}{\rightleftharpoons} R—\underset{OR'}{\underset{|}{\overset{H\overset{+}{O}CH_3}{\overset{|}{C}}}}—OH \rightleftharpoons R—\underset{H\overset{+}{O}R'}{\underset{|}{\overset{OCH_3}{\overset{|}{C}}}}—OH \overset{-R'OH}{\rightleftharpoons}$$

$$R—\overset{OCH_3}{\overset{|}{C}}=\overset{+}{O}H \overset{-H^+}{\rightleftharpoons} R—C(OCH_3)=O$$

②碱催化的醇解机制。

$$R—\overset{O}{\overset{\|}{C}}—OR' \overset{CH_3O^-}{\rightleftharpoons} R—\underset{OR'}{\underset{|}{\overset{OCH_3}{\overset{|}{C}}}}—O^- \rightleftharpoons R—C(OCH_3)=O \quad +R'O^- \overset{CH_3OH}{\rightleftharpoons} R'OH+CH_3O^-+RCOOCH_3$$

用 H_2SO_4 或无水 HCl 作催化剂，反应需较高温度与较长时间。实用的碱催化剂有甲醇钠、氢氧化钠、氢氧化钾、无水碳酸钾。甲醇钠的效果最好。0.5%甲醇钠、60℃反应 2h 对各种油脂都较恰当，皂化程度很小。

在工业上，油脂的醇解反应十分重要。它既可以用于制备甘油酯，还可以用于制备脂肪酸酯。与油脂经水解后再酯化相比，醇解反应更经济实用。

现在，研究发现可以通过 CaO 催化大豆油与甲醇的酯交换反应来制备生物柴油，并有实验室通过几种可再生植物模板的使用来制备一系列新型 CaO/C 固体碱材料，以期获得性能良好的生物柴油催化剂。

除此之外，还发现利用双低菜籽油与异辛醇（2-乙基己醇）酯交换反应制备低凝点变压器绝缘油，其优点是植物基绝缘油作为一种新型的环保型电介质流体，生物降解性好，闪点高，通过酯交换改性后可以解决原本植物油中凝点较高、运动黏度较大、氧化稳定性差的问题。这种植物基绝缘油已少量取代矿物油在变压器中得到应用。

1. 产生单酯的醇解反应

油脂与低分子质量的单羟基脂肪醇，例如甲醇或乙醇在酸或碱的催化下发生醇解反应，生产脂肪酸单酯。碱催化的醇解反应通常在反应速率、反应完全程度及所容许使用的相对低的温度等方面比酸更具优越性。因此，通常选择碱作为醇解反应的催化剂。以甲醇为例，说明制备单酯的过程。

$$\begin{matrix} & H_2C—O—\overset{O}{\overset{\|}{C}}—R_1 \\ R_2—\overset{O}{\overset{\|}{C}}—— & CH \\ & H_2C—O—\overset{O}{\overset{\|}{C}}—R_3 \end{matrix} + CH_3OH \xrightarrow[\text{(NaOCH}_3\text{、NaOH 或 KOH 等)}]{\text{碱}} \begin{matrix} R_1COOCH_3 \\ R_2COOCH_3 \\ R_3COOCH_3 \end{matrix} + \begin{matrix} H_2C—OH \\ HC—OH \\ H_2C—OH \end{matrix}$$

反应过程中，首先将清洁、干燥（近乎无水）且基本上呈中性的油脂加热到80℃左右，然后加入一定量已溶有0.1%~0.5% NaOH或KOH的工业级无水甲醇（纯度99.7%），搅拌，然后静置，温水洗涤分离得到产品。一般油脂生成甲酯的转化率在反应1h后通常为98%。

与脂肪酸相比，脂肪酸甲酯或乙酯具有低熔点、低沸点、高稳定性及无腐蚀性等优点，因此，在有些生产过程中人们常选择甲（乙）酯来替代游离脂肪酸。

另外，利用气相色谱来分析油脂的脂肪酸组成时，也是将油脂醇解转化为脂肪酸甲酯来分析的。

2. 二元醇的醇解反应

油脂和甲酯在烷基酸钙等催化下可以与乙二醇、聚氧乙烯乙二醇之间发生某些重要的乙二醇醇解反应（glycolysis）。

3. 油脂的甘油醇解反应（用于制备甘油单酯和甘油二酯）

工业上制取甘油单酯和甘油二酯是醇解反应的一个特殊情况。其主要反应过程可简单地表示为：

$$R_1\left[\begin{matrix}R_2\\ \\R_3\end{matrix}\right. + HO\left[\begin{matrix}OH\\ \\OH\end{matrix}\right. \xrightarrow{\text{催化剂}} HO\left[\begin{matrix}R_1\\ \\OH\end{matrix}\right. + R_2\left[\begin{matrix}OH\\ \\OH\end{matrix}\right. + HO\left[\begin{matrix}OH\\ \\R_3\end{matrix}\right. + HO\left[\begin{matrix}R_1\\ \\R_3\end{matrix}\right. + R_2\left[\begin{matrix}OH\\ \\R_3\end{matrix}\right. + R_2\left[\begin{matrix}R_1\\ \\OH\end{matrix}\right.$$

反应结束时，产物为混合物，除了含有甘油单酯和甘油二酯外，还有未反应的甘油三酯以及甘油。为了得到甘油单酯含量很高的产品，可以通过分子蒸馏或溶剂结晶法制备工业甘油单酯。例如，含有40%~50%的甘油单酯工艺级反应产物通过分子蒸馏可得到含90%~97%的甘油单酯馏出物。甘油单酯是一种性能良好的乳化剂，其亲水亲油平衡（HLB）值在3~5，脂肪酸的长短与类型可能影响其HLB值。由于在面团中它能与较高比率的蔗糖相容并能生产出比较轻、体积饱满的糕饼，因此，广泛地应用于糕点、发面食品和馅饼中，也普遍地应用于家庭及糕点工厂。

4. 甲酯的甘油醇解反应

甲酯的甘油醇解反应是油脂的甲醇醇解反应的逆反应。该反应通过从反应中除去生成的甲醇而得以完成，反应通常在减压下进行。人们研究了月桂酸、棕榈酸、油酸及亚油酸甲酯的甘油醇解反应，用以合成类似人造奶油原料的甘油三酯产品。另外，通过调整反应物的比例和反应条件可控制甲酯的甘油醇解反应，并应用于甘油单酯的生产。例如，松山等利用高纯度的棕榈油甲酯在碱（如KOH等）催化下制备出60.8%的α-棕榈酸甘油单酯。反应混合物在150℃和2.667Pa条件蒸馏去除过量的甘油，然后在150~160℃及1.067Pa下蒸馏得到馏出物，以已烷：乙醚（1：1，体积比）为溶剂进行两次结晶，即得纯度为99.0%以上的*sn*-1-棕榈酸甘油酯。

5. 甲酯或甘油三酯与四羟基及更多羟基醇的醇解反应

油脂与四羟基及更多羟基醇的醇解反应在工业上有重要意义。其主要作用是将干性油转化为具有更高官能度、容易聚合及快速固化干燥能力的产品，这可以通过干性油与多羟基醇如季戊四醇或山梨醇的反应来达到。1%的环烷酸钙为催化剂，精炼亚麻籽油与季戊四醇的醇解反应在230℃反应几分钟即达完全，产物包括季戊四醇单酯、季戊四醇二酯、甘油单酯、季戊四醇多酯及甘油三酯等。

Mleziva 和 Hanzlik 在常压、260℃及 CO_2存在的情况下将 2320 份亚麻籽油加热 4h，而 618 份（质量）季戊四醇在搅拌下于 2h 内缓慢加入，然后再继续加热 9h。反应结束时产物的组成为：季戊四醇单酯 27%，季戊四醇二酯 53%，甘油单酯 15.9%，季戊四醇多酯及甘油三酯 4.1%。

脂肪酸甲酯也可以与季戊四醇、糠醇或其他高级的单羟基醇进行醇解反应。

6. 蔗糖醇解

蔗糖与脂肪酸的直接酯化及油脂的蔗糖醇解都会因反应温度过高而使蔗糖发生焦化，而甲酯的蔗糖醇解是制取蔗糖酯最好的方法。

蔗糖酯（sucrose ester）是蔗糖脂肪酸酯（sucrose fatty acid ester）的简称，指的是蔗糖与各种脂肪酸发生酯化反应生成的一类有机化合物的总称。习惯上，蔗糖酯指的是平均酯化度(价）小于 6 的蔗糖脂肪酸酯；平均酯化度为 6~8 的蔗糖脂肪酸酯称为蔗糖多酯或蔗糖聚酯(sucrose polyester)，它是一种可以代替油脂的功能性食品，宝洁公司（P&G）推出的这种商品（Olestra）已经上市。蔗糖脂肪酸酯具有天然、可降解、无刺激性等特点，可以广泛地应用于食品、化妆品、洗涤剂、医药、发酵和农业等方面。市售的蔗糖酯一般为混合脂肪酸蔗糖酯的混合物。

蔗糖是含有 8 个游离羟基的多元醇，它在一定的条件下（高温、高真空、催化剂等），可与脂肪酸或脂肪酸的酯类衍生物发生醇解反应，生成蔗糖脂肪酸酯，因为在酸性条件下蔗糖易分解，故生产中多用碱性催化剂。反应的机制是亲核取代反应，反应历程可表示为：

$$R—OH + BA \rightleftharpoons R—OB + HA$$

$$R—OB \rightleftharpoons R—O^- + B^+$$

$$R—O^- + R'—\overset{\overset{\displaystyle O}{\|}}{C}—O—R'' \rightleftharpoons \left[R'—\underset{\underset{\displaystyle O—R}{|}}{\overset{\overset{\displaystyle O^-}{|}}{C}}—O—R'' \right] \rightleftharpoons R'—\overset{\overset{\displaystyle O}{\|}}{C}—O—R + R''—O^-$$

$$R'—O^- + HA \rightleftharpoons R''—OH + A^-$$

$$A^- + B^+ \rightleftharpoons BA$$

其中，R—OH 为蔗糖；BA 为碱性催化剂；$R'—\overset{\overset{O}{\|}}{C}—O—R''$ 为脂肪酸供体；$R''—O^-$为蔗糖化离子。

甲醇、乙醇、丙醇的钾、钠、锂盐以及 KOH、NaOH、K_2CO_3、Na_2CO_3等可作为反应的催化剂，往往还加入乳化剂作为反应的促进剂。脂肪酸供体多为脂肪的低级醇酯（甲醇酯、乙醇酯）或油脂，脂肪酸多用饱和脂肪酸。碳原子数<16 的脂肪酸形成的蔗糖酯有苦味，碳原子数≥16 的脂肪酸形成的蔗糖酯则无苦味。

目前，工业上生产蔗糖酯采用的多是化学法，即在高温（115~140℃）、高真空（<6.6kPa）条件下，以蔗糖和饱和脂肪酸甲酯（或乙酯）为原料，在催化剂和促进剂的作用下，进行醇解反应合成蔗糖酯。反应的粗产物可以直接用于洗涤剂工业，也可作为钙皂分散剂应用于制皂工业，反应粗产物经过精制可得到蔗糖酯。工业上一般不用以不饱和脂肪酸为主的脂肪酸供体为原料生产蔗糖酯，这是因为在高温下不饱和脂肪酸易氧化或聚合；相同碳数的情况下，不饱和脂肪酸的反应速率较饱和脂肪酸的反应速率低些；粗产物进行精制难度较大，且

易损失等。

用蔗糖与油脂为原料进行反应，粗产物经精制后可得到脂肪酸蔗糖甘油酯（又称蔗糖甘油酯），是蔗糖脂肪酸酯与脂肪酸甘油酯的混合物，它是在用此种方法合成蔗糖酯过程中的一种产品，而不是蔗糖酯与脂肪酸甘油酯的人为混合物。若对蔗糖甘油酯中的蔗糖酯与脂肪酸甘油酯再进行分离，便可得到蔗糖酯与脂肪酸甘油酯。由于这种工艺方法生产蔗糖酯的产率不高，产品的精制及分离过程较复杂，故工业上常常不采用这种工艺生产蔗糖酯。

目前，人们正在寻找新的蔗糖酯合成工艺，如酶法、化学法-酶法。

（三）酯-酯交换反应

几十年前，“油脂的酯交换”术语几乎只限于应用在各个甘油三酯分子之间的相互作用上，而今这类反应的范围有所扩大，它包括多种酯如单羟基醇酯、乙二醇的单酯和二酯、甘油的单酯、二酯和三酯、各种四羟基或更多羟基醇的酯等分子之间的种种交换结合反应。虽然酯-酯交换反应（ester-ester interchange）在非食品工业上的应用无疑日趋重要，但是甘油三酯之间的酯-酯交换反应已经用到食品及食品添加剂工业中，并且占据重要地位。以欧洲为例说明近几年酯交换油脂生产人造黄油的量，如图 3-1 所示。酯交换油脂在改善甘油三酯产品如人造奶油原料油、起酥油、代可可脂等物理性质上已取得重大进展。有关酯-酯交换反应方面的许多资料来自研究开发食品的过程中，其原理和技术同样可应用于非食用产品。本节以油脂的酯-酯交换反应为例说明酯-酯交换反应的历程、特点等。

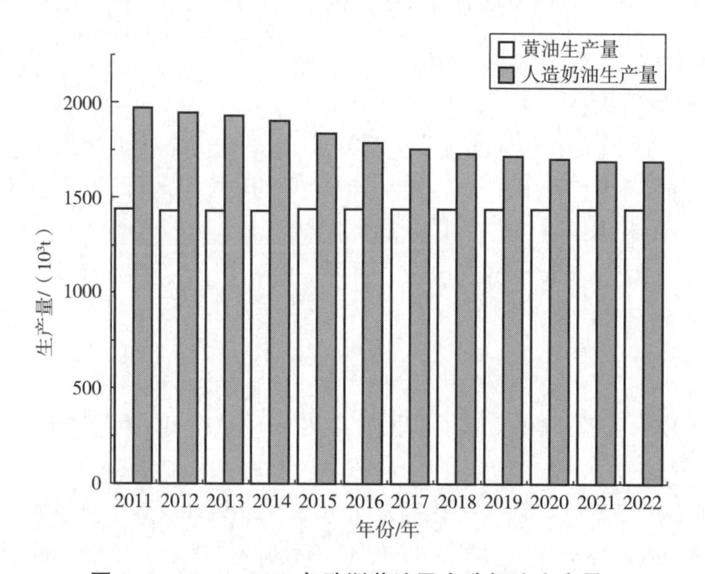

图 3-1　2011—2022 年欧洲黄油及人造奶油生产量

根据酯-酯交换反应结果以及反应过程不同，可将油脂的化学酯-酯交换（简称化学酯交换）分为随机酯-酯交换与定向酯-酯交换，也常简称为随机酯交换和定向酯交换。

1. 随机酯交换

在酸、碱或金属催化剂的作用下，同种油脂或不同种油脂的甘油三酯分子之间或分子内的酰基再分配，最终达到在甘油三酯混合物内部脂肪酸的随机分布，而总脂肪酸组成未发生变化。这一过程可称作为随机酯交换（randomized interesterification）。

通过随机酯交换反应后，油脂的组成、性质及使用性能等均发生了变化。

(1) 组分变化　酯-酯交换反应的随机性使甘油三酯分子酰基改组分配而构成各种可能的结合。这可以从典型的甘油三酯（*sn*-StOL）形象地加以说明（图3-2）。

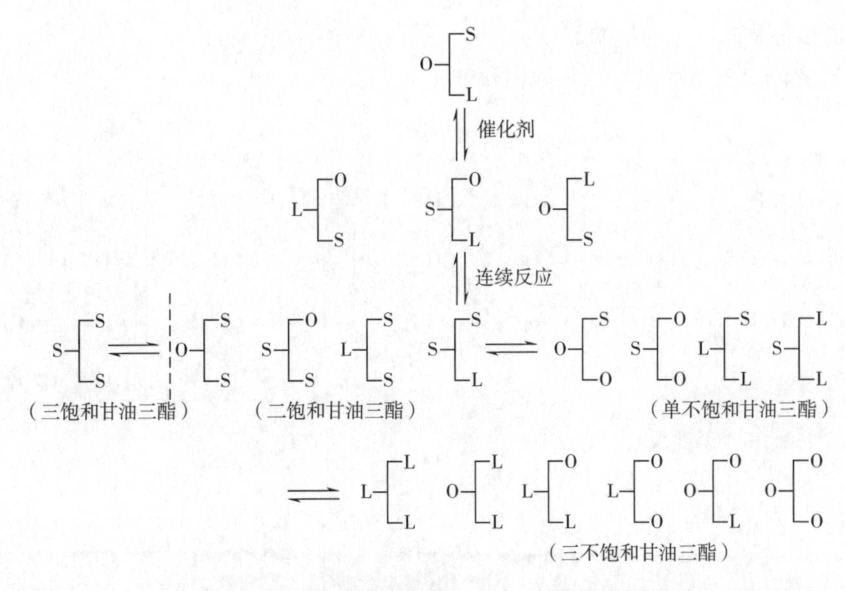

图3-2　酯交换反应平衡混合物（不包括旋光异构体）

S表示硬脂酸，O表示油酸，L表示亚油酸

上图顺序的简化缩写形式为：

$$SSS \rightleftharpoons (SUS \rightleftharpoons SSU) \rightleftharpoons (SUU \rightleftharpoons USU) \rightleftharpoons UUU$$

其中S表示饱和脂肪酸，U表示不饱和脂肪酸。

随机分布的油脂其不同组成的含量可根据概率理论加以计算。若A、B、C是三种脂肪酸A、B、C的物质的量百分含量，则：

含单一脂肪酸甘油三酯的物质的量百分含量是$\%AAA = A^3/1000$

含两种脂肪酸甘油三酯的物质的量百分含量是$\%AAB = 3A^2B/1000$

含三种脂肪酸甘油三酯的物质的量百分含量是$\%ABC = 6ABC/1000$

以上公式是指包括所有位置、立体及旋光异构体的计算方法。表3-1对比了用实际测定和计算法确定的甘油三酯样品组成。

表3-1　实际测定和计算法确定的甘油三酯样品组成

甘油三酯	物质的量百分含量/%	
	实际测定值	计算值
三饱和甘油三酯（S_3）	6.4	6.4
二饱和一不饱和甘油三酯（S_2U）	29.2	28.8
一饱和二不饱和甘油三酯（SU_2）	43.6	43.2
三不饱和甘油三酯（U_3）	20.8	21.6

(2) 反应机制　甘油三酯的酯-酯交换反应机制是十分复杂的，目前存在的机制假设有

两种。一种反应机制假设是反应中形成了作为引发剂作用于甘油三酯上的中间产物——烯醇式酯的离子；另一种反应机制假设是反应过程中引发剂与甘油三酯分子中的羰基作用形成加成复合体。

①形成烯醇式酯离子的机制假设：

a. 烯醇式酯离子的形成（以甲醇钠作催化剂）。

O—C(=O)—CH_2R_1
O—C(=O)—CH_2R_2 + $CH_3\bar{O}$ ⇌
O—C(=O)—CH_2R_3

O—C(=O)—$\bar{C}HR_1$ / O—C(=O)—CH_2R_2 / O—C(=O)—CH_2R_3 + O—C($\bar{O}$)—CHR_1 / O—C(=O)—CH_2R_2 / O—C(=O)—CH_2R_3

[O—C(=O)⋯CR_1 / O—C(=O)—CH_2R_2 (H) / O—C(=O)—CH_2R_3]$^-$

烯醇式酯离子

b. 分子内酯-酯交换反应。

[O—C(=O)⋯CR_1 / O—C(=O)—CH_2R_2 (H) / O—C(=O)—CH_2R_3]$^-$ ⇌ [O—C(=O)—C(H)(R_1) / O—C—CH_2R_2 / O—C(=O)—CH_2R_3]$^-$ ⇌ [O—C(=O)—C(H)(R_1)—C(=O)—CH_2R_2 / O / O—C(=O)—CH_2R_3]$^-$

⇌ [O—C(=O)—C(H)(R_1)—C(=O)—CH_2R_2 / O / O—C(=O)—CH_2R_3]$^-$ ⇌ [O / O—C(=O)—C(H)(R_1)—C(=O)—CH_2R_2 / O—C(=O)—CH_2R_3]$^-$ ⇌ [O—C(=O)—CH_2R_2 / O—C(=O)⋯CHR_1 / O—C(=O)—CH_2R_3]$^-$

c. 分子间的酯-酯交换。

[O—C(=O)⋯CR_1 / O—C(=O)—CH_2R_2 (H) / O—C(=O)—CH_2R_3]$^-$ + O—C(=O)—CH_2R_4 / O—C(=O)—CH_2R_5 / O—C(=O)—CH_2R_6 ⇌ [O—C(=O)⋯C(R_1)⋯C(=O)(CH_2R_4)—O— / O—C(=O)—CH_2R_2 (H) / O—C(=O)—CH_2R_3 ; O—C(=O)—CH_2R_5 / O—C(=O)—CH_2R_6]$^-$

[R_1 / R_2 / R_3 + R_5 / R_4 / R_6]$^-$ ⇌ [O—C(=O)—C(R_1)(H)—C(=O)—CH_2R_4 ; R_2 ; R_3 ; R_6 ; R_5CH_2C(=O)—O ; O]$^-$ ⇌ [R_4 / R_2 / R_3 + R_1 / R_5 / R_6]$^-$

从以上描述的分子内及分子间酯交换反应中β酮酸是必不可少的中间产物。这些产物的结构具有在6.4μm波长下红外光谱的最大特征吸收，它在反应过程中同时显现出来，然而其有效性及意义一定程度上被羧酸酯离子（如皂类）在该波长范围内的吸收所否定。

②羰基加成的机制假设：酯-酯交换反应虽然可以在无催化剂的情况下发生，但是，实际上在进行酯-酯交换反应时常常使用催化剂。其中最常用的催化剂是碱性催化剂如醇钠、金属合金等。在反应过程中，碱性催化剂能够活化甘油二酯和甘油单酯，增加它们的羟基氧的负电荷。其具体假设过程如下。

a. 活化或诱导期。

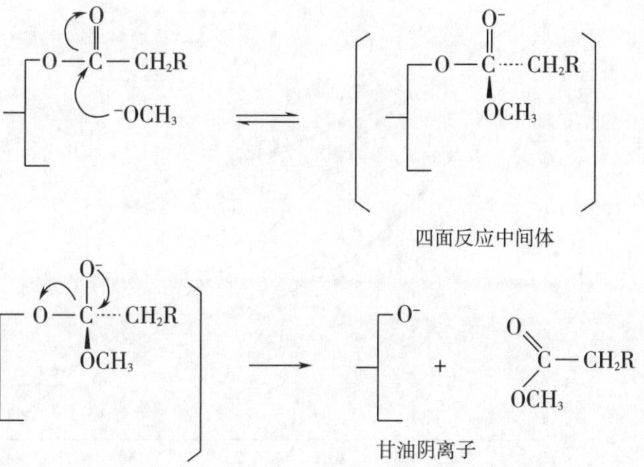

四面反应中间体

甘油阴离子

b. 交换期。

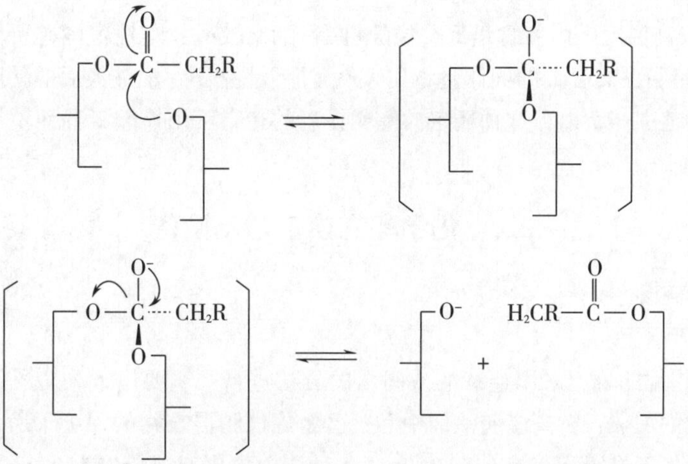

诱导期的长短取决于催化剂的性质和数量、原料油脂的甘油三酯及脂肪酸组成、过程的流体动力学条件、反应温度及时间、混合形式等。该假设是双分子的亲核取代反应，新生成的真正的催化剂（$DG-O^-$）再与另一个极化甘油三酯分子反应，转移其脂肪酸生成新的甘油三酯分子以及再生的二酰甘油阴离子。这一过程通过一系列的链反应不断重复持续直至所有的脂肪酸酰基改变其位置，并使随机化趋于完全为止。

2. 定向酯交换

在可逆的化学反应中，若产物之一从反应区域移去，则反应平衡状态发生变化，即趋于再产生更多的被移去产物。因此，通过选择性结晶（或酯-酯交换反应温度低于高饱和度的甘油三酯熔点）从油脂或混合油脂的随机酯-酯交换产物中除去三饱和酸甘油酯（或使之以固相形式析出并且不再参加反应）从而引导所有饱和脂肪酸有效地转化为三饱和酸甘油酯，这种方法称为定向酯交换（directed interesterification）。猪脂经定向酯交换后其 SFC 变化如图 3-3所示。

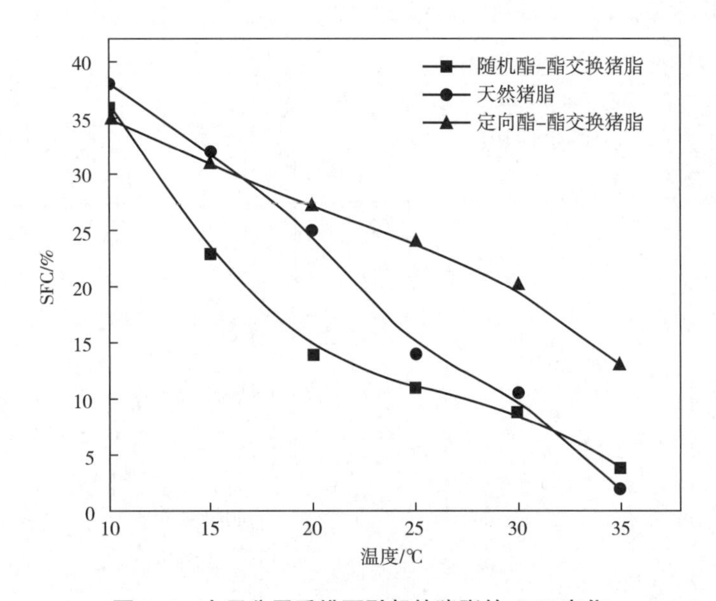

图 3-3 由于分子重排而引起的猪脂的 SFC 变化

粗猪脂在较高温度下固体含量低，经随机酯-酯交换后，塑性范围有所增宽；而经定向酯-酯交换后的猪脂在高温下的固体含量比天然猪脂及随机酯-酯交换后的猪脂都要高，因而扩展了它的塑性范围。所以，这种经定向酯交换后的猪脂可用作起酥油而不需添加全饱和酸甘油三酯。

二、 化学酯交换工艺及设备

（一）随机酯交换

1. 工艺流程

酯-酯交换作用的过程采用连续的或间歇的方法进行，主要由下列阶段组成：原料油脂的计量；混合油的加热；游离脂肪酸的中和；已精炼油脂混合物的深度干燥；与催化剂混合并在 80~90℃条件下进行酯交换 0.5~1.0h（1t 油脂中催化剂消耗量为 0.9~1.5kg）；降低催化剂活化作用（钝化）；成品油的洗涤和干燥。

钝化作用包括剩余的催化剂和甘油酯的钠盐用水分解；同时从油脂中洗去催化剂与游离脂肪酸相互作用时生成的肥皂。图 3-4 是用连续方法制备酯交换油脂的工艺流程图。

未精炼的已熔化油脂在磅秤上称重并用泵 2 送入已装有搅拌器和蛇管加热器的设备 3 和 4 内，高熔点的油脂进入其中之一的设备，液态油脂进入另一台设备内，从设备 3 及 4 内用

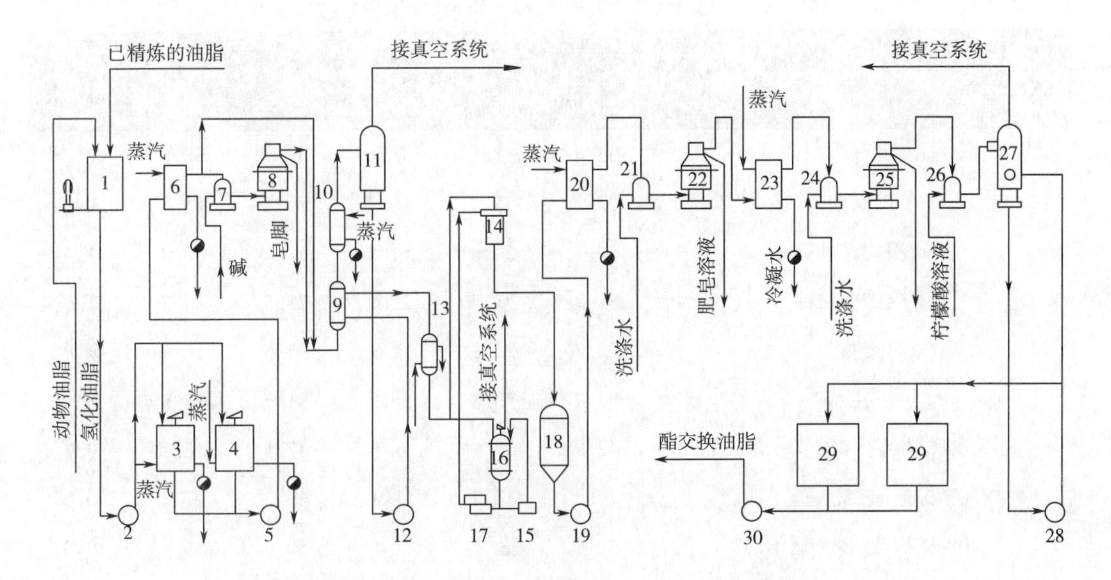

图 3-4　用连续方法制备酯交换油脂的工艺流程（生产能力 150t/d）

1—计量秤　2，5—油泵　3，4—混合罐　6，20，23—加热器　7，26—盘式混合器　8，22，25—分离器　9—换热器　10—管式加热器　11—真空干燥器　12—抽出泵　13—冷却器　14—喷射混合器　15—齿轮泵　16—混合器　17—齿轮定量泵　18—连续反应器　19，28—泵　21，24—刮刀式混合器　27—干燥器　29—贮槽　30—成品油泵

泵 5 将经加热器 6（此处混合物加热到 90～95℃）油脂汇集进入盘式混合器 7，油脂在混合器里与碱混合并碱炼，皂脚在分离器 8 内分离，油脂经换热器 9 换热后，再进入管式加热器 10 进一步加热到 130～145℃。加热的油脂在连续真空干燥器 11 内进行干燥，真空干燥器内残压用三级蒸汽喷射泵维持它不大于 4kPa。

干燥的油脂用抽出泵 12 经换热器 9 和冷却器 13 后，油脂冷却到 80～90℃进入酯交换反应器 14（喷射混合器）。反应催化剂与油脂的悬浮体（甲醇钠粉末与油脂的混合物）用齿轮定量泵 17 经混合器 16 混合后也送入酯交换反应器 14。起反应的混合物进入连续反应器 18 中，在此停留 0.5～1.0h，温度维持在 80～90℃，然后将产物用泵 19 连续地送入到加热器 20，使油脂的温度提高到 90～95℃，接着油脂在刮刀式混合器 21 内用热水处理后进入分离器 22，将油脂中的肥皂及碱水溶液除去。

含有不大于 0.05%肥皂的油脂从分离器 22 经加热器 23 进入刮刀式混合器 24，油脂在混合器内分离出油脂中的洗涤水，油脂溢流入油脂捕集器内，其洗涤水再用作第一次洗涤用。

通过分离器 25 分离后的油脂中含有约 0.01%肥皂，在盘式混合器 26 中用浓度 5%的柠檬酸溶液分解，然后油脂在连续干燥器 7 内干燥至残余水分不大于 0.2%，干燥之后的产品用泵 28 送入贮槽 29，并送去脱臭。

2. 检测反应终点的方法

（1）膨胀值测定　通过测定油脂酯交换反应前后的 SFI 或 SFC 的变化作为控制反应终点的手段。表 3-2 列出了几种油脂在酯交换反应前后的 SFC 的变化及图 3-5 的可可脂在酯交换反应前后的 SFC 变化情况。

表 3-2　　几种油脂在酯交换反应前后的 SFC 的变化

种类	反应前			反应后		
	10℃	20℃	30℃	10°	20℃	30℃
可可脂	93.4	88	0.0	57.2	50.6	39.1
棕榈油	77.2	45.8	10.7	75.1	55.8	30.7
棕榈仁油	—	54.6	11.5	—	38.9	1.4
氢化棕榈仁油	81.7	73.7	22.0	71.5	54.7	1.6
猪脂	38.2	28.3	3.6	35.5	16.9	6.9
牛脂	82.9	73.8	38.2	81.7	71.5	38.2
60%棕榈油-40%椰子油	42.9	12.9	6.7	47.5	18.7	0.9
50%棕榈油-50%椰子油	47.5	10.7	4.0	49.2	17.2	0.0
40%棕榈油-60%椰子油	52.9	8.7	3.4	50.8	15.3	0.0
20%棕榈油硬脂-80%轻度氢化植物油	34.9	29.7	17.6	30.3	17.4	2.1

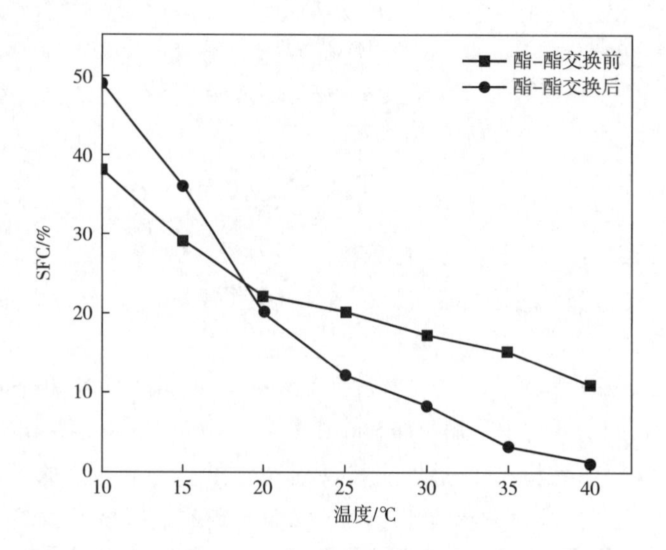

图 3-5　可可脂在酯-酯交换前后的固体脂肪含量（SFC）

从表中可以看出，经酯-酯交换反应后，大部分油脂的 SFC 都发生了变化，但部分油脂变化不明显。例如，猪脂和牛脂的固体含量指数在反应后变化甚小，因此，膨胀法对它们来说，作为检测反应的终点是不灵敏的。

（2）甘油三酯组分分析　由于酯-酯交换反应中发生的基本变化涉及特定的甘油三酯结构，因此任何直接分析甘油三酯特定组分的方法都可用于反应终点的检测。如薄层色谱法、气相色谱法、质谱法、高效液相色谱法、胰脂酶水解法等。

弗里曼（Freeman）报道了根据 Ag^+-TLC 法分离甘油三酯的情况，表 3-3 列出了 60%葵花籽油和 40%全氢化猪脂在共随机化反应过程中选定的甘油酯组分的变化，测定结果显示了三饱和甘油三酯的大幅度降低，这表明反应是令人满意的。

表 3-3　60%葵花籽油和 40%全氢化猪脂在共随机化反应过程中选定的甘油酯组分的变化

甘油三酯类别①	双键数	反应时间/min				差值③/%
		0②	20	40	60	
S_3	0	37.7	32.0	17.1	6.1	-31.7
S_2O	1	—	0.7	3.7	9.2	+9.2
S_2L	2	0.5	2.9	12.7	20.9	+20.4
SOL	3	4.7	5.2	11.2	14.0	+9.3
SL_2	4	11.4	11.8	16.2	20.2	+8.8
OL_2	5	20.0	20.2	16.5	9.5	-10.5
LLL	6	19.2	19.4	14.3	11.6	-7.6

注：反应温度 70~90℃，0.2% $NaOCH_3$；①S＝饱和脂肪酸；O＝油酸；L＝亚油酸；②起始原料混合物的组分；③随机化反应 60min 后混合物与起始原料混合物之间的差值。

质谱法提供了甘油三酯混合物的分子质量分布情况，采用这一技术测定可可脂的结果表明 POS 和 SOS 甘油三酯含量的变化最大，它们在随机化反应过程中含量明显下降，如图 3-6 所示。该方法也适用于玉米胚芽油、豆油、葵花籽油和红花籽油等。

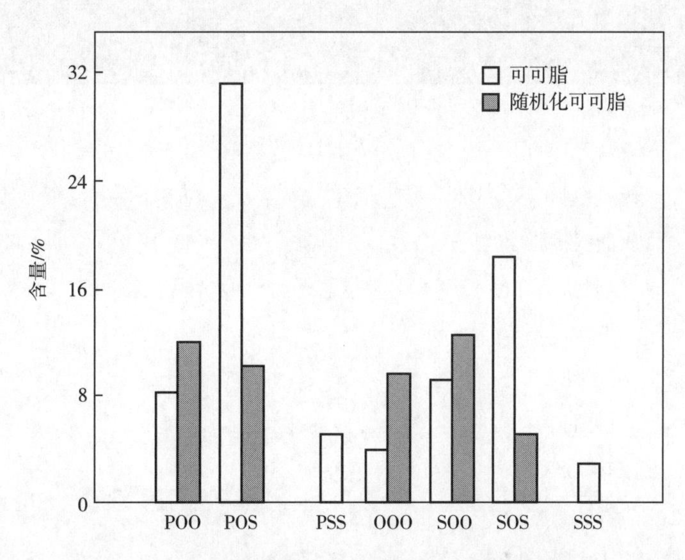

图 3-6　可可脂及随机化可可脂甘油三酯组成

（P 代表棕榈酸，S 代表硬脂酸，O 代表油酸）

胰脂酶水解油脂具有选择专一性。它只水解甘油三酯的 *sn*-1、*sn*-3 位酰基，产生 β-甘油单酯。因此，若 β-甘油单酯的脂肪酸分布相同于整个随机化油脂，则反应混合物可被视作达到平衡状态。猪脂及随机化猪脂的胰脂酶水解分析情况见表 3-4。

表 3-4　　猪脂及随机化猪脂的胰脂酶水解

脂肪酸	猪脂		随机化猪脂*	
	整个油脂	*sn*-2 位	整个油脂	*sn*-2 位
$C_{16:0}$	24.8	63.6	23.8	24.2
$C_{16:1}$	3.1	6.4	2.9	3.3
$C_{18:0}$	12.6	5.0	12.2	12.0
$C_{18:1}$	45.0	10.5	47.2	47.4
$C_{18:2}$	9.8	5.4	4.4	3.3

注：* 0.3%$NaOCH_3$，90~100℃，2h。

随机酯交换后的猪脂 *sn*-2 位的脂肪酸组成与原来组成相差甚远，而与总脂肪酸组成相似，表明酯交换反应完全。

高压液相色谱可用于分析油脂的甘油三酯成分。因此，它也同样用于检测酯交换反应的终点。

（3）熔点　利用酯交换反应前后熔点的变化来控制反应终点，是使用最早也是最快的一种方法。一般单一的植物油（室温为液态）经酯-酯交换后，熔点上升；而动物脂（如猪脂、牛脂等）及富含饱和脂肪酸的植物油（如椰子油、棕榈油等）熔点变化不大；共随机化的混合物（co-randomization mixture）的熔点变化见表 3-5。

表 3-5　　随机分子重排作用对油脂及其混合物熔点的影响

油脂	熔点/℃	
	反应前	反应后
豆油*	-8	5.5
棉籽油	10.5	34
优质牛脂	49.5	49
优质蒸汽猪脂	43	43
棕榈油	40	47
牛脂	46.5	44.5
椰子油	26	28
可可脂	34.5	52
烛果油	43	63.5
乳脂	20[a]	26[a]
10%深度氢化棉籽油+60%椰子油	58	41
25%三硬脂酸甘油酯+75%豆油	60	32
50%深度氢化猪脂+50%猪脂	57	50.5
15%深度氢化猪脂+85%猪脂	51	41.5
25%深度氢化棕榈油+75%深度氢化棕榈仁油	50	40

注：*沉降点（settling point）——固脂析出温度。

(4) 棕色环颜色测定 在油脂的酯-酯交换反应过程中，油脂色泽发生变化——棕色的产生与加深是一种有效地控制酯交换反应的手段。目前有资料报道，可以通过在线（on-line）检测棕色深浅来判断反应进行的情况。

（二）定向酯交换

以猪脂为例介绍连续式的定向酯交换工艺。采用钠/钾合金为催化剂的猪脂定向酯交换流程图如图 3-7 所示。

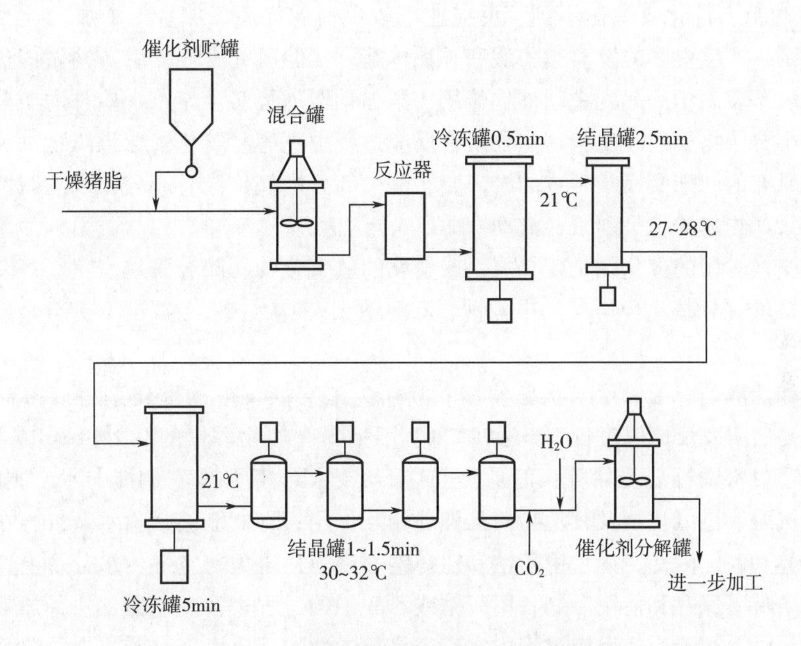

图 3-7 猪脂的定向交脂化工艺流程图

将精炼的新鲜猪脂干燥至含水量低于 0.01%并冷却至 40~42℃，将猪脂输入混合器与定量加入的钠/钾合金混合。猪脂和催化剂的混合物通过一蛇管式随机酯交换反应器（停留时间 15min），随机化混合物用泵输送通过急冷机（votator），停留时间为 0.5min（氨冷却），冷却至 20~22℃。晶体通过收集器，搅拌平均时间为 2.5min。由于结晶的放热效应，混合物温度上升至 27~28℃。再经过另一个氨冷却的急冷机冷却至 21℃。由此开始混合物通过一系列带有缓慢的搅拌装置的结晶器，停留时间为 1.5h。物料离开结晶器时的温度为 30~32℃，并用 CO_2 和水在高速混合器中进行处理以除去催化剂，产生的肥皂通过离心分离除去，然后把猪脂进一步水洗以除尽肥皂，将经水洗的猪脂加以干燥，它在 33℃下最终的固体脂肪指数（SFI）约为 14。

反应终点的三饱和甘油酯的比例可以根据不同的产品要求在最低为 5%和最高（组成中的饱和脂肪酸全部转变为三饱和甘油酯）之间选择。

三、 影响化学酯交换反应的因素

酯-酯交换反应能否发生，以及进行的程度如何，与原料油脂的品质、催化剂种类及其使用量、反应温度等都是密切相关的。

（一）原料油脂的品质

用于化学酯交换反应的油脂应符合下列基本要求：水分不大于0.01%，游离脂肪酸含量不大于0.01%，过氧化值不大于0.05%。因为水、游离脂肪酸和过氧化物等能够削弱甚至完全破坏催化剂的催化功能，使酯交换反应无法顺利进行。

（二）催化剂

催化剂的种类和浓度都会影响化学酯交换反应。一般使用催化剂的浓度都在0.2%~0.5%，浓度过低，催化效率达不到，反应速率较慢；催化剂添加量的增加，导致酯交换反应速率的加剧，产生更多的游离脂肪酸和甘油单酯。实验研究发现，甲醇钠做催化剂时是通过二酰基甘氧基负离子来起到中间催化作用，添加量增加势必会导致一些甘油二酯、游离脂肪酸和一些小分子物质的产生，这些物质在反应过程中更容易氧化，导致产物过氧化值的增加。原料中原有的和酯交换新生成的游离脂肪酸一部分被氧化，一部分在水洗碱性条件下流失，从而导致产物的酸值呈现平稳波动。

化学酯交换常用的催化剂是碱金属、碱金属的氢氧化物、碱金属烷氧化物等。目前使用最为广泛的是钠烷氧基化合物（如甲醇钠、乙醇钠），其次是钠、钾、钠-钾合金以及氢氧化钠-甘油等。

甲醇钠和乙醇钠一般以粉末状态使用。其作为酯交换反应的催化剂有许多优点：价格低、操作容易、引发反应温度低（50~70℃）、用量少（底物质量的0.2%~0.4%）、反应结束时催化剂通过水洗容易去除等；但是，也有不足之处，例如，它们能与水、碳酸气、氧、无机酸、有机酸、过氧化物及其他物质强烈地相互作用；它们能够吸附水蒸气，在水中易溶解并分解为醇和碱。因此，无水甲醇钠和乙醇钠等必须在避免与空气、水分及上述列举的化合物接触的条件下保存和使用。制备甲醇钠或乙醇钠的过程中会产生氢气、释放热量，容易发生爆炸。另外，在酯交换反应过程中它们容易与中性油反应生成皂及相应的单酯而造成中性油的损失。

钠-钾合金在0℃时也呈液态，容易分散于油脂中，适合在较低温度下进行酯交换反应，如随机酯交换反应。其使用温度为25~270℃，使用量为0.1%~1%。氢氧化钠和氢氧化钾等碱金属氢氧化物，由于它们本身难溶于油脂，需要与甘油共用。由于与甘油共用，提高了催化效果，但反应中伴有少量的甘油单酯、甘油二酯产生。如果以水溶液的形式添加，要使反应进行，添加催化剂后，必须迅速脱除水分，将催化剂充分地分散于油脂中。该方法催化的酯交换反应需在较高温度下（140~160℃）进行。

（三）醇的含量

油类的酯交换反应是可逆平衡反应。对于醇解反应，过量的醇有利于反应向正方向进行。但是当醇油比过大时，将会对甘油与脂肪酸甲酯的分离产生阻碍作用，致使反应向逆方向进行。因此，在酯交换反应中反应物醇油比相当重要。醇油比的大小虽然对产物的酸值、碘值及皂化值没有影响，但与反应时使用的催化剂类型有很大关系。碱催化过程的醇油比要小于酸催化过程。在正丁醇与豆油的酯交换反应中，要达到同样的产率，酸催化过程的醇油比为30∶1，而碱催化仅需6∶1。

（四）反应时间

随着反应时间的增加，酯交换产物的熔点呈现先降低后升高的趋势，产物熔点到达最低，而后随着反应时间的延长，熔点又呈现升高趋势。这可能是因为在反应前期脂肪酸之间的重排生成更多单不饱和多不饱和甘油三酯（USS 和 UUS）导致了油脂熔点的降低，而随着反应时间的延长，酯交换程度的加剧，生成了更多的多不饱和和三饱和脂肪酸甘油三酯导致酯交换产物熔点的升高。

（五）反应温度

在一些酯交换反应过程中，如使用劣质油脂碱催化法制生物柴油反应中，温度升高，反应速率增加；但如果继续升高温度，最终产物的得率反而会有所降低，原因可能是温度过高，甲醇气化加剧，降低了液相体系中甲醇的浓度，对产物生成不利。

（六）原料混合程度

酯交换反应必须在原料充分接触时才能发生。对于生产脂肪酸甲酯的酯交换反应来说，由于油脂和甲醇相溶性很差，如果不加以机械搅拌，反应只在两相界面发生，反应速率很慢，产率也较低。随着搅拌强度的增加，反应系统中传质作用增强，反应速率加快，产率也有相应提高。采用超临界流体技术来增加界面面积也可以提高反应速率。若在反应体系中加入共溶剂，可以使油脂和甲醇完全互溶形成均相体系，大大加快反应速率，使反应在瞬间完成。研究表明：原料混合浓度，在酸催化中的影响大于在碱催化中的影响，若在反应体系中加入四氢呋喃（THF）作为共溶剂，则反应速率有明显提升。总之，原料混合越均匀，反应速率越快，脂肪酸甲酯的产率越高。

四、化学酯交换产品性质与质量控制

（一）酯-酯交换油脂的性质及应用

经酯-酯交换的油脂产品已应用到人造奶油、糖果用脂、起酥油等行业中。对于用途不同的酯-酯交换油脂，其所具有的性质和指标也不同。例如，可作为人造奶油产品的酯交换油脂具有下列指标才可使用：熔点为 25~35℃，15℃时的硬度为 30~130g/cm，酸值（KOH）≤0.5mg/g，碘值为 70~100g/100g，在 20℃时固体甘油三酯为 6%~19%。

1. 一级油

据资料报道，利用棕榈油与油酸乙酯在 0.1%~0.5%甲醇钠存在下于 60℃进行烷基酯与油脂的酯交换反应，结果得到一种液体混合物，经蒸馏除去饱和脂肪酸乙酯后，得到的油脂适用作一级油使用。

2. 起酥油

通过随机或定向酯交换反应后，改变油脂的熔点范围，使之塑性范围增大，满足成为起酥油的条件。例如，与天然猪脂相比，定向酯交换的猪脂不仅具有塑性范围更宽的特点，同时由于反应后其甘油三酯结构也发生变化，使其晶型也由粗大的 β 型转变为细小的 β' 型。因此，定向酯交换猪脂是一种品质优良的起酥油。此外，还有研究发现，通过与大豆油混合并酯交换的方法来改进棕榈油硬脂的加工性能是可行的。酯交换反应改变了混合油脂中的甘油三酯组成，降低了油脂中的三不饱和甘油三酯（U_3）含量，从而降低了油脂在较高温度下的固体脂含量。甘油三酯组成的改变使得混合油脂具有较宽的可塑范围，可操作性能得到改进。

3. 人造奶油——高稳定性调和人造奶油

对于同一个甘油三酯分子来说，短链脂肪酸（$C_{6:0}$~$C_{14:0}$）具有较好的熔化特性，而长链脂肪酸（$C_{20:0}$~$C_{22:0}$）则给予人造奶油足够的硬度，这些性能可以通过采用随机化油的混合物而实现。例如，75 份 40%椰子油-60%棕榈油的随机化产物、10 份 50%椰子油-50%氢化菜油（碘值为4g/100g）的随机化产物与15份氢化豆油（碘值为95g/100g）混合，该混合物在10℃、20℃及33.3℃下的固体含量指数（SFI）分别为32、19和1，由该混合物调制的人造奶油具有良好的涂布性能，高温下稳定以及有令人愉快的口味。

4. 人造奶油——营养调和人造奶油

多不饱和脂肪酸含量高和反式脂肪酸含量低至零的人造奶油从营养学观点看是人们所希望的。80%豆油与20%三硬脂酸甘油酯的酯交换混合物，其SFI在10℃、21.1℃及33.3℃分别为8、3.4及2.2；$C_{18:2}$+$C_{18:3}$为51.3%。75%豆油与25%全氢化棉籽油的酯交换混合物性能如下：熔点39℃，必需脂肪酸44.6%，反式脂肪酸≤2%。由它们制备的人造奶油其风味及氧化稳定性良好。

5. 糖果专用油脂

只有具备塑性范围窄、熔点（接近人体温度）范围小等特点的油脂，才有具备成为糖果专用油脂的条件。详见第八章巧克力及其用脂。

（二） 酯-酯交换油脂质量控制

1. 人造奶油

人造奶油所用原料油脂甘油三酯结构复杂，乳化剂种类繁多，加工条件不一，使得人造奶油结晶行为复杂，在运输过程中，不适宜的环境和温度变动很容易引起人造奶油起砂、稠度变硬或变软、失去应有的光泽、析油等品质劣变现象。

起砂是人造奶油常见的一种劣变形式，它是指人造奶油产品中产生0.1~3mm甚至更大的颗粒晶体小块或入口时能够感知到有砂砾感的存在。华聘聘等对人造奶油结晶、起砂的影响因素进行了分析，认为人造奶油起砂现象的产生主要原因有：①产品原料油配方不合适，乳化剂选择不当，原料油之间的不相容导致高低熔点组分分别结晶，使得油脂的部分β'晶型转化为β晶型，β晶型质地紧密粗大，易产生砂砾；②加工过程控制不当、乳化温度、乳化时间、急冷温度、速率、熟化温度、时间不当均会导致人造奶油晶体粗大，产生入口的砂砾感；③贮藏温度不当，环境温度剧烈波动会导致原有的结晶网络破坏致使晶体分级。

人造奶油类食品的主要物理特性是光泽、硬度、熔融性、流变性和铺展性。这些物理性质主要受以下三个因素的影响：脂质结晶和转化行为、脂质晶体微观结构以及脂质晶体网络表现出的流变和组织性质。脂质的结晶和转化是影响人造奶油物理特性的重要因素，而脂质表现出高度复杂的结晶行为主要由其脂肪酸结构和组成决定。热性能和微观结构发现：对称甘油三酯的物理性质随冷却速率的变化较大，不对称甘油三酯的性质随冷却速率的变化基本保持相对恒定，这主要是由于非对称性引起的额外空间位阻以及通过甲基端相互作用在“露台”引入的干扰所致。

在油脂加工过程中通常通过调整油相组成，添加合适的乳化剂以及控制生产条件三个方面来控制油脂产品的结晶和起砂。研究已经表明通过调整油相及乳化剂配方能够有效改善脂肪结晶情况从而延缓砂粒晶体的形成，但其改善机制及控制起砂机制仍不明确。

2. 起酥油

起酥油在储运和使用过程中难免会遇到温度波动，通常被认为这是造成其后硬的重要因素。即使在恒温条件下，起酥油体系也很难达到热力学平衡，温度波动和难以实现的热力学平衡会导致后结晶。后结晶过程是一个复杂过程，包括新晶核的形成、晶体的生长、奥斯瓦尔德熟化（小晶体的熔化和大晶体的生长）、晶型的转变、油脂的迁移和小结晶的迁移。约翰逊（Johansson）等研究大豆油、棕榈硬脂和棕榈仁油等油脂的后结晶行为，发现油脂可能会发生以下行为：新的晶核的形成、晶体的生长和晶体间“桥结构”的形成，这些行为有可能是同时进行的。在上述后结晶过程中，结晶的生长使脂肪结晶网络中狭窄区域内形成“固体桥”，这个过程被称为“烧结作用”，是引起油脂硬度变化的原因之一。实验表明“固体桥”和晶体具有同样的结晶类型，这说明“固体桥”是直接形成的，约翰逊等认为“固体桥”是油脂晶体之间形成的一种吸附力。

研究发现，经过酯交换后的起酥油硬度变化比酯交换前小，认为酯交换可缓解后硬问题。此外，向原料油脂中添加1%～2%的全/高饱和脂肪酸甘油三酯可以改变油脂的结晶速率，因为全/高饱和脂肪酸甘油三酯可以快速形成晶核，加快整个体系的结晶速率，这种方法在某种程度上可以解决问题，但不能解决工艺和结晶过程中的所有问题。工艺条件是影响起酥油性能的重要因素。对于不同原料油脂而言，起酥油的加工条件会因为油脂的结晶习性不同而差别较大。

另外一种防止后硬的方法是向其中注入气体以软化产品。尽管这种方法可以用于棕榈油含量高的混合油脂中，但是在混合油脂中棕榈硬脂开始结晶时注射气体会使油脂的结晶变慢，得到产品口感会很差。

焙烤用的人造奶油、起酥油若拥有较好功能性，必须具备三个特点：即晶体必须为β'晶型、一定的固体脂肪含量和较宽的塑性范围。由于通过极度氢化大豆油和大豆油的酯交换可以得到不同固体特征、不同熔点的油脂，选择性更为广泛，并且酯交换油的稳定晶型为β'，SFC曲线较平缓，塑性范围较宽，因此，可以通过选取一种或几种不同类型的油脂进行复配，从而得到满足人造奶油、起酥油可塑性要求的油脂。但仅满足可塑性要求并不能保证人造奶油的功能性良好，人造奶油的酪化性、吸水性、口感等品质还取决于乳化剂的选择和配比。同时，人造奶油、起酥油的加工工艺对产品的品质、β'晶型的形成及稳定都将产生重要影响。

第二节　酶促酯交换

酶促酯交换是利用酶作为催化剂的酯交换反应。酶按其来源可分为动物酶、植物酶、微生物酶。酶促酯交换较化学酯交换有独特的优势：①专一性强，包括脂肪酸专一性、底物专一性和位置专一性；②反应条件温和，一般常温即可发生反应；③环境污染小；④催化活性高，反应速率快；⑤产物与催化剂易分离，且催化剂可重复利用；⑥安全性能好；⑦有利于活性物质的保留等。所以，酶促酯交换被广泛地用于油脂改性工业中。例如，利用甘油三酯的*sn*-2位富含油酸的油脂（如茶油、橄榄油、棕榈油的中间分提产物、乌桕脂等）在1,3-专一性脂肪酶的催化作用下，与一定量的脂肪酸或其甲酯、甘油三酯反应制备类可可脂；利用甘油三酯的*sn*-2位的软脂酸含量为50%～60%的油脂在1,3-专一性酶作用下与一定量脂肪酸等反应制备人乳脂替代品（联合利华公司已制造出了商品名为Betapol的工业产品）；此外还有对人体健康有特殊作用的“MLM”和“LML”等结构脂的生产；改性磷脂的生产；脂肪酸烷基酯的生产；甘油单酯的生产；低热量油脂的生产等。

一、 酶促酯交换反应机制

用于油脂工业的脂肪酶的种类不同，其催化作用也不同。人们常根据催化的特异性，将其分为三大类。包括非特异性脂肪酶（nonspecific lipase）、1,3-特异性脂肪酶（1,3-specific lipase）、脂肪酸特异性脂肪酶（fatty acid specific lipase）。脂肪酶既可用于油脂的水解，也可应用于油脂的酯交换反应中。酶促酯交换反应的机制是建立在酶促水解反应的基础之上的。当脂肪酶与油脂混合静置，可逆反应开始，甘油酯的水解及再合成作用同时进行，这两种作用使酰基在甘油分子间或分子内转移，而产生酯交换的产物。在水含量极少的条件下（但不能绝对无水），限制油脂的水解作用，而使酯交换反应成为主要反应。以下列出了脂肪酶催化油脂醇解反应的机制。

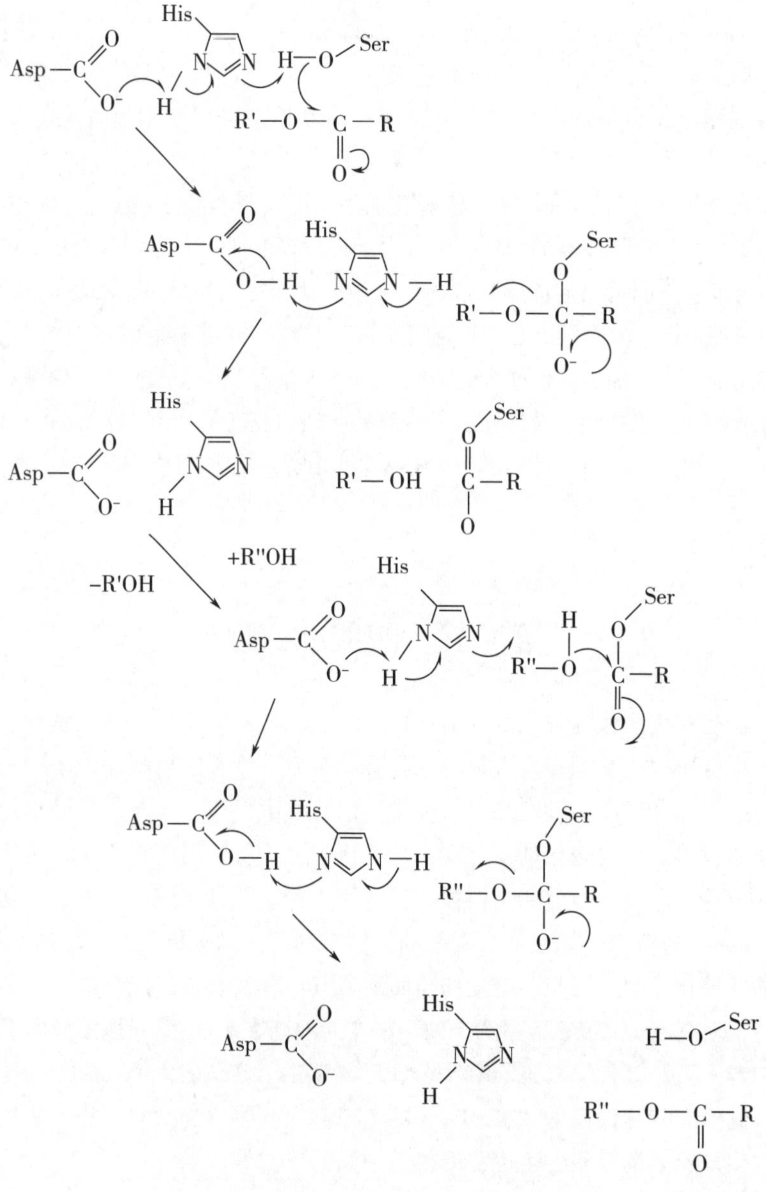

不同种类的脂肪酶催化油脂酯交换反应的过程与产物（均不包括旋光异构体）也不同。

（一）非特异性脂肪酶催化酯交换反应

1. 甘油三酯为酰基供体

A		C		A		A		A		A		A		A
B	+	B	→	A	+	A	+	B	+	A	+	C	+	B
A		C		A		B		A		C		A		C

	B		B		B		B		B		B
+	B	+	B	+	A	+	B	+	C	+	C
	B		A		B		C		B		A

	C		C		C		C		C		C
+	C	+	C	+	A	+	B	+	C	+	A
	C		A		C		C		B		B

2. 脂肪酸或脂肪酸烷基酯（如甲酯、乙酯等）为酰基供体

A				A		A		A		A		A		A		
B	+	C	→	A	+	A	+	B	+	A	+	C	+	B	+	A
A				A		B		A		C		A		C		

	B		B		B		B		B		B		
+	B	+	B	+	A	+	B	+	C	+	C	+	B
	B		A		B		C		B		A		

	C		C		C		C		C		C		
+	C	+	C	+	A	+	B	+	C	+	A	+	C
	C		A		C		C		B		B		

从上述反应情况可以看出，若使用非特异性脂肪酶作为油脂酯交换反应的催化剂，其产物类似于化学酯交换所获得的产物。

非特异性脂肪酶对甘油酯作用的位置无特异性，此种脂肪酶在含水量高的情况下，将甘油三酯分解为游离脂肪酸和甘油，仅有少量的中间产物如甘油单酯、甘油二酯存在。产生非

特异性脂肪酶的微生物有柱状假丝酵母（*Candida cylindracae*）、痤疮棒状杆菌（*Corynebaacnes*）、金黄色葡萄球菌（*Staphylococcus aureus*）等。该酶适用于脂肪酸的生产，可取代目前的高压高温水解法，达到节省能源、减少污染的目的。

（二）1,3-特异性脂肪酶催化酯交换反应

1. 甘油三酯为酰基供体

$$\begin{bmatrix} A \\ B \\ A \end{bmatrix} + \begin{bmatrix} C \\ B \\ C \end{bmatrix} \longrightarrow \begin{bmatrix} A \\ B \\ A \end{bmatrix} + \begin{bmatrix} A \\ B \\ C \end{bmatrix} + \begin{bmatrix} C \\ B \\ C \end{bmatrix}$$

2. 脂肪酸或脂肪酸烷基酯（如甲酯、乙酯等）为酰基供体

$$\begin{bmatrix} A \\ B \\ A \end{bmatrix} + C \longrightarrow \begin{bmatrix} A \\ B \\ A \end{bmatrix} + \begin{bmatrix} A \\ B \\ C \end{bmatrix} + \begin{bmatrix} C \\ B \\ C \end{bmatrix} + A + B + C$$

使用1,3-特异性脂肪酶催化酯交换反应，若不考虑副反应时，酰基转移仅限制于 *sn*-1 和 *sn*-3 位置，所产生的甘油三酯混合物是化学酯交换反应所无法得到的产物。

但是脂肪酶催化油脂酯交换反应过程中会伴随着水解及酰基位移等副反应，致使产物不单一，其主要的副反应过程如图 3-8 所示。

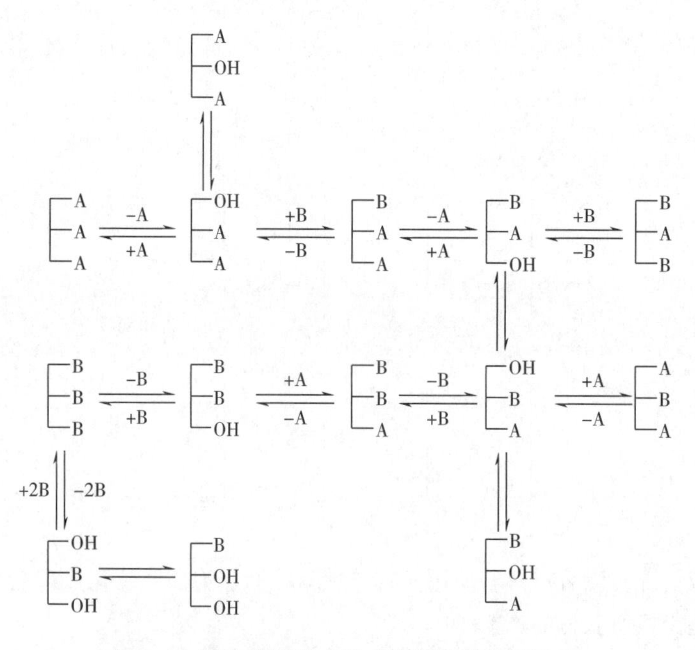

图 3-8　酯交换过程中的水解和酰基位移反应

从以上的反应结果可以看出：1,3-特异性脂肪酶催化甘油三酯的 *sn*-1,3 位，其产物包括游离脂肪酸（FFA）、1,2（2,3）-甘油二酯及 2-甘油单酯。因为甘油二酯及甘油单酯不稳定，尤其是 2-甘油单酯极不稳定，易进行酰基转移作用（acyl migration）产生 1,3-甘油二酯及 1（3）-甘油单酯。因此，使用此种酶时，要严格控制反应条件，反应时间也不宜过长，否则会产生许多不希望得到的副产物。产生 1,3-特异性脂肪酶的微生物有荧光假单胞菌（*Pseudomonas fluorescens*），伊巴丹丝孢菌（*Thermomyces ibadanensis*），毛苣菌（*Fumicorra ranuginosa*），德莱马根霉（*Rhizopus delemar*），日本根霉（*R. japonicus*），雪白根霉（*R. niveus*），无根根霉（*R. arrhizus*），黑曲霉（*Aspergillur nigar*），爪哇毛霉（*Mucor javanicus*），米黑毛霉（*M. miehei*），假丝酵母（*Candida deformans*）等；动物的胰脏内所具有的胰脂酶及米糠的解脂酶等也属于这类特异性脂肪酶。

```
┌A          ┌A     ┌A     ┌A     ┌B     ┌B     ┌B
├A + B + C → ├A  +  ├A  +  ├B  +  ├B  +  ├A  +  ├B + A + B + C
└A          └A     └B     └A     └A     └B     └B
```

（三）脂肪酸特异性脂肪酶催化酯交换反应对脂肪酸 A 及 B 的催化

甘油三酯和游离脂肪酸的混合物可作为脂肪酶的催化基质，在此条件下特定的游离脂肪酸与特定的酰基互换，产生新的甘油三酯。

脂肪酸特异性脂肪酶对甘油酯分子上特异性的脂肪酸产生解离交换。大部分的微生物胞外（脂肪）酶（extra-celluar microbial lipase）对中性油只呈现少量的脂解特异性，但由白地霉（*Geotrichum candidia*）所分离出来的脂肪酶却有明显的脂解特异性，即对第 9 个碳位置含有顺式双键结构的长链脂肪酸，例如油酸、亚油酸及亚麻酸等优先解离，而对于甘油三酯中的饱和脂肪酸及第 9 个碳位置上不具有顺式双键的不饱和脂肪酸，其解离速度非常缓慢。

在实际生产中，要根据具体情况选择不同的脂肪酶，以生产符合要求的产品。

二、脂肪酶催化酯交换反应工艺及设备

脂肪酶催化酯交换反应常用的工艺有两种，一种是间歇式的又称作分批反应器（batch stirred tank reactor，BSTR），另外一种是连续反应器。

分批反应器是将固定化酶与底物溶液一起装于反应器中，于一定温度下搅拌反应至符合要求为止。同时采用离心或（和）过滤将固定化酶从产物溶液中分离出来。该反应器的应用相当广泛，设备简单，反应时不产生温度梯度和浓度梯度。但在反应反复回收过程中固定化酶易损失，处理量小。

连续反应器包括连续流搅拌罐反应器（continuous stirred tank reactor，CSTR）、填充床反应器（packed bed reactor，PBR）、流化床反应器（fluided bed reactor，FBR）以及膜反应器（membrane reactor，MR）等。不同种类的连续式反应器各有特点。图 3-9 是填充床（柱）式反应器工艺流程示意图。

经保温后的底物混合物通过泵的作用进入到填充柱底部（柱内已装好固定化酶），底物在柱内（柱内温度的保持靠夹套内的循环恒温水来实现）缓慢向上移动，移动过程中酶不断

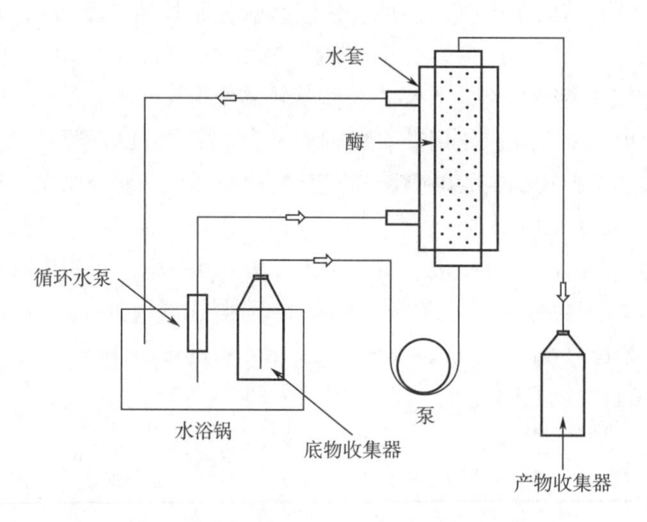

图 3-9 填充床（柱）式反应器工艺流程

地催化底物反应，直至反应结束离开填充柱。反应后的产品收集到产品罐内待分离使用。

反应柱的截面积、高度大小取决于原料的处理量、反应时间等。

产物的分离是一项十分重要的工作。由于产物中包括甘油三酯、甘油二酯、甘油单酯、游离脂肪酸，甚至脂肪酸烷基酯如甲酯等，使得分离工作变得十分复杂。目前应用于实验室及小规模化酶法酯交换产品分离的主要方法有薄层色谱法、柱层析法、高效液相色谱法、溶剂如乙醇的低温结晶法以及分子蒸馏法、超临界 CO_2 萃取法等。

三、 影响酶促酯交换反应的因素

影响酶促酯交换反应的因素有很多，包括酶的选择、酶的活性、酶的固定化、原料的性质、反应体系的温度、体系含水量、反应时间、底物比等。

（一）脂肪酶

在进行酶法酯交换反应时，首先要选择合适的脂肪酶品种。目前应用广泛的脂肪酶一般均有商业化生产。商业化脂肪酶的销售有两种方式：一种是游离酶，一种是固定化酶。根据实验（或生产）要求选择高活性、耐高温、价格低的脂肪酶。

游离酶一般不直接应用于反应体系中，而是将脂肪酶固定化（包括化学键合、物理吸附等）到担体上，制备出固定化酶后再使用。这主要是为了提高酶的分散性、使用温度以及提高酶的使用次数等。最常见的固定化酶的方法为物理吸附法。

由于酯交换反应所使用的脂肪酶需要在水分含量极低的状态下进行为佳，因此，要使用具有很强保水力且低吸附性的小颗粒物质（担体）固定脂肪酶，例如：硅藻土、纤维粉末、硅胶、硅酸钙、骨头粉、树脂等。使脂肪酶充分分散并吸附于这些物质上，而这些物质所含有的水分足以使酶的蛋白质发生水合，使之具有催化酯交换反应的功能，这些小颗粒的直径以 2mm（25 目筛）为佳。若使用保水力低的玻璃粉则具有不易活化脂肪酶的缺点。若使用高吸附性的活性炭，可能将脂肪酶的酯交换活性中心遮蔽，对于酯交换反应效果不利。

固定化酶的干燥方式也有选择性，使用冷冻干燥虽可使脂肪酶分解活性保持较好，但对于酯交换反应活性反而不利。另外，干燥速率越慢对酯交换反应活性的保持越有利，见表3-6。

表3-6　干燥方式对固定化酶的酯交换反应活性的影响

干燥方式	酯交换活性/K_a	干燥方式	酯交换活性/K_a
-23℃，80Pa，冷冻干燥	3.0	1067Pa，20h	12.7
800Pa，4h	3.2	2000Pa，96h	28.5

注：固定化酶的最终含水量为1.4%。

此外，最初的干燥速率需在缓慢条件下进行。酶与担体之比例视担体的保水力而定，一般为2∶1至1∶20。

固定化酶的制备过程比较简单，可将丙酮、乙醇或甲醇等有机溶剂与担体混合，并加入适当pH的缓冲溶液，再将脂肪酶加入后搅拌2~48h，使脂肪酶沉降于担体表面，然后干燥备用（一般干燥至含水量1.4%左右）。另外，也可通过不添加有机溶剂的方式来制备固定化脂肪酶。

固定化脂肪酶的活性越高，越有利于酯交换反应的进行。

此外，加酶量也对酯交换反应有很大的影响。加酶量低会导致酶催化效果不好，反应速率慢；加酶量过高，酶催化反应速率不会再提高，但过多的脂肪酶的用量不仅会增加副产物，还会使成本增加。因此应该选择合适的加酶量。

（二）原料的性质

酶促酯交换反应对原料的要求虽然没有具体的标准，但是在实际操作中发现，磷脂等胶杂、皂、过氧化物、水分等都会影响反应的速率和程度，有的物质甚至会引起脂肪酶的部分失活或完全失活。

因此，低水分、低酸值（游离脂肪酸含量过高会改变酰基供体的组成与含量，从而影响产物组成）、低过氧化值、低皂及低胶杂的原料油脂是酶促酯交换反应发生的必要条件。

（三）反应条件

品种不同的脂肪酶其最佳使用温度、反应时间、副反应（主要指水解及酰基位移）发生情况等均不同。例如，固定化猪胰脂酶在催化乌桕脂、茶油等酯交换制类可可脂时的使用温度为40~65℃，反应时间5~60h；而丹麦生产的Lipozyme IM脂肪酶的使用温度为50~90℃，反应时间1~15h。因此，在应用脂肪酶催化酯交换反应过程中要筛选出最佳的反应条件，制备出目标产品。

pH对酶催化酯交换反应也有一定的影响，大多数脂肪酶的最适pH为7.0左右，过高或者过低的pH都会影响酶的活性进而影响催化效果。

（四）水分含量

研究表明，在高A_w（>0.9）的水介质中，酯交换主要通过水解然后酯化的主要途径与“经典”脂肪酶（如来自毛霉、根霉或变形假丝酵母的脂肪酶）发生，当使用脂肪酶/酰基转移酶时，使用水作为溶剂是一种生态高效的选择。尽管在油化学中通常避免水的存在，但双相水/脂质体系确实有几个优点：

①它们有利于酶活力和脂肪酶界面活化；

②脂质和水相的存在允许极性和疏水性反应物在任一相中溶解；

③反应平衡的有利变化可以通过相间转移的自由能来实现；

④通过相分离可以简化产品的回收。

四、脂肪酶的选择与利用

脂肪酶分为四大类，分别是无特异性脂肪酶、脂肪酸特异性脂肪酶、位置特异性脂肪酶和立体特异性脂肪酶。其中位置特异性脂肪酶是指优先识别并催化甘油三酯的 *sn*-1 和 *sn*-3 位脂肪酸水解。由于甘油三酯不同位置脂肪酸对人体的生理功能有不一样的影响，因此，*sn*-1,3 位专一性的脂肪酶引起了研究者的关注。高等动物的胰脂肪酶如猪胰脂肪酶（Pocine Pancreas Lipase，PPL），以及黑曲霉脂肪酶（*Aspergillus niger* Lipase，ANL），都具有 *sn*-1,3 位专一性。

虽然脂肪酶具有催化活力高、立体选择性好、专一性强等优点，但是在反应中也存在一些问题。固定化作为一种解决其问题的有效途径，受到了很多研究者的重视。经过固定化的酶有以下优点：①在反应过程中不易聚团，易与底物充分接触，有利于反应进行；②对环境敏感程度低于游离脂肪酶，保持活性条件的范围比游离酶大；③在水相中易与产物分离，有利于提高产物纯度；④固定化酶好回收利用，降低酶的使用成本，可以实现工业化，使脂肪酶大规模的工业化应用。

因此，目前所使用的脂肪酶大多为固定化脂肪酶，常见的固定化脂肪酶有：疏棉状嗜热丝孢菌脂肪酶（Lipozyme TL IM）、米赫根毛霉脂肪酶（Lipozyme RM IM）、南极假丝酵母脂肪酶 B（Novozym 435）、荧光假单胞菌（Lipase AK）等。

脂肪酶固定化方法主要包括吸附法、包埋法、共价结合法和交联法等。

（一）Lipozyme TL IM

Lipozyme TL IM 一般是由猪胰脂肪酶经过固定化得到的，其具有 *sn*-1,3 位专一性。由于 *sn*-1,3 位对人体有重要影响，因此，这种脂肪酶在酯交换上的应用非常广泛，是目前在酯交换上最为常用的固定化酶。

有研究人员按一定的比例将樟树籽油（CCSO）、茶油（COO）和完全氢化棕榈油（FHPO）进行 *sn*-1，3 位置随机酯交换，制备含有中碳链脂肪酸（MCFA）的起酥油油脂基料。Reshma 等以脂肪酶 Lipozyme TL IM 为催化剂，将棕榈硬脂与米糠油按不同比例混合后进行酯交换反应，对反应前后的性质进行了分析，体系中含有 839～1172mg/kg 的生育酚，4318～9447mg/kg 的甾醇及 3000～6800mg/kg 的谷维素，同时酯交换后产品中 β' 晶型含量上升。Adhikari 等利用 Lipozyme TL IM 作为酶催化剂，将棕榈硬脂与松子油质量混合比例分别为 40∶60 及 30∶70 的体系进行酯交换反应，对反应前后体系的晶型及晶体的微观结构、SFC 曲线、生育酚及植物甾醇含量进行了分析，结果表明酯交换产物可作为人造奶油基料油，且不含反式脂肪酸。冀聪伟等以猪脂与棕榈硬脂进行酶法酯交换制备零反式脂肪酸起酥油的研究，最佳反应条件为 60℃，酶添加量 8%，反应时间 1h，经酯交换后体系的相容性改善，晶型由 β 转变为 β'，适合用作起酥油。也有研究者以牛脂、茶籽油和棕榈硬脂为基本原料，通过特异性固定化脂肪酶 Lipozyme RM IM 催化制备零反式脂肪酸食品专用油脂基料油。Tang 等利用富含中碳链脂肪酸的樟树籽油与棕榈硬脂酶法酯交换制备富含中碳链脂肪酸的塑性脂肪，对酯交换前后的 SFC 曲线、结晶晶型及熔点进行分析，认为其功能特性良好可应用于起酥油及人造奶油中。

在酶法合成结构脂的研究中发现，脂肪酶种类对合成结构脂含量影响很大，含量从高到低的顺序是：Lipozyme TL IM > Lipozyme RM IM > Novozyme 435 > Lipase AK，范围从 38.12% 到 68.05%。从成本上来看，Novozym 435 和 Lipozyme RM IM 价格昂贵。考虑到结构脂得率和成本，选择 Lipozyme TL IM 作为该反应体系的脂肪酶催化剂。

（二）Lipozyme RM IM

Lipozyme RM IM 不具有 *sn*-1,3 位特异性，但其也具有一定的催化酯交换反应的能力，因此有时使用 Lipozyme RM IM 来制备起酥油基料油。研究人员以猪脂和棕榈硬脂为原料进行酶法酯交换反应，通过对混合油酯交换前后晶体形态、熔化性质、甘油三酯组成、脂肪酸组成以及酪化性的研究，以期制备出更好的起酥油产品。

为了得到富含棕榈酸的卵磷脂，有研究在正己烷溶剂体系下通过 Lipozyme RM IM 催化大豆卵磷脂与棕榈硬脂的酯交换反应，以增加卵磷脂的饱和度，提高其氧化稳定性。有些研究者以大豆磷脂（soybean phospholipid，SP）和牡丹籽油为原料，脂肪酶 Lipozyme RM IM 为催化剂，通过酶法酯交换反应制备亚麻酸磷脂（linolenic acid phospholipid，LNA-P），从而达到对磷脂进行改性的效果。

（三）Novozym 435

Novozym 435 是一种固定在多孔丙烯酸树脂珠上的非特异性酶，其具有良好的催化酰化反应的效果，在脂质被水解后可以催化水解后的酰基与脂肪酸甲酯等发生酯化反应，从而产生催化酯交换反应的效果。此外，Novozym 435 还被发现可以催化酰胺反应。

研究发现在槐脂修饰过程中，使用 Novozym 435 的效果很好，原因是这种酶在 6′和 6″位置上的选择性酰化效果最佳，同时证明只有 Novozym 435 在乙酰化槐脂甲酯的酯交换反应中具有活性，未固定化的脂肪酶没有表现出任何活性。Novozym 435 还可以催化大豆油甲醇解制备生物柴油，其效率为原来的八倍。有研究者通过使用 Novozym 435 催化鱼油酯交换反应使甘油三酯达到富集二十碳五烯酸（EPA）和二十二碳六烯酸（DHA）的效果。

在对结构脂的研究过程中，研究人员发现了其中非常令人意外的现象：通常被认为是没有选择特异性的脂肪酶 Novozym 435 在甘油单酯的制备中得到了广泛的应用。Yomi 等发现脂肪酶 Novozym 435 在强极性体系中具有极高的 *sn*-1,3 位置选择性。现在，脂肪酶 Novozym 435 已被用于制备各种 2-甘油单酯，但以往研究都集中在合成 *sn*-2 位为多不饱和脂肪酸（PUFA）的结构脂。对短链甘油三酯的 2-甘油单酯的制备还尚未有报道。Yomi 等发现脂肪酶 Novozym 435 具有很广泛的适用性，对碳链从长到短的脂肪酸都具有较高的醇解 *sn*-1,3 位点的特异性。

五、酶促酯交换产品性质与质量控制

（一）酯交换产品

经过酶促酯交换反应得到的产品主要有人造奶油、起酥油基料油，其性质主要如下。

1. 晶体形态

晶体形态对起酥油产品的可接受性十分重要，晶体大小、密集程度、均匀程度等直接影响产品的优劣。酯交换前后样品晶体在平均尺寸和数目上出现了较大的变化。酯交换后，混合样品的晶体尺寸明显减小（10~50μm），晶体分布更加均匀。原因可能是酯交换反应减少了混合油中对称性甘油三酯的数量，从而使混合油可生成较多结晶细腻均匀的 β' 晶型。

2. 熔化性质

油脂的晶体形态、脂肪酸组成和甘油三酯组成的差异都将导致其熔化性质的不同，产品熔点发生变化。经研究结果表明，酯交换后熔化曲线变得更为复杂，吸热峰整体向低温方向移动。结合上述分析可以推测，酯交换后甘油三酯组成更为复杂，结晶形态由以 β 型为主转变为以 β' 型为主。

3. 酪化性

起酥油在空气中经高速搅拌时，会吸入许多细小的空气泡，起酥油的这种能力称为酪化性，酪化性是评价起酥油性能的一个非常重要的指标。现有研究结果表明，混合油酯交换前酪化性较差，样品经搅拌后密度减少值较低；经酯交换后，样品酪化性显著变好，密度减少值显著增加。这是由于混合油经酯交换后晶型发生了改变，由以粗大的 β 晶型为主转变为以均匀细小的 β' 晶型为主，而 β' 晶型的起酥油较 β 晶型的充气性好，可以包裹更多的空气。

4. 甘油三酯的组成

经过酶催化酯交换反应后，甘油三酯的组成发生明显的变化。酶促酯交换后的甘油三酯组成与我们按需要所规划的甘油三酯结构接近，且转化率一般大于 50%。这也说明酯交换是有效果的。

此外，还有一些结构脂以及功能性脂，包括中长链结构脂（MLCT），其性质特点有：

（1）具有减肥作用　大部分的试验表明 MLCT 有助于减少体脂堆积和体重增长。MLCT 的减肥作用在人体的作用比动物好，可能是由于临床研究前持续时间短，不能完全发挥 MLCT 的作用。不同研究发现 MLCT 对动物和人血液中参数的影响结果也不一致。部分研究发现 MLCT 可以改善血脂和胆固醇水平，而另一些则没有。

（2）对食品风味具有一定影响　研究发现，当 MLCT 和大豆油或棕榈油混合时可以用作烹饪尤其是油炸。因为大豆油和棕榈油皆富含长链脂肪酸如油酸（$C_{18:0}$），亚油酸（$C_{18:1}$），和亚麻酸（$C_{18:3}$），而这些脂肪酸提高了混合 MLCT 的烟点，从而使得其煎炸效果更好。MLCT 还可用于制备人造奶油和起酥油。与市售的起酥油相比，加入 MLCT 可以使蛋糕获得更好的口感和香气。

（3）MLCT 还可作为提高营养混合物稳定性的稳定剂　巴洛夫（Balogh）等发现用 20% 的 MLCT 替换 20%的大豆油，动力学稳定性实验结果表明，加入 MLCT 的营养混合物在 2~7℃和 37℃下保存 10d，混合物的粒径和表面张力保持不变。而加入大豆油的混合物在第 4 天稳定性就开始恶化。由大豆油和精制椰子油 36：64 制备的结构脂肪乳剂，不同于常见的 MLCT 乳剂，不仅不会改变血浆中脂质的变化，无毒而且可以减轻肝脏代谢紊乱和肝脏疾病。

（二）质量控制

在中长链结构甘油三酯合成过程中，利用脂肪酶直接实现甘油三酯原料的转酯催化是一种绿色的工艺方法，能够有利于保护油脂的结构，防止化学催化反应高温导致的反式脂肪酸的产生与变色。但是在酶法催化中碳链油脂和大豆油过程中，由于酰基的转移，酯交换难以完全，容易产生部分游离脂肪酸和甘油二酯等副产物。由于甘油二酯和甘油三酯的物理性质相近，生成这类副产物过多，则难以分离纯化，从而令后续纯化工艺成本和难度大大提高，因而有必要对酯交换过程产生的副产物进行积极的控制。

对产品进行质量控制过程中，首先应该明确所需要得到的产品，根据目标产品设计实验，验证酶的种类、用量，酶催化反应的时间，底物的选择以及反应的温度等条件对酶催化酯交换反应的影响。

第四章

CHAPTER 4

油脂凝胶化

学习要点

1. 了解油脂凝胶化的发展历程，掌握油脂凝胶化的概念、目的及意义；
2. 掌握油脂凝胶化与基于传统甘油三酯结晶塑性脂肪形成过程中不同尺度下的差异性；
3. 对比理解不同油脂深加工理论（氢化、分提、酯交换、油脂凝胶化）的技术特点以及对制品的影响；
4. 理解并掌握油脂凝胶化的晶体颗粒、分子组装、聚合物网络形成理论及其主要凝胶因子；
5. 掌握油脂凝胶化的影响因素、工艺及其品质评价技术手段；
6. 了解油凝胶应用与发展趋势。

1902 年，威廉·诺曼首次发现液态植物油可以在镍催化剂存在下通过氢化转化为（固体）脂肪。这一发现彻底改变了食品行业，由于可以制造人造脂肪（即氢化油），被用作黄油、猪脂和牛脂等天然脂肪的经济替代品。1911 年宝洁公司推出第一个氢化起酥油 Crisco（氢化棉籽油），自此人造脂肪开始快速增长，尤其是在烘焙行业。在美国大萧条和第二次世界大战期间由于天然脂肪供应不足，氢化油发展达到高峰，以满足工业和家庭对起酥油和黄油的需求。到 1950 年，人造黄油（最初由牛脂制成）和许多天然脂肪基食品几乎完全用氢化油代替。这种变化不仅仅是因为氢化油的经济优势，还因为可以为食品提供更长的保质期（例如：烘焙食品、油炸食品、沙拉酱、起酥油和人造黄油）。同时，由于氢化程度的可控化使得人造脂肪在食品加工使用过程中更易操作。油脂氢化对液态油脂的结构化及其发展进程时间表如图 4-1 所示。

20 世纪早期曾一度认为部分氢化油（PHO）是安全的，甚至认为比天然脂肪更健康，因为天然脂肪（如牛脂）中含有更高量的饱和脂肪酸。直到 20 世纪 50 年代，氢化引起的（人工）反式脂肪酸的危害才被重视。1957 年，美国心脏协会开始倡导限制饮食中的氢化油含量，以降低患心脏病的风险。Mensink 和 Katan 在 1990 年首次证明反式脂肪酸可以增加低密度脂蛋白（LDL）胆固醇并降低高密度脂蛋白（HDL）胆固醇。丹麦于 2004 年率先制定

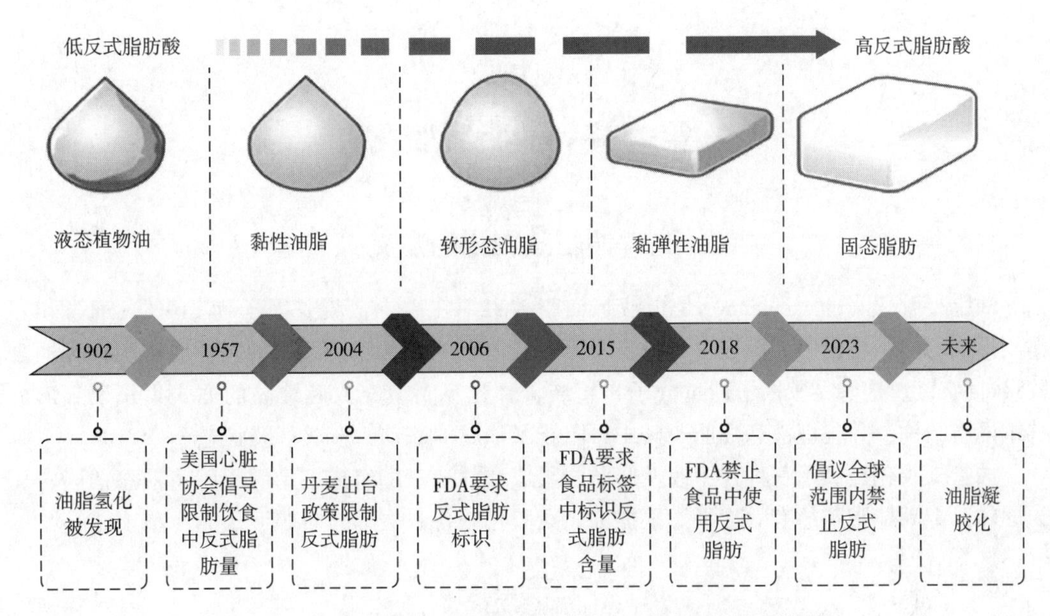

图 4-1 油脂氢化对液态油脂的结构化及其发展进程时间表

政策，从食品中消除反式脂肪，随后世界各地也逐渐开始出台政策规范反式脂肪在食品中的使用。美国食品与药物管理局（FDA）在 1999 年就提出食品企业应在营养标签上注明反式脂肪含量，并于 2006 年强制实施。2015 年，FDA 宣布 PHO 不再是“普遍认为安全（GRAS）”，并于 2018 年 6 月开始禁止食品中使用反式脂肪。世界卫生组织（WHO）也发起倡议，2023 年在全球范围内禁止反式脂肪的使用。氢化油替代品开始探寻，然而在法规制定、食品配方、市场可接受性方面存在诸多挑战：一致的感官特性、保质期、替代品不应引起任何健康问题、经济效益。一个重要的策略是食用天然固体脂肪（或其分提固体脂）替代氢化脂肪，因此近年来棕榈油快速发展，现已成为世界第一大消费食用油脂。另一个有效策略是利用酯交换技术。但两者都难免存在高饱和脂肪酸。尽管饱和脂肪酸对人体健康的影响仍然存在争议，但 2017 年内特尔顿（Nettleton）等证实用富含多不饱和脂肪酸的食物部分替代富含饱和脂肪酸的食物能降低心血管健康疾病的风险。为了解决这些挑战，需开发新的技术将液态油脂转化为半固体脂肪，满足人们对功能性、健康和营养丰富食品的高品质追求。2004 年，甘道夫（Gandolfo）首次利用脂肪酸和脂肪醇的混合物将液体葵花油凝胶化，在宏观上与传统富含饱/反式脂肪相似的半固体塑性属性，为消除饮食中的反式脂肪并避免过量饱和脂肪酸摄入提供了新技术途径。随着人们对健康饮食的不断关注以及油脂深加工理论进一步认识，油脂凝胶化技术近十年得到快速的发展，作为解决“零反式”“低饱和”两难问题的有效途径，被认为是未来塑性脂肪的重要发展方向。

第一节 油脂凝胶化

一、油脂凝胶化的定义

油脂凝胶化（oleogelation）是指液态油脂被束缚在由少量凝胶因子（<10%）通过相互作用形成的网络结构中，形成一种具有半固态或固态的塑性脂肪，这种塑性脂肪被称为油凝胶（oleogel）。这些凝胶因子通过分子自组装、颗粒吸附填充或者结晶的方式生长聚集形成三维网络结构，并包埋液态油脂于其中，阻止了油脂的流动，形成凝胶状态。

油脂凝胶化提供了一种在不改变脂肪酸组成和甘油三酯组成的情况下，将液态油脂转化为固体、半固体脂肪的有效途径。根据油脂凝胶化制备方法可分为如下几类（图4-2）。

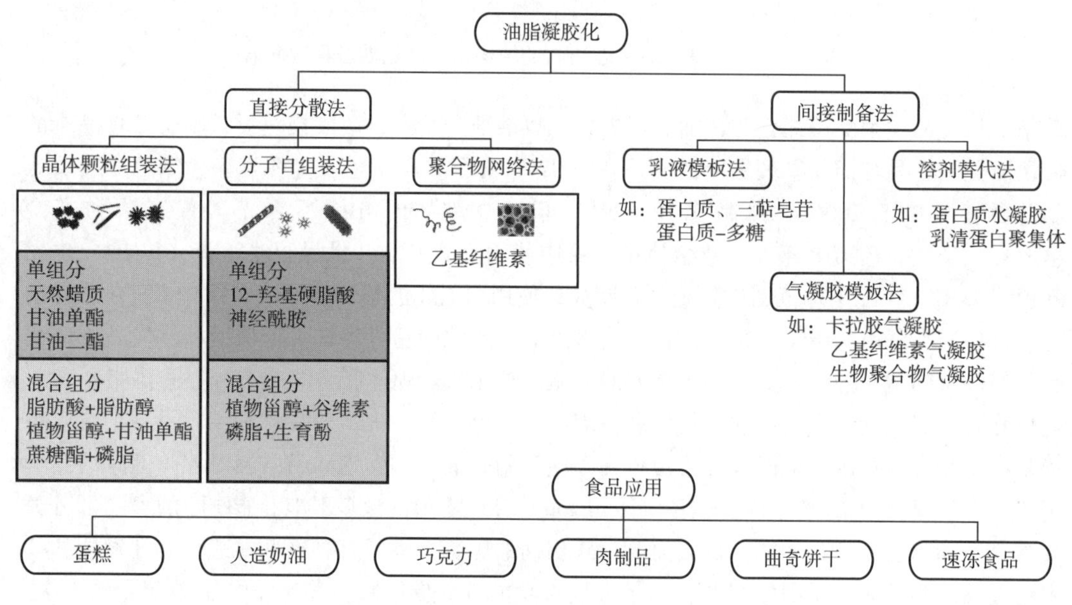

图4-2 根据油脂凝胶化机制分类以及在食品加工中的应用

（一）直接分散法

油脂凝胶化直接分散法是指在高于凝胶因子（也称凝胶剂）溶解温度下，通过冷却形成胶凝剂网络，将液态油脂截留在三维网络结构中，直接得到的塑性脂肪，这是制备结构化油脂最常用的方法，凝胶剂包括蜡、脂肪酸、脂肪醇、甘油单酯、聚合物类等。根据凝胶剂形成网络结构特性分为晶体颗粒组装法、分子自组装法和聚合物网络法。

直接分散法制备油凝胶的机制主要是基于外力（如剪切和温度）作用过程中所引发的分子结构的自组装或小晶体元件的聚集。由于此类分子自组装和聚集过程在很大程度上取决于凝胶剂的溶解度/不溶性的平衡，而这种溶解度/不溶性的平衡受温度的影响明显。因此，此类油凝胶与固体脂肪一样具有较好的热可逆性，即在高温条件下，会产生凝胶向溶胶的转变；之后，随着温度的降低，热的溶胶体系又将再次凝固成具有黏弹性的凝胶体系。

（二）间接制备法

油脂凝胶化间接制备法是指通过乳液模板或泡沫模板的方式将液态油脂包裹固化的方法，包括乳液模板法、气凝胶模板法、溶剂替代法。间接制备法常采用以蛋白质、多糖和具有强界面组装特性的表面活性分子作为结构化剂的油脂凝胶化方法。

油脂凝胶化技术独立于传统的高熔点甘油三酯结晶形成固体脂肪，具有零反式、低饱和脂肪酸的特性，能改善营养状况。近年来，利用油脂凝胶化制备得到的塑性脂肪成功用于各种食品加工中，例如：人造黄油、蛋糕、巧克力、奶油、奶酪、肉制品、饼干、涂抹酱和冷冻食品。

二、油脂凝胶化的意义

现代食品工业常常会使用如人造奶油、起酥油等植物或动物来源的“塑性脂肪”，以满足对含脂食品质构品质的加工要求。目前使用基于甘油三酯过冷结晶的传统固体脂肪存在一定程度上的营养不足和加工缺陷，如高比例的反式脂肪酸和饱和脂肪酸含量。科学界一致认为摄入过量的反式脂肪酸会对健康产生负面影响，而摄入饱和脂肪酸对营养健康存在弊端。我国和世界卫生组织修订的指南一直致力于避免人工反式脂肪酸和减少饱和脂肪酸的摄入。随着消费者对健康食品需求的高度关注，食品制造商正在积极致力于寻求新的技术手段以降低饱和脂肪并完全消除人工反式脂肪。但取代食品中的固体脂肪并不容易，因为固体脂肪除了赋予食品良好的感官特性外，还提供如硬度、质地、酥脆性、涂抹性和咀嚼性等物理特性。

植物油的超分子凝胶化组装，使其形成具有如固体或半固体脂肪特性的油凝胶是构造零反式、低饱和脂肪酸固体脂肪以替代传统脂肪的新策略，同时可作为功能活性因子输送和控释的载体，在满足食品工业需求基础上降低健康风险因子，提高功能及营养性。如在没有反式或饱和脂肪情况下，某些凝胶剂在低至0.5%时就可以将大量不饱和油脂固化。油凝胶具有饱和脂肪酸及反式脂肪酸含量低的特点，又因其可塑性及机械强度较高，在不失食品风味的前提下，可成为一种理想的固体脂肪替代品。在一些食品中脂肪晶体还能稳定油-水与气-水界面以及增加体系黏度，对提高食品体系的稳定性起着重要作用。凝胶因子的双亲性会提高疏水性活性成分，可以加载，并且可以通过调节凝胶网络来控制它们的传递与释放。此外，凝胶剂（如植物甾醇）还提供额外的营养附加值。凝胶油分子中的自组装结构通过物理阻碍可降低脂肪酶和脂质之间的相互作用，降低胃肠消化过程中的反应速率，最终减少餐后血浆甘油三酯含量，降低食欲并减少脂肪组织的积累。

第二节　油脂凝胶化理论与技术

塑性脂肪就是由食用油脂为主体通过一定的技术手段形成的具有屈服应力和黏弹特性结构的食品软材料。从胶体的角度来看，传统基于甘油三酯结晶塑性脂肪形成过程中，高熔点甘油三酯在过冷状态下产生熔融态结晶和过饱和态结晶，其中甘油三酯晶体间的化学或物理键引起结晶生长，随后网络结构的形成，会产生一种结构框架，将低熔点的液态油脂包裹其中，形成三维类凝胶结构。在这种体系中，高熔点甘油三酯结晶相当复杂，因为它包含过冷（冷却至结晶温度以下）产生的熔融态结晶和过饱和态结晶（由于富含长链、饱和和反式脂肪酸的高熔点甘油三酯在富含短链、不饱和脂肪酸的液态甘油三酯中溶解度有限）。

在此过程中，甘油三酯结晶可分为三个步骤：成核、晶体生长和多晶型转变，经历分子水平、纳米结构、微观结构和宏观结构（图 4-3）。脂肪晶体网络的形成始于高熔点甘油三酯分子在低温时以二倍或三倍链长横向堆积成纳米片晶核，该晶核有序地直立堆叠生长形成具有层状排列的片状晶体；片状晶体在质量与热量传递作用下通过范德瓦耳斯力等作用力进一步聚集形成更大（20~50μm）的晶体簇；随后，晶体簇相互连接和作用进一步聚集形成具有三维结构的晶体网络。因此，脂肪结晶网络是塑性脂肪可塑性的基础，所得脂肪的宏观特性和功能性由所有这些层次结构的分子组成和组织决定。该结晶过程受到外部剪切力和温度、过饱和或过冷以及分子几何结构的影响，如较快的冷却速率和深度冷却使大量形成的核在短时间内无法生长从而形成数量较多的细小晶体。细小的晶体具有较高的总有效表面积，从而导致网络中晶体与晶体相互作用更强，硬度更高。剪切作用通常促进晶体成核（因为传热传质速率的增强会导致活化能降低）并促进晶体快速生长（通过影响甘油三酯分子在剪切中的排列，增强颗粒间的碰撞和/或由于晶体的破裂而增加可利用的生长位点）。表面活性物的存在，如高熔点的甘油单酯，通过形成稳定的核来促进晶体成核，稳定的核可以作为其他甘油三酯分子生长的模板。分离的结晶相从而通过弱的作用力聚集成絮凝体形成连续的网络。这种传统使液态油脂结构化的方法存在一定程度上的营养和加工缺陷，如含有高饱和或反式脂肪酸、晶体转变不稳定等。

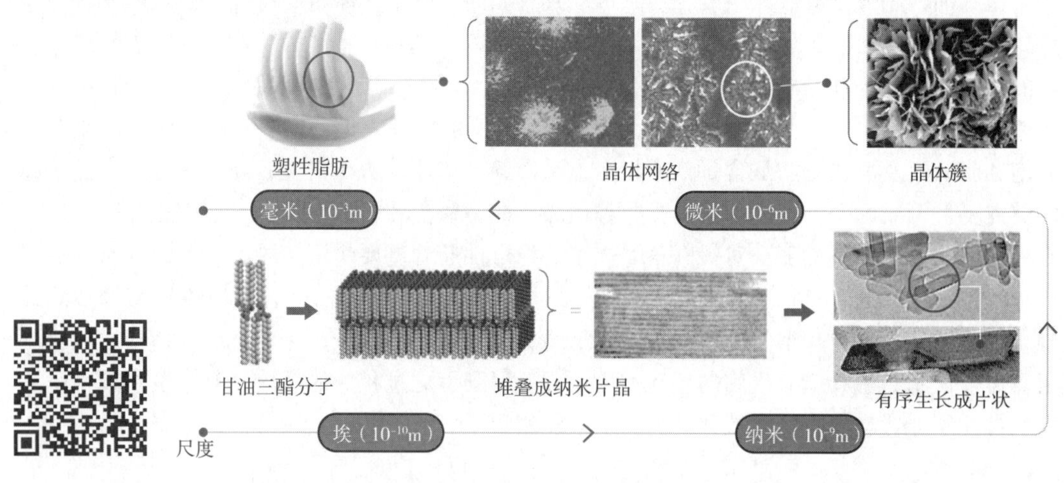

图 4-3 基于传统甘油三酯结晶塑性脂肪形成过程中不同尺度下的示意图

直接分散法得到的油凝胶与传统甘油三酯结晶塑性脂肪有相似的结构以及温度敏感性。与传统甘油三酯结晶塑性脂肪形成过程不同，这种油凝胶是以少量凝胶剂氢键、$\pi-\pi$ 堆积、范德瓦耳斯力、静电作用力以及偶极-偶极作用力等形成特定三维网络结构截留液态油脂，使其失去流动性而形成的一种具有一定黏弹性和机械强度的网络结构的软固体物质。有别于传统含有高熔点的饱和或反式脂肪酸甘油三酯（氢化、分提与酯交换改性）结晶成核形成的脂肪晶体网络，油凝胶中液态油脂被限制或固定在由凝胶因子组装的三维网络结构中，而具有与传统固体脂肪相似的可塑性、涂抹性和延展性等属性（图 4-4）。在油脂凝胶化过程中，控制生产过程中工艺参数、油脂配方、凝胶剂种类用量等可以制备不同硬度和性能的凝胶油。由于不使用氢化工艺，油凝胶中不含反式脂肪酸成分。与此同时，油脂凝胶化将具有高不饱和脂肪酸的植物液油转化具有塑性的凝胶态，远远降低了饱和脂肪酸的含量，通常低于30%甚至可达 8%。因此，油脂凝胶化在提高液态油脂塑性、减少或替代食品中的反式脂肪酸或饱和脂肪酸方面具有显著优势。

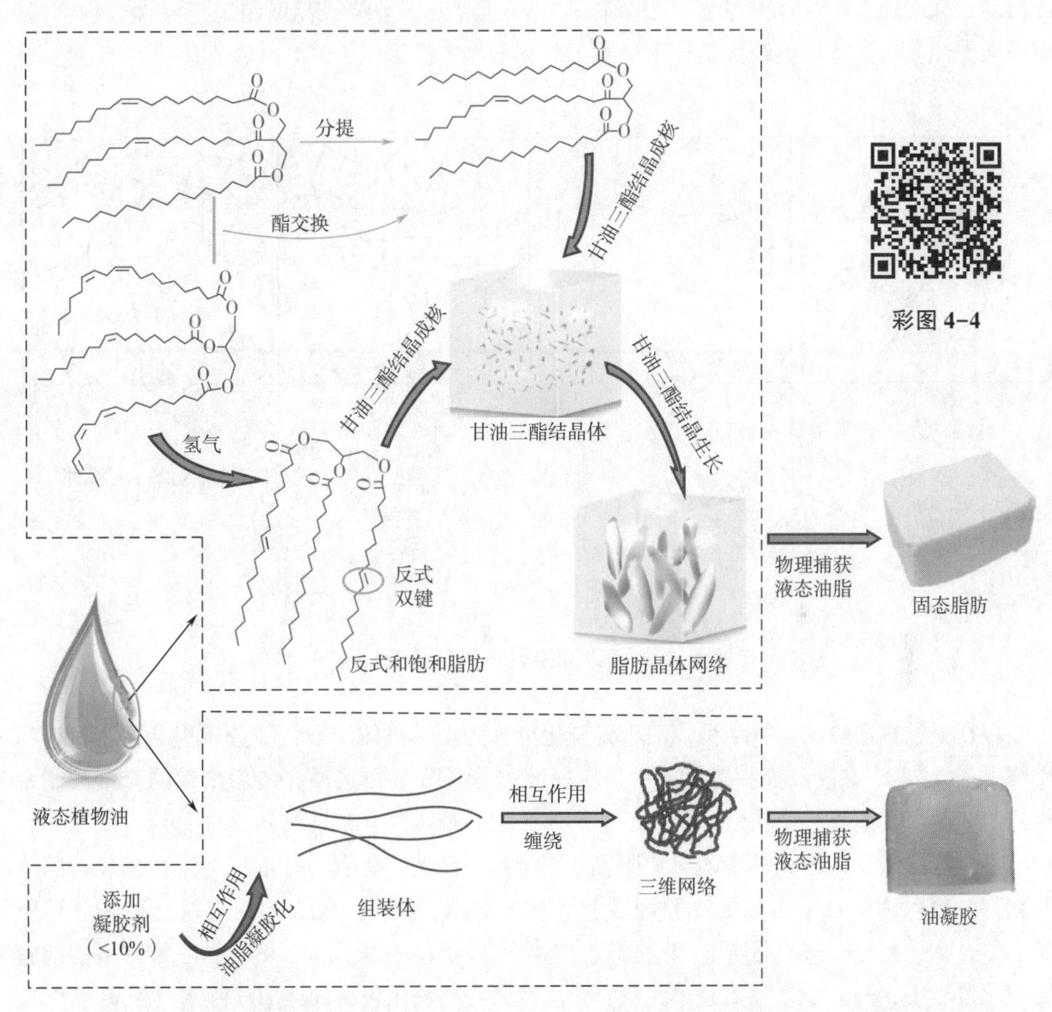

图 4-4 四种油脂深加工理论示意图：氢化、分提、酯交换、油脂凝胶化（直接分散法）

根据凝胶剂结构化性质，油脂凝胶化可分为三种：一是成核晶体颗粒组装构筑的油凝胶，二是分子组装构筑的油凝胶，三是分子聚合网络构筑的油凝胶（图 4-5）。成核晶体颗粒组装形成油凝胶过程与传统高熔点甘油三酯塑化油脂的机制类似，均通过脂质结晶、聚结所形成的网络限制液油部分的移动及赋予产品凝胶的特性。但这些凝胶剂（如甘油单酯、蜡）晶体的种类、形态、结晶特性（如晶体生长方向、聚集度等）与传统的甘油三酯有所区别。甘油三酯晶体具有全方位、多维度生长的特点，形成近似球形的晶体形态，而该油脂凝胶剂倾向于形成二维或者一维的晶体。因此，这种脂类凝胶剂可以在更低的晶体浓度下形成致密的晶体网络，将液态油脂凝胶化。在分子组装形成油凝胶的过程中，凝胶因子通过非共价键短程作用力，如 π-π 堆积、库仑力、氢键、疏水作用、偶极作用发生自组装，在一维方向上形成较长的纤维状、带状、管状或螺旋棒状等形态聚集体的二维结构，再通过机械缠绕或相互重叠形成空间三维网状结构，将液体油捕获在空间结构中，抑制油脂的流动。大多数油凝胶形成不对称的中尺度结构在三维空间中的生长状况不尽相同：如果生长限制于一维，则获得纤维状或针状结构；如果生长方向为二维，则获得片层结构。具有良好界面稳定能力的高分子聚合物（如纤维素、蛋白质等）可通过分子缠绕或界面稳定形成聚合物网络，束缚液态油脂。这些网络结构是导致油脂凝胶化的根本原因。

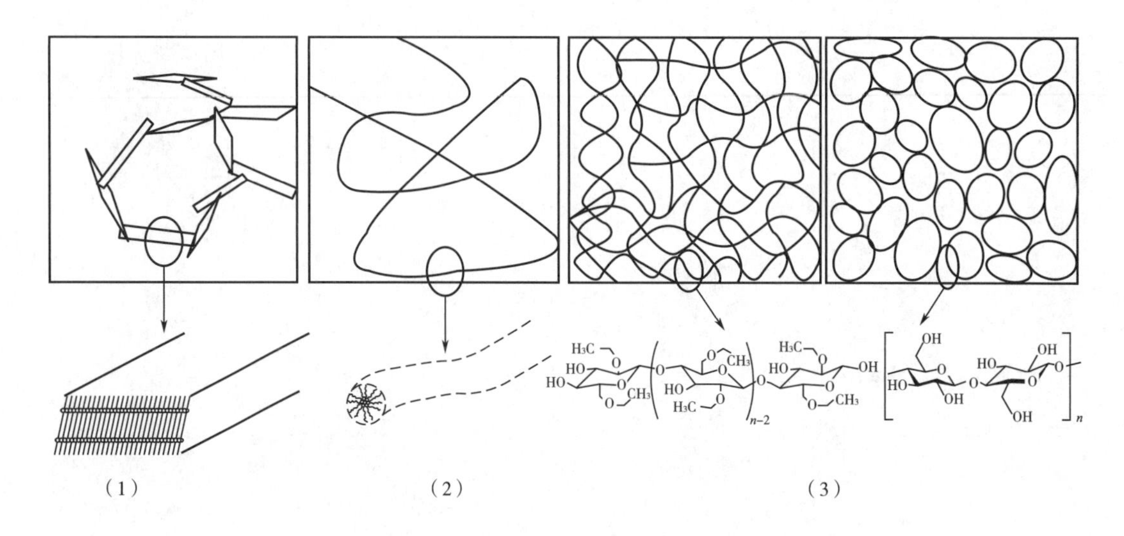

图 4-5　油脂凝胶化的三种途径示意图

根据凝胶剂形成的基本结构，油脂凝胶化可分为：①晶体颗粒；②分子组装；③聚合物网络（表 4-1）。在凝胶油制备过程中，将凝胶剂分子分散在热油介质后冷却的直接法制备得到。因此，在油凝胶结构中，凝胶因子是通过结晶颗粒或自组装结构（如纤维、链状、管状、聚合物链等）的方式捕集液态油脂形成三维网络结构，具有与甘油三酯结晶形成的固体脂相同的热可逆特性。常见的凝胶因子有：甘油单酯、甘油二酯、蜡、羟基脂肪酸、鞘脂类、聚合物、神经酰胺、脂肪酸+脂肪醇、植物甾醇/谷维素等。基于聚合物三维网络的油脂凝胶化过程中，高分子聚合物分子缠绕、亲水性聚合物乳化包裹油脂后脱除水（乳液模板）、亲水性聚合物泡沫吸附油脂（气凝胶模板）、溶剂替换水分后脱溶（溶剂替换），使得到的油凝胶中液态油脂被聚合物物理包裹。

表 4-1　　油脂凝胶化机制及其常用凝胶因子

机制	常用油脂凝胶因子
晶体颗粒	单组分：部分甘油酯（甘油单酯和甘油二酯）、天然可食蜡
	协同组分：脂肪酸+脂肪醇、植物甾醇+甘油单酯

续表

机制	常用油脂凝胶因子
分子组装	单组分：12-羟基硬脂酸、神经酰胺、司盘 60
	协同组分：植物甾醇+谷维素、磷脂+生育酚
聚合物网络	直接法：乙基纤维素
	间接法：甲基纤维素、蛋白质+黄原胶、膳食纤维+皂树皮提取物

一、晶体颗粒组装

凝胶因子通过结晶颗粒的聚集形成致密的晶体网络结构，将液态油脂束缚在网络结构中，将液态油脂凝胶化。该凝胶过程主要涉及成核、晶体生长、网络结构形成，存在纤维生长模型和球晶生长模型。在纤维生长模型中，低饱和浓度的凝胶剂纤维成核后单向生长，主要通过纤维缠结形成网络。凝胶化是由瞬时成核触发的，随后成纤维状生长，最后组装成三维网络结构。球晶模型涉及在大于过饱和浓度下纤维的初始成核和一维生长之后发生在形成三维纤维网络上生长出分支。在凝胶化降温过程中，凝胶剂溶解度降低形成晶核，晶核以晶体颗粒的形式生长并形成球晶。这些球晶通过交替的纤维生长和分支从随机成核位点径向发出，直到它们撞击相邻的球晶。球晶之间的非共价相互作用建立了凝胶网络。这种晶体分支成核可以通过系统的过饱和浓度和冷却速率来控制。在凝胶剂的低过饱和浓度下，一维生长形成较少支化的纤维体，其缠结导致网络的纤维模式。当超过饱和浓度会形成密集的纤维网络并伴随高度支化，最终形成球晶或玫瑰花状结构（图 4-6）。除此之外，凝胶因子结晶的大小、形状及晶体间相互作用决定凝胶油的质构特性及应用范围。如脂肪酸、脂肪醇、脂肪酸+脂肪醇、脂肪酸衍生物、植物蜡、二羧酸、高熔点甘油三酯、卵磷脂+三硬脂酸酯等作为凝胶因子。

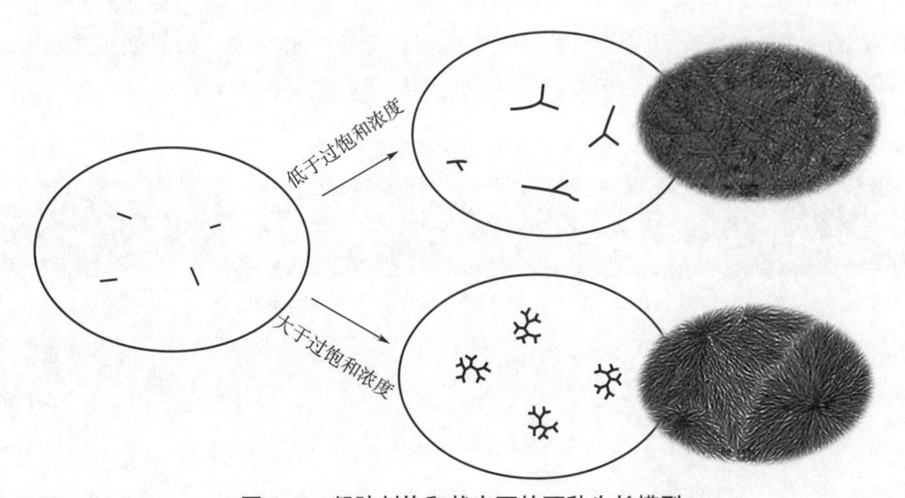

图 4-6　凝胶剂饱和状态下的两种生长模型

（一）甘油单酯和甘油二酯

具有双亲结构的脂肪酸甘油酯，如甘油单酯和甘油二酯，有着与甘油三酯相似的结晶特性，可用于食用油结构化，但其晶体结构存在较大差异。图 4-7 为单棕榈酸甘油酯（MPG）、单硬脂酸甘油酯（MSG）和双硬脂酸甘油酯（DSG）基油凝胶中的晶体结构。与甘油三酯相比，甘油单酯和甘油二酯结晶形成晶体网络，并表现出温度敏感性。甘油单酯和甘油二酯中未酯化的游离羟基促使分子间发生氢键相互作用诱导下的自组装，降低了形成凝胶油所需浓度。相对于甘油二酯，甘油单酯的油脂凝胶能力更强，如 2%单硬脂酸甘油酯就可以将液态大豆油转变为半固态。单硬脂酸甘油酯凝胶化的过程分为两个阶段：①甘油单酯分子自组装成核后迅速纵向生长，形成一维的薄片层状结构；②形成结晶双分子层，同时强化形成网络空间结构。单硬脂酸甘油酯基油凝胶在储存过程中脂肪晶体网络结构易发生动态的转变，微结构单元尺度会逐渐减小，簇状结构不断瓦解，凝胶熔化温度降低，伴随着机械性质变化。但单硬脂酸甘油酯基油凝胶的结晶网络结构也受到诱导甘油单酯结晶加工条件的影响，如利用高强度超声会减小晶体形成的长度，增强甘油单酯晶体网络。实际生产中，12%的甘油单酯添加量可满足作为人造奶油替代产品的油脂凝胶在涂抹性方面的应用。

彩图 4-7

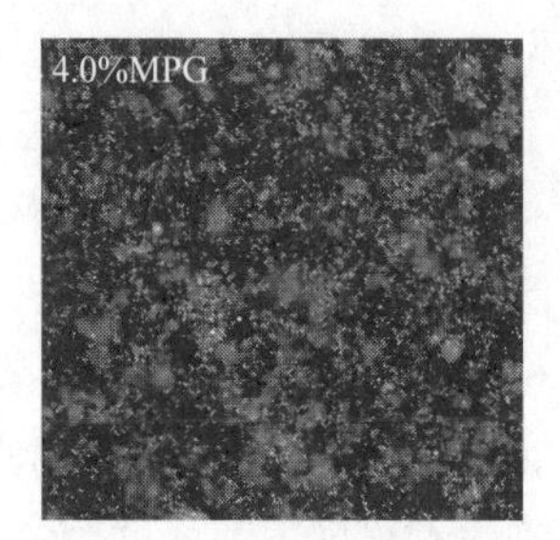

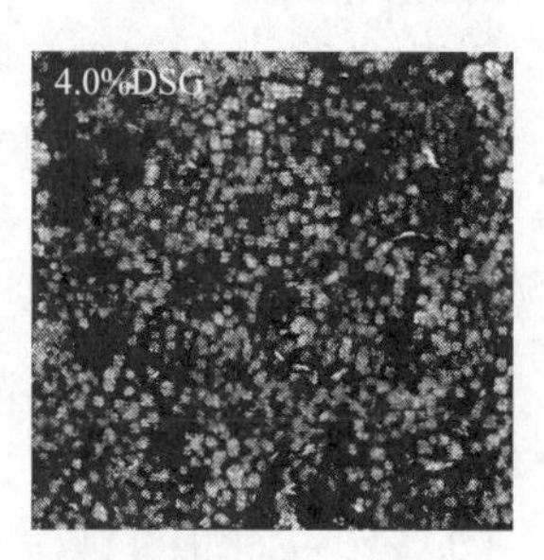

图 4-7 MPG、MSG 和 DSG 基油凝胶中的晶体结构（100×）

（二）天然蜡

在形成晶体颗粒的分子中，天然蜡是最广泛应用于使食用油结构化的凝胶剂，如蜂蜡、葵花籽蜡、棕榈蜡、小烛树蜡等。天然植物蜡包含长链脂肪酸和长链脂肪族醇的酯，是容易大规模获取的一种生物蜡。从化学分析，蜡是由多种化学物质组成，如蜡酯、脂肪酸、脂肪醇和直链碳氢化合物，常用于油脂凝胶化蜡的化学组成有明显的差异，见表 4-2。

表 4-2 常用于油脂凝胶化蜡的化学组成

蜡	化学组成/%			
	碳氢化合物	蜡酯	脂肪酸	脂肪醇
葵花籽蜡	0.17±0.16	96.23±0.19	3.29±0.16	0.32±0.38
巴西棕榈蜡	0.41±0.30	62.05±3.03	6.80±0.76	30.74±2.48
小烛树蜡	72.92±2.23	15.76±0.35	9.45±1.14	2.20±1.02
蜂蜡	26.84±1.04	58.00±0.68	8.75±0.75	6.42±0.90
浆果蜡	<0.05	<0.05	95.70±1.11	4.24±1.10
水果蜡	0.83±0.16	0.24±0.01	36.43±7.19	62.50±7.03

2009 年，Toro-Vazquez 等首次报道在植物油中加入 3%小烛树蜡使油脂凝胶化，且在室

温下放置3个月内无相分离现象。相对于小烛树蜡，米糠蜡制备的油脂成胶能力更高，油凝胶硬度更大。由于具有线性结构的分子单元，蜡所形成的晶体主要表现出较高的一维和二维生长，即从针状到片状结构，这种结构即使在低剂量（<2%）下就可形成黏弹性的凝胶。一般地，蜡添加量的增加会促进结晶数量的增加，降低晶体尺寸，导致晶体分布密度增加，形成的油凝胶硬度也越大。图4-8为葵花籽蜡的针状晶体和虫胶蜡的片状晶体。

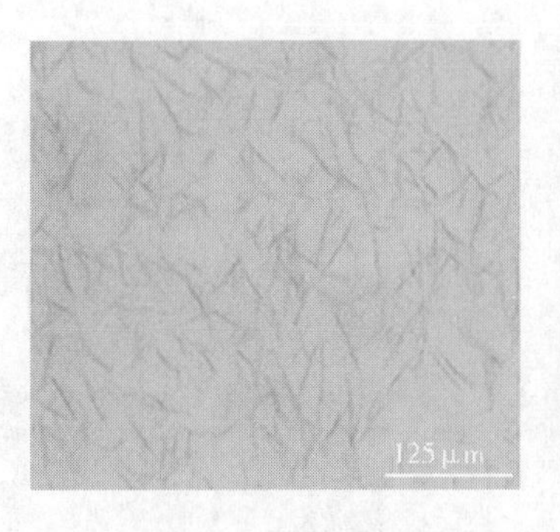

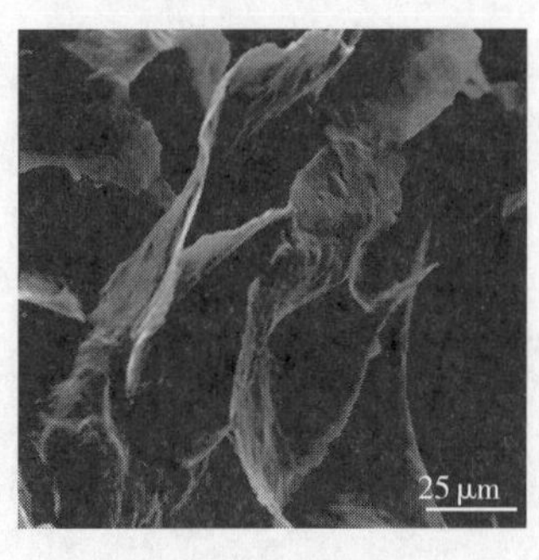

图4-8　葵花籽蜡的针状晶体和虫胶蜡的片状晶体

彩图4-8

（三）脂肪酸及其衍生物

$C_{14}\sim C_{22}$的脂肪酸和脂肪醇也可以使液态油脂凝胶化，且临界成胶浓度随碳链增长而升高，比如C_{14}的脂肪醇需要7%，而C_{16}在5%就可形成油凝胶。添加2%的$C_{16}\sim C_{22}$的脂肪酸和脂肪醇均可以使得植物油凝胶化，且相同质量分数下同样碳原子数的脂肪醇的凝胶比脂肪酸形成的凝胶硬度更大。同时，脂肪酸和脂肪醇为凝胶剂时起着协同作用，比如十八醇和硬脂酸形成的凝胶有更好的硬度，结构也更为坚固。另外在凝胶形成的过程中要注意长链饱和脂肪酸含量，过度摄入长链饱和脂肪酸会对人体健康造成伤害。

（四）植物甾醇-甘油单酯

植物甾醇与甘油单酯在油脂凝胶化时也表现出协同效应。甘油单酯基凝胶油硬度低，随时间的延长易发生多态转变，形成球状晶体（图4-9）。单组分植物甾醇结晶形态呈大的片状晶体，易发生聚集收缩产生相分离。通过将甘油单酯和植物甾醇混合，协同形成针状晶体增强凝胶油流变性能能抑制晶相的收缩和相分离，提供长时间的稳定性。此外，卵磷脂也能通过长烃基链上的甘油基中的羟基与植物甾醇结构上的羟基通过分子间氢键结合形成油凝胶。

（1）

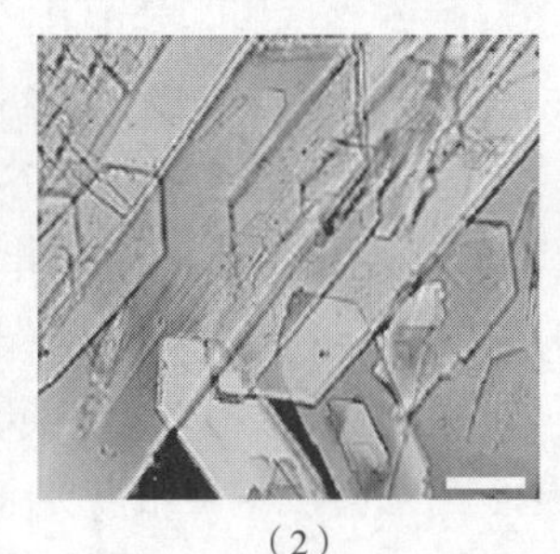

（2）

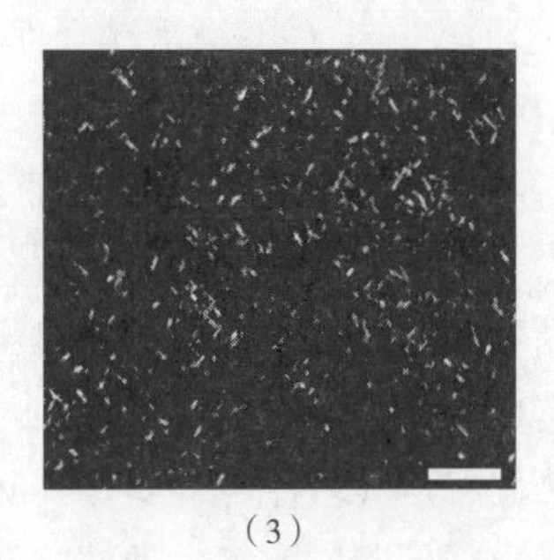

（3）

图4-9　（1）甘油单脂　（2）植物甾醇　（3）甘油单酯与植物甾醇6∶4进行复配在葵花籽油中的晶体偏振光微结构

彩图4-9

二、 分子组装

具有双亲性的凝胶剂通过特异性相互作用（如范德瓦耳斯力、氢键等）发生自组装，形成微米级小管、纤维和螺旋状结构体等，结构体继续组装形成网络结构，限制液态油脂流动，使整个体系凝胶化。如谷甾醇+谷维素、12-羟基硬脂酸、司盘60、神经酰胺等作为凝胶因子（图4-10）。

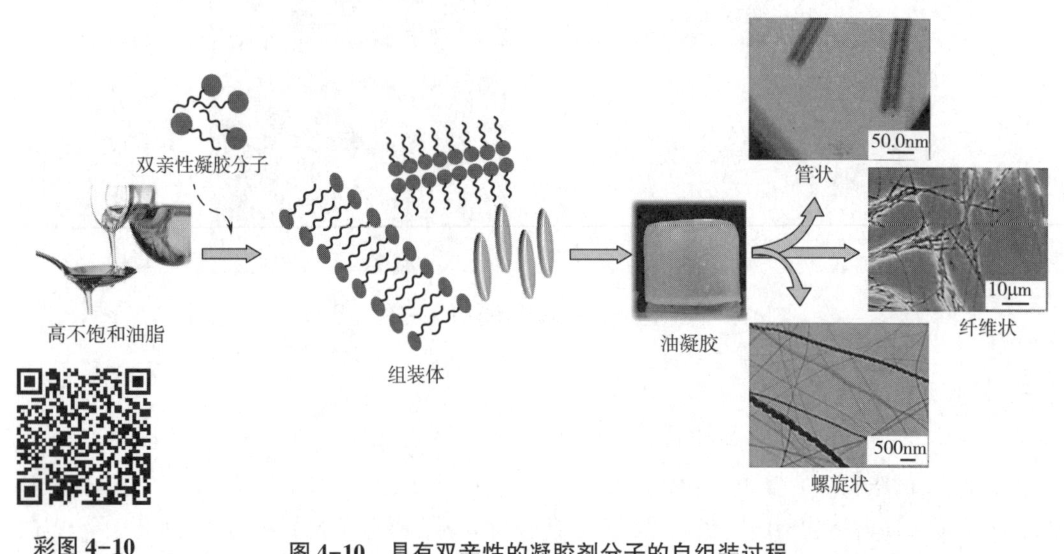

图4-10 具有双亲性的凝胶剂分子的自组装过程

（一）植物甾醇-谷维素

虽然不同种类胶凝剂分子本身能够形成稳定的凝胶油，但许多其他的胶凝剂分子（如脂肪酸、磷脂、植物甾醇）单独使用时不能形成稳定的凝胶油。由这些组分晶体或自组装结构（如反胶束、自组装纤维体）形成的凝胶微观结构可通过加入另一组分得到增强。事实上，在某些情况下具有明显的协同效应，这种协同效应归因于两个组分的联合结晶，与单一组分晶体相比具有完全不同的形态。

植物甾醇和γ-谷维素是公认的也是最早于2006年被联合利华的Bot等发现的可食用凝胶因子，获得美国专利授权，并且邦吉（Bunge）公司已将其作为营养添加剂在油脂中使用。然而并非所有的植物甾醇都能与γ-谷维素复合形成油脂凝胶，只有二氢胆固醇、胆固醇、β-谷甾醇、豆甾醇能与γ-谷维素键合形成纤维网络结构，其中β-谷甾醇与γ-谷维素的协同形成油凝胶的强度最强。两者在植物油中协同组装成纳米级管状组装体（直径≈7.2nm，厚度≈0.8nm）。这些管状组装体呈螺旋带状，是由谷甾醇的羟基和谷维素的羰基之间的分子间氢键相互作用下形成（图4-11）。β-谷甾醇与γ-谷维素的甾醇单元分别位于结构的一端，而谷维素的阿魏酸基团位于结构的伸出部位，这两种分子间的羟基通过氢键作用形成轻微的楔形结构为弯曲的超分子结构留下空间，这些超分子结构可形成薄纤维状结构，形成透明的油凝胶。β-谷甾醇与γ-谷维素两者协同形成的油凝胶临界浓度在8%，且质构硬而脆。虽然植物甾醇既具有降低胆固醇等生理功效又是凝胶剂成分之一，但其应用在食品体系中将受到一定限制。例如，在含有水分的食品（如肉糜制品）中，β-谷甾醇与γ-谷维素的凝胶能力严重受到水分的影响，从而影响凝胶能力。

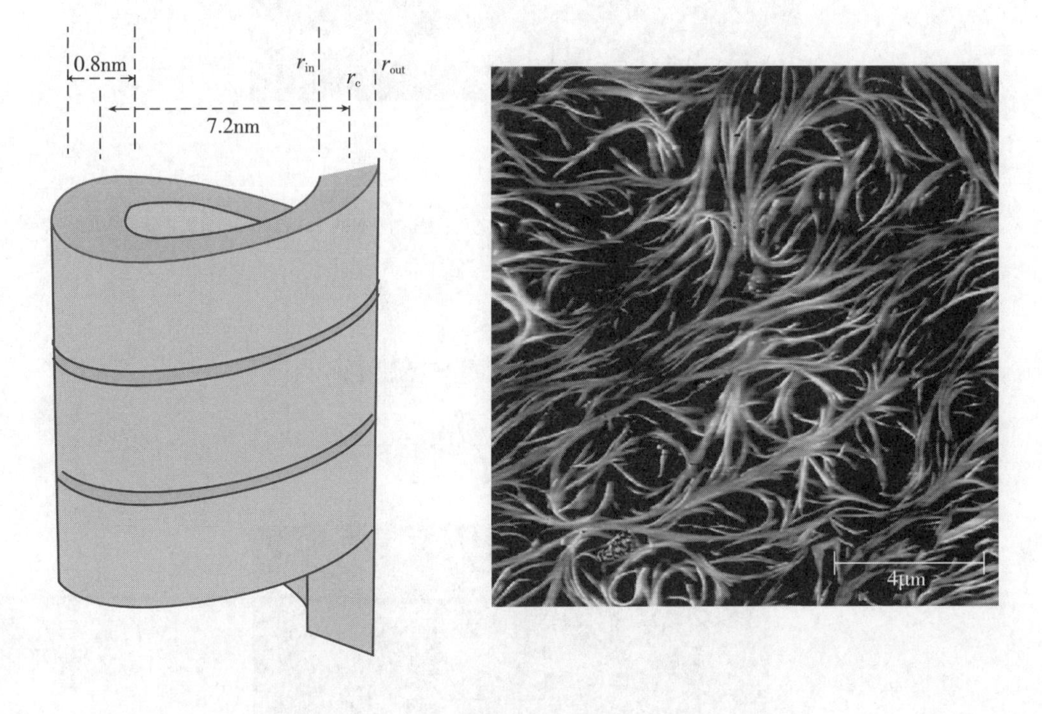

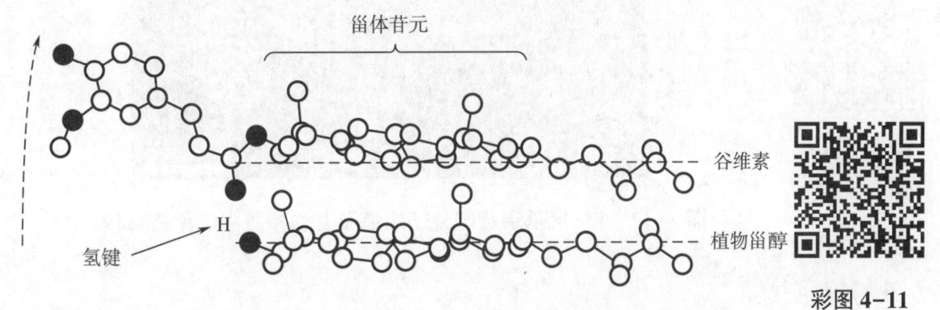

彩图 4-11

图 4-11 β-谷甾醇与 γ-谷维素的协同形成油凝胶机制及其微观结构

（二）羟基脂肪酸

羟基脂肪酸是目前最有效的有机凝胶因子之一，包括 12-羟基硬脂酸和 12-羟基蓖油酸。12-羟基硬脂酸可以从完全氢化蓖麻油中获得，而 12-羟基蓖油酸可以从部分氢化蓖麻油中分离出来。12-羟基硬脂酸（12-HAS）作为在碳 12 位具有羟基的十八碳脂肪酸可自组装成纤维网络，提供结构框架包裹液态油脂分子形成凝胶油。12-HAS 通过羟基之间的氢键相互作用堆叠，在 0.287nm 的距离上形成锯齿形组装，伴随着分子间相邻的羧基也以氢键相互作用（图 4-12）。这种具有羟基的脂肪酸对油脂的凝胶化归因于晶体单向生长，导致高度各向异性，形成细小而长的纤维状晶体，长度可达几微米。这种自组装纤维网络形成的凝胶油外观常为透明或半透明。透明的凝胶油可以在极低（0.5%）浓度下形成，由于纤维链的缠结，并且随着浓度增加纤维之间形成瞬时结合区（微晶区），从而导致透明度降低。尽管 12-羟基脂肪酸是最有效的凝胶剂因子之一，但其凝胶油不耐剪切，并有一定的肠胃刺激性。

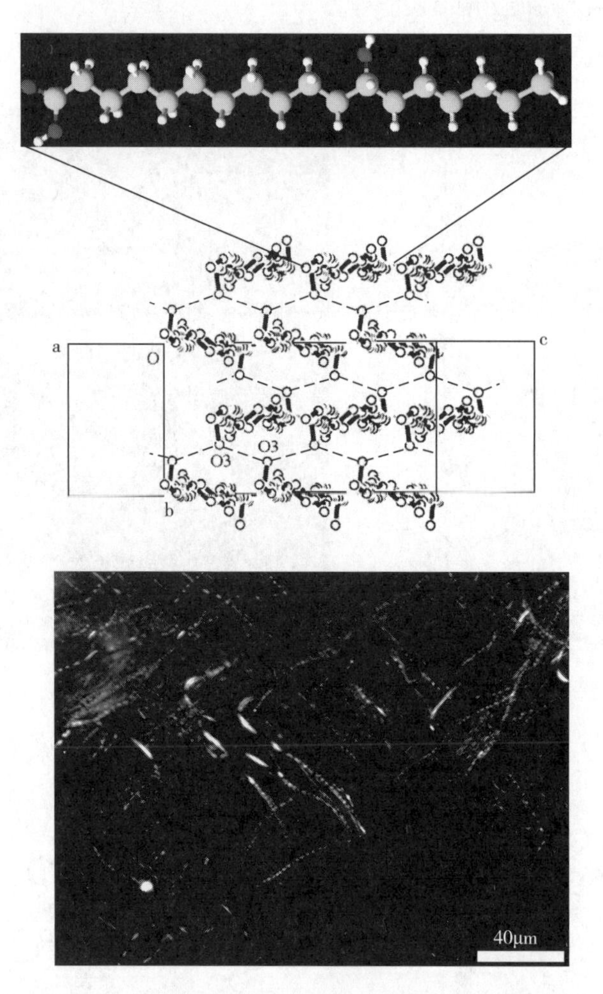

彩图 4-12

图 4-12 12-羟基硬脂酸分子组装及其油凝胶中的网络结构

(三) 鞘脂类

鞘磷脂是一类与生物相关的脂质，含有鞘氨醇骨架，其中一个羟基酯化到脂肪酸侧链如神经酰胺，或者两个羟基都被脂肪酸和非脂肪酸基团（鞘磷脂、脑苷脂和神经节苷脂）取代。神经酰胺是鞘磷脂中最简单的一种，其使油脂凝胶化的机制遵循“成核-晶体生长-分支-晶体生长”模型，但神经酰胺脂肪酸侧链长度会对凝胶的熔融行为和流变特性有显著影响。和大多数有机凝胶的分子链长增加导致更高的凝胶化效率不同，神经酰胺中较短的脂肪酸链长更有利于油脂凝胶化。比如 C_2 脂肪酸神经酰胺形成凝胶的临界成胶浓度为 2%，而类似的 C_{24} 脂肪酸神经酰胺的临界成胶浓度为 5%。神经酰胺分子结晶呈双层斜方晶亚晶包堆积，而均匀脂肪酸链长度的神经酰胺油凝胶中晶体结构呈现纤维状或针状。相对于其他凝胶因子，神经酰胺制备的凝胶油为弱凝胶。

三、 乙基纤维素聚合物网络

乙基纤维素是一种疏水纤维素衍生物，通过羟基取代单体葡萄糖形成纤维素骨架。乙基纤维素性质取决于聚合度和取代度。由于葡萄糖单体具有可取代的 3-OH 基团，因此取代度在0~3变化。根据聚合度和取代度，可以制备出不同黏度等级的乙基纤维素。乙基纤维素是唯一一种可以使用直接分散法制备凝胶油的聚合物凝胶因子。在凝胶油的制备过程中，通常是在乙基纤维素玻璃化转变温度（$T_g \approx 130℃$）以上将聚合物分散在液态油脂中，随后冷却至较低温度。在高温下，聚合物链展开，随后冷却使展开的聚合物链交联形成凝胶网络骨架。通过聚合物链之间的氢键以及油的酰基链和乙基纤维素侧链之间的疏水相互作用形成多孔状网络（图4-13）。

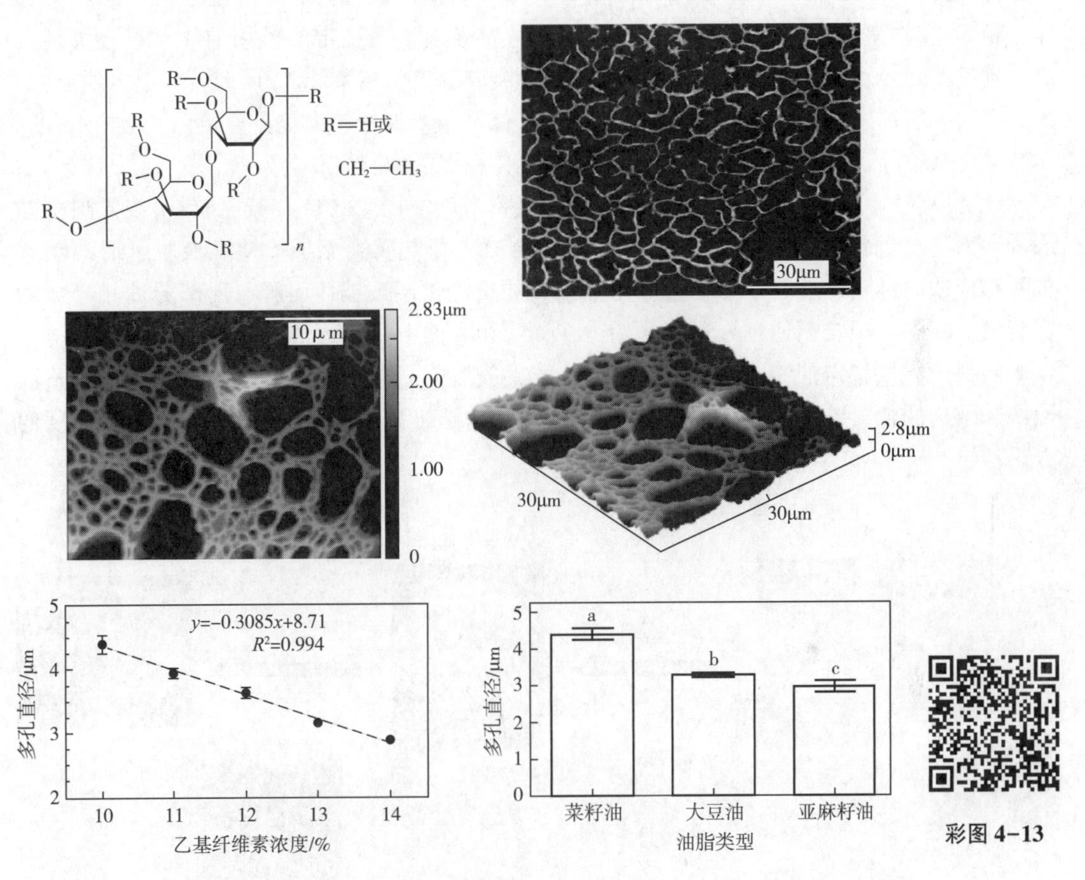

图4-13 乙基纤维素分子结构及其油凝胶的冷冻扫描电子显微结构、原子力显微结构和油凝胶的平均孔径与聚合物浓度和油类型的函数关系

这些多孔结构组成袋状将液态油脂封装。在较大的口袋内部周围还通过毛细管效应封装液态油脂。随着乙基纤维素浓度从10%增加到14%，多孔的直径从4.5μm线性降低至3.0μm，伴随着凝胶强度增加。尽管增加随着乙基纤维素黏度（从0.045Pa·s至0.1Pa·s）不会明显改变平均孔径，但乙基纤维素黏度与凝胶强度之间具有正相关的关系。油脂类型不仅影响乙基纤维素临界凝胶浓度，还影响网络孔径。如大豆油和菜籽油的临界凝胶浓度分别为4%和6%；而在菜籽油凝胶中的最大的孔径为4.5μm，在大豆油和亚麻籽油凝胶中的平均直径约为3.0μm。

四、 乳液模板

以水包油型（O/W）乳液为模板可制备油凝胶。该体系通常不能直接通过凝胶剂自组装网络或其自身形成的晶体将油脂凝胶化。乳液模板法通常使用具有表面活性的乳化剂吸附在油水界面，形成乳状液，然后干燥脱除水得到具有一定空间结构的凝胶。凝胶因子附着于油滴表面形成坚固牢靠的物理屏障，束缚油滴并阻碍油滴间聚合，将液态油脂截留获得软固体，再通过剪切得到油凝胶。使用乳液模板技术制备油凝胶的过程中，随着连续水相被移除，相邻油滴之间会发生明显的聚合趋势。因此，界面牢固稳定的乳液前体是该技术的关键。具备良好界面稳定性的生物聚合物可被选用凝胶剂，包括黄原胶/明胶复合物、明胶/多酚复合物、葡甘露聚糖与明胶、辛烯基琥珀酸酐修饰玉米淀粉、大豆分离蛋白、蛋白/多酚/多糖复合颗粒等，或者具有强界面组装能力的皂树皮提取物。

以黄原胶/明胶复合凝胶剂所形成的油脂凝胶为例（图 4-14），黄原胶/明胶先附着在油滴表面通过乳化作用形成油/水乳液，通过冷冻、真空或气流干燥使乳液脱水后油滴聚集并形成软固体油态，其在剪切力作用下部分油滴乳化层被破坏而释放出部分油相形成油脂凝胶。其中，凝胶剂通过分子间作用力在油滴相界面上桥接形成具备强空间位阻、电荷斥力的保护膜层稳定油滴。通过选取不同性能的凝胶剂、调控模板乳液的性质可制备不同性能和结构的油凝胶，其中添加增稠剂（如羟甲基纤维素）是较为有效增强凝胶强度的方法。

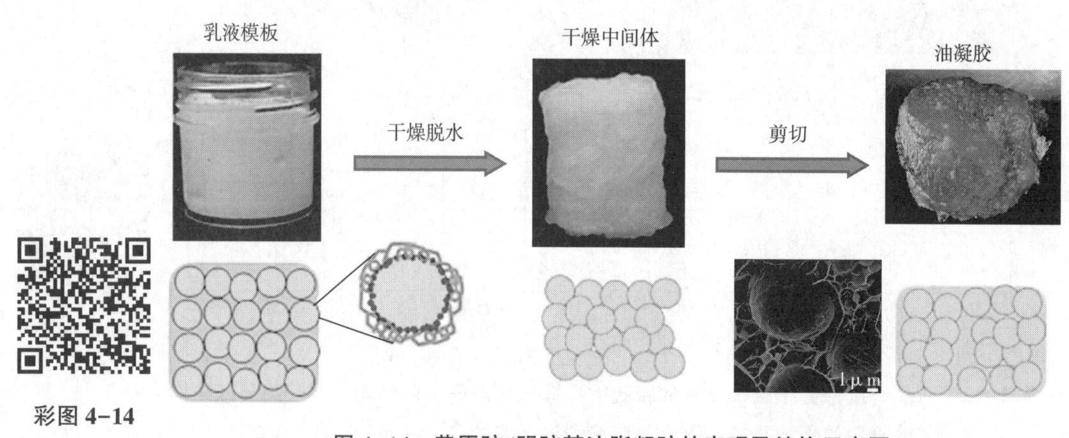

图 4-14 黄原胶/明胶基油脂凝胶的表观及结构示意图

五、 气凝胶模板

2013 年，帕特尔（Patel）等首次提出一种可在低温下制备油凝胶的方法，即气凝胶模板法（或泡沫模板法）。类似于乳液模板法，气凝胶模板法是以泡沫为模板制备油凝胶的一种方法。气凝胶的泡沫是具有低密度和高比表面积的多孔固体材料，其中大量的空隙会以毛细管效应吸附液态油脂，并向其转化为半固态。尽管在外力压缩情况下液态油脂会被释放出来，但通过对包裹油的泡沫施加剪切力将可聚合物片材分散增加截留油的效果（图 4-15）。

在食品开发中气凝胶制造材料逐渐转向生物聚合物，在机械强度和生物降解性方面具有显著优势，如多糖（如纤维素、淀粉、壳聚糖、果胶和角叉菜胶）、蛋白质（乳清蛋白）及

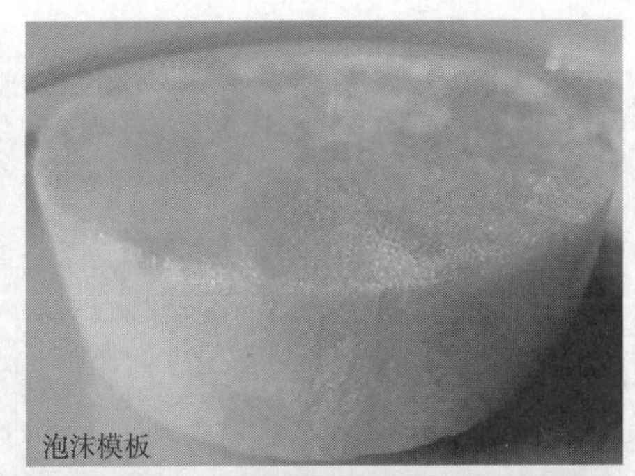

彩图 4-15

图 4-15　明胶与黄原胶复合形成的泡沫模板与微结构，及其吸附菜籽油和剪切形成油凝胶

其共聚物。例如，采用羟丙基甲基纤维素（HPMC）稳定的水基泡沫作为模板得到了多孔气凝胶，由于其高孔隙率，能够吸收 100 倍于自身质量的液态油脂，通过剪切形成质量分数高达 98%液态油脂的油凝胶，其表现出类似强凝胶的流变特性，但是触变结构恢复性较弱，可通过添加少量（质量分数 5%）固体脂改善其触变特性。

六、溶剂替换

2015 年，弗里斯（Vries）等首次采取溶剂替换的技术开发获得了蛋白基油凝胶。蛋白质具有良好的健康效应。多数蛋白质主要具有亲水性，因其凝胶性广泛用于各种食品中。为了防止蛋白质在油中添加时出现团聚和絮凝，可采用两个步骤增加蛋白质分散性：①通过热变性暴露疏水基团增加蛋白质的疏水性；②利用溶剂交换程序将蛋白质从水环境转移到疏水油环境。

球状蛋白通过加热会破坏蛋白质内的氢键，增加蛋白质链的柔韧性，使埋在蛋白质内部的疏水基团暴露出来。在水性环境中，这种暴露会导致蛋白质之间的疏水相互作用增加，形成具有蛋白质聚集体的悬浮液（低浓度）或网络（高浓度）。随着更多疏水基团的暴露，当分散在油中时，会增加蛋白质-油脂间的相互作用。仅仅这样改性还不能直接将蛋白质有效分散在油中，但利用溶剂交换程序可实现。在此过程中，使用中间溶剂将水逐渐替换为疏水油脂，最后将液态油脂凝胶化。这种溶剂的选择不仅要考虑极性，还需考虑溶剂易于脱除，其中丙酮和四氢呋喃效果较好。

这种蛋白质油凝胶的特性取决于蛋白质性质以及它们之间的相互作用，例如，使用小乳清分离蛋白聚集体时，可获得具有塑性的可涂抹油凝胶；当使用热变性后的乳清分离蛋白，可获得具有断裂特性的坚固蛋白油凝胶。图 4-16 为不同处理获得的乳清分离蛋白油凝胶。

当这种蛋白质油凝胶中含有少量水时，水会以毛细管桥联作用增加蛋白质之间的相互作

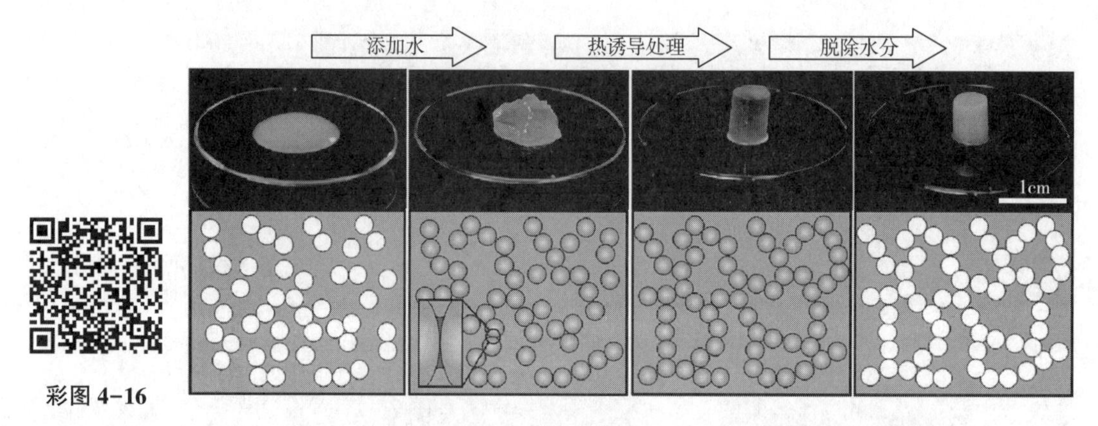

图 4-16 不同处理（加水前、添加 0.5g 水/g 蛋白质后、热处理后、除水后）获得的乳清分离蛋白（6%）油凝胶

用，提升凝胶强度。在 0.2g 水/g 蛋白质时呈现最大强度。除了在蛋白质之间提供桥联外，也使体系折射率类似于油脂的折射率，油凝胶变得更加透明。这种桥联作用对蛋白质聚集体的效果更为明显。此外，通过 pH、离子强度等调节水相中蛋白质聚集程度也可以调控最终蛋白油凝胶的性质。

第三节 油脂凝胶化的影响因素与工艺

一、油脂凝胶化的影响因素

影响油凝胶结构的主要因素有凝胶剂种类与浓度、油脂种类、降温速率与温度、搅拌速率、熟化温度和表面活性剂等。

（一）凝胶剂种类与浓度

凝胶剂是影响油凝胶性能的最重要因素。在冷却过程中凝胶剂的结晶或组装是在非等温条件下进行。凝胶剂分子结构对热和传质条件是非常敏感的，它影响晶体结构特征（如晶粒的数目、大小和形态学、空间分布），从而影响体系机械强度和油脂结合能力。在目前已知的油凝胶剂中，等物质的量谷甾醇/谷维素形成的油凝胶硬度最大，且在 10%后出现硬度的急剧增加（图 4-17）。脂肪酸和脂肪醇类凝胶剂在凝胶化油脂的过程中，由于相互存在协同效应，当碳数在 16~22 时，使用碳数相同的脂肪酸和脂肪醇，可加快其在油脂中的结晶速率并形成更致密的微观网络结构；并且通过特定比例的脂肪酸和脂肪醇混合凝胶剂所形成油凝胶的硬度能达到各自单独使用时的 3~4 倍。

对于蜡基油凝胶的硬度与蜡浓度基本成线性变化规律。虽然油凝胶的质构大都可以通过凝胶剂用量调节，但是不同类别的凝胶剂所带来的边界效应不同，如 HPMC 油凝胶在 4%时黏度可达 6000Pa · s，但继续增加 HPMC 浓度对其黏度无明显的提升。根据橡胶弹性理论，聚合物相对分子质量和浓度对凝胶性质也有较大的影响，例如，随着乙基纤维素浓度和相对

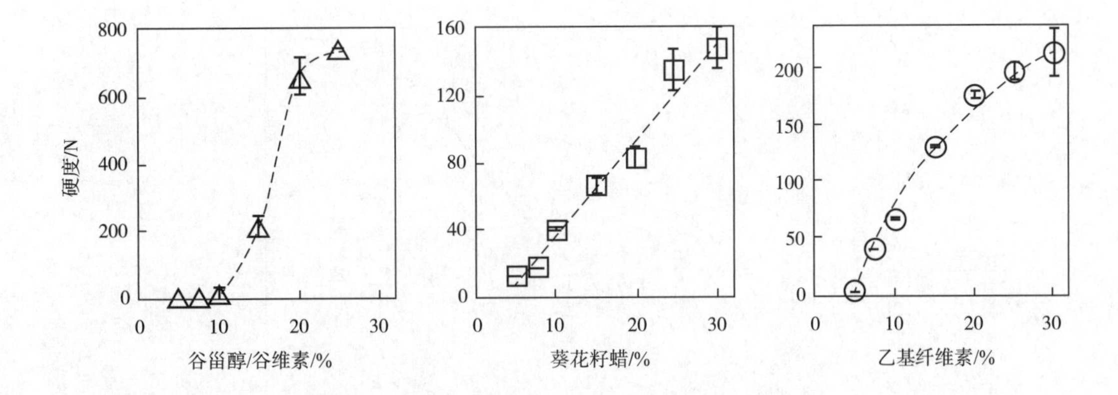

图 4-17 不同类型凝胶剂（葵花籽蜡、谷甾醇/谷维素等摩尔混合物、0.1Pa·s 乙基纤维素）的浓度效应对菜籽油凝胶硬度的函数

分子质量的增加，凝胶强度呈指数增长：较高的聚合物浓度促进分子间缔合，增加氢键作用位点数，赋予油凝胶更高的机械强度；相对分子质量高的聚合物链较长，可以与其他聚合物分子链形成更多数量的连接区。

（二）油脂种类

油凝胶的形成高度依赖于油溶剂凝胶化的能力。凝胶剂的凝胶化能力是其在油脂中溶解和不溶解之间的一种平衡，凝胶剂必须适当溶解于油脂中才能进行结晶或组装。油脂极性越大，油凝胶强度越高。脂肪酸的不饱和度越高，油凝胶强度越高。长链甘油三酯较中链甘油三酯油凝胶具有更高的强度。

（三）降温速率与搅拌速率

油凝胶强度受冷却温度的影响。12-羟基硬脂酸凝胶冷却速率高于 5℃/min 易产生短纤维，而较慢的冷却速率容易形成更加稳定的长纤维结构，更有利于形成高强度油凝胶。在较高的冷却速率下，由于成核速率加快而以牺牲性生长速率为代价，球晶较小。相反，在较低冷却速率下：①凝胶剂分子有足够的时间扩散到成核微晶表面；②晶体生长快于成核，形成少但较大的晶体。

一般随着凝胶化过程中剪切速率的增加，油凝胶的强度先增加后降低，如小烛树蜡（3%）在红花油中形成的油凝胶在 300/s 时显示出最高的弹性模量值（图 4-18）。与传统甘油三酯结晶形成的脂肪相比，油凝胶体系的流变行为并不与体系中的 SFC 含量相关。在凝胶化过程中的亚稳态条件下，一定的剪切速率导致凝胶分子的流动，诱导分子排列。这将有利于在后期静态结晶过程中形成具有更高程度的网络组织结构。

（四）熟化温度

熟化温度也对油凝胶的强度有着关键的影响。一般地，低温不利于组装体的生长；而过高的熟化温度会降低晶体的数量。熟化温度一般控制在 10~20℃。

（五）表面活性剂

表面活性分子具有对油凝胶的增塑作用，因此常在油凝胶制备过程中加入适量的表面活性剂，如脱水山梨糖醇甘油单酯、甘油单酯等。如在乙基纤维素油凝胶体系中，表面活性分子的“头部”和“尾部”基团能与乙基纤维素主链相互作用结合，降低乙基纤维素油凝胶

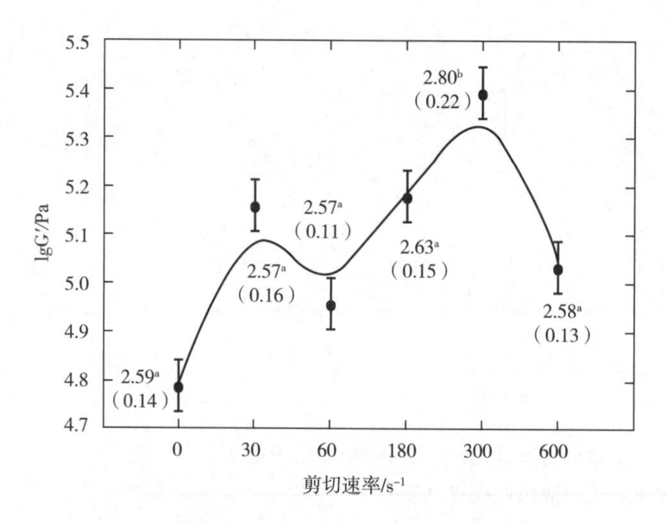

图 4-18 小烛树蜡（3%）在红花油中，不同剪切速率对油凝胶的弹性模量（对数）影响

（图中数值为在该剪切速率下固体含量）

的溶胶-凝胶转变温度，增加凝胶强度（图 4-19）。相对于山梨聚糖基表面活性，具有在油脂中结晶特性的甘油酯表面活性剂会进一步强化聚合物网络。此外，表面活性剂也会降低晶体大小或转变晶体形态。

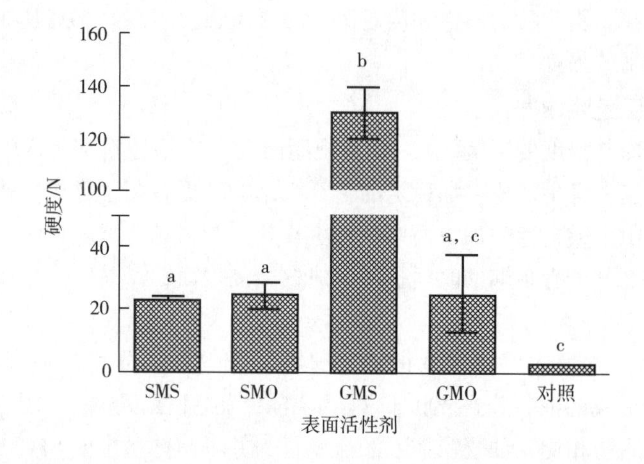

图 4-19 不同表面活性剂［3.67%，山梨糖醇单硬脂酸酯（SMS）、山梨糖醇单油酸酯（SMO）、单硬脂酸甘油酯（GMS）、单油酸甘油酯（GMO）］对 11%乙基纤维素油凝胶硬度的影响

（六）其他

油凝胶机械强度可以通过辅助处理改变。根据疏水性、结晶度或玻璃化转变温度等特性，可通过采用不同的方法赋予食用油的凝胶状结构。如凝胶化过程前期通过超声波处理能改变甘油单酯的结晶行为，降低晶体长度，使油结合能力升高，形成更强、更有弹性的网络，而并不会改变油凝胶的热行为核晶型。

二、 油脂凝胶化的工艺

（一） 直接法制备工艺

一般将食用油脂从油脂储存罐中经换热器加热至85~90℃（乙基纤维素需加热至135℃）后泵入混合罐，从凝胶剂储存罐中计量加入凝胶剂，伴热下充分搅拌溶解凝胶剂，至澄清透明；为了提高油凝胶的氧化稳定性常需加入抗氧化剂并伴随微负压。让热溶液转移至反应冷却罐中间歇式降温，冷却到45~50℃后用泵送到急冷 A 单元。在 A 单元中用液氮迅速冷却到过冷状态（20℃），然后通过捏合 B 单元混合并成胶。随后包装并在 20℃左右熟化不低于72h。图 4-20 为油脂凝胶化直接法加工工艺的一般流程。

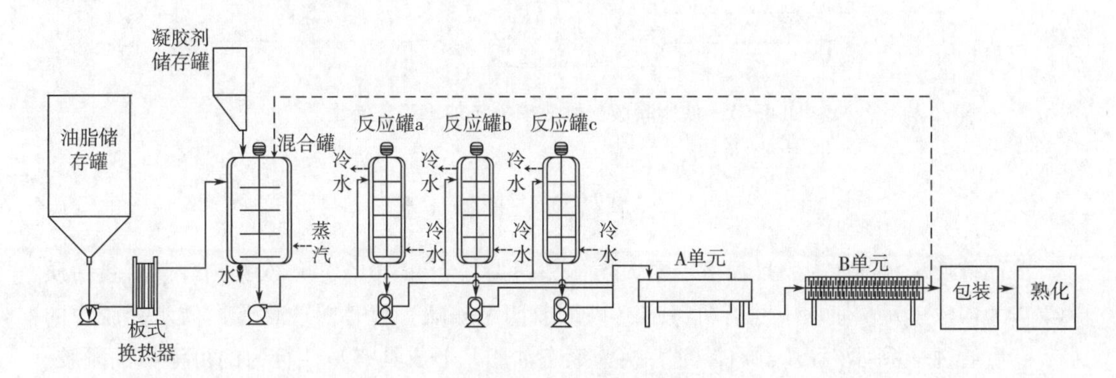

图 4-20 油脂凝胶化直接法加工工艺流程

（二）间接法制备工艺

间接法制备工艺包括乳液模板法和气凝胶模板法。乳液模板法制备油凝胶一般包括以下三个步骤（图 4-21）：第一步，通过结合使用稳定剂和凝胶因子共同形成稳定的、界面牢固的、具有强凝胶特性的高浓度 O/W 乳液模板；第二步，通过各种干燥手段，移除乳液中的连续水相形成带有空间网格结构的软固体块状干燥样品；第三步，经过低速短时的温和剪切，将干燥样品搅打成凝胶态的油凝胶成品。乳液模板中的油脂一般控制在60%~90%。为了防止脱水与储存过程中的油脂氧化常需加入抗氧化剂。一般是先将配料在预混合器中进行混合，然后通过输送泵将其送入胶体磨中进行均质乳化。胶体磨可选择夏罗特胶体磨（Charlotte ColloidMill），制备的乳液粒度为 5~10μm。增稠剂（黄原胶、明胶、膳食纤维等）常加入强化乳液稳定性和填充作用。随后干燥箱连续脱除水分后利用剪切机低速（500~800r/min）剪切得到凝胶油。干燥脱水也可以采用冷冻干燥和真空干燥。

以气凝胶为模板制备油凝胶的过程一般包括：①通过稳定剂形成稳定的泡沫模板；②冷冻干燥移除泡沫中的连续水形成带有多孔结构的气凝胶；③将气凝胶浸入食用油中，利用毛细管效应吸附液态油脂；④经低速剪切后得到油凝胶。因此，形成牢固稳定泡沫是该技术的关键。具备良好泡沫稳定性的生物聚合物是主要的凝胶剂，包括蛋白质/多糖共聚物、海藻酸钠/大豆蛋白共聚物、米糠蛋白等。通过超临界 CO_2脱除蛋白质水凝胶中的水分形成气凝胶模板也是一种油凝胶制备的策略。

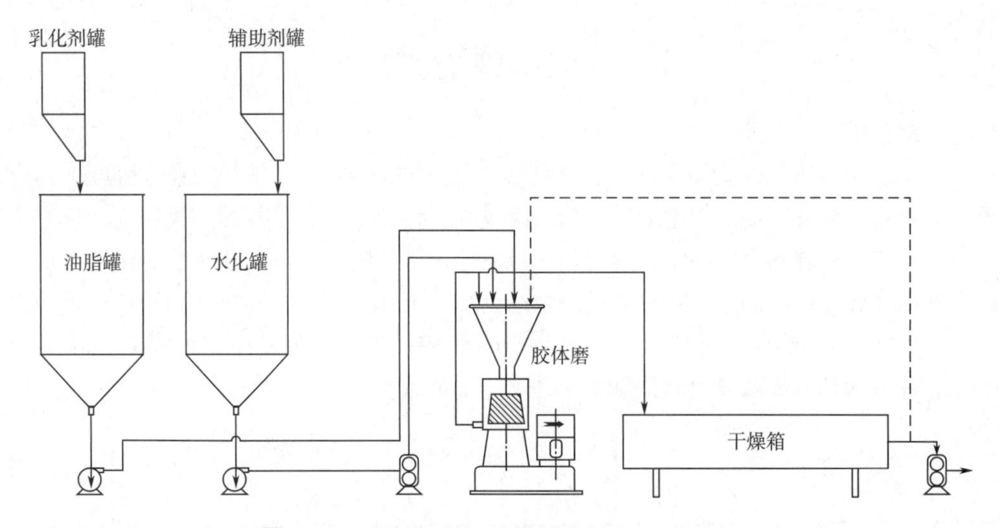

图 4-21 油脂凝胶化乳液模板法加工工艺流程

三、 溶剂替换法制备工艺

溶剂替换法制备油凝胶是瓦格宁根大学的弗里斯博士在 2015 年首次提出，其将蛋白质聚集体为构建单元，使用中间有机溶剂（丙酮或四氢呋喃）代替热改性蛋白质水凝胶中的水，随后通过一系列浸渍步骤将溶剂替换为液态油脂，形成具有塑性行为的可涂抹油凝胶。首先将一定量的乳清分离蛋白（如 6%~20%）分散在去离子水中，搅拌分散 30min，制备蛋白液。随后在 85℃加热 30min，冷却后得蛋白质水凝胶。为了将蛋白质水凝胶内的水交换为食用油，蛋白质水凝胶转移到网状吊篮中，将吊篮浸泡在丙酮中 8~12h，伴随连续搅拌。将凝胶浸入新鲜的溶剂至少三次以确保水的除去。同样，凝胶将其浸入新鲜的食用油中两次以上除去中间丙酮溶剂。

四、 油脂凝胶化的品质评价

（一）凝胶能力

通过调查凝胶剂在液态油脂中形成凝胶所需的最低浓度，即临界凝胶浓度（CGC），进行凝胶能力评估。一般地，在 10mm 直径的玻璃容器中添加不同质量分数的凝胶剂形成凝胶状态，通过倒置容器，观察油脂是否出现流动的现象，确定临界凝胶浓度。

（二）稳定性

油脂凝胶是通过凝胶剂间的相互作用把液态油脂束缚在所形成的结晶网络结构中，持油性（OBC）即为油脂凝胶截留液态油脂的能力，是评价油凝胶稳定性的重要评价指标。如：称取 5g 油凝胶样品置于已知质量的离心管中，在 20℃下以 8000×g 的速度离心 15min。随后将离心管取出倒置 15min，使游离的液态油脂析出，称取离心管及剩余样品总质量。持油性根据下式计算：

$$\mathrm{OBC} = [(c - a)/(b - a)] \times 100\%$$

式中 a——离心管质量；

b——样品和离心管总质量；

c——离心后离心管及剩余样品总质量。

（三）力学性能

油凝胶在食品中使用应具有一定的力学性能，如硬度、黏弹性。凝胶的三级结构主要决定凝胶油的宏观性质，可用质构仪测定（应力-应变曲线），对凝胶油的物性概念做出数据化的表达，所得数据常用于评价不同结构凝胶因子之间的凝胶效果以及根据给定凝胶的弹性和强度来评测其潜在的实际应用价值。例如，通过硬度指标评价不同凝胶因子浓度以及相同浓度下不同凝胶因子的凝胶能力。

（四）流变学性能

流变学是对油凝胶流变性的评价，主要涉及在外界不同条件载荷下与时间相关的流动与变形，常用弹性、塑性、黏滞性和强度来表示流变学特性。通过建立相关变量（如弹性模量和黏性模量）与施加载荷（如剪切频率、应力、温度等）之间的关系分析凝胶因子浓度、油脂类型等对油凝胶的影响。研究流变学特性随着时间和温度的变化信息可探究凝胶网络结构（三级结构）的重结晶或重组现象。流变学特性也可用于评价凝胶油在贮存期间结构的稳定性。

（五）热力学性能

油凝胶的热力学性能可提供温度稳定性和熔融、结晶等信息。传统塑型油脂中，利用核磁共振波谱（NMR）测定 SFC 广被用于评价热力学性能。然而在低固体脂的油凝胶体系中 SFC 评价油凝胶热力学性质还有待进一步确认，也许通过测定不同温度下的机械性能可以弥补这一不足。差示扫描量热法（DSC）可常被用于评价油凝胶相变温度和熔化焓。凝胶油的熔化峰在一般情况下较宽，甚至会消失。此外，滑动熔点也常被用于评价油凝胶的热力学性能。

（六）微结构与晶型

油脂固体在分子水平上存在无定形、单晶或多晶的性质，这些性质可用偏振光显微技术（PLM）检测。通过 PLM 可观察油凝胶体系中晶体的形貌（形状、长度、分布），提供分子的排序和晶体优先生长方向等信息。激光共聚焦扫描显微技术（CLSM）由于光束可以进入到更深的样品中，弥补了传统光学显微镜和电子显微镜的不足。但这些只能提供 1～100μm 的微结构形态。相比之下，扫描电子显微技术（AFM）具有更高的分辨率，并由于电子束不能穿过样品，可对晶体的表面形态进行更深入的研究，如用于冷冻断裂脂肪研究或通过溶剂洗脱油脂后观察。

仅通过晶体的形状不足以解释油凝胶的质地，为更好地了解油凝胶的性质，常采用光谱技术深入到纳米尺度获得体系中晶体信息。虽然 DSC、NMR 和红外光谱（IR）可以用于识别晶体形态与分子相互作用，但是仅限于已知的特定凝胶体系。X 射线粉末衍射（XRPD）是确定胶体系中晶体结构或形态的最合适的方法。当凝胶体系中含有多种凝胶因子时，X 射线衍射（XRD）可解释混合晶体是否是产生协同作用或单一凝胶因子的晶体颗粒。另外，通过比较凝胶与各种晶体的 XRD 图谱也可以反映凝胶中分子的堆积方式。

五、 油凝胶的应用与发展

油脂除了作为人们一日三餐的烹调用油以外，还广泛应用于食品工业，在改善食品质地，强化味觉和风味，赋予食品造型，增进食欲，引起愉悦感方面具有独特作用。油凝胶具有传统塑性脂肪的特性，可用于食品工业，如低饱和、零反式人造奶油和起酥油、涂抹酱、奶酪、巧克力糖果、烘焙脂肪、香肠和烘焙食品。

（一）人造奶油和起酥油制品

人造奶油、起酥油在食品工业中使用广泛。油凝胶具备人造奶油、起酥油基料油十分相近的结构特点，因而广泛用于零反式、低饱和人造奶油和起酥油制品的加工。当单独使用蜡基凝胶代替传统硬脂制备人造奶油或起酥油时，在储存过程中易发生相分离体系失稳。研究发现虫胶不会出现类似的不稳定现象。可利用5%虫胶凝胶油作为基料油，在不使用饱和脂肪的情况下可制备无乳化剂含水量为20%~60%的人造奶油。两亲性虫胶（含有约60%蜡酯和35%脂肪醇）的存在使水分散成细小的液滴，随着温度的降低，水-油界面处产生大量结晶体促进乳液的稳定（图4-22）。

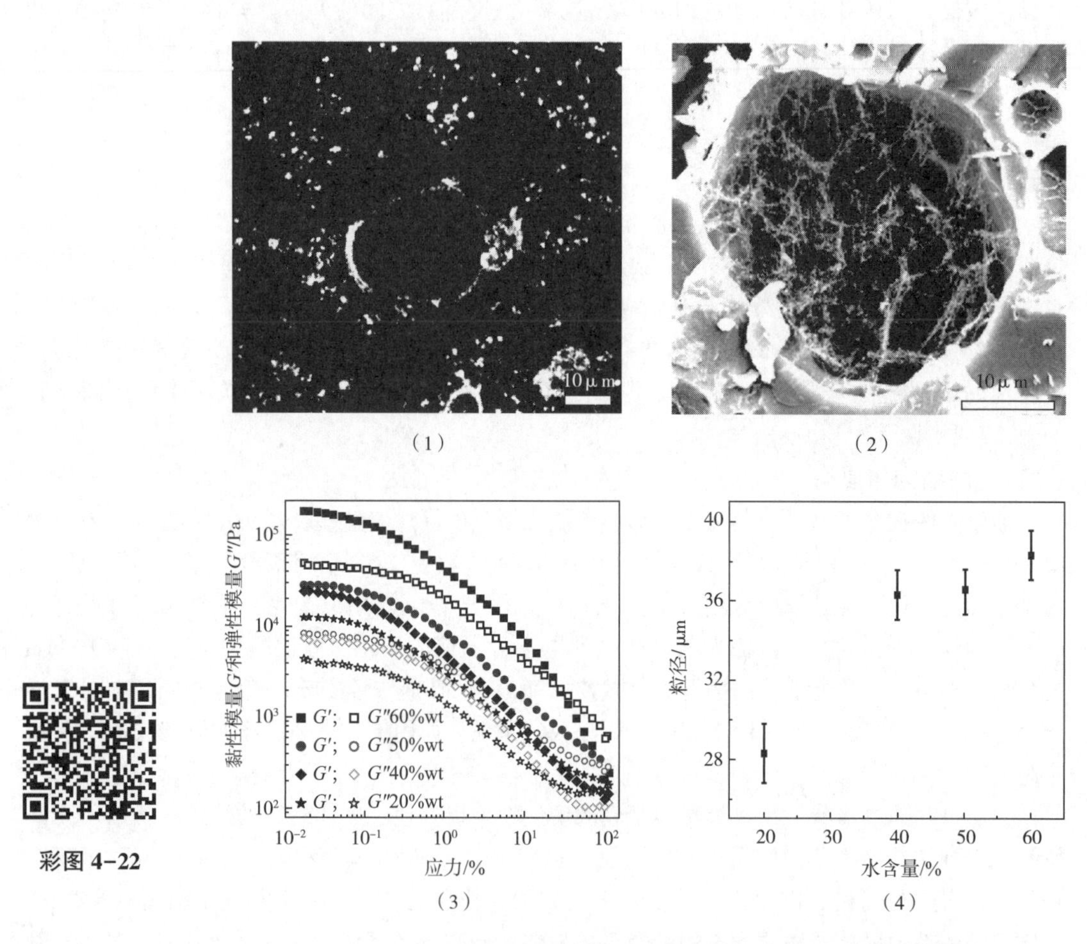

图4-22 （1）利用偏振光观察乳液的微观结构，晶体分布在液滴表面；（2）冷冻扫描电镜观察经升华除去乳液中分散的水后留下的晶体网络的放大图像；（3）（4）分别比较流变学和平均液滴大小

同时，也可以利用复合凝胶剂，如2%单硬脂酸山梨醇酯和6%乙基纤维素，与菜籽油或高油酸葵花籽油在140℃加热混合均匀，然后冷却到60℃后与氢化棕榈油混合（3：2），最终得到新型人造奶油。以β-谷甾醇和卵磷脂凝胶油替代反式/饱和脂肪可制备零反式、低饱和人造奶油。当水分体积分数为32%和40%时，形成人造奶油所需的复合凝胶剂临界质量分数均为4%，而水分体积分数为24%时复合凝胶剂临界质量分数为5%。

乳液模板油凝胶也可替代黄油制备饼干。油凝胶制备的饼干的口感、风味和质地均有所降低，但研究也证实当油凝胶替代黄油比例不超过50%时，其制备的饼干具有可接受的感官评价。

（二）巧克力及其糖果制品

在巧克力及其糖果制品中，脂肪迁移是经常发生的。例如，巧克力夹心糖果中夹心所用的油脂熔点较低，在不适宜的贮藏温度下夹心中的油脂会迁移到糖果表面，使表面发花，从而影响了糖果的质感和质量。为了维持这种类型糖果制品的贮存质量，防止油脂迁移至关重要。通过将低熔点油进行凝胶化可防止巧克力及其糖果制品中油脂迁移。此外，巧克力因其入口即化的口感深受广大消费者的喜爱，但这种特性给处在炎热季节和热带地区的消费者带来了不利影响。在熔融状态下的巧克力中，在油相熔融阶段油凝胶可代替或部分代替可可脂制备巧克力，提高巧克力的熔点，制备出耐热型巧克力。例如，使用乙基纤维素油凝胶能与蔗糖晶体在巧克力基质中促进氢键形成，提高制品的热稳定性。与40℃下完全熔化的巧克力对照样品相比，添加了乙基纤维素油凝胶的耐热巧克力仍保持着原始形状（图4-23），提高巧克力的抗变形强度，解决了巧克力在炎热季节和热带地区的热熔化问题。

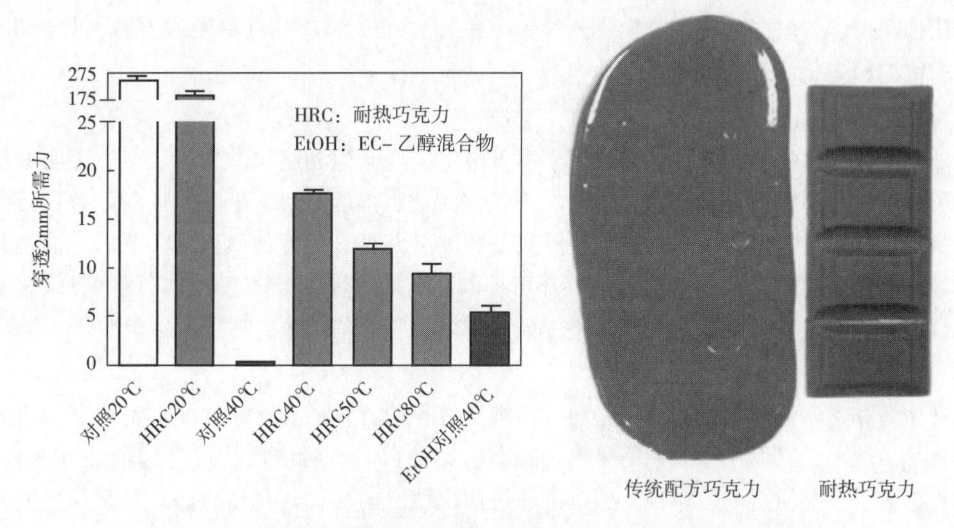

图4-23 乙基纤维素基油凝胶制备的耐热巧克力的硬度及其外观

（三）肉制品

肉制品的感官和营养特性与其脂肪含量相关。脂肪的理化性质对肉制品的质地起着决定性的作用，可以改善产品的咀嚼性、内聚性和硬度。然而，鉴于肉类产品中的高脂肪含量对人体健康的不确定性，消费者更倾向于利用油凝胶替代富含饱和脂肪酸的动物油脂。凝胶化的植物油中保持所使用的植物油的脂肪酸组成，同时拥有一种固体状的结构，随着凝胶油的研究不断深入，将油凝胶应用到肉制品的加工中，既能维持肉制品中脂肪的功能性作用，又不增加其饱和脂肪酸含量。例如，用10%乙基纤维素基菜籽油凝胶代替牛脂应用到香肠中，不会降低香肠的咀嚼性和硬度。植物甾醇和谷维素油凝胶也具有相同的特性，不会显著改变香肠的物理化学和感官性质。美国食品科技初创公司 Lypid 开发一款高熔点（165℃ ）的“PhytoFat”产品，其在烹饪温度下能维持动物脂肪般的样态与质地，被用于替代椰子油改善植物肉的质地，并提供更低的能量和饱和脂肪酸。西班牙食品科技初创公司 CUBIQ FOODS 也推出了一款“Smart Fat”产品，可用于降低汉堡中的饱和脂肪酸含量。尽管如此，目前在肉制品中使用油凝胶的特点是：①产品硬度降低和颜色（黄色增加）参数变化；②由于油的高氧化敏感性以及在油相中溶解油凝胶剂所需的高温，导致脂质氧化增加；③油凝胶的高含油量（通常>90%）并没有显著降低肉制品的总脂肪含量；④产品的整体接受度下降；⑤SFA 含量明显减少，MUFA 和 PUFA 增加；⑥降低产品的风味品质。

（四）烘焙制品

油脂在烘焙产品（如面包、饼干与曲奇、酥皮点心、蛋糕等）中具有使产品酥松柔软、结构脆弱易碎、松软可口的作用，提高产品的食用品质。可塑性油脂在高速搅拌下能卷入大量空气而发泡，卷入的空气形成微小的气泡均匀分散在油脂食品中。油脂因搅打发泡而使蛋糕糊机械强度增加。此外，油脂对烘焙产品还起着改善风味、提高营养价值和储存品质以及降低面团韧性、改善面团的机械操作性能等作用。采用巴西棕榈蜡油凝胶代替起酥油制作蛋糕，虽然会降低蛋糕总孔隙数和碎化指数，但仍可以提供紧密塑性，可使产品中饱和脂肪酸含量（13.3%）远低于起酥油制备的蛋糕（74.2%）。蜡基油凝胶（如向日葵蜡和蜂蜡）、乙基纤维素油凝胶可用于曲奇饼干的加工，改善产品中脂肪酸组成，且不会损失商业起酥油带来的质构和口感，但产品硬度较大。此外，一些凝胶剂（如乙基纤维素、虫胶、甘油单脂）还具有抗淀粉老化的效果。

（五）速冻食品

油凝胶也可以作为脂肪替代品应用于冰淇淋中，降低饱和脂肪酸含量。研究表明蜂蜡基油凝胶可以替代 50%的黄油制备冰淇淋，而不损失冰淇淋的品质。米糠蜡油凝胶替代传统固体脂肪也被应用于冰淇淋的加工，油凝胶制备的冰淇淋具有更好的质地和外观。在油凝胶中加入乳化剂（如甘油单脂、甘油二酯）还可提高冰淇淋的热稳定性。植物甾醇和谷维素油凝胶能代替鲜奶霜制作低脂冰淇淋，在不损失冰淇淋口感的基础上提高了抗融化性。

（六）酱制品

花生酱和芝麻酱富含蛋白质、脂肪、纤维素等各种营养成分，是深受广大消费者喜爱的营养食品。然而，它们在存放期间易出现表面析出油层，底层结块显现（即油酱分离），从而严重影响了产品质量和贮藏性。传统的通过添加稳定剂（如氢化植物油）提高花生酱或芝麻酱的贮存稳定性。早期发现将 12-羟基硬脂酸添加到花生酱中，能使酱中的花生油增稠和凝胶化，有效降低花生酱的油移动分层。现在更多的是利用甘油单酯或乙基纤维素等替代氢化植物油改善花生酱、芝麻酱的稳定性。与此同时，利用油凝胶还会提高花生酱和芝麻酱的氧化稳定性。

巧克力酱是可可粉和糖粒在油中的分散体，连续介质中固体脂肪所占比例较高。巧克力酱流变特性较为有趣，它们的行为就像静止时被阻碍的“软”固体，以防止分散颗粒的沉降和液态油脂的分离，同时在外力作用下显示出更像液体的延展能力。巧克力酱的这种黏弹性行为是通过在配方中加入大量（>20%）固体脂肪实现，如氢化油或含有高饱和脂肪酸的棕榈油。用虫胶蜡基凝胶油完全替代氢化植物油和部分替代棕榈油的也可达到同样的效果，配方制备见表 4-3。

表 4-3　　用于制备标准巧克力酱和以凝胶油为基础的巧克力酱配方　　单位:%

配方	标准巧克力酱	凝胶油巧克力酱
糖	48.85	48.85
可可粉	7	7
脱脂奶粉	8	8
榛子酱	12	12
聚甘油-3 聚蓖麻醇酸酯	0.15	0.15
磷酸铵	0.5	0.5
全氢化油	1.5	—
虫胶	—	1.5
棕榈油	22	16
菜籽油	—	6
总计	100	100

在巧克力酱配方中，添加 1.5%的虫胶和高不饱和菜籽油形成凝胶油可全替代氢化油，使巧克力酱中的饱和脂肪酸含量降低超 30%以上。但即使在这种低固体脂肪含量和没有氢化油的情况下，虫胶蜡也能有效地黏合液态油脂，并提供稳定性，在 30℃下储存 4 周也没有显示出任何“油析”现象。

（七）递送载体用于功能性食品

凝胶因子的双亲性会提高疏水性活性成分的荷载，并且可以通过调节凝胶网络来控制它们的释放。凝胶因子还提供额外的营养附加值以及抗氧化性等。此外，研究还表明油凝胶中的分子自组装结构通过物理阻碍可降低脂肪酶和脂质之间的相互作用，降低胃肠消化过程中的反应速率，最终减少餐后血浆甘油三酯含量，降低食欲并减少脂肪组织的积累。

随着人们对健康营养饮食的追求，油凝胶化技术越来越受到食品行业的关注。油凝胶在各种食品中应用的潜力已经得到充分证明，从生产人造黄油和无乳化剂涂抹脂到稳定复杂的胶体（冰淇淋）以及其他产品中的固体脂肪替代，如巧克力糊、蛋糕和肉制品。尽管油凝胶已经明确地表现出在降低饱和脂肪酸解决方案的巨大潜力，但也面临一些挑战。如一些最有效的凝胶剂能够在低浓度下形成凝胶，并具有所需的类脂肪特性，但没有经过食品加工批准而不能作为添加剂，因此需要额外的监管许可才能使用这些凝胶剂。同时，油凝胶体系完全取代传统脂肪会导致一些功能性的缺失，如风味或口感下降，因此需要对配方进行进一步修改，以开发出具有所需质量的最终产品。此外，油凝胶的特性（微结构、凝胶强度）与食品体系间的关系，以及在典型食品体系中的加工性能、工艺效果仍需深入了解。最重要的是，只有当油凝胶的效益超过额外的成本投资时，才会被工业所接受。

第五章 人造奶油生产技术

CHAPTER 5

学习要点

1. 理解有关人造奶油的定义、标准和分类；

2. 熟悉人造奶油的基料、辅料和基本配方，掌握基料油脂的选择以及不同辅料在人造奶油制品中的作用；

3. 掌握人造奶油生产中品质控制的技术和影响因素；

4. 熟悉人造奶油基本生产工艺流程与要点，掌握典型人造奶油制品的生产工艺；

5. 理解人造奶油生产中关键设备，高压泵、板式换热器、捏合单元、休止管等的结构和工作原理；

6. 了解国内外人造奶油加工发展状况及先进技术动态。

天然奶油已有4000多年的历史，而人造奶油只有100多年的历史。普法战争时期，欧洲缺少奶油，人们迫切需要找到一种奶油的代用品。法国化学家梅热-穆里埃将去掉硬质部分的牛脂作为原料油脂，然后添加牛奶进行乳化冷却，于1869年成功地制造出奶油的第一代用品。后来在美国、苏联、德国取得很大发展。20世纪50年代初，日本的人造奶油工业也取得较快发展。之后，人造奶油工业在印度、巴基斯坦、巴西、加拿大、澳大利亚等国家也发展很快。

近年来，由于发现动脉硬化、高血压等疾病与动物脂肪中的胆固醇有关，所以人造奶油一跃成为受欢迎的产品，加上食品工业因加工的需要提出的某些要求天然奶油不能满足，因而人造奶油已不仅是奶油的代用品，一些性能还优于天然奶油。现在的人造奶油注重营养价值和风味，其产量早在1957年就赶上天然奶油，之后就一直遥遥领先。目前，人造奶油大部分是家庭用，一部分是工业用。我国人造奶油的起步较晚，1984年产量为772t，大部分用于食品工业。20世纪90年代从国外引进了数套人造奶油和起酥油的生产线。随着人民生活水平的提高，饮食的多样化，人造奶油的产量得到较大幅度的增加。

第一节　人造奶油的定义、标准及分类

一、人造奶油的定义及标准

各国对人造奶油最高含水量的规定，以及奶油与其他脂肪混合的程度上的差别，影响了国际间的交易。为此，联合国粮农组织（FAO），世界卫生组织（WHO）联合食品标准委员会制定了统一的国际标准。附录中列出了我国人造奶油专业标准和日本农林标准。

（一）国际标准的定义

人造奶油是可塑性或液体乳化状食品，主要是油包水型（W/O），原则上是由食用油脂加工而成。这种食用油脂不是，或者主要不是从乳中提取的。

根据以上条文，人造奶油具有三个特征，即具备可塑性或液态乳化状，为 W/O 型乳状液，乳脂不是主要成分。

（二）中国专业标准定义

人造奶油是食用油脂加水和其他辅料乳化后，经速冷捏合或不经速冷捏合而制成的可塑性或流动性的产品。

（三）日本农林标准定义

人造奶油是指在食用油脂中添加水等乳化后急冷捏和，或不经急冷捏和加工出来的具有可塑性或流动性的油脂制品。

从列出的标准可见，油脂含量一般在 80%左右，这是人造奶油的主要成分，也是传统的配方。近年来国际上人造奶油新产品不断出现，其规格在很多方面已超越了传统规定，在营养价值及使用性能等方面超过了天然奶油。

二、人造奶油的分类

人造奶油可分成两大类：家庭用人造奶油和食品工业用人造奶油。

（一）家庭用人造奶油

家庭用人造奶油主要在饭店或家庭就餐时直接涂抹在面包上食用，少量用于烹调。市场上销售的多为小包装。

目前国内外家庭用人造奶油主要有以下几种类型。

1. 硬型餐用人造奶油

硬型餐用人造奶油即传统的餐用人造奶油，熔点与人的体温接近，塑性范围宽，亚油酸含量 10%左右。国外 20 世纪 50 年代前以硬型人造奶油为主。

2. 软型人造奶油

软型人造奶油的特点是含有较多的液体植物油，亚油酸含量在 30%左右，改善了低温下的延展性。据报道，美国四种杯装软型人造奶油的亚油酸含量为 28%～53%，多不饱和脂肪酸与饱和脂肪酸的比例为 1.6∶1～3.3∶1。软型人造奶油通常要求在 10℃以下保存，使之不过于软，同时可提高氧化稳定性。软型人造奶油自 20 世纪 60 年代开始供应市场以来，由于营养方面的优越性，发展很快，目前日本的软型人造奶油占家庭用人造奶油的90%以上。

3. 高亚油酸型人造奶油

高亚油酸型人造奶油含亚油酸50%~63%，与一些植物油中的亚油酸含量相当。植物油之所以具有降低血清胆固醇的功能，是因为天然顺-顺式亚油酸的作用，因此要尽量减少家庭用人造奶油中的异构酸。亚油酸含量高，氧化稳定性就会降低。在营养上，亚油酸的摄取需与维生素 E 平衡，所以这类人造奶油必须添加维生素 E、丁基羟基茴香醚（BHA）等辅料。

4. 低热量型人造奶油

近年来，人们由于油脂摄取量过多而影响健康，希望减少食物中油脂的含量。美国在20世纪60年代中期先后生产含油脂40%及60%的低热量型人造奶油，随后日本和欧洲一些国家也生产低热量型人造奶油，但规格各有不同。1974年国际人造奶油组织提出低脂人造奶油的标准方案，其中规定脂肪含量39%~41%，乳脂1%以下，水分50%以上。

低热量型人造奶油在外观、香味和口感方面与普通人造奶油没有区别，属 W/O 型，由于水分多于油分，因此不可能用普通人造奶油加工所使用的简单乳化方法，需进行各种加工。由于水分高，为了防腐，不添加乳和其他蛋白质成分，而添加山梨酸等防腐剂。油分的配料与软型人造奶油相似。

5. 流动性人造奶油

除了上述可塑性人造奶油外，还有流动性人造奶油。这是以色拉油为基础油脂，添加0.75%~5%硬脂肪制成。其制品在4~33℃的温度范围内，SFI 几乎没有变化。

6. 烹调用人造奶油

烹调用人造奶油主要用于煎、炸、烹调，加热时风味好、不溅油、烟点高。

（二）食品工业用人造奶油

食品工业用人造奶油是以乳化液型出现的起酥油，它除具备起酥油所具有的加工性能外，还能够利用水溶性的食盐、乳制品和其他水溶性增香剂改善食品的风味，还能使制品带上具有魅力的橙黄色。日本的食品工业用人造奶油几乎是家庭用人造奶油的2倍，增长率超过起酥油。

1. 通用型人造奶油

通用型人造奶油属于万能型，一年四季都具有可塑性和酪化性，熔点一般都较低。美国注重可塑性，在基料油脂中添加4%~8%的硬脂肪作增塑剂。日本注重口熔性，增塑剂用量很少。通用型人造奶油有加盐和不加盐两种。油脂的熔点越低，盐味的感觉越强烈。因此在冬天，盐分应降低些。

2. 专用人造奶油

（1）面包用人造奶油　这种制品用于加工面包、糕点和作为食品装饰，稠度比家庭用人造奶油硬，要求塑性范围较宽，吸水性和乳化性要好。若使面包带有奶油风味和防止老化，可在制品中添加香料及2%~3%的甘油单酯。

（2）起层用人造奶油　这种制品比面包用人造奶油硬，可塑性范围广，具黏性，用于烘烤后要求出现薄层的食品。

（3）油酥点心用人造奶油　这种制品比普通起层用人造奶油更硬，配方中使用较多的极度硬化油。例如，用25%棉籽极度硬化油和75%的大豆油配比，或用精制牛脂42.5%、大豆油42.5%和15%的极度硬化油配比。

3. 逆相人造奶油

一般人造奶油是油包水（W/O）型乳状物，逆相人造奶油是水包油（O/W）型乳状物。由于水相在外侧，水的黏度较油小，加工时不黏辊，延伸性好，这些优点在加工糕点时获得好评。即使使用硬质油脂作原料，其硬度也不及普通人造奶油，硬度不受气温变化的影响，可塑范围很宽。要制造17%的水包80%以上油脂的人造奶油，可把蔗糖酯溶于水中，使其浓度达6%以上，然后滴入配合油，经均质机等乳化机械充分乳化后，流入容器使之冷却固化。

4. 双重乳化型人造奶油

双重乳化型人造奶油产生于1970年，是一种油包水包油（O/W/O）乳化物。

由于O/W型人造奶油与鲜乳一样，水相为外相，因此风味清淡，受到消费者的欢迎，但容易引起微生物侵蚀，而W/O型人造奶油不易滋生微生物，而且起泡性、保形性和保存性好。

这种制品是先以高熔点油脂和水制成O/W型乳状液，再将此乳状液和低熔点的油制成O/W/O型乳状液。因为高熔点油脂为最内层，低熔点油脂为最外层，水层介于二者之间，因而O/W/O型人造奶油同时具备W/O型和O/W型的优点，既易于保存，又清淡可口，无油腻味。

5. 调和人造奶油

调和人造奶油是把人造奶油同天然奶油调和在一起，使其具有人造奶油的加工性能和天然奶油的风味，奶油的添加量为25%~50%，用于糕点和奶酪加工，属于高档油脂。

第二节　人造奶油的品质及影响因素

一、人造奶油的品质

（一）延展性

延展性是人造奶油属性中最为令人关注的品质之一，也许对延展性重视的程度仅次于对产品风味的重视。实验证实，在实用的温度下，固体脂肪指数（SFI）为10~20的产品具有最佳的延展性。用来评价脂肪物质硬度的标准方法是采用锥形针入度计法。对某些产品而言，硬度测定值与SFI之间的相关性并不很好，因为除了固体脂含量之外，加工过程造成的脂晶体网络同样也会大大影响产品的流变性。针入度值是用标准锥体被松开之后5s内压入产品表面内的距离单位数来表示的，一个距离单位为0.1mm。我们可以把针入度值换算成硬度指数或屈服值，这些值都与锥体质量无关。在对黄油、人造奶油制品的食用延展性能的测评中，作为温度函数的延展性与针入度有关：当屈服值达30~60kPa时，产品具有最佳的延展性。

（二）油的离析

当人造奶油脂晶体不能长久保持足够的粒度，或不能捕获所有液态油脂时，就会发生油的离析。即包在产品外部的包装物被油浸渍，较严重情况是，油会从包装纸中渗流出来。当用铲车盘存或装卸产品时，包装盒（箱）被一个个堆垛而导致受压，油就会离析出来。我们常常把一定形状和质量的人造奶油样品放在一只金属丝网上或一张滤纸上，然后置于26.7℃温度下（有时温度要稍高些）24~48h，用测定油渗过金属丝网或渗入到滤纸上的质量的方法来测评油的离析。

（三）口熔性与稠度

高质量的餐用人造奶油放在舌头上应迅速熔化。人的味蕾应马上就可以觉察到风味物和盐从水相中释放出来，这样吃起来就毫无油腻和蜡感。对于家庭用人造奶油和一般用人造奶油，熔点一般为32~33℃。夏季熔点可略高些（34~36℃）。

人造奶油的稠度必须满足冷藏温度下的涂抹性、室温（21~32℃）下的可塑性以及口温下的迅速熔融性。10℃、21℃和33.3℃下的SFC是品质设计的依据。SFC在40%以下的人造奶油，延展性好。SFC在43%以上时，制品变硬，失去延展性。33.3℃时SFC低于4.1%的制品，口熔性好，大于4.1%的制品口熔性差。软质人造奶油10℃时的SFC一般为30%~46%。一些典型人造奶油制品的SFC参见表5-1。

表5-1 几类典型人造奶油制品的固体脂肪含量

制品类别	固体脂肪含量（SFC）/%				
	10℃	21℃	26.7℃	33.3℃	37.8℃
硬质人造奶油	40	20	12	2	0
中稠度人造奶油	29	16	11	3	0
软质人造奶油	16	9	6	2	1
流体人造奶油	4	3	3	2	2
餐用人造奶油	41	21		3	0
面包用人造奶油	41	22		15	6
起层用人造奶油	36	25		20	17
膨化食品用人造奶油	37	30		24	21

（四）结晶性

人造奶油要求脂肪晶型是β'型，基料油脂应选择能形成β'晶型的油品。当主体基料油脂为β晶型油品时，配方中必须掺有一定比例的β'型硬脂。也可按0.5%~5%的比例添加甘油二酯或失水山梨醇二硬脂酸酯等抑晶剂，延缓β晶体转化。

（五）涂抹性

家庭用人造奶油的涂抹性是消费者高度关注的性能之一。在通常使用温度下，产品的

SFI在10~22消费者较为满意。涂抹性要求高的制品，则要求在4.4~10℃内固体脂有合适的分布。

（六）口感与外观

高质量的餐用人造奶油在口腔内应有一种清凉感。水相的风味和盐（咸）味应立即被味蕾感觉到。33.3℃下SFI低于3.5只是基本的口熔性要求。良好的口感要求制品在10~26.9℃内有陡峭的熔化曲线，脂晶颗粒微细，结晶热能很快被吸收。乳状液滴细小均匀，或者用乳化剂形成稳定的乳状液，将影响风味成分和盐（咸）的释放速度。固相颗粒微细和乳状液滴直径1~5μm占95%、5~10μm占4%、10~20μm占1%的制品具有良好的口感。

制品的外观与脂晶、乳状液滴的粒度及乳化剂和着色剂的选用有关。固相脂晶粒度大的制品，不仅有砂粒状的外观和渗油倾向，而且在口熔时有胶状或蜡状感觉。β-胡萝卜素在油中的溶解较慢，添加时需粉碎成2~5μm的粒度。油相和水相组分必须通过合适的乳化剂充分混合，构成粒度组成合理的细微乳状液滴。乳状液滴粗的制品不仅影响制品的结构稳定性，而且会使制品色泽不均匀或形成渗水的外观。

（七）风味

制品的风味取决于风味剂的合理配方，固、液相组分的颗粒度，制品pH以及所有组分的分散度等因素的综合协调效果，需通过优选设计。

（八）营养性

人造奶油的营养功能体现在维生素和多不饱和脂肪酸的含量及多不饱和脂肪酸与饱和脂肪酸的比例等几个方面。强化维生素A、维生素E是通过色泽调整和作为抗氧化剂，分别添加β-胡萝卜素和维生素E来实现的。

摄取富含亚油酸的植物油，能有效地防止由血清胆固醇引起的动脉硬化、高血压和心脏病等疾病，而饱和脂肪酸会削弱亚油酸的这一功能。健康型的人造奶油，亚油酸含量一般为28%~53%，多不饱和脂肪酸与饱和脂肪酸之比一般为1.6∶1~3.3∶1。

二、影响人造奶油品质的因素

人造奶油的上述品质与基料油脂的组成、辅料的选用以及加工工艺有关，分述如下。

（一）基料油脂的组成

基料油脂的品质必须达到或超过国家二级油标准。家庭用人造奶油基料油脂要求富含亚油酸，然而某些富含亚油酸的植物油脂往往不具有稳定的β'晶型。基料固体脂的晶格性质是影响人造奶油结构稳定性的主要因素之一。β'型脂晶结构由非常微细的网络所组成，具有很大的表面积，能束缚液相油水液滴，如果基料油脂有强烈的β化倾向，则已形成的β'型晶体，在某些储存条件下会转化为β晶型，从而使人造奶油组织砂粒化，严重时导致液相油滴渗漏，水相凝聚。因此，当主体基料为β晶型类油脂时，须通过添加β'型硬脂或抑晶剂（甘油二酯等）来阻止或延缓β型结晶化。

基料油中的固、液相比例是构成塑性的基础条件。人造奶油制品中的液相部分包含水相，因此，制品结构稳定（保形）性所要求的稠度有别于基料油塑性稠度。

家庭用人造奶油是直接食用的油脂制品。稠度范围需适应常温下的保形性、体温下的口熔性以及低温下的涂抹性。

（二）辅料的选用

人造奶油是油水乳化性塑状制品，其外观、口感、风味与天然奶油的逼真程度受蛋白质、乳化剂风味、香料等辅料的直接影响。除了增加风味外，乳制品的固形物还能螯合金属离子，提高制品的氧化稳定性。如果人造奶油配方中没有蛋白质，乳化系统和加工方式又不改变，则制品风味和盐的释放将会受到抑制。

乳化剂是制品稳定的重要因素，是行业用制品乳化功能特性的保证。在制品煎炸过程中能起到防溅的作用。不同制品需要相应的乳化剂。

风味香料的正确选择和合理使用，能使制品产生天然奶油的芳香风味。发酵乳、脱脂乳的馏分以及合成香料等香味剂的添加量对人造奶油制品风味有很大的影响，除了与自身品质有关外，还与人造奶油的组织紧密度、基料脂肪熔化特性等有关。

制品中的不饱和脂肪酸、重金属、水相以及蛋白质容易导致制品败坏，添加抗氧化剂、金属络合剂和防腐剂可以延缓或抑制酸败或腐败的产生。

色素的合理选用与配方影响制品的外观。色泽失真的制品会影响食欲或面点食品的外观品质。盐、谷氨酸钠、维生素等辅料的不合理搭配则会损害制品的风味。

（三）加工工艺

人造奶油中固相脂晶的粒度与分散度是构成塑性的另一基础条件。相同 SFI 的基料油脂通过不同的加工工艺可获得不同的脂晶粒度与数量，从而影响制品的塑性和结构稳定性。急冷捏合的工艺，脂晶粒度小，数量多，乳化基料分子内聚力大，塑性强，制品硬。反之，脂晶粒度大，数量少，制品软。脂晶数目过少的制品，固、液相比例满足不了塑性条件，就不可能形成塑性结构。

此外，加工工艺影响脂晶和辅料的分散度。分散度差时，制品的塑性结构、口感、风味都会受到影响。

第三节　人造奶油的基料和辅料

一、 基料油脂

最初人造奶油的原料油脂是指牛脂经分提得到的软质部分，后来用猪脂。随着油脂精炼、加工技术的进步，目前人造奶油的原料油脂多种多样，尤其是近年来植物油比例增大，这是人造奶油发展的一个特点。

（一）基料油脂种类与品质

人造奶油基料油脂的原料比较广，包括动物油、植物油以及它们的氢化或酯交换改性油。随着人们保健意识的加强，以植物油为主体基料已成为当今人造奶油的发展趋势。常用的原料油脂有：

动物油脂——牛脂、猪脂。

氢化动物脂——鱼油、牛脂及猪脂的氢化产品。

植物油——大豆油、棉籽油、玉米油、花生油、椰子油、棕榈油、棕榈仁油、葵花籽油、菜籽油、米糠油以及红花籽油等。

氢化植物油——植物油脂的选择性氢化产品。

酯交换改性动植物油——改性猪脂、改性羊脂或牛脂。

上述动植物油及其改性产品，均须经过严格的精炼，其品质除符合国家二级油或国家一级油标准外，茴香胺值、过氧化值、重金属和微生物应低于安全标准值。所有基料油和基料脂都应是新鲜加工产品。

（二）基料油脂组成

1. 固相基料

人造奶油的固相基料包括结构硬脂和主体原料油脂的氢化产品（氢化基料脂）。结构硬脂指的是用以增加制品塑性和形成β′晶型结构的氢化硬脂。一般选用甘油三酯结构复杂的原料油脂经深度氢化而成。氢化基料脂指的是动植物油经过选择性氢化加工而成的具有不同稠度范围的氢化产品。通过不同的氢化手段可获得不同稠度的氢化基料脂（表5-2）。

表5-2　　人造奶油典型大豆油氢化条件及氢化基料脂的特性

项目		基料号			
		1	2	3	4
氢化条件	初始温度/℃	148.9	148.9	148.9	148.9
	氢化温度/℃	165.6	176.7	218.3	218.3
	压力/MPa	0.11	0.11	0.11	0.04
	镍用量/%	0.02	0.02	0.02	0.02
特性	碘值/(g/100g)	80~82	106~108	73~76	64~68
	凝固点/℃	—	—	23.9~25	33~33.5
	10℃ SFC/%	27~30	最高6	51~54	83~87
	21.1℃ SFC/%	14~16	最高2	23~26	52~57
	33.3℃ SFC/%	0	0	最高2	最高2

2. 液相基料

液相基料包括基料配方中的液态油脂和氢化基料中的液相部分。一些大宗植物油脂可选作液相基料，餐桌用、特别是健康型家用人造奶油液相基料一般多选用富含亚油酸的精制植物油脂。液相基料选用黏度较大的油品有益于制品结构稳定。

流体人造奶油制品一般以一级油或二级油为主体基料，添加0.75%~5%硬脂组成基料油脂，在4~32℃范围内SFI基本无变化。制品因有水相，硬脂的结晶不同于起酥油，要求形成β′脂晶结构。

几类人造奶油基料油脂的组成见表5-3。

表 5-3　　几类人造奶油基料油脂的组成

制品类别	方案	基料油脂组成	熔点/℃	比例/%
以氢化植物油为主的家用人造奶油	1	氢化花生油	32~34	70
		椰子油	24	10
		液态油脂		20
	2	氢化棉籽油	28	85
		氢化棉籽油	42~44	15
	3	氢化葵花籽油	44	20
		氢化葵花籽油	32	60
		液态油脂		20
	4	氢化菜籽油	42	10
		氢化菜籽油	32	38
		牛脂	46	10
		液态油脂		42
家用软型人造奶油	5	氢化大豆油	34	40
		氢化棉籽油	34	20
		红花籽油		20
		大豆色拉油		20
食品厂糕点用人造奶油	6	氢化大豆油	35	30
		氢化鱼油	34	50
		大豆色拉油		20
食品厂面包用人造奶油	7	氢化大豆油	34	30
		氢化鱼油	34	30
		氢化棕榈油	50	5
		猪脂		20
		大豆色拉油		15
通用型人造奶油	8	棕榈油+氢化棕榈油		45
		椰子油		25
		葵花籽油		20
		大豆油		10

二、辅料

（一）水

人造奶油是可以直接食用的含水油脂制品。制品配方中的水必须是纯净水或经过严格处理（杀菌消毒、深层过滤、脱除金属离子等）符合卫生标准的直接饮用水。

（二）蛋白质（乳成分）

蛋白质是人造奶油的重要辅料，它对制品的影响除了增加风味外，还能螯合制品中的金属离子，提高制品的氧化稳定性。蛋白质还是 W/O 型制品风味释放助剂。牛奶、脱脂奶以及喷雾干燥乳清是常用的蛋白源。发酵乳可强化制品风味，但需要空间和时间，因此，已被脱脂奶所取代。近年来人造奶油生产多使用喷雾干燥乳清蛋白，并以酪朊酸钾增补。

脱脂奶粉的添加量一般为 0.5%～2.0%（或水相的 2%～10%）。蛋白质是制品乳状液不稳定的因素之一，生产低含脂量制品时需要特别注意其添加量。

（三）乳化剂

乳化剂能降低油相和水相的表面张力，形成稳定的乳状液，从而确保制品结构稳定，阻止储存期间渗油或水相凝聚。乳化剂还具有抗食品老化和防溅的功能。

乳化剂根据其对油相和水相亲和性的强弱值（HLB）而具有不同的乳化功能，亲油性能大于亲水性能的（HLB 3～6）乳化剂易构成 W/O 型乳化液，反之 HLB 7～18 的乳化剂则构成 O/W 型乳化液，亲油、亲水性能相近的乳化剂，则具有双重乳化功能。常用的乳化剂有卵磷脂、硬脂酸甘油单酯及蔗糖单脂肪酸酯等。根据用途可参考起酥油加工，选择适合的乳化剂。硬脂酸甘油单酯是 W/O 型乳化剂，蔗糖单脂肪酸酯能构成 O/W 型乳状液，而卵磷脂则具有双重乳化功能。一般制品卵磷脂的用量为 0.1%～0.5%，甘油单酯的用量为 0.1%～0.3%。为了获得理想的乳状液，一般需通过功能试验优选两种或两种以上的乳化剂。

（四）调味剂

调味剂指的是使制品具有天然奶油风味的添加剂，主要是食盐。食盐既是调味剂，又具有防腐功能。餐用人造奶油几乎都添加食盐，添加量一般为 1%～3%，有时还适量添加些谷氨酸钠（0.01%～0.1%），以圆润柔和盐味。硬质制品用盐量偏上限，软质制品偏低，冬季用盐量为 1%～2%，夏季为 2%～3%。

糖可降低水分活度，有助于防腐，可满足甜食者的需求，常用于小包装制品。

（五）保鲜剂

保鲜剂指的是防止制品氧化、诱发异味、发生霉变，使其保持新鲜的一些添加剂。

1. 抗氧化剂

抗氧化剂的作用是防止油相的氧化酸败，多数植物油基料人造奶油制品，由于残存天然抗氧化剂的量已接近起保护作用的水平，一般不添加抗氧化剂，但富含亚油酸或动、植物油混合型人造奶油制品，均添加抗氧化剂。常用的抗氧化剂有维生素 E、特丁基对苯二酚（TBHQ）、丁基羟基茴香醚（BHA）、二丁基羟基甲苯（BHT）和没食子酸丙酯（PG）等。柠檬酸用作增效剂。一般维生素 E 浓缩物用量为 0.005%～0.05%，BHT 等合成抗氧化剂用量不超过 0.02%，增效剂用量为 0.01%左右。

2. 金属络合剂

金属络合剂的作用是使制品中的铜、铁等金属钝化，从而有效地防止因金属诱发降解而引起的异味，常用的金属络合剂有柠檬酸、柠檬酸盐和乙二胺四乙酸（EDTA）等。

3. 抗微生物剂

人造奶油存在着微生物污染繁殖的条件，因此仅有食盐和柠檬酸等的辅助防腐作用尚不能完全阻止微生物对制品的污染，一般需要添加抗微生物剂。常用的抗微生物剂有山梨酸、安息香酸、乳酸、脱氢乙酸、苯甲酸及其钠盐等。添加量一般为：山梨酸、安息香酸或脱氢乙酸 0.05%，乳酸 0.2%以上，苯甲酸及其钠盐 0.1%。

4. 防腐剂

防腐剂的防腐功能受 pH 的影响，一般无盐制品 pH 宜保持 4~5，加盐制品 pH 为 5~6。

（六）风味香料剂

为使人造奶油制品具有天然奶油的风味，通常加入少量具奶油味和香草味的合成香料来代替或增强乳成分所具有的香味。可用于仿效奶油风味的香料有几十种，它们的主要成分是丁二酮、丁酸、丁酸乙酯等。在制品中的浓度一般为 1~4mg/kg。

另外，乳化液的紧密程度和脂肪的熔融特性，对香味的感觉速度和浓郁度也会产生影响，盐分的浓度和 pH 也影响风味的平衡，因为它们影响各种风味成分的分配系数。

（七）着色剂

人造奶油一般不需要着色，但为仿效天然奶油的微黄色，有时需加入少量着色剂。主要的着色剂有 β-胡萝卜素和柠檬黄，其次还有含有类胡萝卜素的天然抽提物：胭脂树橙、胡萝卜籽油、红棕榈油等。若用胭脂树橙和姜黄抽提物的混合色素，比单独用胭脂树橙的效果更佳。

（八）维生素

天然奶油含有丰富的维生素 A 和少量的维生素 D，为提高人造奶油的营养价值，需加入维生素 A（加入 β-胡萝卜素或维生素 A 酯来代替）。强化人造奶油制品维生素 A 量要求不低于 4500IU/100g 油，维生素 D 一般不规定，添加任选。维生素 E 通常作为抗氧化剂加入。

三、人造奶油配方

人造奶油配方是根据产品的要求、原料、辅料的供应以及其他因素确定的。一些典型的配方见表 5-4、表 5-5、表 5-6、表 5-7、表 5-8。

表 5-4　　典型大豆油人造奶油配方

项目		制品类型			
		硬质 1	硬质 2	软硬质	软质
基料油脂组成/%	一号基料	—	60	—	—
	二号基料	42	—	—	80
	三号基料	20	25	—	—
	四号基料	38	15	50	20
	液体大豆油	—	—	50	—
固体脂肪指数	10℃	27~30	28~32	20~24	10~14
	21.1℃	>17.5	16~18	12~15	6~9
	33.3℃	2.5~3.5	1~2	2~4	2~4

表 5-5　　典型的人造奶油和涂抹脂的配方

成分	在成品中的含量/%		
	80%脂型	60%脂型	40%脂型
油相			
液态大豆油和部分氢化大豆油混合	79.884	59.584	39.384
大豆磷脂	0.100	0.100	0.100
大豆油型甘油单/二酯（最大碘值5g/100g）	0.200	0.300	—
大豆油型甘油单酯（最大碘值6g/100g）	—	—	0.500
维生素A棕榈酯-β胡萝卜素掺和物	0.001	0.001	0.001
油溶性香精	0.015	0.015	0.015
水相			
水	16.200	37.360	54.860
明胶（250目）	—	—	2.500
喷雾干燥乳清粉	1.600	1.000	1.000
盐	2.000	1.500	1.500
苯甲酸钠	0.090	—	—
山梨酸钾	—	0.130	0.130
乳酸	—	调至pH 5	调至pH 4.8
水溶性香精	0.010	0.010	0.010

表 5-6　　低脂涂抹人造奶油的基本配方

成分	产品类型（脂肪含量）						
	60%	40%仅含水	40%水加稳定剂	40%低蛋白质含量	40%蛋白质含量更高	20%基于EPO 42013 5A2	10%水包油基于EPO 29856 1A2
脂肪含量/%	59.5	39.5	39.5	39.5	39.5	19.6	10.0
乳化剂（蒸馏甘油单酯）/%	0.4（IV55）	0.6（IV80）	0.6（IV80）	0.5（IV55）	0.6（IV55）	0.4（IV55）	—（IV55）
卵磷脂/%	0.1	0.1	0.1	—	—	0.1	—
β-胡萝卜素/(mg/kg)	4	3	3	3	4	5	5
风味物(维生素含量)/%	0.02	0.01	0.01	0.01	0.01	0.01	0.01

续表

成分	产品类型（脂肪含量）					
	60%	40% 仅含水	40% 水加 稳定剂	40% 低蛋白质 含量	40% 蛋白质含 量更高	20% 基于 EPO 42013 5A2	10%水包油 基于 EPO 29856 1A2
水（盐、若需要用乳酸调至 pH 4.8~6.2）/%	39.0	59.8	59.3	57.4	51.7	69.7	86.3
明胶/%	—	—	—	1.5	2.0	5.0	3.0
增稠剂/%	—	—	0.5	—	—	3.5	9.0
脱脂奶粉/%	1.0	—	—	1.0	—	—	—
酪蛋白钠盐/%	—	—	—	—	6.0	1.5	0.5
山梨酸钾/%	—	—	—	0.1	0.1	0.1	0.1
风味物/%	—	0.01	0.01	0.02	0.1	0.1	0.1

表 5-7　　人造奶油的典型配方

用料	用量/%	用料	用量/%
基料油脂	80~85	奶油香精	0.1~0.2mg/kg
水分	15~7	脱氢乙酸	0~0.5
食盐	0~3	固形乳成分	0~2
硬脂酸甘油酯	0.2~0.3	胡萝卜素	微量
卵磷脂	0.1		

表 5-8　　含 40%脂肪的低脂涂抹人造奶油的典型配方

组成部分	配料	含量/%
油混合物	氢化植物油	37~40
	植物油	
乳化剂	甘油单酯和甘油二酯	0.25~1.0
	卵磷脂	
	聚丙三醇酯	
色素	β-胡萝卜素（包括维生素 A 和维生素 D）	0.001~0.005
	胭脂树橙	
风味物质	黄油萃取物	100~200mg/kg

续表

组成部分	配料	含量/%
	有机酸	
	酮	
	酯	
稳定剂	麦芽糊精	1~3
	明胶	
	改性淀粉	
	藻朊酸钠	
防腐剂	山梨酸钾	0.1~0.3
	山梨酸	
含蛋白源的水	酪乳	50~60
	脱脂乳	
	乳清	
	酪蛋白酸盐	
	大豆	
盐	盐	1~2
酵母培养物	乳脂链球菌	痕量
	二丁酮链球菌	
	乳酸明串珠菌	
氢氧化钠	—	0.1
钠-氢	酸度调节剂	0.1~0.4
柠檬酸三钠	酸度调节剂	0.1~0.4
	缓冲液	

第四节　人造奶油生产工艺及设备

一、基本工艺过程

（一）工艺流程

人造奶油的基本加工工艺如图 5-1 所示。

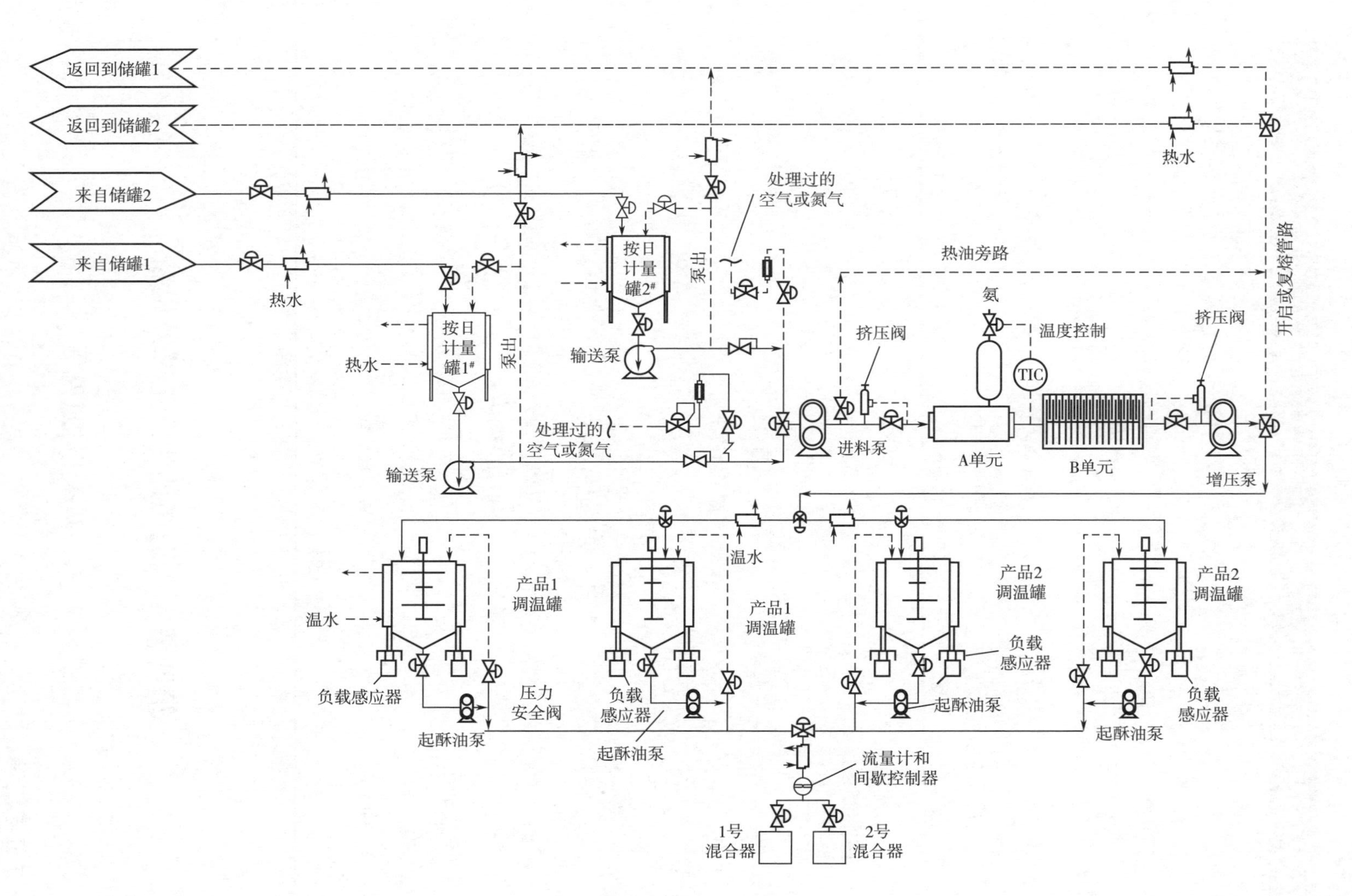

图 5-1 人造奶油的基本加工工艺

（二）生产要点

1. 基料油混合

按制品设计的稠度将定量基料固体脂和基料液体油混合。油溶性辅料也于此过程加入。基料油及油溶性辅料的混合可间歇作业后，储存于基料油罐中待用，也可通过多缸定量泵、静态混合器连续混合，混合温度一般为60℃左右。

2. 油相、水相混合乳化

水相辅料混合后须经巴氏杀菌储存于4~10℃中间罐备用，尽量随用随配，储存时间不得超过8h。油、水相混合温度为60℃左右（或高于熔点温度2~3℃），使晶核完全熔化。混合过程必须充分搅拌，使所有组分充分分散，构成液滴粒度适宜、结构稳定的乳状液，冷却至30~40℃后转入塑化生产线上带有搅拌的中间罐。乳化过程也可通过多缸定量泵、静态混合器、换热器等实行连续化作业。

3. 冷却结晶

预冷至30~40℃的乳状液由高压泵以2.1~2.8MPa的压力输入A单元（急冷机，刮板式换热器）冷却结晶。人造奶油乳状物料的急冷过程有别于起酥油乳状物料的冷却过程。一般通过A单元的多台串联，于该过程中完成结晶化或部分结晶化，急冷机出口温度为10~15℃。由于急冷机的急冷和激烈的机械剪切作用，固相组分形成晶核样的微细脂晶，并通过冷却速度和剪切强度调整稠度。

4. 捏合均质

工业用和软质人造奶油一般须通过捏合均质机（B单元）打碎A单元已形成的网状结构，使微细脂晶成长、转型，重新构成塑性结构，以拓展稠度范围。由于脂晶转型放出的结晶热和机械剪切热，捏合均质过程中物料温度略有回升。

5. 静置调质

静置调质的工艺作用是通过静置调温完成晶型转化，并通过静置管内的挡板或孔板设置调整至适宜的稠度，以便于成型包装。

二、典型人造奶油制品的生产

人造奶油生产经历过间歇作业的阶段，近来多被连续的生产过程所取代。不同制品的连续加工过程主要区别在于冷却结晶和捏合调质过程，几种典型制品的生产阐述如下。

（一）硬质人造奶油

硬质人造奶油连续生产工艺如图5-2所示。如果制品采用装匣包装机包装，需在静置管前衔接一个小混合机调整稠度，以便于包装和得到较软的制品。对于易于过冷的基料油脂(例如棕榈油含量高)，为了避免制品包装后硬化，可于A单元之间串接一个低速捏制机（B单元)，以延缓结晶过程。

硬质人造奶油采用常规的A-B单元急冷捏合工艺，往往形成致密的晶体结构，影响制品稠度和风味的释放。为了提高制品的感官质量，可对A-B单元常规工艺进行如下改革：

（1）受控预结晶法　将部分或全部油相基料在与水相辅料混合乳化前导入一个预冷器（P-C)，使高熔点组分预先析出晶核，然后再与冷却至4~10℃的水相辅料混合乳化，进入急冷捏合系统。

（2）晶种植入法　将一部分A单元出来的冷却乳状液返回到P-C或第一A单元乳状液

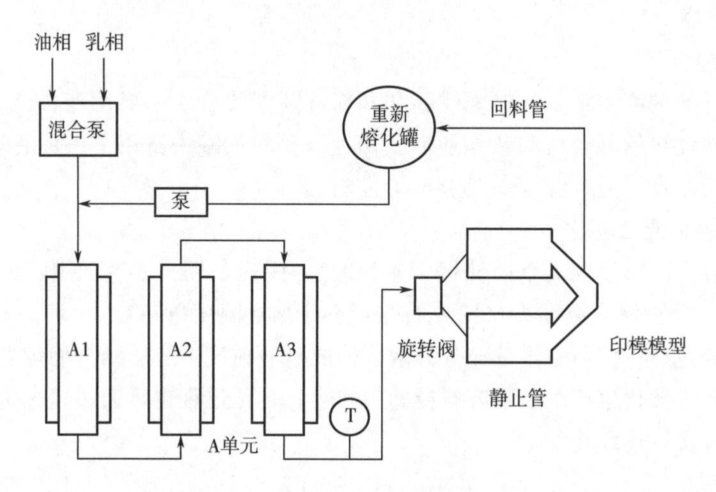

图 5-2　硬质人造奶油连续生产工艺

入口，通过植入晶种调整脂晶粒度。

（3）水相辅料部分滞后乳化法　油相基料预先与 25%水相辅料混合乳化，经 A 单元急冷后进入混合器与其余 75%冷却的水相辅料混合乳化后，进入捏合调质机。

（4）双重乳化法　将 50%油相基料与全部水相基料混合乳化后，通过冷却器在 17℃下使高熔点组分析出晶核，导入第一预冷器（P-C）使晶核长大，然后与其余 50%油相基料一起进入第二预冷器，进而导入急冷捏合系统。

（二）软质人造奶油

软质人造奶油连续生产工艺如图 5-3 所示。为了适量充满包装容器，软质人造奶油在包装前要求易于流动，一般不设置静置管，而采用一个大容量混合机调质软化，使制品不致在包装容器内过分结晶而脆化。对于固脂含量低的基料油脂，混合机可衔接于 A2-A3 单元之间，以避免过度结晶而影响制品涂抹性能。

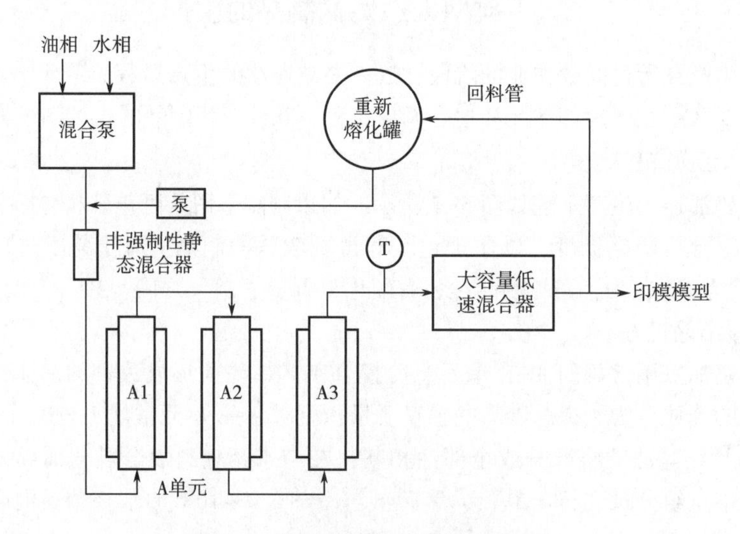

图 5-3　软质人造奶油连续生产工艺

（三）搅打人造奶油

搅打人造奶油要求具有良好的口感风味和酪化性，其连续生产过程如图 5-4 所示。

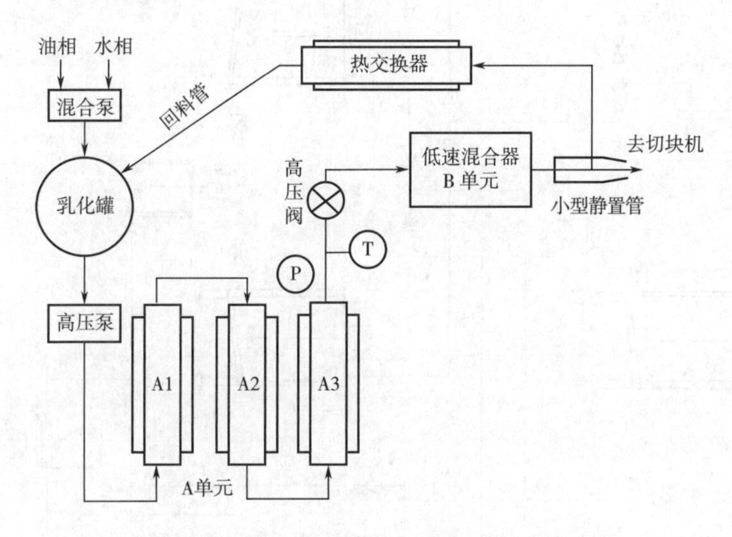

图 5-4　搅打人造奶油连续生产过程

搅打人造奶油含有 33%的氮（体积分数），超含量制品可达 50%。氮气一般在 A 单元前或之间通入。充填器前设置的高速混合器可确保氮气在制品内均匀分布。

（四）流体人造奶油

流体人造奶油可采用软质制品生产设备进行加工。为了确保悬浮体系稳定，油相基料冷却后需静置 5h 以上，再与水相辅料混合乳化，继而导入急冷捏合系统。也可借加入 5%（体积分数）的氮均布于乳状液内而达到体系稳定。

（五）低脂人造奶油

低脂人造奶油又称节食人造奶油，是一类为油脂摄取过量的消费者设计的餐用制品。其外观、口感风味与普通人造奶油无区别，属 W/O 型制品，一般含油量为 40%左右。由于水相多于油相，乳化工艺有别于普通制品。由于水相多，为了防腐，不添加乳成分和其他蛋白质成分，而添加山梨酸和苯甲酸等防腐剂。

低脂人造奶油加工工艺与流体型制品相似，但在制备乳状液时，应注意油相和水相温度一致，而且要缓慢混合。由于高内相乳状液的黏度高，需要强烈搅拌以确保均质。乳化时要避免空气混入。低脂乳状液对管道压力和冷却速率较为敏感。一般油相基料多采用高液态油脂和低 SFI 的基料脂。低脂人造奶油的包装温度应高于普通制品。

低脂人造奶油连续生产工艺如图 5-5 所示。

三、人造奶油加工设备

生产线设备的选择对于人造奶油的生产十分重要。对于生产线上的每个设备，必须考虑各种人造奶油特殊的特征以确保整条生产线有足够的生产能力。

除了必需的乳浊液制备设备如处理罐、板式换热器和离心泵外，人造奶油生产中的关键设备介绍如下。

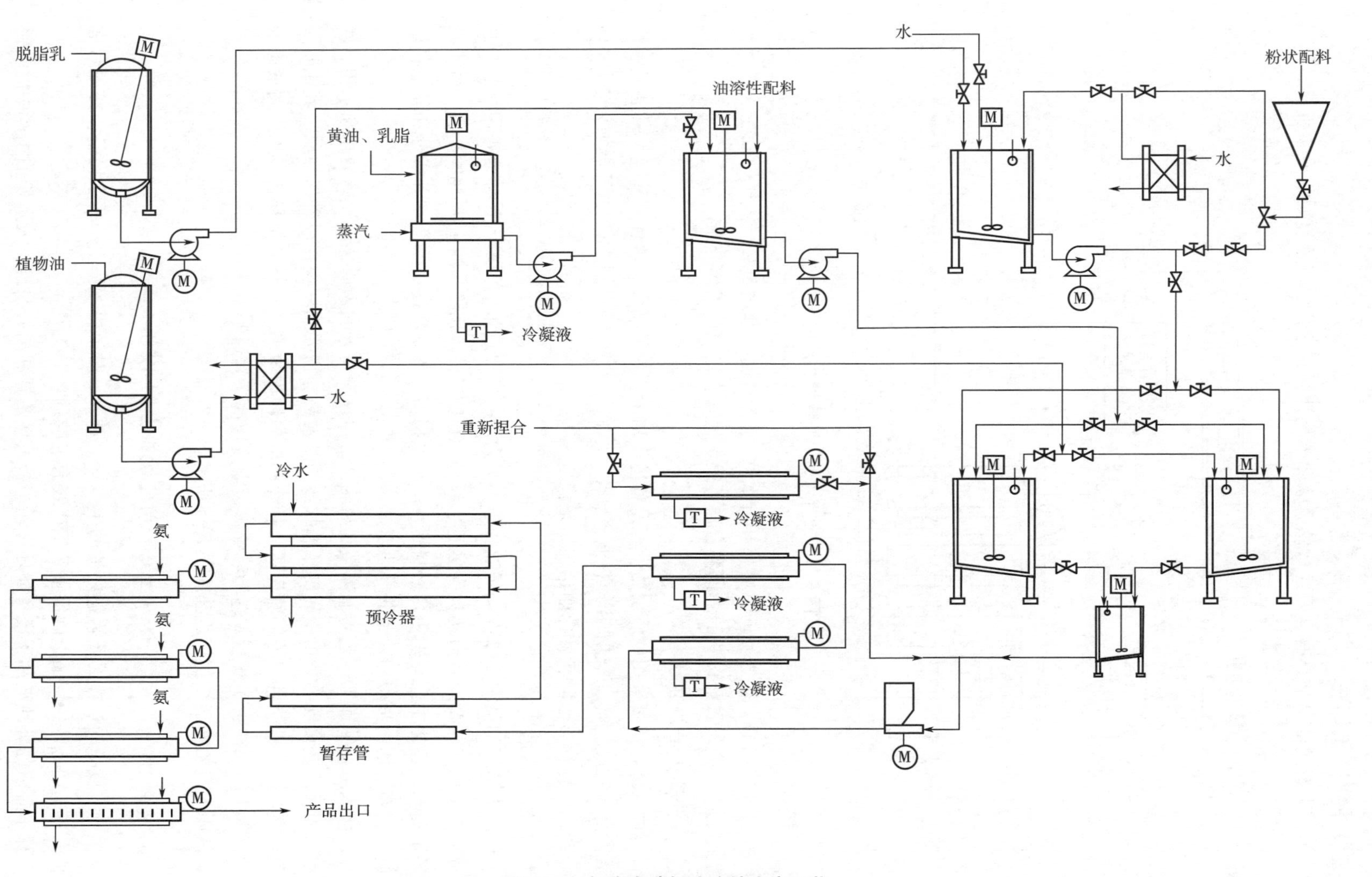

图 5-5 低脂人造奶油连续生产工艺

（一）高压进料泵

一种活柱塞式高压正向位移泵，与产品接触部分用316不锈钢制造。将人造奶油乳浊液从暂存罐泵入刮板式换热器（A单元），也可用陶瓷柱塞泵。为了减少流体压力的脉动，通常使用具有两个或三个柱塞的泵。人造奶油生产中使用的高压柱塞泵如图5-6所示。

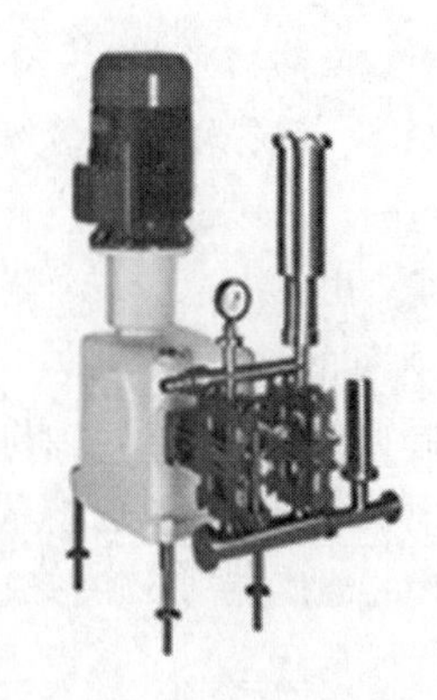

图5-6　高压柱塞泵

为进一步减少可能产生的压力波动，在泵出口处安装一个气压式或弹簧式脉动阻尼器。以确保生产线上产品流动更平稳。较慢的泵曲轴旋转速度同样也能减少压力的波动。假如生产线上发生堵塞，高压泵通常备有压力安全阀和相关的管道系统保护下游的刮板式换热器和泵本身。在高压泵的吸入管上通常装有过滤器以保护泵和硬质镀铬的刮板式换热器筒免受人造奶油乳浊液中任何异物的破坏。

根据下游刮板式换热器所设计的最大产品压力和所生产的各种人造奶油，通常在生产线上安装出口压力为4MPa、7MPa或12MPa的正向位移泵。

半液态灌装的工业化人造奶油的生产线通常不产生像酥皮糕点人造奶油生产那样高的压力。在半液态灌装的工业化人造奶油或起酥油的生产中，通常用齿轮泵作为高压正向位移泵的替代物。

齿轮泵能产生2.6~3.3MPa出口压力。在人造奶油生产中齿轮泵的缺陷是在较高的出口压力下泵易滑动。

（二）高压刮板式换热器

刮板式换热器（A单元）是人造奶油生产设备中的核心设备，在其中可完成初始冷却、过冷和随后的诱导成核和结晶。A单元必须有足够的灵活性以适应不同的产品类型和生产条件的变化（图5-7）。

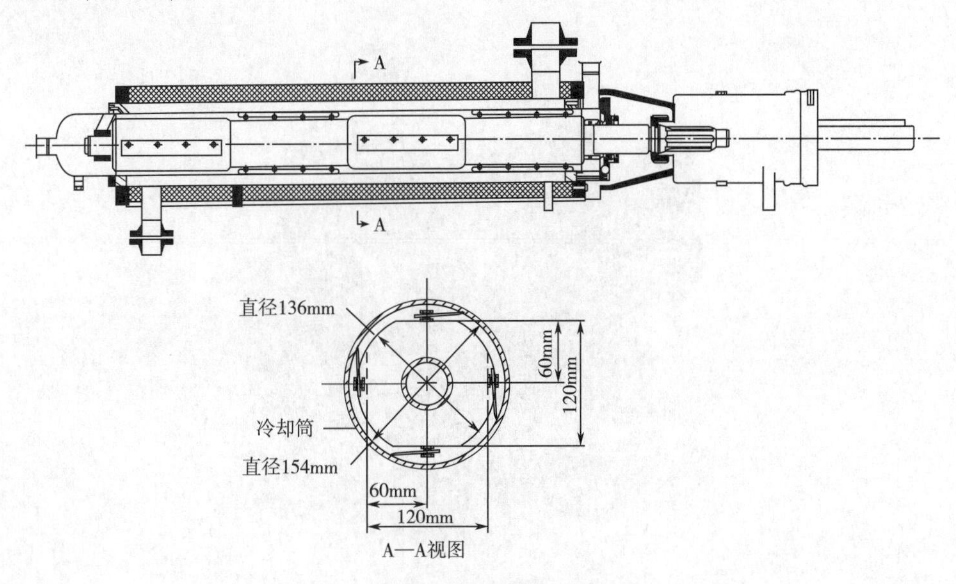

图5-7　刮板式换热器

刮板式换热器通常含一个或多个水平放置的热交换组件。组件中的冷却筒通常用工业纯镍或钢制造，确保较高的传热效率。冷却筒用绝缘的含冷却剂（通常是氨或氟利昂 22）的外夹层包围。操作过程中装有可自由移动刮刀的旋转轴连续不断地把硬的镀铬的冷却筒内表面刮干净。由轴高速旋转产生的离心力把刮刀推向筒壁。筒壁与刮刀间的环形间隙为 3~22mm，典型的是 5~17mm。

人造奶油乳浊液通过轴与筒壁间的空隙时，由于刮刀的刮削作用和轴的高速旋转，不断和快速地从筒壁上刮下已结晶的产品薄片，并与温度更高的产品重新混合。这使得被结晶产品在准确的温度控制下快速成核并进一步乳化，产生较高的总传热系数并均匀冷却人造奶油乳浊液。

轴的旋转速度通常在 300~700r/min。轴上通常装有二、四或六排刮刀，这些刮刀通过特别设计的销固定在轴上并可在固定点上移动。图 5-7 描述了基于 A 单元的轴视图和冷却组件的剖视图的刮板式换热器的设计和操作。轴上装有四排错开的刮刀，环状间隙在 9~17mm 变化。

通过冷却筒时结晶的产品中固脂含量快速增加。同样，产品的黏度随温度下降相应地增加。在此过程的某一点上达到临界轴速。超过此速度，不能得到额外的混合，高速度旋转轴所需的功率比快频率刮削筒壁所获得的热传递还要大。

为了防止结晶产品在轴上黏结，轴通入温水循环以确保轴表面一直干净。通常在靠近推力/轴支承部件的某一点泵入温水，根据轴的内部构造在靠近水进口处排出。在发生短暂的堵塞后，此水循环系统也是有用的，因为温水有助于熔化凝固的产品，因而有利于 A 单元的重新启动。

冷冻系统和刮板单元如前所述，用于人造奶油加工的刮板式换热器使用直接膨胀的冷冻剂如氨和氟利昂 22。由于冷冻剂的表面汽化，其传热速率很高。

大多数供应商提供每个冷却筒组件中带有各自冷却系统的 A 单元。图 5-8 所示的是含四个各具冷却系统的冷却筒的 A 单元。每个冷却筒上方装有缓冲筒。缓冲筒是每个冷却筒中的冷却系统的一部分。

图 5-8　四筒 A 单元

（三）捏合单元

脂肪的结晶需要时间。这段时间由结晶器（通常称为捏合单元或B单元）产生。它们是圆筒壁内装有杆（固定杆）和转子上装有杆（旋转杆）的大直径圆筒。固定在同心转子上的杆以螺旋形排列，与筒壁上的固定杆相啮合。捏合单元可安装在多筒A单元的冷却筒间或在A单元之后。捏合单元在旋转轴上的杆的搅动下给予人造奶油乳浊液充分的时间结晶。图5-9为三种捏合单元。

图5-9　三种捏合单元

捏合单元装有调质水的加热夹套，还装有调质水的内置的水加热器和循环泵。可防止产品在筒壁上凝结和在捏合中更好地控制产品的温度。由于所释放的结晶潜热和机械功，使捏合单元中产品的温度升高了2℃或更多。

通常捏合单元筒内产品体积为每筒35L至105L。市场上有同一支撑架上装有三个捏合筒的B单元。每个捏合筒通常装有各自的固定或可变速度的驱动装置，从而在人造奶油的加工过程中具有更大的灵活性。图5-10为一种捏合单元的结构。

（四）休止管

当生产的人造奶油用于条状或块状包装时，通常有一休止管（restingtubes）直接与包装机械相连使得产品有足够的时间达到包装所需的硬度。

在生产条状包装的餐桌用人造奶油时，产品通常通过A单元的一个冷却筒和一个可能位于冷却筒间的中间捏合单元，从A单元出来后，进入与包装机械直接相连的休止管。

与桶装的软质餐桌用人造奶油生产中的最后捏合单元相比，通常中间捏合单元中的产品体积更小。限制产品捏合程度的目的是：首先使得产品不是太软从而能在条状自动包装机械中处理。其次是防止人造奶油的水相分散成极细小的细分状态，这将不利于产品的风味释放。对餐桌用人造奶油（与软质人造奶油相比有更高的脂肪含量）而言，过强的捏合作用可能使得产品具有一种不良的油腻的稠度。太油腻的稠度使包装材料与产品相黏，而给消费者不良的产品印象。

人造奶油通过高压进料泵的压力强制通过休止管。休止管内装有筛或带孔的板给予产品最低程度的捏合作用，从而保证产品具有最优的结晶和塑性。

用于餐桌用人造奶油或类似产品的休止管由长度450~900mm的带凸轮的部件组成。这使得休止管内产品体积的变化与固化的人造奶油的物理特性相一致。餐桌用人造奶油生产中的休止管的直径通常为150~180mm。酥皮糕点人造奶油生产中的休止管的直径通常在300~

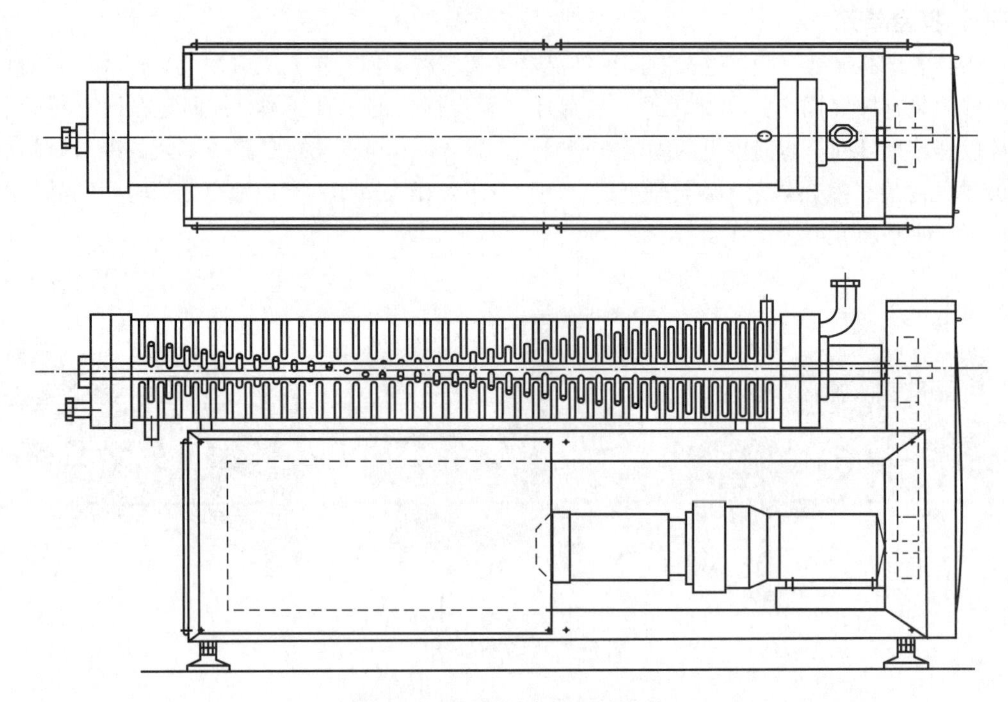

图 5-10　一种捏合单元的结构

400mm。这些休止管中带凸轮部件的长度约 1000mm。酥皮糕点人造奶油生产中的休止管的体积通常比其他产品生产中所使用的要大，这就有足够的时间来形成酥皮糕点人造奶油所需的特定稠度。

人造奶油生产中使用的休止管如图 5-11 所示。

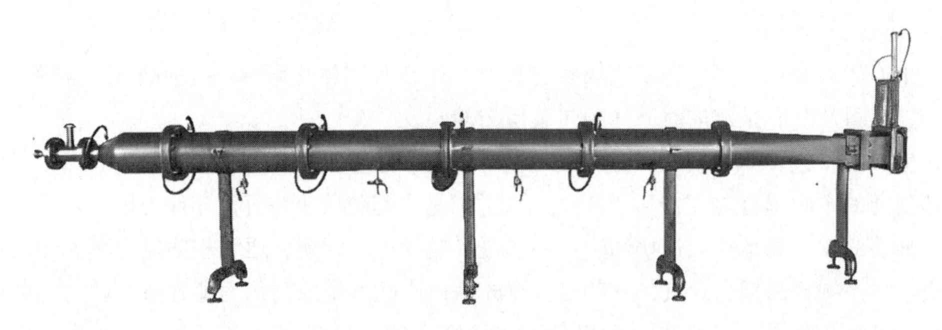

图 5-11　人造奶油生产中使用的休止管

一些设备供应商建议在供给包装机械时使用单一的休止管，而另一些建议使用两个相连的并列的休止管。当两个休止管中的一个装满产品时，一个由马达驱动的旋转阀自动地把产品切换到另一个休止管。第一个休止管内的产品保持静止直至第二个休止管内充满产品。

休止管的结构通常包括所需的入口接头，带凸轮的部件，筛或带孔的板和出口连接法兰，与包装机械直接相连。产品通过料斗系统进入包装机械时，休止管装有出口挤出喷嘴。休止管通常装有夹套用于温水循环，以减少人造奶油和每个零件的不锈钢表面间的摩擦。可防止产品的沟流并且降低高压进料泵所需的总出口压力。

图 5-12 为酥皮糕点人造奶油生产中使用的不同尺寸的休止管。

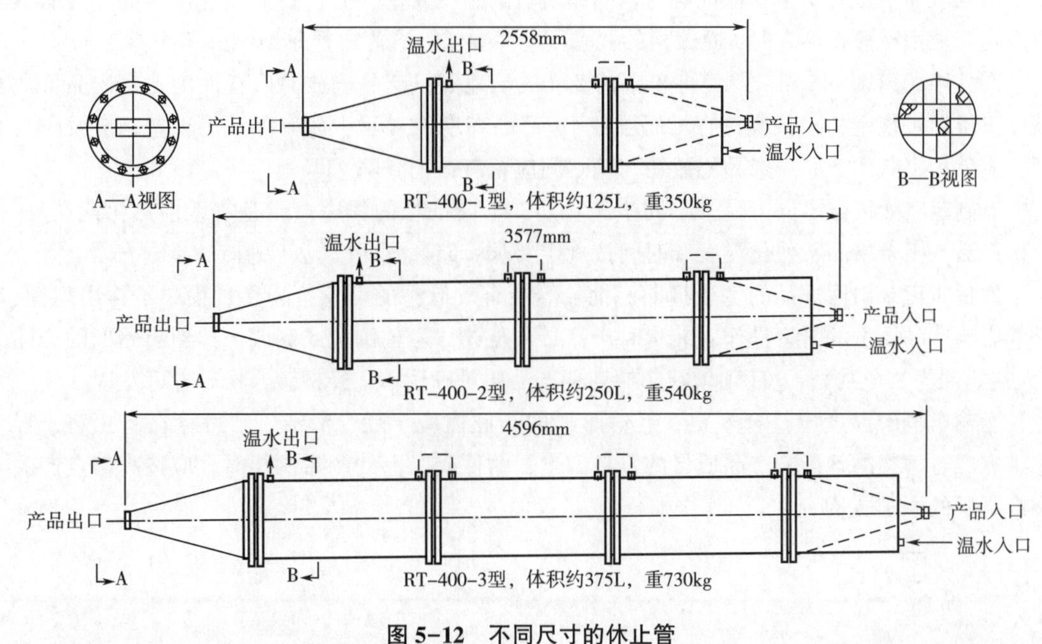

图 5-12　不同尺寸的休止管

四、人造奶油制品的质量控制

质量控制是人造奶油制品生产过程中不可忽视的一个重要环节，人造奶油制品的质量控制主要从以下几个方面展开：基料油、辅料、包装材料、熟化、储存、发货。

（一）基料油和辅料

所选用基料油品质必须达到或超过国家二级油（高级烹调油）标准，牛脂、棕榈油、棕榈仁油、豆油等都是常用的油种。为了严格把控基料油的质量，需对每批次的产品进行相关指标的测定，对罐装的基料油需取上、下部样测碘值，检测其是否搅拌均匀，若基料油放置时间超过 5d，使用前需取样测过氧化值等。任何辅料都不能含有危害人体健康的成分，添加量需符合相关法律、法规和条例，同时辅料应在通风、干燥、清洁、温度适宜的地方储存，并做好虫鼠害预防。

（二）包装材料

包装材料包括纸箱、标签、包装膜、封箱胶带、铁听、聚乙烯（PE）瓶等。对包装材料的要求如下：包装容器必须清洁、干燥和密封，应符合食品卫生和安全要求；包装材料不能污染产品或含有对产品不利的物质，应使用食品级的包装材料且符合相关食品卫生法规；标识需清晰标明产品名称、制造商、生产日期、保质日期或保质期、生产批号、储存条件、净重等相关产品信息；标识信息必须是中文表示，进口产品可以加贴与外文对应的中文标签。

（三）熟化、储存、发货

仓库周围 10m 内不应有厕所、动物养殖场、垃圾堆等污染源；仓库内应通风、干燥，地面平整，墙壁整洁，不得放置无关杂物；仓库门下无缝隙，窗户紧闭，墙壁孔洞密封，有防虫、防鼠的具体措施和规定；严禁与有毒、有害或易挥发的物质混放；定期打扫，保持干净，油品表面不得有积尘；保证能与产品相对应的温度要求，有监控温度并确保温度计有效的规定；采用冷藏柜储存时，冷藏柜的要求同仓库要求；仓库内严禁柴油叉车作业。

产品堆场离墙>45cm；严禁将产品直接堆放于地面，产品码放时应正面朝上；产品堆放高度不得超过规定的“最高储存堆码层数”；产品在堆放过程中如有渗油等现象，应及时处理，避免污染其他产品；产品码放箱与箱之间应留有一定缝隙。

有制定有效区分不同产品、不同生产日期、不同批号的程序；能有效识别熟化期产品、合格产品、不合格品；熟化温度和时间按规定要求；储存温度按规定要求。

发货时记录出库产品的生产日期、批号等能有效追溯的信息；装货过程中不得出现抛、扔等影响产品质量的野蛮操作；装货时产品必须正放，避免倒放或侧放；达到超储期的产品（人造奶油为 2 个月），仓库须填写超储存期产品质量确认单，经检验合格后方可发货。

运输车辆的温度应符合规定；运输车辆的车厢内应干燥、清洁，不得存在有虫害、异味、有毒有害物品等影响产品质量的不良因素；两种或以上的产品拼柜时，应按高熔点产品装在下层的原则装货。

CHAPTER 6

第六章 起酥油生产技术

学习要点

1. 理解有关起酥油的定义、标准与种类；

2. 掌握起酥油的功能特性及其影响因素；

3. 熟悉起酥油的基料、辅料和基本配方，掌握基料油脂的选择以及不同辅料在起酥油制品中的作用；

4. 掌握起酥油基本加工工艺以及可塑性起酥油、液体起酥油、乳化起酥油、粉末起酥油的生产工艺流程，并理解关键操作点；

5. 熟悉起酥油的关键生产设备，了解其结构构造和工作原理；

6. 理解并掌握起酥油制品的品质控制，包括基料油脂的各项理化指标，专用油脂的特性，起酥油的检验及其标准；

7. 了解起酥油领域的国内外发展动态和最新科研成果。

起酥油是19世纪末在美国作为猪脂代用品而出现的。因为猪脂具有独特的香味，在常温下能用来和面、加工面包及其他点心，因而很受欢迎。为了弥补猪脂的不足，人们曾用牛脂的软脂部分来代替猪脂。1860—1865年，美国的棉花栽培很兴旺，于是人们将棉籽油和牛脂的硬脂部分混合起来，作为猪脂的代用品，这是历史上最早的起酥油。1910年，美国从欧洲引进了氢化油的技术，通过氢化，把植物油和海产动物油加工成硬脂肪，使起酥油生产进入一个新的时代。用氢化油制的起酥油，其加工面包、糕点的性能比猪脂更好。猪脂的酪化性差，在饼干中分布不均匀，稠度稍软，且随猪饲料种类的不同而变化，猪脂易氧化，因此，猪脂逐渐被起酥油所取代。日本起酥油生产是在1951年从美国卡德拉公司引进急冷机后开始的。我国的起酥油生产起始于20世纪80年代初。

第一节　起酥油的定义、标准及分类

一、 起酥油的定义及标准

起酥油（shortening）是从英文“短”（shorten）一词转化而来的。意思是用这种油脂加工饼干等，可使制品酥脆易碎，因而把具有这种性质的油脂称作起酥油，把这种性质称为起酥性。

起酥油不是国际上的统一名称。在欧洲，不少国家称之为配合烹调脂（compound cooking fat）。在人们的传统概念中，起酥油是具有可塑性的固体脂肪，它与人造奶油的区别主要在于起酥油中没有水相。由于新开发的起酥油有流动状、粉末状产品，均具有可塑性产品相同的用途和性能。因此，起酥油的范围很广，下一个确切的定义比较困难，不同国家、不同地区起酥油的定义不尽相同。如美国，1975 年制订的 EE-S-321 把起酥油分为四种类型：猪脂、一般用起酥油、面包用起酥油和油炸型起酥油。而有些国家，如日本农林标准，把猪脂和起酥油分开，另列一类。

GB/T 38069—2019《起酥油》中对起酥油的定义为：起酥油是指食用动、植物油脂及其氢化、分提、酯交换油脂中的一种或上述几种油脂的混合物，经过急冷捏合或不经急冷捏合，添加或不添加食品添加剂和营养强化剂制成的固状、半固状或流动状的具有良好起酥性能的油脂制品。起酥油具有可塑性、乳化性等加工性能。

起酥油一般不宜直接食用，而是用来加工糕点、面包或煎炸食品，因此必须具有良好的加工性能。

二、 起酥油的分类

由于现代油脂加工技术水平不断提高，起酥油的产品，已可迎合食品工业及生活上多种要求，达到“量体裁衣”的程度，所以规格很多。它们有不同的固体脂肪指数和熔点，加上有不同的添加剂，据说起酥油有千余种，实际上除去不同的商标因素外，有几十种，可以从多种角度进行分类。

（一）从原料种类分类

可分为植物性起酥油、动物性起酥油和动植物混合型起酥油。

（二）从制造方法分类

1. 全氢化型起酥油

原料油全部用经不同程度氢化的油脂所组成，其氧化稳定性特别好。当然由于不饱和脂肪酸含量较低，对营养价值有些影响，而且价格也较高。

2. 混合型起酥油

氢化油（或饱和程度高的动物脂）中添加一定比例的液态油脂作为原料油。这种起酥油可塑性范围较宽，可根据要求任意调节，价格便宜。由于含有部分不饱和脂肪酸，氧化稳定性不如全氢化型起酥油。

3. 酯交换型起酥油

用经酯交换的油脂作为原料制成。此种起酥油保持了原来油脂中不饱和脂肪酸的营养价值。

（三）从使用添加剂的不同分类

1. 非乳化型起酥油

不添加乳化剂，可用作煎炸与喷涂。

2. 乳化型起酥油

添加乳化剂，可用于加工面包、糕点、饼干焙烤。

（四）从性能分类

1. 通用型起酥油

万能型，应用范围广。为扩大塑性范围，可根据季节调整起酥油的熔点，一般来说，冬季取20℃左右，夏季取42℃左右。如需用乳化剂，通常添加0.5%左右的甘油单酯及卵磷脂。这种起酥油主要用于加工面包、饼干等。

2. 乳化型起酥油

含乳化剂较多，通常含10%~20%的甘油单酯。其加工性能较好，常用于加工西式糕点和配糖量多的重糖糕点。用这种起酥油加工的糕点体积大、松软、口感好、不易老化。

3. 高稳定型起酥油

可长期保存，不易氧化变质。全氢化起酥油多属于这种类型。其AOM（油脂在97.8℃条件下通入空气直至油脂酸败所需时间）在100h或150h以上，适于加工饼干、椒盐饼干及煎炸食品。

（五）从性状分类

1. 宽塑性起酥油

具有固体脂肪曲线平坦、塑性范围较宽特性的起酥油。

2. 窄塑性起酥油

具有高氧化稳定性（或）迅速熔化特性的起酥油。

3. 液体起酥油

同其他产业一样，糕点、面包产业也朝着自动化、大型化方向迅速发展。由于用在糕点、面包加工的油脂具有可塑性，连续化供料存在问题。为此，人们从1940年开始进行了液体起酥油的研究和开发工作。

（1）液体起酥油的分类　液体起酥油是指在常温下可以进行加工和用泵输送，贮藏过程中固体成分不被析出，具有流动性和加工特性的食用油脂。它可分成三类。

①流动型起酥油：油脂为乳白色，内有固体脂的悬浮物。

②液体起酥油：油脂为透明液体。

③O/W乳化型起酥油：含有水的乳化型油脂。

（2）液体起酥油的性状

①流动性：油脂的流动性是糕点、面包连续化生产过程中计量、输送所不可缺少的特性。一般应将黏度控制在6Pa·s（6000CP）以下。美国将温度范围控制在15.5~32.2℃，日本规定在10℃以上具有流动性，且15℃时其SFC为10%（最大为15%）。

②稳定性：液体起酥油是以液态油脂为基础的油脂，添加固体脂和乳化剂加工而成，这

些成分不会分离开。

③加工性：加工性与可塑性对于糕点加工来说同样重要，因而需要研究固体成分与乳化剂。

4. 粉末起酥油

粉末起酥油又称粉末油脂，是在方便食品发展过程中产生的。粉末油脂中一般含油脂量为50%~80%，也有的高达92%。

在油脂中加入蛋白质、胶质或淀粉等使之成乳化物，然后喷雾干燥使之形成粉末状态。其特点是油脂粒子被胶体物质所包裹，与外界气体隔开，因而可以长期保存。粉末油脂可以添加到糕点、即食汤料和咖喱素等方便食品中使用。

5. 絮片起酥油

固化成薄片状的熔点较高的起酥油。

第二节　起酥油的功能特性及影响因素

起酥油能使制品酥脆、分层、膨松、保湿的能力称为功能特性。起酥油的功能特性包括可塑性、起酥性、酪化性、乳化分散性、煎炸性、吸水性和氧化稳定性。对其功能特性的要求因用途不同而重点各异。其中，可塑性是最基本的特性。

一、起酥油的功能特性

（一）可塑性

起酥油在一定温度范围内具备塑性物质的特征，拥有一定稠度的性质称之为可塑性。起酥油具有可塑性的温度范围称塑性范围。塑性范围宽的起酥油可塑性好，便于涂布，面团延展性好，制品酥脆。脂肪的可塑性可粗略地用稠度来衡量。稠度合适的塑性脂肪才具有良好的可塑性。

（二）起酥性

起酥性是指烘焙糕点具有酥脆易碎的性质。它是各类饼干、薄脆饼和酥皮的主要性质。起酥油以膜状一层一层地分布在烘焙食品组织中，起润滑作用，使制品组织脆弱。一般稠度合适、可塑性好的起酥油起酥性也好。过硬的起酥油在面团中呈块状，使制品酥脆性差，反之，过软的起酥油在面团中呈球状分布，使制品多孔粗糙。

（三）酪化性

把起酥油加到混合面浆中，高速搅打，于是面浆体积增大。这是由于起酥油裹吸了空气，并使空气变成了细小的气泡，油脂的这种含气性质就称酪化性。酪化性可用酪化价（CV）表示。用100g油脂中所含空气的体积（mL）表示酪化价。

起酥油的酪化性要比奶油和人造奶油好得多。加工蛋糕如果不使用酪化性好的油脂，则不会使体积膨大。

（四）乳化分散性

蛋糕面团是O/W型乳浊体，奶、蛋、糖和面粉共溶于水相，起酥油在乳浊体中的均匀分布直接影响面团组织的润滑效果和制品的保鲜程度。尽管固体脂乳化性优于液态油脂，但不足以使其在水相中分散均匀，因此，糕点起酥油一般都添加乳化剂，以提高油滴的分散程度。

（五）煎炸性

起酥油的煎炸性包括风味特性和高温下的稳定性。用于煎炸的起酥油应能在持续高温下不易氧化、聚合、水解和热分解，并能使制品具有良好的风味。

（六）吸水性

起酥油属可塑性物质，因此，即使不使用乳化剂，也能吸收和保持一定量的水分。起酥油的吸水性取决于其自身的可塑性和乳化剂添加量，油脂经氢化可增加吸水性。例如，22.5℃左右，几种不同类型的起酥油，具有如下的吸水率。

猪脂、混合型起酥油，吸水率为25%~50%；氢化猪脂，吸水率为75%~100%；全氢化起酥油，吸水率为150%~200%；含甘油单/二酯的起酥油，吸水率≥400%。

吸水性对加工奶油糖霜和烘焙糕点有着重要的功能意义，它可以争夺形成面筋所必需的水分，从而使制品酥脆。

（七）氧化稳定性

一般油脂在烘焙、煎炸过程中，由于天然抗氧化剂的热分解或本身不含天然抗氧化剂（猪脂），致使烘焙、煎炸制品的稳定性差、保质期缩短。起酥油基料油通过氢化、酯交换改性，不饱和程度降低或是组合（或添加）了抗氧化剂，从而提高了氧化稳定性。起酥油的氧化稳定性不一定代表烘焙制品的储存稳定性，因此，在设计起酥油氧化稳定性时，需根据起酥油的用途而有所区别。例如，椒盐饼干等制品由于没有含糖糕点烘焙形成的氨基酸和糖反应物的保护，需使用油脂稳定性能AOM>100h的高稳定性起酥油。

二、影响起酥油功能特性的因素

（一）影响可塑性（稠度）的因素

1. 基料油脂固、液相比例

基料油脂中固体脂与液体油的比例是构成塑性的首要条件。固相低于5%不呈塑性，高于40%~50%则形成坚实结构，起酥油固、液相比例一般控制在10%~30%，可塑性好的起酥油最佳固、液相比例为15%~25%。基料油中固体脂含量的测定方法有固体脂肪指数（SFI）法和核磁共振法（NMR）。NMR测得的结果是固体脂肪含量（SFC）。油脂在通常温度下往往是固体和液体的混合物。固体脂肪指数（SFI）：测定若干温度时25g油脂固态和液态时体积的比例的比值，除以25即为固体脂肪指数。在一定条件下，从SFI可以算出SFC，根据AOCS Cd10-57和IUPAC方法，两者之间的换算公式为：

$$C = 100D_T/(Dso+a \times T)$$

其中，D_T为温度T时测得的膨胀值或SFI；对于起酥油Dso为65；低温时（10~15℃）a为0.40~0.6，高温时（35~40℃）a为0.60~0.85；C为SFC。

表6-1为猪脂和起酥油在不同温度下稠度与固体脂肪含量的关系。

SFC随温度变化而变化，在配料时应注意，若需要在使用温度下有适当硬度的起酥油，就必须选择有适当SFC的原料油脂。

表 6-1 可塑性脂稠度和固体脂肪含量的关系

温度/℃	猪脂		全氢化起酥油	
	微针入度/(mm/10)	固体脂肪/%	微针入度/(mm/10)	固体脂肪/%
50	—	0	—	0
45	—	0.5	—	2.6
40	—	2.0	—	5.7
35	—	4.5	336	9.4
30	378	10.5	212	12.6
25	137	21.0	101	14.0
20	105	26.0	45	19.7
15	73	29.0	24	21.7
10	41	32.0	16	27.8
5	—		—	31.4

2. 固体脂甘油三酯结构及液相油脂黏度

起酥油固体脂的晶体结构影响起酥油的稠度。不同品种的油脂有不同的稳定晶型。起酥油与人造奶油一样期望获得β'型结晶。β'型脂晶较β型细小，在相同 SFC 下，基料油中固相颗粒多，总表面积大，因而能扩展起酥油的塑性范围，使其外表光滑均匀并具有乳化能力。脂肪酸碳链长短不整齐的甘油三酯稳定的晶型是β'型，当基料固体脂肪中含有稳定的β'型晶体甘油三酯时，整个固体脂肪都会形成稳定的β'型晶体。反之，则形成稳定的β型晶体。

基料油脂中液态油脂的黏度与起酥油的稠度呈正相关系，从而也直接影响其可塑性。基料油脂的熔点也影响起酥油的稠度。甘油三酯种类少的油脂和各种甘油三酯熔点相近的油脂（如椰子油、可可脂），塑性范围窄，稠度受温度变化的影响大，不宜选作基料油脂，因此，基料油脂多选甘油三酯组成复杂的油品，熔点范围一般为 10~65℃。

3. 固相脂晶的粒度与分散度

基料油中固相脂晶的粒度与分散度是构成塑性的另一基础条件。塑性脂肪中固相脂晶的颗粒细度要求细至重力与分子内聚力相比，重力可忽略不计；固相脂晶间的空隙要求小至液相油滴不致流动或渗出，使基料油中的组分通过分子内聚力而结合在一起。脂晶粒度小，固相总表面积大，分子内聚力大，起酥油稠度大，塑性范围宽。反之，则可塑性范围窄。

脂晶的粒度和分散度与起酥油加工条件有关。过冷、急速冷却和激烈搅打捏合的加工条件，可产生众多的脂晶核，阻止晶核之间的内聚、长大，促使脂晶核在基料油中均匀分布而形成整体组分的内聚结构，从而获得稳定的塑性。

4. 添加剂与熟化处理

起酥油加工过程中，过冷却析出的α晶型向β'晶型转化需要一定的时间和温度条件，当其离开充填包装生产线后，结晶化（晶型转化）仍在继续。当α晶型释放出结晶热后方才转化成β'晶型。如果晶型转化阶段，不能提供结晶热的温度条件，将使过冷效果保持延续性，反之，如果使产品处于稍高于α晶型熔点温度（稍低于充填温度）下进行熟成处理，则α晶型就能顺利转化成β'晶型，并在缓慢转化过程中脂晶的粒度会得到调整，从而使产品获得稳定的塑性范围。

起酥油加工中一些添加剂（乳化剂、抑晶剂）能延缓阻止基料油脂中固体脂β结晶化，从而使产品稠度得到保证。

（二）影响起酥性的因素

油脂的起酥性用起酥值表示，起酥性与起酥值呈负相关，即起酥值小的起酥性好。表6-2列出了几种油脂的起酥值。从表中可以看出，椰子油及椰子油氢化油等可塑性差的油脂，起酥值大，起酥性也差；猪脂等可塑性好的油脂，起酥性也好（起酥值小）。但猪脂经氢化后起酥性降低（起酥值升高）。

表6-2　几种油脂的起酥值

油脂	熔点/℃	起酥值
猪脂	—	<60
50%猪脂+50%起酥油（牛脂：大豆油=8：2）	—	约70
氢化猪脂（1）	34.8	约82.7
20%猪脂+80%起酥油（牛脂：大豆油=8：2）	—	约85
氢化猪脂（2）	42.9	约97.7
鲸油为主体的混合型起酥油	—	112.4
牛脂为主体的起酥油	37.4	119.5
起酥油（牛脂：大豆油=8：2）	—	120.0
起酥油（菜籽）	39.4	123.0
起酥油（棉籽）	44.0	126.2
氢化猪脂	49.2	127.5
椰子油	24.0	127.9
椰子油氢化油（1）	27.3	134.8
人造奶油（棉籽）	35.3	140.2
椰子油氢化油（2）	35.0	155.2

对于某种特定烘焙制品，能最大程度覆盖粉粒表面积的油脂具有最大的起酥性。影响起酥性的因素有以下几个方面：

①脂肪的饱和度越高，起酥性越好；

②脂肪的用量越大，起酥性越好；

③固体脂肪指数合适的，起酥性好；

④其他辅料及其浓度合适的，起酥性好；

⑤混合过程剧烈的，起酥性好。

（三）影响酪化性的因素

起酥油的酪化性取决于可塑性。基料油组分、甘油三酯结构及其工艺条件都是影响酪化性的因素。图 6-1 和图 6-2 表示加工条件对酪化值的影响。

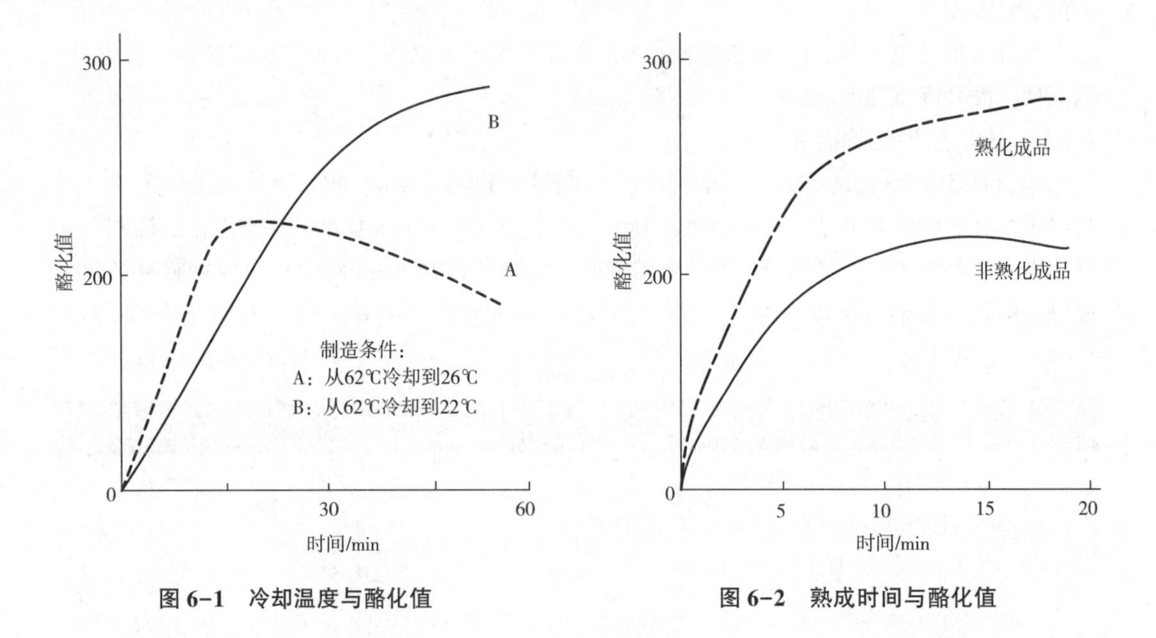

图 6-1　冷却温度与酪化值

图 6-2　熟成时间与酪化值

（四）影响乳化分散性的因素

乳化性能影响蛋、糖的起泡能力，适量添加起泡剂可以减少乳化性的负面影响。

（五）影响煎炸性的因素

起酥油的煎炸性一般与基料油脂饱和度、甘油三酯脂肪酸碳链长短、消泡剂以及煎炸条件（温度、煎炸物水分、油渣清理和油脂置换率）等有关。

第三节　起酥油的基料与辅料

一、基料油脂

一些大宗的植物油脂和陆地、海洋动物油脂以及它们的氢化或酯交换产品，都可用作起酥油的基料。这些油脂必须经过严格的精炼，使其符合起酥油基料油的品质。

（一）基料油脂组成

1. 液相油脂

起酥油基料油脂中液相油脂应选择一些氧化稳定性较好，以油酸和亚油酸组成为主的油脂。为了调整一定的稠度范围，应选择一些黏度稍大的食用油脂。液相油脂包含基料固体脂中的液相部分。

2. 固相油脂

基料油脂中的固相油脂是起酥油功能特性的基础，一般多选用能形成 β' 晶型的硬脂。脂肪酸碳链长短不整齐的甘油三酯和甘油三酯组成较复杂的动植物油脂，都可通过氢化加工成基料脂或直接选作基料油固相。

棕榈油、猪脂和牛脂是天然起酥油基料脂。它们也可以与棉籽油、菜籽油和鱼油等配合，通过极度氢化加工成凝固点为58~60℃的硬脂而用于起酥油基料配方。一些大宗液体植物油和海产动物油可根据起酥油稠度设计要求，通过选择性氢化加工成一定凝固点的氢化固体脂用作基料油脂。三硬脂酸酯富集的硬脂不宜选作基料固体脂。

（二）基料油脂的稠度

基料油脂的稠度主要取决于基料油固、液相组分的合理调整。不同起酥油制品的功能特性不同，其稠度不同。固态（塑性）类起酥油稠度设计的原则是：固、液相油脂比例必须满足塑性条件，液态起酥油的稠度设计以构成固相脂晶在液相油脂中的稳定悬浮体为基准。

塑性起酥油基料油脂稠度设计时，固相部分应选用能形成β'脂晶、甘油三酯组成较复杂的油脂。当选用猪脂或β晶型氢化豆油、葵花籽油和椰子油时，需掺和一定比例β'晶型硬脂，以便通过β'脂晶的诱导促使全部固体脂晶体β'化。

除某些专用起酥油（涂抹料）需要陡峭的熔化曲线外，一般用途以及糕点和糖霜塑性起酥油的基料油脂，常温下应呈塑性固体，在21~27℃下有合适的稠度，在较高和较低的温度下稠度变化不大，其碘值应在25~29g/100g。

如今，起酥油等塑性脂肪的稠度一般与SFC直接相关。Metzroth等指出稳定性高的起酥油，在10~40℃理想SFC范围为10%~50%。SFC高于14%时会丧失流动性；SFC超过37.5%属硬（脆）起酥油，而SFC低于10%起酥油太软。SFC界于10%和37.5%是GB/T 38069—2019《起酥油》指出的起酥油具备的塑性范围。

流体起酥油基料油脂稠度设计时，固相部分应选用能形成β'脂晶的油脂。使其脂晶粒度符合悬浮颗粒特征。基料油中固体脂肪含量一般为5%~10%，其熔点范围应能确保18~35℃温度下悬浮基料稳定。

基料油脂的稠度通过氢化基料油脂（表6-3）、氢化硬脂、动物脂肪以及液体植物油的合理配方进行调整。

表6-3　　大豆起酥油的氢化基料油脂

项目			编号			
			Ⅰ	Ⅱ	Ⅲ	Ⅳ
氢化条件	开始温度/℃		148.9	148.9	148.9	140.6
	氢化温度/℃		165.6	165.6	165.6	140.6
	压力/MPa		0.11	0.11	0.11	0.28
	催化剂（Ni）/%		0.02	0.02	0.02	0.02
分析数据	终点碘值/(g/100g)		83~86	80~82	70~72	104~106
	固体脂肪含量/%	10℃	22.8~25.7	27.2~30	57.2~61.5	<5.7
		21.1℃	8.6~11	13.5~16	33.2~35.7	<2.5
		33.3℃	0	0	10.5~12.9	0

二、辅料

起酥油使用的添加剂有乳化剂、抗氧化剂和增效剂、消泡剂、氮气等，根据产品要求，有时还加些香料和着色剂。

（一）乳化剂

乳化剂是具有较强表面活性的化合物，能降低界面张力，增强起酥油的乳化性和吸水性，能在面团中均匀分布，强化面团，防止面包硬化，保持水分，防止老化，还有利于加气，稳定气泡，提高起酥油的酪化性，增大面包的体积，并能节省起酥油。表 6-4 列出了一些用于起酥油的乳化剂。

表 6-4　用于起酥油的乳化剂

乳化剂名称	应用制品	乳化剂名称	应用制品
甘油单酯	R、M、C、B、S、I	环氧甘油单酯	B
甘油二酯	R、M、C、B、S、I	无水山梨醇单硬脂酸酯	M、C
磷脂	B	聚山梨醇酯 60	R、M、C、B、S、I
乳酸单甘酸	M、C	聚甘油酯	C、I
硬脂酰乳酸钙	B、S	琥珀酸甘油单酯	B
硬脂酰乳酸钠	B、S	硬脂酰富马酸钠	B、S
海藻酸丙二醇酯	B、S、I	蔗糖酯	C、B、S
二乙酰酒石酸甘油单酯	B	硬脂酰乳酸酯	M、C、B

注：R—零售起酥油；M—糕点混合粉；C—糕点；B—面包及面包卷；S—甜食品；I—糖霜及夹心。

常用的比较安全的乳化剂有以下几种。

①甘油单酯：其添加量为 0.2%~1.0%。

②蔗糖脂肪酸酯。

③大豆磷脂：一般不单独使用，多与甘油单酯或其他乳化剂配合使用。在通用型起酥油中，与甘油单酯合用时其用量为 0.1%~0.3%。

④丙二醇硬脂酸酯：通常是丙二醇与一个硬脂酸酯化而成。它与甘油单酯混用时具有增效作用，多在流动型起酥油中使用，用量为 5%~10%。在液体（透明）起酥油中，最佳浓度为 10%~12%。

⑤山梨醇脂肪酸酯：它具有较强乳化能力，在高乳化型起酥油中用量为 5%~10%。

（二）抗氧化剂和增效剂

氢化植物油起酥油比相同碘值的动物油起酥油稳定，这是因为前者含有天然抗氧化剂维生素 E 的量达 0.1%，故后者应添加抗氧化剂或者与前者混合，使维生素 E 含量达 0.03%，使用时配成在植物油中的含量为 30%的维生素 E 浓缩物加入油中。对于亚油酸含量较高的植物性起酥油，也需要加抗氧化剂。

常用的抗氧化剂除了维生素 E 之外，还有合成的酚类抗氧化剂 BHA、BHT、PG 和 TBHQ。它们可按 0.01%单独使用，也可按 0.02%混合使用（可增效），但应该注意的是应根据起酥油的用途和抗氧化剂的特点选择合适的抗氧化剂。

例如，PG 虽然有较强的抗氧化能力，但其热稳定性差，在烘焙和煎炸温度下很快就失效，并且在水分存在的情况下，与铁结合生成蓝黑色的络合物，故不适于烘焙和煎炸的起酥油。BHA 和 BHT 对植物油尤其是高亚油酸起酥油的抗氧化能力弱，但其热稳定性好，适于烘烤和煎炸用起酥油，高温下 BHA 会放出酚的气味，因此，它常常是少量的与其他抗氧化剂混合用于烘焙油和煎炸油。

起酥油常用的抗氧化剂的增效剂有柠檬酸、磷酸、抗坏血酸（维生素 C）、酒石酸及硫代二丙酸等多元酸。

（三）消泡剂

食品炸制过程中为安全起见，煎炸用起酥油中要添加 0.5～3.0mg/kg 的硅酮树脂作为消泡剂。

（四）氮气

由于氮气呈微小的气泡状分散在油脂中，使起酥油呈乳白色不透明状。一般起酥油的氮气含量为每 100g 起酥油含 20mL 以下的氮气。氮气还有助于提高起酥油的氧化稳定性。

三、起酥油配方

为使起酥油具有较宽的塑性范围，需采用不同熔点的油脂配合，其配比应依据产品的要求来确定。最广泛应用的是控制其固体脂肪指数，也有的是控制熔点、冻点、浊点、折射率和碘值。此外，还必须考虑原料油脂的晶型，几种油脂配比后，制备塑性起酥油时能形成 β' 型结晶，制备液体起酥油时，能形成 β 型结晶。

第四节　起酥油生产工艺及设备

一、起酥油生产工艺

（一）基本工艺过程

起酥油加工工艺分间歇式和连续式。近代加工工艺多采用干式法（氨冷却）。间歇式工艺由于制品外露，卫生条件不及密闭连续式生产工艺。

除液体和粉末起酥油外，起酥油加工过程都包括：基料熟化调制、配比混合、乳化、预冷、急冷捏合、充填包装等，其工艺过程如图 6-3 所示。

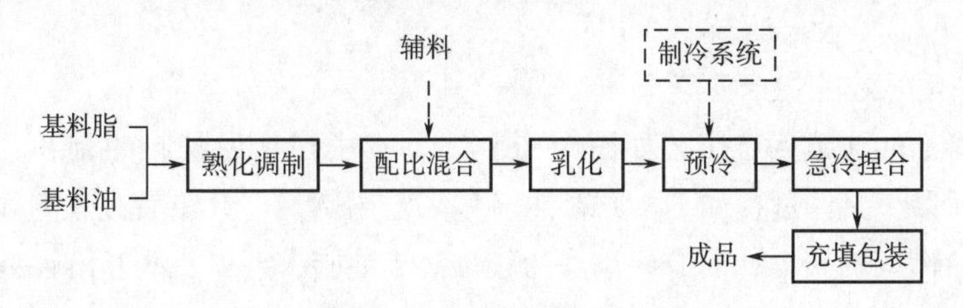

图 6-3　起酥油工艺过程

不同类型的起酥油，其加工过程不同，主要区别在于塑化工段。连续式塑化工艺流程如图 6-4 所示。应用图 6-5 所示塑化流程可以缩短制品熟化时间。

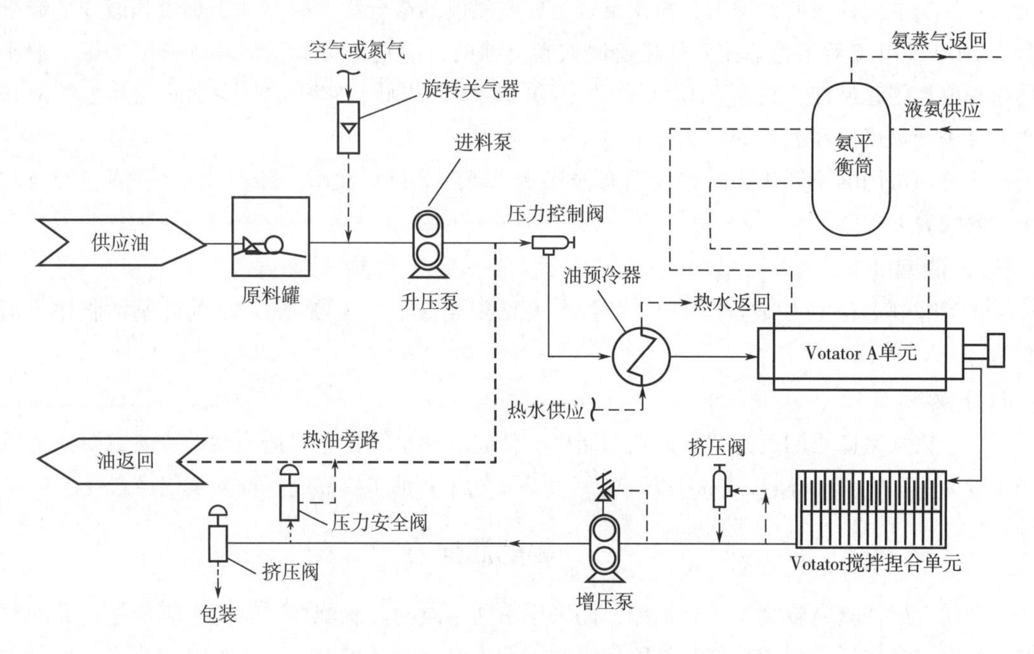

图 6-4 连续式塑化工艺流程

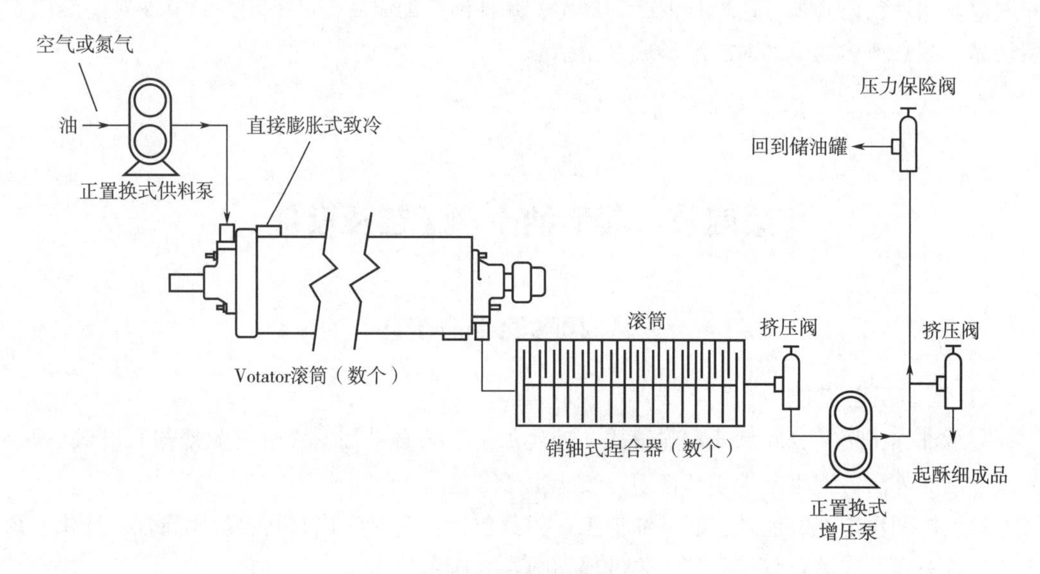

图 6-5 塑化流程

（二）可塑性起酥油的生产工艺

可塑性起酥油的连续生产工艺如图 6-6 所示。其中包括原辅料的调和、急冷捏合、包装、熟成四个阶段，具体过程如下：原料油（按一定比例）经计量后进入调和罐。添加物在事先用油溶解后倒入调和罐（若有些添加物较难溶于油脂，可加一些互溶性好的丙二醇，帮助它们分散），然后在调和罐内预先冷却到 49℃，再用齿轮泵（两台齿轮泵之间导入氮气）

送到A单元。在A单元中用液氨迅速冷却到过冷状态（25℃），部分油脂开始结晶。然后通过B单元连续混合并在此结晶，出口时30℃。A单元和B单元都是在2.1~2.8MPa压力下操作，压力是由于齿轮泵作用于特殊设计的挤压阀而产生的。当起酥油通过最后的背压阀时压强突然降到大气压而使充入的氮气膨胀、使起酥油获得光滑的奶油状组织和白色的外观。刚生产出来的起酥油是液状的，当充填到容器后不久就将呈半固体状。若刚开始生产时，B单元出来的起酥油质量不合格或包装设备有故障时，可通过回收油槽后回到前面重新调和。

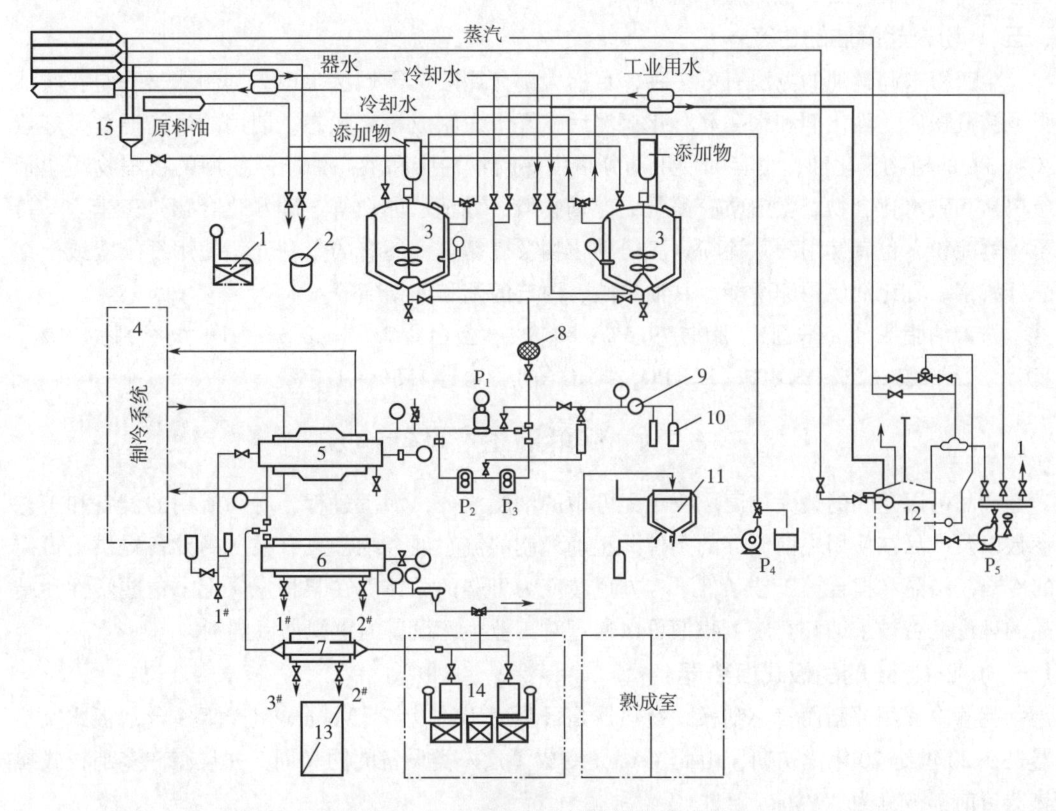

图6-6　可塑性起酥油的连续生产工艺

1—台秤　2—添加物溶解罐　3—乳化罐　4—制冷系统　5—A单元　6—B单元　7—滞留管　8—过滤器　9—压力调整器　10—氨气瓶　11—回收油罐　12—温水罐　13—操作台　14—包装设备　15—热水罐　P_1~P_5—泵

该流程中的主要设备与人造奶油通用。

（三）液体起酥油的生产

液体起酥油的品种很多，制法不完全一样，大致有以下几种：

（1）最普通的方法是把原料油脂及辅料掺合后用Votator的A单元进行急冷，然后在贮存罐存放16h以上，搅拌使之流动化，然后装入容器。

（2）将硬脂或乳化剂磨碎成细微粉末，添加到作为基料的油脂中，用搅拌机搅拌均匀。

（3）将配好的原料加热到65℃使之熔化，慢慢搅拌，徐徐冷却使其形成β型结晶，直到温度下降到装罐温度（约26℃）。

（四）乳化起酥油的生产

乳化起酥油作为起酥油的组成，在制备过程中需加入乳化剂。乳化剂具有表面活性，其分子两端由亲水基团和亲油基团组成，能降低油、水之间的表面张力，使两者很好分散形成稳定的乳液。通常含10%~20%的甘油单酯等乳化剂。乳化剂的存在提升了起酥油的加工性能，常用于西式糕点和配糖量多的重糖糕点加工，赋予糕点体积大、松软、口感好、不易老化的特点。

乳化型起酥油，熔点在44~48℃。乳化起酥油的加工生产过程中，一般地起酥油基料油加热到65℃使之熔化，添加乳化剂搅拌溶解，随后通过高压泵进入刮板式换热器的A单元进行急冷和B单元捏合，然后装入容器。

（五）粉末起酥油的生产

生产粉末起酥油的方法有好多种，目前大部分用喷雾干燥法生产。其制取过程是：将油脂、被覆物质、乳化剂和水一起乳化，然后喷雾干燥制成粉末状态。使用的油脂通常是熔点30~35℃的植物氢化油，也有的使用部分猪脂等动物油脂和液态油脂。使用的被覆物质包括蛋白质和碳水化合物。蛋白质有酪蛋白、动物胶、乳清、卵白等。碳水化合物是玉米、马铃薯等鲜淀粉，也有使用胶状淀粉、淀粉糖化物及乳糖等，还有的专利介绍使用纤维素或微结晶纤维素。乳化剂使用卵磷脂、甘油单酯、丙二醇酯和蔗糖酯等。

粉末油脂成分（举例）：脂肪79.5%~80.8%，蛋白质7.6%~8.1%，碳水化合物4.1%~4.6%、无机物3.5%~3.8%（K_2HPO_4、CaO等）、水分1.5%~1.7%。

二、 起酥油生产设备

产品可以达到的最大稠度取决于配方中的油脂成分、加工过程、凝固所用的设备和工艺参数以及产品在使用之前储存的条件。正确配制的流态混合物，只有在所用设备提供了可控的冷却、结晶和捏合等工艺条件下，方可转变为可塑的固体。在某种意义上，这些塑性和结晶的理论是否被采纳和实施，我们可以通过对工业生产设备的审视加以辨别。

（一）Votator的刮板式换热器

就急冷食用油脂而言，刮板式换热器是最为通用的设备。Votator生产第一台刮板式换热器是在20世纪20年代初期，由此Votator变成了这一类设备的同义词，并且有许多刮板式换热器目前都被称为“Votator”。

图6-7是一套两台圆形滚筒器的Votator装置和一组重力式液氨制冷系统。刮板式换热器的主要结构如图6-8所示。

每一只滚筒器通常是由直径为152mm，长度为1829mm的空圆筒形管组成。圆管的外套管可走冷冻盐水，或者可走像液氨那样的制冷剂直接膨胀气化来达到制冷的目的。当配制好的熔融油相流过此管时会被冷却，安装在通物料的圆管内部的中心轴用一台电动机驱动。在这种“变异”轴两端装有机械密封垫圈，而且在轴上装有可动式刮刀，当轴旋转时，刮刀刮擦换热器内表面，除去筒壁上的产品层使其始终保持清洁。每一根变异轴上，沿着轴的整个长度，交错式安装着两列长152mm的刮刀。这种交叉排列的刮刀装置的混合效果要比老式的刮刀排列成一排的常规设备更好。所有的人造奶油和起酥油的冷却单元都装备了变异轴和旋转式联合器，联合器和热水循环系统相连，以防固体脂堆积在旋转轴上。标准轴的直径为119mm，转速为400r/min左右。为了某种特殊的应用，可以使用直径更大一些，或较小一些、装有三四排排列成行或交错排列刮刀的设备。

起酥油生产设备是用碳钢制成的。由于人造奶油的水相有高腐蚀性，并且在清洁加工

（1）Votator装置

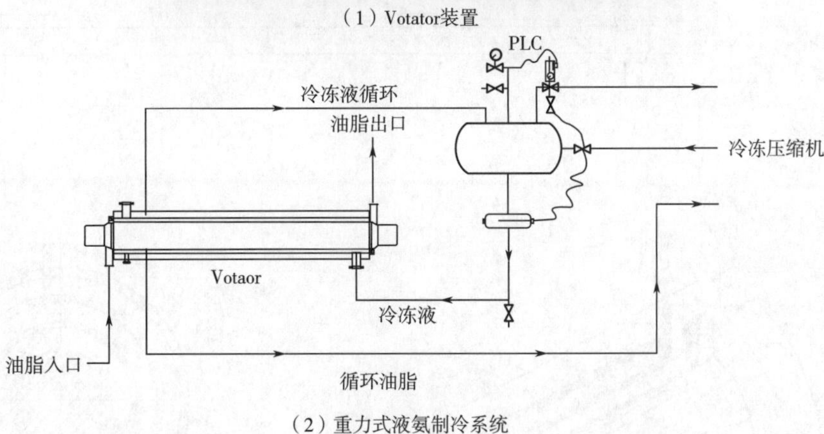

（2）重力式液氨制冷系统

图 6-7　Votator 装置及其重力式液氨制冷系统

中，需要用化学法清理所有的生产设备，所以生产人造奶油的设备中，换热器的材质为镀铬的工业纯镍，并且所有和产品相接触的表面用不锈钢。

（二）Votator 的搅拌捏合单元

通过直接膨胀制冷换热器的有效冷却，使产品处于过冷状态，料温大大低于它结晶的平衡温度，为结晶做好了准备。一种过冷的油脂混合物在无搅拌和无机械捏制的条件下凝固，将形成一种很硬的晶体网，并且产品的可塑性范围很窄。对硬质人造奶油的配制而言，上述结果也许是一种希望获得的品质，但对于那些要求具有特殊质地和可塑性的产品而言，可以采用机械捏制过冷态的结晶脂体的方法来改善产品的延展性和可塑性。一般情况下，这种脂体在机械捏制条件下所需的结晶时间为 2~5min。Votator 为了这个目的，研制出一种特殊的设备——搅拌捏合单元。

图 6-9 所示的是一台 Votator 搅拌捏合单元，即通常称为“B 单元”的横剖面视图。根据产品以及物料滞留时间，我们可以采用的 B 单元的尺寸范围为：直径 76~457mm，长度 305~1372mm，所有尺寸的设备都包含一根直径相当小的轴，轴上从头到尾都安装着搅拌用的销轴。图 6-10 为一张 B 单元的照片。在走物料的圆筒体内壁上焊了许多销轴，当轴旋转时这些销轴与中心轴四周的销轴相互啮合。在结晶初期，通过 B 单元完成机械捏合，把结晶

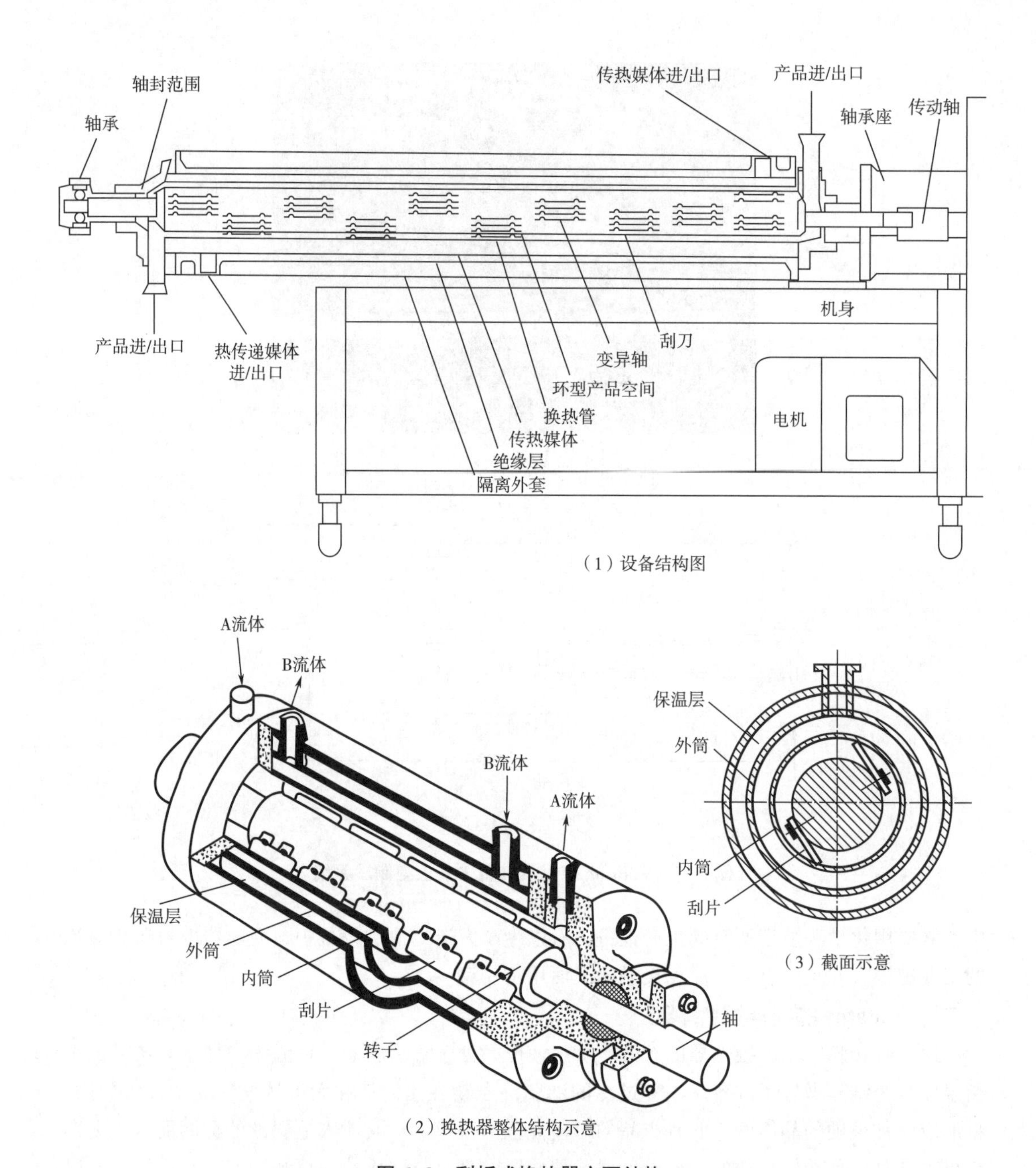

（1）设备结构图

（2）换热器整体结构示意

（3）截面示意

图 6-8　刮板式换热器主要结构

潜热均匀地释放出来，并形成一种细小和离散的晶粒均匀地分散在整个物料中的产物。对起酥油而言，标准轴的转速为100~125r/min，物料在B单元中的滞留时间为2~3min。加工人造奶油时，物料的滞留时间一般较短并且可变，搅拌转速较高些。虽然B单元中物料料温将会上升，但是通常B单元没有冷却用的外夹套管。生产人造奶油时，采用有外夹套管的B单元，可以用热水去有效帮助筒体内物料熔化和保持设备的清洁。起酥油生产用的B单元可以用碳钢制造，但人造奶油生产用的设备部件需要用不锈钢制造。

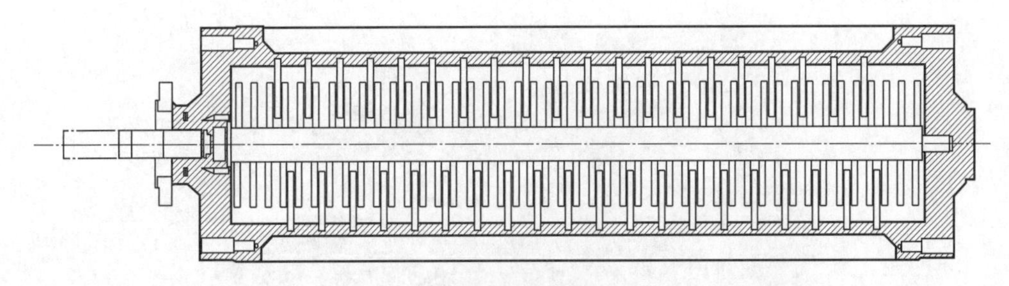

图 6-9　Votator 搅拌捏合单元

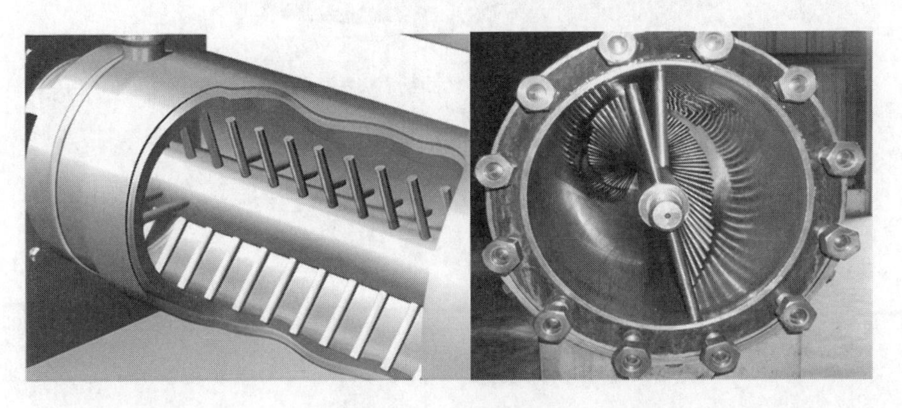

彩图 6-10

图 6-10　B 单元照片

（三）Votator C 单元

Votator C 单元实际上是一台装着一根偏离换热器管中心 6mm 的变异轴的 A 单元。这种偏心机构迫使刮刀随轴每一次旋转进行一次偏心运动，而且这种连续不断的摆动，在不断捏合产品的同时又清理了管子内壁。因此即便在很低的轴转速下也能形成充分的混合和有效的热传递。由于不需要很高的轴转速，因此施加的机械力也被降到最低。最后的结果是，B 单元的黏性结晶物料被进一步冷却到原先在 A 单元中已达到的料温。在静置的情况下，流体状的脂体可以朝着使已存在的晶体长大和迫使产生较稳定的、独特的晶型的方向进行结晶。采用 C 单元处理可以缩短产品熟化所需的时间，并提供了一种控制产品灌装时黏度和温度的方法。

（四）格斯顿贝和阿格公司的起酥油/人造奶油装置

格斯顿贝和阿格（Gerstenberg & Agger）公司也能提供起酥油/人造奶油生产设备。图 6-11 是一张生产能力为 10000kg/h 起酥油设备的照片。它有四只急冷管、二组独立的冷却系统，这一套设备同样适合生产软质人造奶油。这套设备的特点是：只采用唯一的一组落差罐装置，就可以确保在生产短时中断时，产品不会在急冷管内冻结。产品最大压力可允许达到 8MPa，高效的急冷管外侧有波纹，内表面镀铬处理。采用碳化钨加工的机械产品密封垫圈，并且每根急冷管都有各自的制冷系统。这种换热器装有特殊的浮动式刮刀。

三、　起酥油生产的自动化系统

在生产工艺适宜，生产所用设备经过长时间考验被证实可靠的情况下，最近的技术革新

图 6-11　起酥油设备的照片

是直接朝着改善工艺控制手段和使生产自动化的方向进行。目前起酥油生产线已配备了半自动或全自动的屏幕控制系统。图 6-12 表示的是生产焙烤用起酥油的自动化生产工艺流程图。

加工过程的核心是标准的 A、B 单元联合装置。为了辅助温度控制，达到晶体稳定化和产品灵活化等目的，在 B 单元后面增加了熟化工序。从 B 单元流出的起酥油被送入有搅拌的夹套式调温罐中进行保温熟化，为应用做好准备。根据需要，调温罐内的起酥油经计量器计量后直接提供给用户。一种可编程序的逻辑性控制系统（PLC）连续不断地监控调温罐内产品的液位。按照所需，用与罐内物相一致的物料去增补满每一只调温罐。配方的每一次变更，PLC 系统都会发出自动排空的指令，以免发生混料的现象。有一个便利产品用户的通讯中心，它可以转述用户对产品任何反常情况的反映，并有一块图形化的控制板，可以用来显示设备的当前状态。图 6-13 分别是焙烤用起酥油 Votator 装置中的典型控制柜、PLC 系统和图形化显示器的照片。

设备状态和生产联合控制系统同样具有累计、储存和出示生产记录的能力。许多被记载下来的有特征的资料可以根据要求，提供数据报表或规律变化图。当然还包括利用屏幕来显示和重新设置控制生产的工艺参数值，以及报警器处于的状态。

四、起酥油制品的质量控制

（一）基料油脂的各项理化指标

（1）色泽。

（2）酸值　指中和 1g 油脂中所含游离脂肪酸所需氢氧化钾的质量（mg）。它是衡量油脂劣变程度的重要指标。

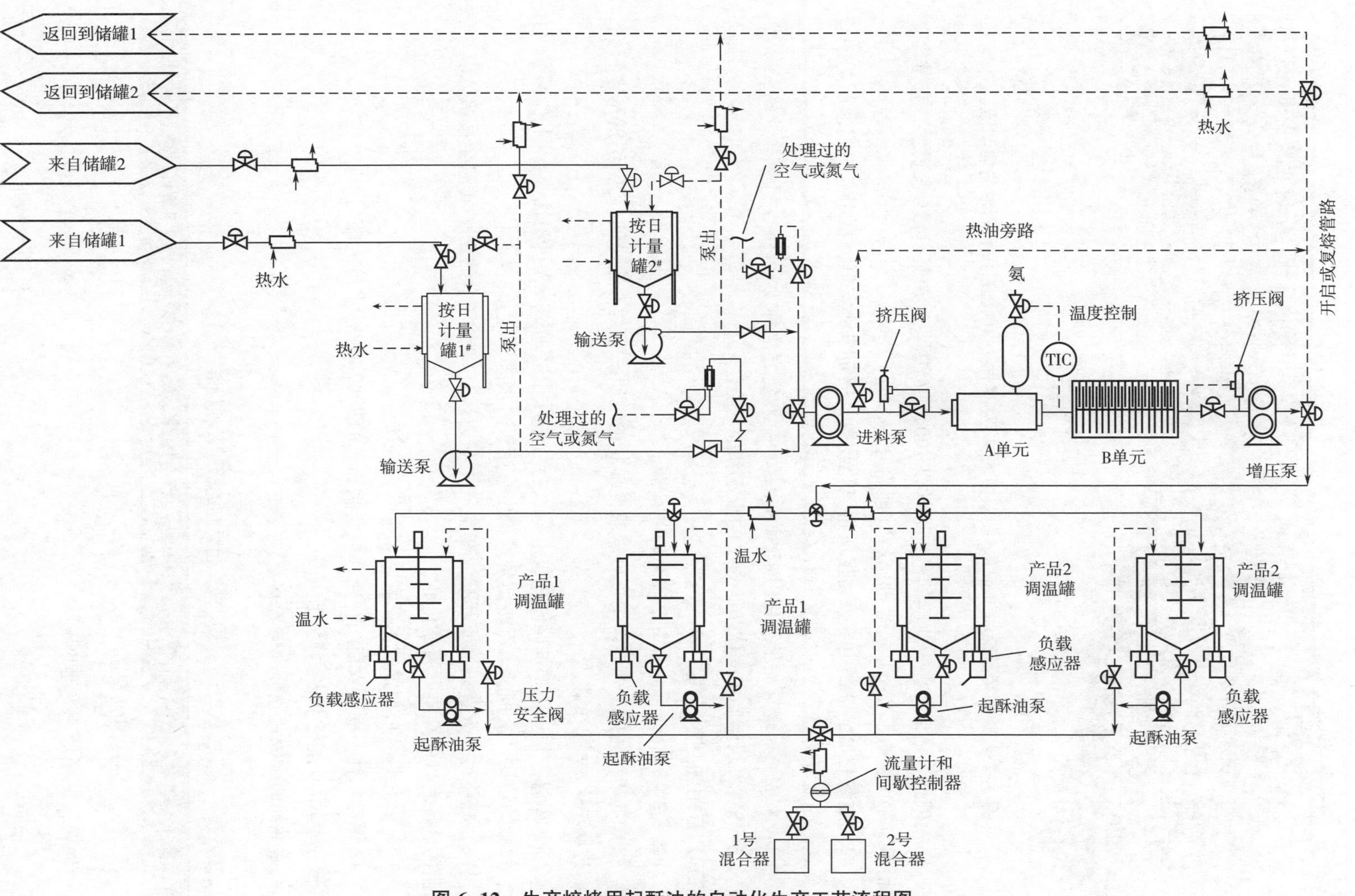

图 6–12　生产焙烤用起酥油的自动化生产工艺流程图

图 6-13　焙烤用起酥油 Votator 装置中的典型控制柜、PLC 系统和图形化显示器

（3）碘值　指油脂能吸收碘的量，通常以 100g 油脂吸收碘质量（g）来表示，它是衡量油脂不饱和程度的重要指标，是油脂特有理化值。

（4）过氧化值　油脂由于氧化生成过氧化物数量的定量测定值，常用来测定油脂初期酸败及氧化程度等情况。

（5）AOM　是衡量油脂氧化稳定性的指标，其测定方法称为活性氧法。

（6）SFC　可塑脂中固体脂肪含量的测定和表示方法。

（二）专用油脂的特性

（1）起酥性　使食品具有酥脆易碎的性质。

（2）可塑性　指在外力作用下可以改变形状的性质，它是人造奶油/起酥油的基本特性，SFC 是反映这一性能的指标。

（3）稠度　指可塑性油脂的硬度。稠度与可塑性相反，稠度大可塑性小，稠度小可塑性大，油脂的塑性可由稠度来粗略衡量。稠度常用针入度来测定。

（4）酪化性　人造奶油或起酥油在空气中高速搅打，空气中的细小气泡会被吸入其中，油脂的这种含气的性质即为酪化性。

（5）乳化性　可使油、水二者均匀混合的性质。

（6）持水性　同吸入空气一样，可塑脂具有的吸收和保持水分的能力。

（三）起酥油的检验及其标准

起酥油的检验及其标准见表 6-5。

表 6-5　起酥油的检验及其标准

项目	指标
游离脂肪酸（FFA）	0.1%以下
过氧化值（POV）	2mmol/kg 以下
碘值（IV）	33~55g/100g
皂化价	190~205

续表

项目	指标
色泽	呈白色为佳
脂肪酸含量（FAC）	依油脂的配方而异
固体脂含量（SFC）	依油脂的配方而异
活性氧方法（AOM）	60h 以上
即溶熔点（SMP）	38~52℃
水分及杂质	0.1%以下
针入度	0.1%以下

第七章 起酥油制品

CHAPTER 7

学习要点

1. 掌握起酥油制品的基本分类；
2. 掌握烘焙起酥油的分类、品质要求，了解基本配方、在烘焙中的作用；
3. 掌握煎炸起酥油的分类、品质要求、品质控制方法；
4. 了解家庭用起酥油的基本概念、品质要求；
5. 了解仿乳类起酥油的基本概念、品质要求、应用场景；
6. 了解速冻食品用起酥油的概念、在速冻食品中的功能、品质控制方法。

人类使用油脂的历史已经无法追溯，但是起酥油的使用大约有150年。最初的起酥油是猪脂，后来随着棉花的规模化种植，棉籽油逐渐兴盛起来。氢化技术成熟以后，氢化油脂成为主要的起酥油。时至今日，起酥油已经发展出了很多的分类，产品更加精细化，更加贴合使用的场景和食品种类。起酥油一般具有可塑性、起酥性、酪化性、吸水性、乳化性、氧化稳定性和油炸性等功能特性。在食品中的主要作用为：食物传热介质、润湿食物、起酥、提供风味、充气、结构化、软化等。按照用途可以分为烘焙起酥油、煎炸起酥油、家庭用起酥油、仿乳类起酥油、速冻食品用起酥油等。本章节主要对起酥油制品进行简要概括和总结。

第一节 烘焙起酥油

烘焙是一种用烤箱加工食物的方法。烘焙产品通常是指以面粉为主料，经过烤箱烤制加工成的食品，包括面包、蛋糕、饼干、点心、馅饼等。起酥油是烘焙产品的配料之一，可以占总质量的10%~50%。起酥油在烘焙食品中的作用包括：①赋予食品酥脆、饱满、柔软的口感；②包裹气体，增加体积；③赋予食品良好的质感和质构特性；④润滑，延缓老化；⑤保水，延长保质期。

一、烘焙起酥油分类与品质要求

烘焙起酥油按照物理状态可以分为固态起酥油、液态起酥油、片状起酥油、粉末起酥油等。按照是否添加乳化剂可以分为乳化型起酥油和非乳化型起酥油。其中乳化型起酥油由于添加了乳化剂，可以制成含水量更高、充气性更好的产品。按照用途分可以分为通用型起酥油和专用型起酥油，专用型按照具体的使用产品可以分为蛋糕起酥油、甜点起酥油、饼干起酥油、甜甜圈起酥油、泡芙起酥油等。烘焙类起酥油包含了添加到烘焙面团中的油脂，也包含点缀烘焙产品时所使用的油脂。我国的 GB/T 38069—2019《起酥油》将起酥油分为宽塑性起酥油、窄塑性起酥油、流态起酥油、絮片起酥油和粉末起酥油，每种起酥油的特征指标见表 7-1。烘焙起酥油一般以宽塑性起酥油为主。

表 7-1　　起酥油特征指标

项目	特征指标				
	宽塑性起酥油	窄塑性起酥油	流态起酥油	絮片起酥油	粉末起酥油
形态	固态	固态	流态	片状	粉末
塑性范围/℃（10.0%≤SFC≤37.5%）	≥12	≤9	—	—	—
打发度/(mL/g)	≥1.6	—	—	—	—
熔点范围/℃	—	<42	—	<57	<57
SFC（15℃）/%	—	—	<15	—	—
黏度（15.5~32.2℃）/(mm^2/s)	—	—	≥100	—	—

烘焙起酥油要满足 GB/T 38069—2019《起酥油》对起酥油的基本要求，见表 7-2。

表 7-2　　起酥油质量指标

项目	质量指标
色泽	白色、乳白色、淡黄色或者黄色
滋味、气味	良好，无异味
脂肪含量/%	≥99.0
水分及挥发物含量/%	≤0.50
不溶性杂质含量/%	≤0.05
酸值（以脂肪计）(KOH)/(mg/g)	≤1.0
过氧化值（以脂肪计）/(g/100g)	≤0.13
气体含量*/(mL/100g)	≤20.0
熔点/℃	在产品特征指标范围内，根据用户要求确定

注：*气体含量不作为判定指标。

烘焙起酥油的可塑性是重要的指标之一。一般要求烘焙起酥油具有较宽的塑性范围。这依赖于起酥油中合适的固液比例，固液比例一般控制在10%~30%。晶型也是影响可塑性的重要因素，β'晶型具有更细小的颗粒，因此，一般要求烘焙起酥油为β'晶型。相同的固体脂含量时，晶体颗粒越小，颗粒总数越多，总的比表面积越大，油脂的塑性范围越宽。固体脂的粒度和分散度也影响可塑性。固相脂晶的颗粒细度要求细至重力与分子内聚力相比，重力可以忽略不计，固相脂晶间的空隙要求小至液相油滴不致流动或者渗出。这样体系才足够稳定，达到合适的塑性范围。

烘焙起酥油的起酥性也相当重要，尤其是在制作饼干、薄脆饼、酥皮等糕点时。烘焙起酥油均匀分散在烘焙食品中，起到润滑、使制品酥脆的作用。一般稠度合适，可塑性好的起酥油具有较好的起酥性。过硬的起酥油在面团中成块状，起酥性差。过软的起酥油在面团中呈球状分布，使制品多孔、粗糙。对于某种特定的烘焙产品，能覆盖粉粒表面积最大的油脂具有最大起酥性。

烘焙起酥油的酪化性也很重要，尤其是在制作蛋糕类的烘焙制品时。酪化性是指油脂含气的能力，可以用100g油脂中所含空气的质量（mg）表示。油脂的酪化性取决于油脂的可塑性。此外，烘焙起酥油还要求具有良好的乳化分散性，能够均匀分散在面团、蛋糕形成的乳浊体中。均匀分散的油脂可以促使面筋蛋白形成更加致密的网络，提高面团的持气性。可以促进淀粉颗粒在面筋网络均匀分布，使面团质构更加均匀细腻。烘焙起酥油还要求具有吸水性和持水性，这可以阻碍烘焙制品中水分的挥发，有利于烘焙产品润湿，保持良好的口感并延长保质期。烘焙起酥油要有一定的抗氧化性，尤其是对于预包装的烘焙产品，这一点非常重要。可以向油脂中添加抗氧化剂来延缓油脂氧化，预包装的包装袋中也可以添加吸氧剂来延缓食品的氧化。

二、 烘焙起酥油配方

起酥油的配方不是一成不变的，会随着原料供给情况、技术变革和消费者的需求而变化。通用型烘焙起酥油配方见表7-3，几种馅饼用起酥油配方见表7-4，几种夹心用起酥油配方见表7-5。

表7-3 通用型烘焙起酥油配方

原料油	全植物油基/%				动植物油基/%		
IV 80 H-CSO	90						91
IV 88 H-SBO		88				89	
IV 96 H-SBO				35			
IV 109 H-SBO					14.5		
棕榈油			91	55			
牛脂					82.5		
60-T CSO	10						
56-T 棕榈油		12	9	10			

续表

原料油	全植物油基/%				动植物油基/%		
59-T 牛油					3	11	9
SFI							
10.0℃	26		31	25		32	
26.7℃	20		20	18		21	
40℃	9		11	10		9	

注：IV—碘值/(g/100g)；CSO—棉籽油；SBO—大豆油；T—凝固点；H—氢化；SFI—固体脂肪指数。

表 7-4　　几种馅饼用起酥油配方

基料油	猪脂/%			大豆油/%	
猪脂	100		97		
氢化猪脂		100			
59-T 猪脂			3		
IV 95 H-SBO				95	
IV 88 H-SBO					60
IV60 H-SBO					40
63-T SBO				5	
SFI					
10.0℃	29	35.5	32	25	34
21.1℃	21.5	26	25	15	25.5
26.7℃	15	19.5	18	13	22.5
33.3℃	4.5	10	10	10	13.5
40.0℃	2	7	7	7.5	4.5
MP/℃	32.5	38	41	45	42

注：IV—碘值/(g/100g)；SBO—大豆油；T—凝固点；H—氢化；SFI—固体脂肪指数；MP—熔点。

表 7-5　　几种夹心用起酥油配方

油脂	椰子油基/%				混合油/%	动物油基/%	氢化油/%
椰子油	100			69			
IV 5 H-CNO		100					
IV 1 H-CNO			98				
IV 66 H-SBO				25			
IV 74 H-SBO					75		

续表

油脂	椰子油基/%				混合油/%	动物油基/%	氢化油/%
IV 80 H-SBO					22	75	
60-T CSO			2	6	3		
牛脂						25	
IV 75 H-SBO							100
SFI							
10.0℃	59	57	63	53	39	27	58
21.1℃	29	33	24	24	24	15	43
26.7℃		8	16	14	17	12	34
33.3℃		3	7	8	7	6	12
40.0℃			4	4	3	1	1
MP/℃	24.5	34	43.5	45	40.5	39	38.5

注：IV—碘值/(g/100g)；CNO—椰子油；SBO—大豆油；CSO—棉籽油；T—凝固点；H—氢化；SFI—固体脂肪指数；MP—熔点。

三、 烘焙起酥油制品应用

面包是由小麦粉、酵母和其他辅料，如油脂、糖、蛋、盐等调制成面团，再经过发酵、整形、烘烤等程序制成的食品。油脂在面包中属于辅料，添加量一般不超过5%，主要增加面团的起酥性，使面团更有利于机械加工，也改善面团在醒发期间的持气能力。一般认为，油脂在面团中可以与面筋蛋白结合，形成油脂-蛋白质复合体，能阻止面筋蛋白的解聚，增强面筋网络的结构牢固性和持气能力，有利于面团发酵、体积膨胀及保持面包的形状。在面包中，油脂可以与淀粉结合，延缓淀粉的回生老化，起到抗老化和保鲜的作用。面包起酥油要求具有较宽的塑性范围，猪脂曾经被认为是最合适的面包起酥油。但是随着植物油基起酥油的开发，猪脂逐渐被取代。面包起酥油曾经由氢化油调配植物油制备而成，但是氢化油含有反式脂肪酸。现在一般由棕榈油分提的硬脂和其他油脂调配而成。面包起酥油中一般含有甘油单/二酯、双乙酰酒石酸甘油单/二酯、丙二醇脂肪酸酯等乳化剂。这些乳化剂可以提高面包的持水性，延缓面包老化，增强面筋劲力，增大面包的体积。

饼干属于烘烤食品，它是以面粉、油脂、糖为主要原料，以疏松剂、乳品、蛋品、食用香精等为辅料，经面团调制、辊轧、成型、烘烤、冷却、包装等工序制成的食品。饼干的制作过程不需要面筋的形成，因此，一般起酥油直接先与面粉混合，再加水制成饼干坯，这是因为油脂的反水化作用可以阻碍面筋的形成。饼干起酥油对于晶型要求不高，但是对起酥性要求较高，对氧化稳定性要求也较高，还要求具有较高的熔点，防止饼干走油。威化饼干的馅料室温下要求是固态，因此对于油脂的要求是熔点要达到34~40℃，不可以使用液态油脂。

蛋糕是常见的烘焙食品，深受消费者喜爱。蛋糕的组织结构一般由蛋白质和糖粉提供。油脂在蛋糕中主要起到改善蛋糕结构、延缓老化、延长保质期的作用。蛋糕用油一般普通的色拉油即可，也可以使用液态酥油，在重油蛋糕中可以使用起酥油。现在工业上制作蛋糕一般添加有复配乳化剂，以稳定蛋糕的组织结构，保水保鲜。复配乳化剂以山梨糖醇、单双甘油脂肪酸酯、山梨糖醇单脂肪酸酯、丙二醇、丙二醇脂肪酸酯、聚氧乙烯山梨醇酐单硬脂酸酯、聚甘油脂肪酸酯等为主。

糕点是以面粉、油脂、糖为主要原料，配以果仁、调味品等辅料，通过调制成型，经过烘焙、蒸制、油炸等熟制工艺加而成的各具特色的风味食品。糕点中一般含有10%~30%的油脂。油脂赋予甜点柔和的口感和特殊的风味。糕点用油要求具有较好的塑性，固体脂含量太高裹气性和起酥性不好，固体脂含量太低甜点又容易渗油。有些糕点需要油炸或者油氽，所使用的油脂要求具有较好的氧化稳定性，可以使用24~42℃的棕榈油。糕点馅料的制作一般使用普通的液态油脂，比如花生油，或者动物油脂，比如猪脂。很多西式糕点中含有夹心。夹心中含的油脂一般要求化口性好，状态均匀，不起砂，充气能力好，稳定性好。一般可以用椰子油、椰子油和其他植物油脂混合油脂、大豆油、棉籽油等。

月饼是我国的传统烘烤食品之一。月饼皮和馅料中均添加起酥油，油脂在月饼皮中主要起到润滑、嫩化、使饼皮松软的功效，油脂还能改善月饼的风味、增加光泽。在馅料中，油脂可以起到改善风味、口感，保持质构等功能。月饼用起酥油要求油脂具有一定的塑性、状态均一、可流动，同时具有较好的氧化稳定性。月饼用起酥油中可以添加乳化剂，比如司盘60、卵磷脂、甘油单酯等。

第二节　煎炸起酥油

煎炸是中国人常用的一种烹饪方式。食物经过高温煎炸之后色泽金黄、香气四溢、深受喜爱。油脂是煎炸烹饪的主角，具有传递热量、赋予食物质构、赋予食物香味等功能。煎炸时食物水汽散发，外层发生美拉德反应形成特殊的质构和色泽。油脂在煎炸后被食物吸附而成为食物的一部分。煎炸温度一般150~220℃，再加上水汽、空气、食物中的微量成分等的影响，油脂容易发生氧化、聚合和水解，造成油脂品质下降。本节主要对煎炸起酥油进行简要总结和概括。

一、煎炸起酥油的分类与品质要求

煎炸起酥油大致可以分为通用型煎炸起酥油、氢化型煎炸起酥油、动物油-植物油型煎炸起酥油、液体煎炸起酥油、高油酸型煎炸起酥油等。通用型煎炸起酥油就是餐饮行业普遍使用的起酥油，这类油脂中一般含有3%~15%的硬脂，可以广泛应用在食品的各个领域。氢化型煎炸起酥油目前已经退出历史舞台，但是这类油脂曾经占据很大的市场份额。这类油脂主要含有部分氢化的大豆油、棉籽油等。氢化可以提高油脂的煎炸稳定性。动物油-植物油型煎炸起酥油主要是为了迎合部分人群对动物油脂特殊风味的需求而开发的煎炸油脂，一般以牛脂与棉籽油等其他植物油混合得到。液体煎炸起酥油又可以分为透明和不透明两种。不透明的液体煎炸起酥油一般呈米白色、流态，含有2%~6%的固体脂。而透明的液体煎炸起酥油一般是玉米油、米糠油等。近些年，随着高油酸油脂的规模化生产，高油酸油脂作为煎炸油逐渐流行起来。高油酸油脂一般含有80%以上的油酸，其煎炸稳定性介于氢化油脂和液体煎炸油脂之间。煎炸起酥油油脂的来源通常为棕榈油、大豆油、棉籽油、玉米油、卡诺拉油、高油酸大豆油、牛脂等，主要受到市场价格的影响。

煎炸起酥油在我国执行的标准是GB 2716—2018《食品安全国家标准　植物油》。油脂感官要求见表7-6，油脂的理化指标见表7-7。此外，煎炸油还应当满足GB 2762—2022《食品安全国家标准　食品中污染物限量》，GB 2761—2017《食品安全国家标准　食品中真菌毒素限量》，GB 2763—2021《食品安全国家标准　食品中农药最大残留限量》，GB 2760—2014《食品安全国家标准　食品添加剂使用标准》和GB 14880—2012《食品安全国家标准　食品营养强化剂使用标准》。

表7-6　煎炸起酥油的感官要求

项目	要求	检测方法
色泽	具有产品应有的色泽	取适量试样置于50mL烧杯，在自然光下观察色泽。将试样倒入150mL烧杯中，水浴加热至50℃，用玻璃棒迅速搅拌，嗅其气味，用温开水漱口后，品其滋味
滋味、气味	具有产品应有的气味和滋味，无焦臭、酸败及其他异味	
状态	具有产品应有的状态，无正常视力可见的外来异物	

表7-7　煎炸起酥油的理化指标

项目	指标	检测方法（标准号）
酸值（KOH）/(mg/g)	≤5	GB 5009.229—2016
极性组分/%	27	GB 5009.202—2016
游离棉酚/(mg/kg)	≤200	GB 5009.148—2014

二、煎炸起酥油配方

煎炸起酥油的配方要考虑煎炸的食物种类、煎炸方式、油脂的市场价格、消费者的需求等多种因素。目前大多数的煎炸起酥油是由几种油脂调配而成，再添加少量的抗氧化剂，比如TBHQ、BHA、BHT或者天然提取物。表7-8给出了几种煎炸油脂基料油的主要脂肪酸组成。可以看出，煎炸油的主基料油脂有氢化油脂、高油酸油葵花籽油、棕榈油、牛脂、棉籽油、稻米油、大豆油等。其中，棕榈油耐煎炸，大豆油、棉籽油价格较低，稻米油、花生油营养丰富，牛脂风味独特。将各种油脂调配使用，可以满足价格、使用寿命、营养等多方位需求。

表 7-8　　几种煎炸油脂基料油的主要脂肪酸组成　　单位：%

序号	油脂种类	棕榈酸	硬脂酸	油酸	亚油酸	亚麻酸
1	氢化油	10.8	14.8	70.5	3.9	—
2	液体煎炸起酥油	10.8	6.2	43.4	36.9	2.7
3	高油酸葵花籽油	3.7	5.4	81.3	9	—
4	高油酸菜籽油、24℃棕榈油	16.9	2.6	54.0	16.0	4.0
5	棕榈油、花生油、玉米油、大豆油	20.6	3.7	33.4	35.8	3.4
6	牛脂、高油酸、菜籽油、稻米油	13.4	5.2	48.4	24.8	2.4
7	棉籽油、大豆油、菜籽油、棕榈油	17.2	2.96	27.6	44.2	2.8

从脂肪酸组成来看，煎炸油宜以油酸为主要的脂肪酸，这是因为油酸双键个数少于亚油酸和亚麻酸，氧化稳定性好。如果饱和脂肪酸棕榈酸和硬脂酸含量太高，油脂的熔点较高，影响煎炸后食物的食用和外观。值得重点强调的是棕榈油，棕榈油是目前煎炸起酥油中使用量最大、稳定性也最好的油脂。棕榈油经过分提之后可以得到不同熔点的分提产物，比如58℃棕榈硬脂、52℃棕榈硬脂、10℃棕榈液油等。也可以由棕榈硬脂和棕榈液油调配成不同熔点的棕榈油，比如24℃棕榈油、30℃棕榈油、42℃棕榈油。其中，42℃棕榈油广泛用于西式煎炸，30℃棕榈油多用于方便面的煎炸，24℃棕榈油范围比较广，可根据客户习惯及相应产品的特点选用。

三、 煎炸起酥油的应用与质量控制

一款好的煎炸油应当满足色泽适中、不起沫、澄清透亮、无异味等条件，还要满足设备和待煎炸食物的要求。在选择煎炸起酥油时，应当将煎炸油与食物的适应性作为考虑指标之一。这是因为煎炸起酥油会影响食物的风味、口感和外观。油脂的固液比例和油脂风味至关重要。使用液态油脂作为煎炸油时，食物在咀嚼时风味容易释放，风味的强度和释放速度均不受影响。但是液态油脂会导致食物看来很油腻，给人不良印象。适度添加固态油脂到液态油脂中可以显著改善食物的油腻状态，因为固体脂在冷却后会在食物表面形成晶体，给人以“干爽”的感觉，同时赋予食物很好的光泽。但是过高的固体脂含量会减弱食物中风味的强度和释放速度，甚至给人蜡质的口感。比如，通用型起酥油用于煎炸甜甜圈类的食品会赋予甜甜圈以细腻口感，但是如果这类起酥油用作煎炸薯片，则会赋予薯片蜡质的口感。对于烘焙类产品，油脂还是烘焙糖霜的黏合剂。此外，不同地域的人群对油脂的风味喜好不同，有些人喜欢芝麻油的风味，有些人喜欢菜籽油的风味，要根据特定的食物去选择煎炸油脂。

煎炸起酥油使用温度较高，容易发生氧化、聚合和水解反应，导致油脂的变质，缩短使用寿命。氧化主要与油脂的不饱和度有关系，不饱和度越高油脂越容易氧化。氧化容易产生异味，降低烟点，同时加深油脂的色泽。聚合使甘油三酯的分子变大，这会增加体系的黏度，降低油脂导热的效率，还会导致油脂起沫。水解反应会导致游离脂肪酸、甘油单酯、甘油二酯的产生，影响油脂的风味、烟点和色泽。不同的使用者会根据国家标准和经验判断油脂是否可以继续使用。一般油脂的颜色、烟点、煎炸出食物的状态、起沫情况都可以作为判断的标准。

为了控制煎炸油的品质，一般的煎炸起酥油中均添加了微量的添加剂，以提高油脂的耐煎炸性和使用寿命。聚二甲基硅氧烷是常用的一种添加剂，根据报道，煎炸起酥油中添加0.5~2.0mg/kg的聚二甲基硅氧烷可以显著延缓油脂氧化和聚合的速度。聚二甲基硅氧烷本身是一种消泡剂，其显著的延缓氧化和聚合的作用可能源于其优越的消泡作用。聚二甲基硅氧烷本身不溶于油脂，其使用对于蛋糕的发泡、糖霜的稳定、薯片的酥脆具有负面影响。

抗氧化剂也可以延缓煎炸起酥油的氧化，常见的抗氧化剂有TBHQ、BHA、BHT和维生素E等。煎炸起酥油中的微量金属元素可以加速煎炸起酥油的氧化，这些微量元素可能来自种植油料的土壤、油料加工过程、煎炸设备、煎炸食物等。铁离子、铜离子、镁离子、镍离子等都会加速油脂的氧化。镍是油脂氢化常用的催化剂，在氢化之后应进一步加工，以除去残留的镍。柠檬酸和磷酸的使用一定程度上可以螯合油脂中的微量金属离子。

第三节　家庭用起酥油

家庭用起酥油目前分类不精细，没有针对某种食品的专用起酥油。因此家庭用起酥油以通用型起酥油为主。家庭用起酥油要满足各种用途的需要，比如烘焙、煎炸、烹饪、糖艺等。按照是否含有动物油脂，家庭用起酥油可以分为全植物油基起酥油和动植物油脂基起酥油。目前，市场上销售的家庭用起酥油以猪脂、人造黄油为主。

一、家庭用起酥油的品质要求

家庭用起酥油不同于餐饮使用的起酥油，其消费场景是家庭，属于终端消费，除了满足国家安全标准之外，其品质要求更高。家庭用起酥油的品质要求见表7-9。

表7-9　家庭用起酥油的品质要求

项目	要求
外观	具有油脂应该有的色泽、均匀，有光泽
风味	尽可能无味道，少数风味油脂除外
质地	光滑、均匀
塑性范围	宽
裹气性	快速、持久
持水性	好
烟点	高
稳定性	保质期长、耐煎炸、耐烘焙
营养特性	满足人们对营养健康的需求

对于家庭用起酥油而言，感官品质至关重要，它影响消费者的心理状况。外观上，应当具有油脂应有的色泽，均匀；风味上，除了少数具有特殊风味的油脂外，应当尽可能淡，以满足家庭做不同食品的需要；质地尽可能均匀，塑性范围尽可能宽；具有良好的裹气性和持水性；烟点也要达到要求，否则不能满足现代家庭对于无烟的需要；稳定性要好，包括保质期稳定性，煎炸稳定性和烘焙稳定性；此外，还要满足消费者对于营养的需要。

二、 家庭用起酥油配方

家庭用起酥油的基础油脂配方在不同的历史时期具有不同的特点。最初的配方是猪脂，后来是棉籽油固体脂。氢化技术成熟以后，是以氢化大豆油、棉籽油为主。20 世纪 90 年代以后，随着人们对反式脂肪酸危害的逐步认识，氢化油脂逐渐被酯交换油脂取代（表 7-10）。在国内，随着经济的发展，市场上逐渐出现了以纯猪脂、黄油、人造黄油为主的家庭装（起酥油）产品。

表 7-10　　家庭用起酥油配方的演变

原料	20 世纪 50 年代	20 世纪 80 年代	酯交换	混合
氢化大豆油（IV 80~85）/%	90.0			
氢化大豆油（IV 102））/%		90.0		
高油酸菜籽油/%			55.0	30.0
棉籽油/%	10.0	10.0		
大豆油/%			45.0	
酯交换动物油脂/%				70.0
SFI				
10℃	29.0	18.0	27.5	20.0
21.1℃	22.0	16.0	20.0	13.0
26.7℃	18.5	15.0	18.2	11.6
33.3℃	13.5	12.5	16.0	10.0
40.0℃	8.5	8.0	11.0	8.0

三、 家庭用起酥油的应用与质量控制

家庭用起酥油的使用没有统一的标准，受使用者的操作习惯影响很大。使用者可以按照自己的习惯制作烘焙产品、煎炸食物，或者是烹饪中餐。但是从保证起酥油的品质与安全角度考虑，应当将购回家的产品冷冻或者冷藏，避免与光、热接触，而且应当尽快食用完毕，避免长时间存放。

为了有更好的质构，家庭用起酥油一般需要合适的急冷捏合和调质工序。急冷捏合是为了促使油脂结晶，调质是为了使油脂形成稳定的晶型。一般植物基起酥油需要急冷到 15~20℃，动物/植物混合型需要急冷到 21~25℃。再在合适的温度下调质 48h。为了防止油脂氧化，一些厂家也会对起酥油进行充氮气处理，也会加抗氧化剂，常见的抗氧化剂为 TBHQ、

BHA、BHT。近些年，诸如茶多酚、维生素 E、抗坏血酸棕榈酸酯、迷迭香提取物等天然抗氧化剂也是新宠。

第四节　仿乳类起酥油

仿乳是用油脂、蛋白质、水、乳化剂等制作出的与乳制品类似的产品。其中使用的油脂即为仿乳类起酥油。仿乳类产品开发的成功得益于乳化技术和食品工业的进步。仿乳类产品一般具有操作简便、保质期长、对温度不敏感、营养价值高、成本低等特点。仿乳类产品按照是否含有乳脂又可以细分为两类，第一类是植脂类，即在产品配料中使用的油脂全部来源于植物油脂的制品；第二类为含乳脂类，即产品配料中使用的油脂中加入乳脂成分的制品。

起酥油在仿乳类产品中起到关键的作用，对仿乳类产品的口感、外观和稳定性具有重要影响。蛋白质是体系的填充物，可以包裹气体，对于仿乳类产品的稳定性和黏度具有影响。仿乳类产品本质上是乳化体系，需要使用一些稳定剂、乳化剂等，还会使用香精和香料。

一、仿乳类起酥油的种类与品质要求

仿乳类起酥油按照油脂的状态可以分为固态、半固态和液体三大类。油脂的物理化学性质与乳脂越类似，品质越高。在满足 GB 15196—2015《食品安全国家标准　食用油脂制品》要求的同时，仿乳类起酥油要求有良好的化口性（熔点 35~39℃）、SFC 曲线陡峭、良好的抗氧化稳定性、较淡的风味。常见的仿乳类起酥油基料油包括椰子油、棕榈仁油、大豆油、棉籽油、氢化棉籽油、氢化大豆油、棕榈油分提产物等。

二、仿乳类起酥油的配方

表 7-11 列出了部分仿乳类起酥油备选油脂。可以看出，仿乳类起酥油的熔点在 24.4~44.4℃，SFC 曲线相对较陡峭，可以根据不同的产品选择合适的油脂。值得指出的是表 7-11 中的油脂大部分是氢化油脂，由于氢化油脂中含有较高含量的反式脂肪酸，不利于人体健康。这里仅作为例子用以说明仿乳类起酥油应当具备的物理性质。目前使用的是棕榈油的分提产物，再配合其他油脂进行调配或者酯交换形成的配方。

表 7-11　常见仿乳类起酥油

油脂		熔点/℃	SFI					碘值/(g/100g)
			10.0℃	21.1℃	26.7℃	33.3℃	40.0℃	
乳脂		35	33	14	10	3	—	31.5
椰子油	精炼	24.4	59	29	—	—	—	9.0
	部分氢化	33.3	57	33	8	3	—	1
		43.3	63	41	16	7	4	>1

续表

油脂		熔点/℃	SFI					碘值/(g/100g)
			10.0℃	21.1℃	26.7℃	33.3℃	40.0℃	
大豆油	部分氢化	35	41	24	16	3	—	74
		41.1	57	45	40	20	4	67
棕榈仁油/棉籽油	氢化或酯交换	36.1	64	55	38	8	—	3
		38.9	68	56	40	12	4	3
		44.4	69	58	50	27	14	3
大豆油/棉籽油	氢化+分提	37.2	72	63	55	25	5	59
	部分氢化	38.5	58	43	34	12	1	75
		31.1	3.5	2.5	2.5	2	1.5	107

三、 仿乳类起酥油的应用与质量控制

仿乳类起酥油用途很广，可以应用在咖啡伴侣、植脂奶油、奶酪、冰淇淋、酸奶油、液态乳制品、炼乳等制品中。咖啡伴侣是一种添加在咖啡中的仿乳制品，具有改善咖啡色泽、改善口感的作用，含有起酥油、蛋白质、碳水化合物、增稠剂、乳化剂等成分。咖啡伴侣可以分为液体和粉末两大类。这类产品要求在咖啡中溶解性好，产品稳定性好，不出油，冻融稳定性好，风味淡等。产品中一般含有油脂5%~18%，油脂一般要求具有较陡的SFC曲线，椰子油、氢化大豆油、棕榈油分提产物是很好的选择。对于喷雾干燥的产品，起酥油要求具有更高的熔点，一般选用熔点40℃以上的油脂，比如氢化椰子油、氢化棕榈仁油等。

植脂奶油广泛应用在蛋糕、布丁、水果、点心的装饰中。较之于奶油，植脂奶油的适用范围更广，因为其油脂的SFC曲线可以控制。植脂奶油中含有油脂25%~35%，还含有蛋白质、糖、糖浆、增稠剂、乳化剂、盐、水等成分。植脂奶油使用的油脂一般要求具有陡峭的SFC曲线，这样在室温下形成的植脂奶油具有足够的强度，可以用于涂抹装饰，入口后可以快速熔化，化口性好。

奶酪中一般含有24%乳脂、20%蛋白质、46%水分，还有其他的微量元素和碳水化合物。在仿制奶酪中，乳脂被其他起酥油替代，制成的产品的物理性质与奶酪相似。对于油脂的要求是熔点与乳脂类似、陡峭的SFC曲线、好的氧化稳定性和淡的风味。椰子油能满足这个特点，但是椰子油容易水解，带来肥皂味。

冰淇淋中一般含有4%~16%的油脂。对于现做现吃类型的冰淇淋，液态植物油即可满足要求，但是对于预包装冷冻保藏的冰淇淋，要求油脂具有合适的塑性，陡峭的SFC曲线，好的化口性。冰淇淋用油还要求足够的稳定性、不能出油，一般会在油脂中添加乳化剂，比如甘油单酯、司盘80等。

酸奶油中也会添加起酥油，现在很多制造商直接使用有机酸来代替传统的发酵工艺制备酸奶油。一般而言，酸奶油中起酥油的含量可以达到14%~18%，其他的原料还包括酪蛋白

酸钠、增稠剂、糖、乳化剂、香精等。椰子油、氢化棉籽油或者大豆油适合用于酸奶油中。

液态乳制品中可以添加少量的仿乳类起酥油，一般要求起酥油熔点低于口腔温度，椰子油、氢化大豆油、液态起酥油均可以使用。起酥油中还可以含有少量的甘油单酯，一般占油脂质量的3%。

甜炼乳中一般含有8.5%乳脂、21.5%固形物、42%蔗糖、28%水分。将其中的乳脂替换成普通油脂，就是仿甜炼乳。甜炼乳一般用于糖果制造，因此，应用于甜炼乳的油脂要求具有较陡的SFC曲线，无风味，较好的氧化稳定性。

仿乳类起酥油和糖果用起酥油有类似之处，要求具有很陡的SFC曲线。除了少数天然油脂外，比如椰子油、棕榈仁油等，绝大多数这类油脂要靠部分氢化实现。但是氢化带来反式脂肪酸，对于健康不利。如何使用极度氢化和分提找到合适的油脂是需要探究的方向。仿乳类起酥油大多数情况下与水、奶粉、乳化剂等一起制成终产品。复杂的体系会加速油脂的氧化和水解，因此需要添加适量的抗氧化剂。色泽、滋味、气味、状态等感官品质要满足相应的国家标准，酸值≤1mg/g，过氧化值≤0.13g/100g（GB 15196—2015《食品安全国家标准 食用油脂制品》）。除此之外，仿乳类产品还要注意微生物的控制。

第五节 速冻食品用起酥油

随着经济的发展，我国的速冻食品一直保持较高的增长速度。目前，速冻食品已经成为人们消费的重要食品之一。最新的《食品生产许可分类目录》中将速冻食品分为速冻米面制品、速冻调制食品、速冻其他食品三大类。其中人们最熟悉的当属速冻米面制品，比如速冻饺子，速冻汤圆等。油脂是速冻食品的重要原料之一，具有增强面团延展性，保水，防止食品干裂、馅料破裂，改善速冻食品组织结构，使其外观光滑有光泽，改善口感和风味，提升营养价值等多种功能。但是目前大多数速冻食品中使用的起酥油为通用型起酥油，不能满足特定食品的个性化需求。因此，有必要针对速冻食品开发专门的起酥油。本节主要对目前速冻食品用起酥油进行简要概括和总结。

一、 速冻食品用起酥油的作用与种类

油脂在速冻食品中的作用很多：①油脂分散在面团中，可以防止面筋蛋白相互粘连，使蛋白质网络更加致密，持气性提高；②可以使淀粉颗粒更均匀地分散在蛋白质的结晶网络中，使面团更加均匀细腻；③油脂还可以防止水分的聚集，防止冷冻时形成过大的冰晶，可以起到持水的作用，防止面皮开裂，这是因为油膜可以阻碍速冻时水分的升华，也可以防止室温下水分的挥发；④油脂还提供营养，改善口感和风味。

速冻专用油脂类似于人造奶油。是一种由油脂、水、乳化剂经过乳化、急冷、捏合等工艺加工而成的油脂制品。分类方式有很多种，按照主要基料油的来源可以分为动物油型、植物油型，动植物油混合型。按照基料油的加工方式可以分为酯交换型和混合型。目前采用的基料油主要是棕榈油、猪脂、大豆油和棕榈仁油。

二、速冻食品用起酥油的应用与质量控制

速冻专用油脂可以广泛使用在速冻食品中，比如速冻面团、面坯、饺子馅、汤圆馅料、汤圆皮等。基料油脂的品质决定了速冻食品专用油脂的品质。选用的油脂必须具有一定的塑性范围，而且体系的相容性要好。比如可以使用棕榈油与猪脂混合，也可以将棕榈硬脂与大豆油酯交换，还可以将棕榈油、猪脂、棕榈仁油混合，再酯交换。两种速冻专用起酥油的SFC曲线如图7-1所示。可以看出油脂10~45℃范围内都含有一定的固体脂，这保障了油脂的塑性。35℃的固体脂含量不能太高，太高会造成蜡质的口感。油脂的熔点有学者认为45℃为最佳。油脂的安全方面必须满足GB 15196—2015《食品安全国家标准 食用油脂制品》的要求。

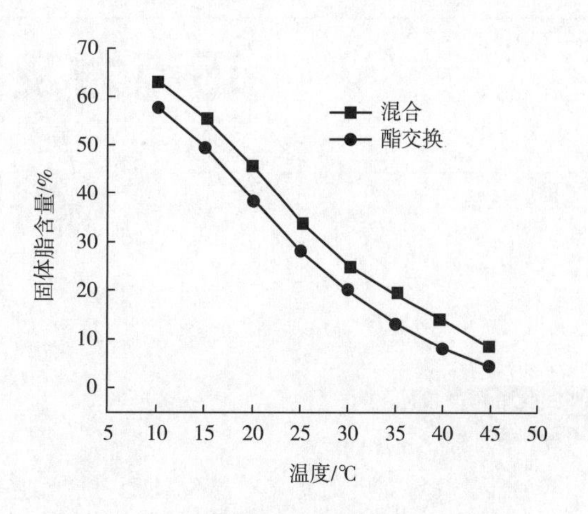

图7-1 两种速冻专用起酥油的SFC曲线

速冻食品专用油脂应当控制好油脂的结晶，形成β'晶型。因此，产品需要急冷、捏合、调质，并且应当注意储存和运输期间的温度。速冻专用油脂是乳化体系，乳化的稳定性是重要的品质指标之一。可以在体系中加入乳化剂，比如甘油单酯、丙二醇酯、山梨糖醇酯、磷脂、聚甘油酯等，而且应当控制好制备工艺，使乳化体系稳定，防止析水。防腐也是要考虑的因素之一。可以添加防腐剂，比如脱氢乙酸钠、山梨酸钾、苯甲酸钠等。

第八章 巧克力及其用脂

CHAPTER 8

学习要点

1. 了解巧克力的定义、标准以及巧克力主要组成成分，掌握可可液块、可可粉、可可脂的生产工艺流程，理解巧克力不同组分的特点与作用；

2. 掌握天然可可脂的脂肪酸组成与分布、甘油三酯组成，了解可可脂不同晶型的特点；

3. 掌握可可脂替代品的分类，掌握可可脂、类可可脂、代可可脂的区别，了解可可脂替代品的生产技术、可可脂及其替代品的品质分析方法；

4. 理解并掌握巧克力的加工工艺，了解巧克力的主要品质控制要求以及品质检测技术。

巧克力由于其良好的口感和风味以及可以与烘焙、冷饮等食品进行搭配，受到消费者的喜爱。据 Statista 数据显示，2010 年以来，全球巧克力产品销售规模稳步增长，2019 年全球巧克力产品销售量达 1042.4 万 t。油脂是巧克力的主要原料，对巧克力产品的品质及价格起到了非常关键的作用。传统巧克力中的油脂为可可脂，由于可可脂的产量受环境、气候、战争、经济贸易等因素的影响，产量波动较大，再加之全球对巧克力产品需求量的逐年增加，导致可可脂供不应求。此外，在一些热带地区，巧克力产品的耐热性受到挑战，需通过技术或新的原料来改善巧克力的耐热性。上述原因，均促使人们对巧克力油脂进行研究和开发，利用油脂改性技术开发合成更多能够应用在巧克力中的油脂，除了可以与可可脂相媲美，同时还能改善巧克力产品的品质。本章将重点介绍巧克力的标准及分类、巧克力中油脂的来源及组成特点、品质分析以及巧克力的生产加工工艺及应用领域。

第一节　巧克力的定义、标准及分类

一、巧克力的定义与标准

巧克力是从可可豆开始和起源的。可可一词来源于玛雅阿兹特克语（Mayan and Aztec languages），可可豆（属于可可属）主要发源于南美洲，经亚马孙流域和奥里诺科河流域进行传播。可可豆有4种类型：常见的Forastero可可豆，主要生长在西非和巴西，是世界产量最高的品种；风味Criollo可可豆，占世界可可产量5%，主要生长在美洲中部和南部；Nacional可可豆，产自厄瓜多尔，风味比较好；Trinitario可可豆是Criollo可可豆和Forastero可可豆的杂交抗病品种。目前西非的可可豆占世界总可可产量的70%，其中以科特迪瓦和加纳的产量最多。1400年前，阿兹特克人（Aztes）和印加人（Incas）用可可豆焙烤后碾碎再与水打成浆，加一些调味料如香草或者蜂蜜来制作饮料。15世纪20年代这个饮料引进西班牙，最初是在上层社会消费，随着可可种植园的建立，18世纪可可作为饮料的消费变得越来越广泛。1828年，Coenraad Van Houten发明了可可挤压技术，可可的利用才被彻底颠覆，通过挤压技术从可可液块中分离制得可可脂，将可可饼磨粉制成易溶解在水和其他液体中的脱脂可可粉。1848年，人们将可可脂和糖添加到可可液块中，才生产出真正意义上的巧克力。1876年，Daniel Peters发明了牛奶巧克力，他把十年前雀巢Henri发明的奶粉加入巧克力中。随后1880年Rudolphe Lindt发明了精炼机，把巧克力变成了我们现在接触到的口感细腻丝滑的质构。

现在人们吃的巧克力是一种半固态的悬浮分散体系，其中含有非常细的固体颗粒，如糖、可可固体、乳固体（根据产品类型来决定是否添加），这些固体颗粒大约占了巧克力的70%，剩下的是油脂。

我国巧克力、代可可脂巧克力及其制品的国家标准有强制性国家标准GB 9678.2—2014《食品安全国家标准　巧克力、代可可脂巧克力及其制品》和推荐性国家标准GB/T 19343—2016《巧克力及巧克力制品、代可可脂巧克力及代可可脂巧克力制品》两种，这两个标准对相关巧克力、代可可脂巧克力及其制品定义略有差别。

关于巧克力的定义，GB 9678.2—2014《食品安全国家标准　巧克力、代可可脂巧克力及其制品》中规定以可可制品（可可脂、可可块或可可液块/巧克力浆、可可油饼、可可粉）和（或）白砂糖为主要原料，添加或不添加乳制品、食品添加剂，经特定工艺制成的在常温下保持固体或半固体状态的食品。GB/T 19343—2016《巧克力及巧克力制品、代可可脂巧克力及代可可脂巧克力制品》中对巧克力的定义中还提到了可以添加或不添加非可可植物脂肪，但非可可植物脂肪的添加量需占总质量分数≤5%。

关于代可可脂巧克力的定义，GB 9678.2—2014《食品安全国家标准　巧克力、代可可脂巧克力及其制品》中规定以白砂糖、代可可脂等为主要原料（按原始配料计算，代可可脂添加量超过5%），添加或不添加可可制品（可可脂、可可块或可可液块/巧克力浆、可可油饼、可可粉）、乳制品及食品添加剂，经特定工艺制成的在常温下保持固体或半固体状态，并具有巧克力风味和形状的食品。GB/T 19343—2016《巧克力及巧克力制品、代可可脂巧克力及代可可脂巧克力制品》中规定以代可可脂为主要原料、添加或不添加可可制品、食糖、乳制品、食品添加剂及食品营养强化剂、经特定工艺制成的在常温下保持固体或半固体状态，并具有巧克力风味和形状的食品。

关于巧克力制品的定义，GB 9678.2—2014《食品安全国家标准　巧克力、代可可脂巧克力及其制品》中规定将巧克力和其他食品按一定比例，经过特定工艺制成在常温下保持固态或半固态的食品。GB/T 19343—2016《巧克力及巧克力制品、代可可脂巧克力及代可可脂巧克力制品》还提到了巧克力制品中巧克力部分质量分数需≥25%。

GB 9678.2—2014《食品安全国家标准　巧克力、代可可脂巧克力及其制品》和 GB/T 19343—2016《巧克力及巧克力制品、代可可脂巧克力及代可可脂巧克力制品》中关于代可可脂巧克力制品的定义均为由代可可脂巧克力与其他食品按一定比例，经特定工艺制成的在常温下保持固体或半固体状态的食品。

二、巧克力的分类

根据巧克力中使用的油脂来源及含量不同，分为纯可可脂巧克力和代可可脂巧克力。人们常说的巧克力，若按国标的定义及要求来说，指的是纯可可脂巧克力。

纯可可脂巧克力根据成分含量不同，可以分为黑巧克力、牛奶巧克力和白巧克力，这些主要区别在于可可固形物、乳固体、可可脂、乳脂的含量不同，GB/T 19343—2016《巧克力及巧克力制品、代可可脂巧克力及代可可脂巧克力制品》中对黑巧克力、牛奶巧克力以及白巧克力的具体配料含量做了限定，见表 8-1。表 8-2 列举了文献中常用的黑巧克力、牛奶巧克力、白巧克力的配方。

表 8-1　巧克力的基本成分

项目	黑巧克力	牛奶巧克力	白巧克力
可可脂（以干物质计）/(g/100g)	≥18	—	≥20
非脂可可固形物（以干物质计）/(g/100g)	≥12	≥2.5	—
总可可固形物（以干物质计）/(g/100g)	≥30	≥25	—
乳脂肪（以干物质计）/(g/100g)	—	≥2.5	≥2.5
总乳固体（以干物质计）/(g/100g)	—	≥12	≥14

表 8-2　黑巧克力、牛奶巧克力、白巧克力配方举例　单位：%（质量分数）

配料	黑巧克力	牛奶巧克力	白巧克力
可可液块	27.8	20	—
可可脂	22.7	18.5	28
可可粉	—	—	—
白砂糖	49.1	39	46
脱脂奶粉	—	7	11

续表

配料	黑巧克力	牛奶巧克力	白巧克力
全脂奶粉	—	15	14.5
大豆卵磷脂	0.4	0.3	0.4
聚甘油蓖麻醇酯（PGPR）	—	0.2	—
香兰素	—	—	0.1

与纯可可脂巧克力分类相似，代可可脂巧克力根据成分含量不同也分为代可可脂黑巧克力、代可可脂牛奶巧克力、代可可脂白巧克力。表8-3列举了GB/T 19343—2016《巧克力及巧克力制品、代可可脂巧克力及代可可脂巧克力制品》中对不同类型代可可脂巧克力基本成分的限定条件。

表8-3　代可可脂巧克力的基本成分

项目	代可可脂 黑巧克力	代可可脂 牛奶巧克力	代可可脂 白巧克力
非脂可可固形物（以干物质计）/(g/100g)	≥12	≥4.5	—
总乳固体（以干物质计）/（g/100g)	—	≥12	≥14

此外，纯可可脂巧克力或代可可脂巧克力如果与其他食品结合来使用，产品可以称为巧克力制品或者代可可脂巧克力制品。根据巧克力在食品中的用途又可分为：

混合型——如榛仁巧克力、杏仁巧克力等。

涂层型——如威化巧克力、冻干果干涂层巧克力等。

糖衣型——如巧克力豆。

其他型——除混合型、涂层型、糖衣型巧克力制品外的其他产品，如生巧克力、巧克力月饼、巧克力汤圆等。

其中，GB/T 19343—2016《巧克力及巧克力制品、代可可脂巧克力及代可可脂巧克力制品》对巧克力制品中巧克力含量以及代可可脂巧克力制品中代可可脂巧克力质量分数做了限定，均需要≥25%。不同类型的巧克力制品或代可可脂巧克力制品中，黑巧克力、牛奶巧克力和白巧克力部分也不是任意添加的，国标也对它们的含量做了限定，见表8-4。

表8-4　巧克力制品和代可可脂巧克力制品的基本成分

项目	巧克力制品	代可可脂巧克力制品
可可脂（以干物质计）/(g/100g)	≥18（黑巧克力部分），≥20（白巧克力部分）	—
非脂可可固形物（以干物质计）/(g/100g)	≥12（黑巧克力部分），≥2.5（牛奶巧克力部分）	≥12（代可可脂黑巧克力部分），≥4.5（代可可脂牛奶巧克力部分）

续表

项目	巧克力制品	代可可脂巧克力制品
总可可固形物（以干物质计）/(g/100g)	≥30（黑巧克力部分），≥25（牛奶巧克力部分）	—
乳脂肪（以干物质计）/(g/100g)	≥2.5（白巧克力和牛奶巧克力部分）	—
总乳固体（以干物质计）/(g/100g)	≥14（白巧克力部分），≥12（牛奶巧克力部分）	≥14（代可可脂白巧克力部分），≥12（代可可脂牛奶巧克力部分）

三、巧克力的主要组成成分

巧克力的主要成分为可可固形物（可可液块、可可粉）、可可脂、糖、乳脂、乳固体(脱脂奶粉、全脂奶粉、乳清粉、乳糖)、食品添加剂。

（一）非脂可可固形物（可可液块、可可粉）和可可脂

非脂可可固形物及可可脂均来源于可可豆，其中典型的新鲜可可豆（未经发酵）的主要成分为：水，32%~39%；脂肪，30%~32%；蛋白质，10%~15%；多酚，5%~6%；戊聚糖，4%~6%；纤维素，2%~3%；蔗糖，2%~3%；可可碱，1%~2%；酸，1%；咖啡因<1%；还有矿物质等。可可豆加工成可可液块、可可粉、可可脂的具体工艺流程如图 8-1 所示。

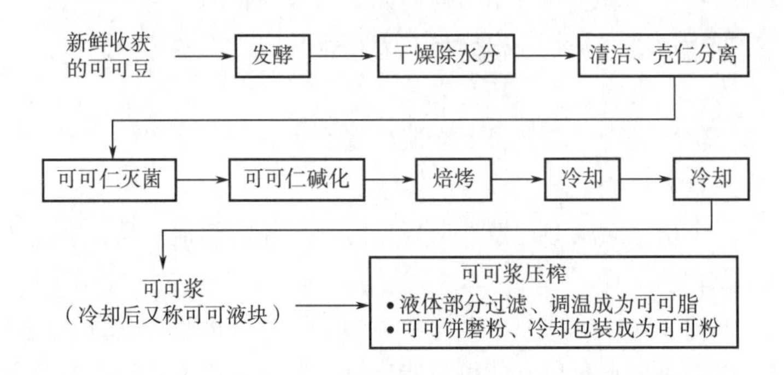

图 8-1　可可液块、可可粉、可可脂的工艺流程图

图 8-1 中新鲜收获的可可豆，先经历发酵过程，发酵对于风味前体的形成，去除酸味至关重要，发酵的最佳 pH 为 5.2~5.8。发酵过后的干燥过程，一是为了去除水分，使水分降低到 6%~8%，便于后续的储藏和运输；二是继续形成较好的风味，可可豆子叶中的多元酚经过氧化酶的氧化，使可可豆发生褐变，豆子的颜色加深。

可可仁的碱化是通过添加碳酸钾或碳酸钠处理，使可可豆的 pH 从 5.2~5.6 中和到 6.8~7.5，碱化的目的一是为了改变可可粉和可可液块的颜色和风味，二是可以提高可可固形物在水中的分散性。

碱化后的可可仁进行焙烤，一是为了继续降低可可仁的水分，使水分最终达到 2%以下，二是焙烤过程中风味的形成仍在继续，氨基酸降解，蛋白质变性，糖类减少，挥发性酸味物

质减少，使得最终可可仁的风味更好。

对可可仁进行研磨，可以使可可脂释放进入可可浆中，同时研磨还可以使粒径变小，控制在30μm以下，最终能够得到平滑细腻的可可粉。研磨获得的可可浆冷却后便可得到可可液块，可可液块中包含55%左右的可可脂，可作为原料直接用于黑巧克力、牛奶巧克力的加工，还可以经过后续的压榨获得可可脂。

可可豆（干基）大约一半的组成是可可脂，78%~90%的可可脂可以从可可液块压榨过程中直接获得，剩余的可可脂可通过超临界萃取技术得到。可可脂是巧克力配方中油脂的主要来源，是巧克力体系的连续相，能够润湿固体颗粒，帮助巧克力获得一定的塑性和流动性，黑巧克力、牛奶巧克力、白巧克力的生产均需要用到可可脂。

可可浆在压榨过程中，根据压力和时间的设定不同，最终获得的可可饼中可可脂含量也不同，压力越大，时间越长，可可脂被挤压排出得越充分，最终在可可饼中含量就越少。根据可可脂在可可饼中的含量不同，可将可可饼分为两种：

①高脂可可饼，压榨完的可可饼中含可可脂22%~24%。

②低脂可可饼，压榨完的可可饼中含可可脂10%~12%。

随后可可饼经过粉碎机或离心磨，再把可可饼变成不同细度的可可粉。可可粉经过研磨后温度较高，需要经过冷却使可可粉中的油脂冷却结晶变成它的稳定形态，这样做的目的是防止其中间部分因散热慢而结晶不足。随后可可粉经过筛网、磁力装置后最终装袋。

根据可可粉中可可脂的含量不同，可可粉可分为两种：

①低脂可可粉，可可脂含量10%~12%，巧克力中常用这种油脂含量的可可粉。

②高脂可可粉，可可脂含量22%~24%，一般用于冰淇淋、烘焙和固体饮料中。

可可仁碱化时，根据加碱量不同，可以生产出不同pH的可可粉，分为天然粉（颜色淡呈浅棕色，酸味重）、低碱粉（颜色略深，红棕色）、重碱粉（深红棕色，红褐色，有的甚至呈黑色，如生产奥利奥的重度碱化粉，又称黑粉）。天然粉在一些不想太突出巧克力碱化风味的产品，例如，坚果巧克力酱、可可蛋糕等中应用较多。碱化后的可可粉，风味和颜色更浓郁，一般巧克力的制作中常用碱化粉；碱化后的可可粉，分散性增强，可用于固体饮料。

（二）糖

糖被认为是风味改良剂，主要贡献甜度。配方中糖的添加量仅改变1%~2%，对巧克力及制品的生产成本和利润影响就会比较大；当添加量变化5%以上，对巧克力整体风味的影响就非常大了。细砂糖（蔗糖）在巧克力生产中的添加量可达50%。乳糖通常会少量添加到巧克力中，能够降低甜度。乳糖一般以一种无定形态存在，其玻璃化态能够维持一定含量的乳脂，因此会影响巧克力的风味和流动性。葡萄糖和果糖易吸湿，很难被干燥，容易导致巧克力的水分增加，黏度增大，因此很少在巧克力中使用。有文献报道，右旋葡萄糖和乳糖可以成功替代巧克力中的蔗糖。

近年来，无蔗糖巧克力逐渐流行。糖醇类，如木糖醇、山梨糖醇、甘露糖醇、赤藓糖醇、麦芽糖醇、异麦芽酮糖醇、乳糖醇被用来制作低卡路里或无蔗糖添加的巧克力产品。蔗糖替代物会影响巧克力流变特性，因此加工条件和巧克力质量都会受到不同程度的影响。研究报道麦芽糖醇对巧克力流变特性的影响和蔗糖的效果类似，可作为蔗糖的良好替代物。但是，异麦芽酮糖醇会增加巧克力塑性黏度，木糖醇会降低巧克力塑性黏度。因为糖醇会引起腹泻，欧洲要求当糖醇使用比例超过10%时，则须在相应食品包装上说明可能引起轻度腹泻。目前，GB 2760—2014《食品安全国家标准　食品添加剂使用标准》中对糖醇在糖果或巧克力产品中未做明确限量，根据生产需要适量添加。

（三）乳制品

由于水会和糖结合，因此巧克力中很少直接添加牛奶，通常以乳固体形式添加。但也有巧克力制造商直接添加鲜牛奶，后续再通过减压加热将水分除去。常见的乳固体有脱脂奶粉、全脂奶粉、乳清粉、乳脂等，一般乳固体在巧克力中的添加量为12%~25%。乳脂的甘油三酯和可可脂的不同，乳脂的熔点低，添加到巧克力中，会使巧克力的质构变软，凝固变慢，有文献报道乳脂的添加量最多可达到配方中总脂肪含量的30%，可以起到延缓起霜的效果。乳脂易氧化，会影响产品的保质期。

表8-5为巧克力配方中常使用的乳固体成分表，可以根据巧克力配方的总含油量，来设计乳固体的添加量。脱脂奶粉中乳糖和蛋白质含量较高，全脂奶粉的主要成分是乳糖、乳脂、蛋白质，乳清粉的主要成分是乳糖。

表8-5　脱脂奶粉、全脂奶粉、乳清粉组成表

	脱脂奶粉	全脂奶粉	乳清粉
乳糖/%	54.5	40.3	69.0
蛋白质/%	32.9	24.5	11.7
矿物质/%	7.9	5.8	8.9
水分/%	3.8	3.1	2.7
脂肪/%	0.9	26.3	1.0

乳清蛋白和乳糖可以用来降低巧克力甜度。脱盐的乳清粉风味清淡，在巧克力配方中可作为一种良好选择，能够避免一些不良风味。

（四）食品添加剂

巧克力中会添加一些乳化剂，乳化剂对巧克力的作用主要有两方面：其一，当巧克力中油脂含量少时，乳化剂能够使巧克力仍然具有一定的流动性；其二，由于乳化剂的结构和油脂间有差异，乳化剂能够促进或延缓巧克力油脂结晶，达到延缓巧克力起霜的效果。对巧克力流变特性起显著作用的添加剂主要是卵磷脂和聚甘油蓖麻醇酯（polyglycerol polyricinoleate，PGPR）。熔化的巧克力是一种非牛顿流体，具有屈服应力（能够使液体开始流动所需要的最小的能量）和塑性黏度（保持流体流动的力或能量）。卵磷脂的添加可以改变巧克力的屈服应力和塑性黏度，当添加量在0.1%~0.3%时，可以降低巧克力的黏度；当卵磷脂添加量高于0.5%时，会使屈服应力增加，塑性黏度降低，主要原因是卵磷脂添加量增加，会在糖的周围形成多分子层胶束，这些胶束存在于巧克力油脂连续相中，会阻碍其流动性；另一种解释为，连续相中会形成反相胶束，糖颗粒周围也被胶束包裹着，它们之间的相互作用导致屈服应力增加。PGPR是甘油和蓖麻油脂肪酸酯缩聚形成的聚合物。我国和欧盟对PGPR在巧克力中的限量均为0.5%。PGPR对巧克力塑性黏度的影响不大，但是可以降低屈服应力，当

添加量为 0.2%时，屈服应力的值可以降低 50%。同样降低巧克力屈服应力也可以添加可可脂，但是可可脂的价格比较高。有研究报道巧克力中可可脂含量为 35%时的屈服应力值和配方中有 32%可可脂且添加 0.1% PGPR 的屈服应力值相近。近年来，巧克力生产中通常用 PGPR 和卵磷脂混合搭配来获得一个比较理想的屈服应力和塑性黏度。但是，PGPR 对延缓巧克力起霜的效果不大。

巧克力中常添加对结晶有影响的添加剂有甘油单酯、蔗糖脂肪酸酯、山梨醇酐三硬脂酸酯（又称司盘 65，sorbitan tristearate，STS）等。甘油单酯能够促进油脂结晶，增加巧克力塑性黏度。三菱化学出品的蔗糖酯 L-195（月桂酸型蔗糖脂肪酸酯，月桂酸含量占 95%）或以混合脂肪酸为亲油基的 POS-135（P 为棕榈酸，O 为油酸，S 为硬脂酸，其中棕榈酸含量占 30%，油酸含量占 40%，硬脂酸含量占 30%）能有效延缓油脂结晶，POS-135 可以很好地防止可可脂系列的巧克力产品起霜；对于月桂酸型代可可脂（CBS）巧克力体系的产品，L-195 有很好的延缓起霜效果，推荐添加量为 0.2%~1.0%。STS 可以加速可可脂成核阶段的结晶，但对后续晶体的形成有延缓效果。GB 2760—2014《食品安全国家标准　食品添加剂使用标准》对 STS 以及蔗糖酯在巧克力中的添加限量均不超过 1%。特殊组成的磷脂对巧克力结晶也有影响。2021 年，加拿大圭尔夫大学的食品科学家发现，如果将饱和的卵磷脂和磷脂酰乙醇胺这两种磷脂分子添加到熔化的巧克力中，然后迅速地冷却至 20℃，无须搅拌与调温的情况下就可以形成完美的晶体，由此产生的巧克力具有最佳的微观结构，具有理想的表面光泽和强度，可大大简化巧克力的调温过程。

应用到巧克力中的食品添加剂还会有一些香精、色素等。常见的香精为香兰素，主要制备方法有 3 种：①直接从天然植物香荚兰豆中提取，成本高，产量低；②以可再生资源丁香酚、阿魏酸作为天然原料来制备，目前越来越受到高端市场的青睐；③化学合成法，以工业纸浆废液和石油化学品为原料来生产，香型单一，不环保。

色素主要是在白巧克力中添加，可以赋予巧克力不同的颜色，再结合风味能够给巧克力产品带来更多视觉和味觉上的享受，如草莓味、柠檬味、蓝莓味等。可以在巧克力及巧克力制品、代可可脂巧克力及制品中添加的色素较多，其中常见的是赤藓红及其铝色淀和亮蓝及其铝色淀、姜黄及姜黄色、焦糖色、二氧化钛等。其中，二氧化钛主要作用是增白，有报道称二氧化钛具有潜在致癌性，2021 年欧盟批准了禁止二氧化钛作为食品添加剂使用的提案，我国目前还没有禁止其使用。

第二节　天然可可脂

一、可可脂来源

可可脂（cocoa butter，CB），是巧克力中的核心成分。可可脂（图 8-2）是从可可仁经过研磨得到的可可浆（即可可液块）中获得，主要通过压榨得到，也有部分通过超临界萃取获得。可可脂属于植物硬脂，液态呈琥珀色，固态呈淡黄色或乳黄色，且有可可特有的香味。

彩图 8-2

图 8-2 可可脂

可可脂是巧克力中的关键组成成分，它的产地、品种、加工方式均会影响巧克力的产品品质，尤其是可可脂的组成及结晶特性对于能否获得高品质的巧克力产品至关重要。

二、可可脂的组成及特点

可可脂主要是由98%的甘油三酯、1%左右游离脂肪酸、0.3%~0.5%甘油二酯、0.1%甘油单酯、0.2%甾醇（主要是谷甾醇和豆甾醇）和150~250mg/kg天然抗氧化剂生育酚（维生素E）和0.05%~0.13%磷脂等构成。

不同产地可可脂的脂肪酸及甘油三酯组成略有不同，具体可参考表8-6。构成可可脂的主要脂肪酸是棕榈酸（$C_{16:0}$）、油酸（$C_{18:1}$）和硬脂酸（$C_{18:0}$）；构成可可脂的甘油三酯主要为对称型甘油三酯，占总甘油三酯含量的80%左右：16.6%~18.9% β-POP、38.6%~43% β-POSt、23.1%~25.9% β-StOSt（表8-6）。

表8-6 不同产地的典型可可脂脂肪酸及甘油三酯组成 单位：%

产地	脂肪酸				甘油三酯				
	$C_{16:0}$	$C_{18:0}$	$C_{18:1}$	$C_{18:2}$	POP	POSt	StOSt	POO	StOO
科特迪瓦	25.6	36.5	34.1	2.8	18.3	41.7	25.2	2.4	2.9
尼日利亚	26.5	37.1	33.1	2.3	18.3	43.0	25.7	1.8	2.1
印度尼西亚	26.1	37.3	33.3	2.4	17.5	41.8	25.8	2.4	2.7
马来西亚	25.7	37.1	33.7	2.4	17.8	40.7	25.9	2.4	2.8
厄瓜多尔	27.1	35.4	33.7	2.6	18.9	41.0	25.2	2.4	2.9
巴西	24.9	32.9	37.6	3.7	16.6	38.6	23.1	6.0	7.0

注：P—棕榈酸（$C_{16:0}$）；O—油酸（$C_{18:1}$）；St—硬脂酸（$C_{18:0}$）。

同所有的甘油三酯一样，可可脂的结晶也会出现同质多晶现象。关于可可脂的结晶，日本 Sato 教授发表过许多文献，从甘油三酯结构-链长-晶胞-晶体网络排布等进行了详细的阐述，对于我们从微观上理解可可脂结晶及空间排布有很大帮助。构成甘油三酯的三个脂肪酸链长和双键差异，不同甘油三酯会形成二倍链长（DCL）或者三倍链长（TCL）的晶体。由于可可脂甘油三酯的 *sn*-2 位为油酸，*sn*-1,3 位是饱和的棕榈酸及硬脂酸，因此可可脂的晶体容易形成三倍链长，如图 8-3 所示。

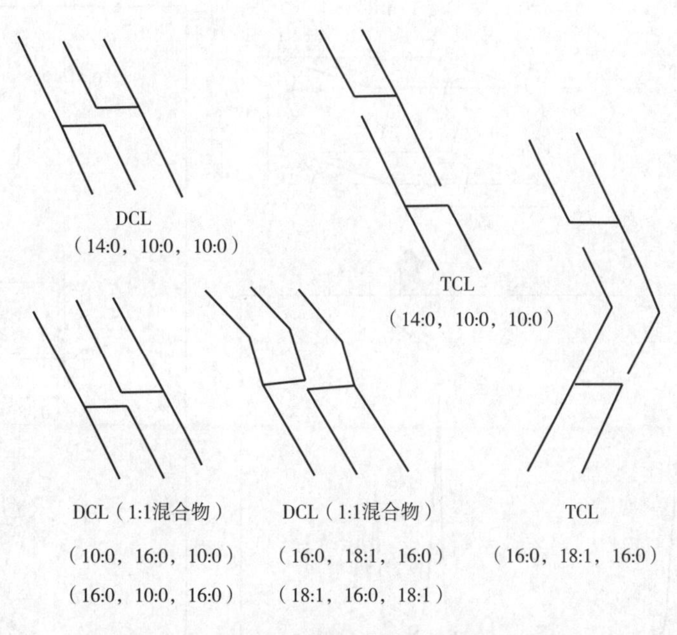

图 8-3　二倍和三倍链长的甘油三酯晶体排列

结晶的可可脂是由很多不同链长的晶胞组成，这些晶胞又是由很多亚晶胞按一定角度排列着，例如，亚晶胞结构中 α 晶型呈六边形排布，β' 晶型呈正交晶系排布，β 晶型呈三斜晶系排布等。不同晶系在空间排布上，每层之间的角度及间距有其特定的数值，这种不同晶型的排布可以用 X 射线衍射仪来表征。X 射线的波长和晶体内部原子面之间的间距相近，晶体可以作为 X 射线的空间衍射光栅，即一束 X 射线照射到物体上时，受到物体中原子的散射，每个原子都产生散射波，这些波互相干涉，结果就产生衍射。衍射波叠加的结果使射线的强度在某些方向上加强，在其他方向上减弱。分析衍射结果，便可获得晶体结构。以上是 1912 年德国物理学家劳厄（M. von Laue）提出的一个重要科学预见，随后 1913 年，英国物理学家布拉格父子（W. H. Bragg，W. L. Bragg）在劳厄发现的基础上，成功测定了 NaCl、KCl 等晶体结构，还提出了作为晶体衍射基础的布拉格方程：$2d\sin\theta = n\lambda$。通常 X 射线衍射仪会采用 Cu 靶作为高能电子轰击的金属靶，Cu 靶对应的 X 射线波长为 0.154056nm，n 值是固定系数，不同晶型有其特征的 θ 值，根据布拉格方程可计算得出 θ 角，即不同晶型的 θ 角也是确定的。通过 X 射线衍射仪分析得到油脂样品的 θ 角，根据不同晶型固有的 θ 角，便可判断出油脂样品的具体晶型，这便是 X 射线衍射仪分析油脂晶型的原理。

X 射线衍射仪分为小角区域（通常指 $1° < 2\theta < 10°$）和广角区域（通常指 $10° < 2\theta < 30°$），如图 8-4 所示，X 射线衍射仪的小角区域表征的是油脂晶体结构的长间距，广角区域表征的是油脂晶体亚晶胞结构的短间距。基于布拉格方程 $2d\sin\theta = n\lambda$，通过 MDI Jade 软件处理 X

射线衍射图可以直接计算分析出 2θ 角出峰位置上所对应的长间距和短间距的具体数值。如图 8-4 所示，广角 X 射线衍射分析得到的短间距数据可以确定油脂的三种典型晶型 α、β' 和 β，其中 α、β' 其对应的短间距数据分别为 4.15×10^{-10} m、3.8×10^{-10} m 和 4.13×10^{-10} m，β 晶型所对应的短间距数据为 3.68×10^{-10} m、3.86×10^{-10} m 和 4.59×10^{-10} m。

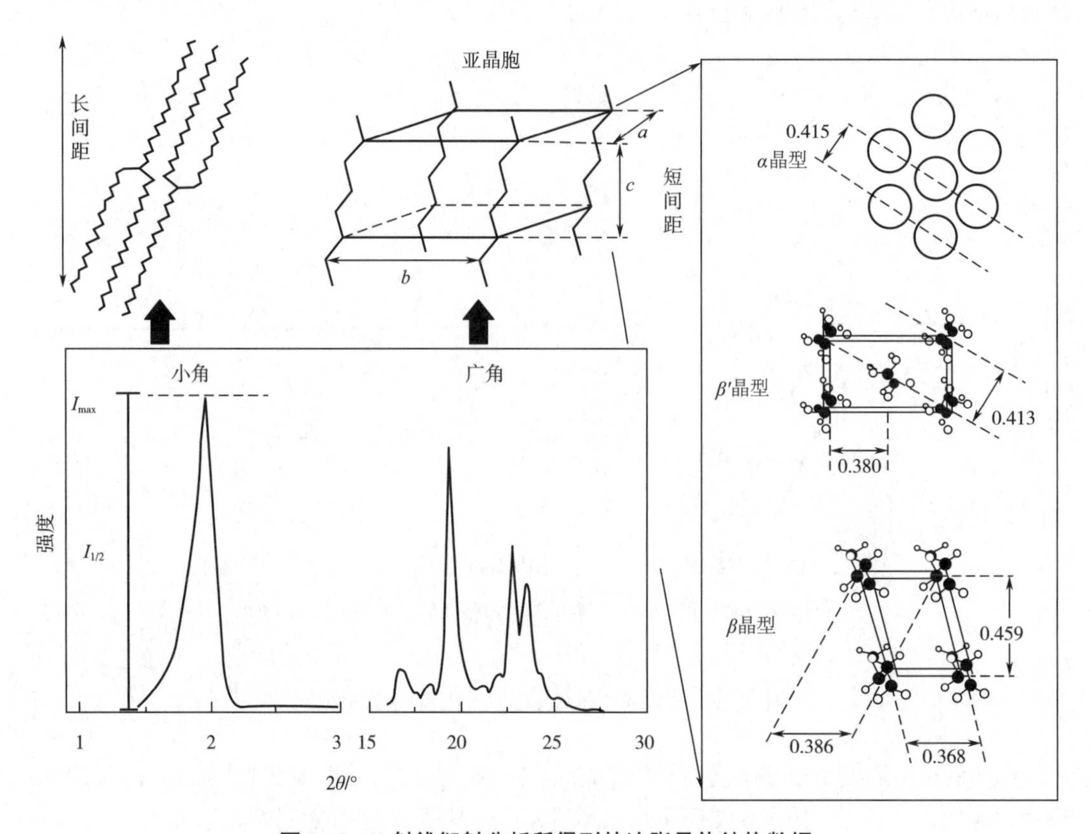

图 8-4　X 射线衍射分析所得到的油脂晶体结构数据

利用 X 射线衍射仪，威利（Wille）和卢顿（Lutton）于 1966 年测定了可可脂有Ⅰ到Ⅵ六种晶型，不同晶型对应的熔点及空间排布不同，体现在长间距和短间距上，如表 8-7 中所示，可可脂的两个 β 晶型也即Ⅴ型和Ⅵ型，在长间距上的差异并不大。短间距上，Ⅴ型和Ⅵ型在 4.6×10^{-10}m 处均有较强峰出现（此处也是 β 晶型的特征峰），但是可可脂Ⅴ型，在 3.98×10^{-10}m 处为强峰，3.87×10^{-10}m 和 3.75×10^{-10}m 处为中等强度出峰，3.67×10^{-10}m 处的出峰强度弱。而可可脂Ⅵ型在接近 3.98×10^{-10}m 的 4.04×10^{-10}m 处出峰强度弱，3.70×10^{-10}m 处出峰强度却较强。实际应用时，可根据可可脂Ⅴ和Ⅵ这些短间距出峰强弱的不同，来分析巧克力中可可脂的主要晶型。

可可脂不同晶型的空间排布，最终会反映到可可脂的物理特性上，Ⅰ到Ⅵ晶型的稳定性逐渐增加。Ⅰ晶型很不稳定，很快会转化为Ⅱ晶型。可可脂的Ⅱ、Ⅲ、Ⅳ和Ⅴ晶型都可以从熔化状态经过结晶直接产生，只是不同晶型需要的结晶温度不同，从Ⅱ到Ⅴ需要的结晶温度逐渐升高，结晶的时间也需逐渐延长。而可可脂的Ⅵ晶型熔点为 36.3℃，通常是由Ⅴ型通过晶型直接转变获得的，很少通过熔化的可可脂经过长时间结晶直接获得。可可脂Ⅴ晶型在巧克力中是最佳的晶体，能够保证巧克力光亮的外表、硬脆的质构，良好的熔化特性。如果Ⅴ

型转变为Ⅵ型后，会伴随着巧克力起霜的出现。因此，调控巧克力的配方、加工与储存条件是防止巧克力晶型转变引发起霜的关键。

表 8-7　　可可脂中不同晶型对应的熔点及 X 射线衍射测试的长短间距

晶型	Ⅰ（2L）sub-α	Ⅱ（2L）α	Ⅲ（2L）β'_2	Ⅳ（2L）β'_1	Ⅴ（3L）β_2	Ⅵ（3L）β_1
熔点/℃	17.3	23.3	25.5	27.5	33.8	36.3
长间距/m	54.5×10^{-10}	49×10^{-10}	49×10^{-10}	45×10^{-10}	63.8×10^{-10}	64.1×10^{-10}
短间距/m	4.19×10^{-10}（vs）		4.62×10^{-10}（w）	4.35×10^{-10}（vs）	5.4×10^{-10}（mi）	5.43×10^{-10}（mi）
			4.25（vs）	4.15（vs）	5.15（w）	5.15（w）
			3.86（s）	3.97（mi）	4.58（vs）	4.59（vs）
		4.24×10^{-10}（vs）			4.23（vvw）	4.27（vw）
	3.7（s）				3.98（s）	4.04（w）
			4.62（w）	3.81（mi）	3.87（mi）	3.86（mi）
					3.75（mi）	3.7（s）
					3.67（w）	3.36（vw）
					3.39（vw）	NA

注：vs—峰强度非常强；s—峰强度强；mi—峰强度中等；w—峰强度弱；vw—峰强度非常弱；vvw—峰强度非常非常弱；NA—未检出。

三、可可脂在巧克力中的应用

油脂是巧克力的连续相，它是维持巧克力保持丝滑口感、熔化时具有流动性、生产加工时有很好操作性的关键成分。通常巧克力中含油量为 25%~35%，一般黑巧克力等高品质的巧克力含油量较高，冰淇淋巧克力涂层中油脂含量会更高，一些特殊产品如焙烤巧克力类产品中含油量比较低。

当可可脂作为主要油脂原料在巧克力中应用时，需注意可可脂结晶的同质多晶现象，可可脂与巧克力中其他原辅料同时存在的情况下，通过调控结晶温度来更多的形成 V 型，保证巧克力的品质。如图 8-5 所示，巧克力的调温程序：50℃熔化巧克力，随后开始降温，使巧克力温度达到 27℃，形成一定量合适的相对稳定的晶体；随后再回温到 30℃，把一些不稳定的晶体熔化掉或者令其朝着稳定的晶型转变，最终确保巧克力体系中能尽可能多的存在 V 晶型。

稳定的 V 型可可脂在巧克力中还被以晶种的方式来应用，如 Cacao Barry Mycryo 晶种，是将脱臭可可脂形成稳定的 V 型，然后以晶种粉末形式添加到巧克力中，其添加量为 2%就可以代替调温工艺，极大程度提高生产效率，并可使巧克力产品能够保持光亮、硬脆的质构。另外，该产品使用中提到该可可脂粉末还可用于煎炸、焙烤食品。

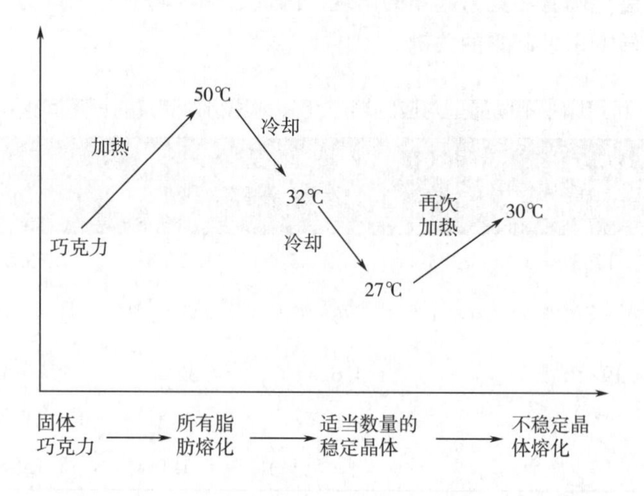

图 8-5 巧克力的调温程序（巧克力从熔化状态开始）

第三节 可可脂替代品

由于可可树的种植条件比较苛刻，主要分布在南北纬 20°狭长赤道带附近，可可豆的产量受环境、气候等的影响较大，产量不稳；同时，人们对巧克力产品的需求量增加，导致可可豆供应不足。另外，新油料油种的开发及利用也促使可可脂替代品的出现及大规模生产。

一般可可脂替代品可分为三类：类可可脂（cocoa butter equivalents，CBE）、月桂酸型代可可脂（cocoa butter substitute，CBS）、月桂酸含量低或不含月桂酸型的代可可脂（cocoa butter replacer，CBR）（注：CBR 最初是指不含月桂酸类的代可可脂，但目前行业内 CBR 基本上都是月桂酸和非月桂酸型混合的，界限没有那么清晰了）。

一、类可可脂

类可可脂（CBE）可以由天然植物油如棕榈油、乳木果油、婆罗双树脂、雾冰草脂、烛果油和芒果仁油等经过分提、调配等工艺获得，也可以通过酶促酯交换、微生物发酵等途径制备。CBE 的化学组成和物理性质与可可脂接近，与可可脂 100%相容，同样也需要调温处理。需要补充一点，CBE 中还存在一类油脂——可可脂改良剂（cocoa butter improvers，CBI），它们是为了改善可可脂的耐热性、抗霜性而出现的，常见的有高 StOSt（St 为硬脂酸，stearic acid）含量和高 BOB（B 为山嵛酸，behenic acid）含量的油脂。

我国自 20 世纪 80 年代起就有大量学者对乌桕脂制备 CBE 进行了研究，因乌桕脂中 POP 含量较高，通过对原料油精炼后，经两步干法或一步溶剂分提或干法+溶剂分提进行提纯制得 POP 产品，用作 CBE 的原料油。从乌桕脂中分离得到的 POP 产品得率低，且从乌桕脂中分提的油脂直接应用在巧克力中其脱模性还有待提高，因此，用乌桕脂和硬脂酸或硬脂酸甲（乙）酯经酶促酯交换来制备 CBE 可明显改善巧克力的光亮度、脱模性、口感及起霜等现象。

随着全球化油料资源的开发及利用，欧盟和印度将乳木果油、娑罗双树脂、雾冰草脂、烛果油、芒果仁油五种亚热带和热带木本油脂列为 CBE 的指定生产原料。常见生产 CBE 的天然原料油见表 8-8。乳木果油 StOSt 和 StOO 含量较高，其分提硬脂中提高了 StOSt 的含量，可作为调配 CBE 的原料之一；高 StOSt 含量油脂也可作为可可脂改良剂来提高可可脂的耐热及抗起霜性。乳木果油分提软脂则更多富集了 StOO，可以作为酶法酯交换合成 StOSt 或 POSt 的原料，乳木果油 2017 年在我国已获批新资源食品原料，可以进行更多的开发和应用。雾冰草脂的甘油三酯组成和可可脂的较为相似，都具有较高含量的 POSt 和 StOSt，可直接作为 CBE 使用。也有学者对雾冰草脂和棕榈油中熔点分提物（以 POP 为主）进行酯交换后应用在白巧克力中，使白巧克力熔化结束温度提高至 39.4℃，即提高了白巧克力的耐热性；另外，还发现该酯交换油也可延缓黑巧克力起霜。有学者发现，巧克力中添加 5%烛果油不影响产品流变特性，却有抗热效果。对棕榈油中熔点分提物（以 POP 为主）的应用，通常是将其和富含 POSt、StOSt 的其他对称型油脂混合，应用性能表现和可可脂相当，且与可可脂混合使用不会影响相容性及其他功能特性。研究认为我国芒果仁油可作为开发优质抗热型可可脂改良剂（CBI）的原料。对芒果仁油采用 2-甲基戊烷溶剂分提，制得芒果仁油硬脂的热稳定性显著高于可可脂，在可可脂中添加 10%～30%时，两者的相容性理想。采用芒果仁油的分提硬脂及棕榈油中熔点分提物的混合物或者它们的酶促酯交换产品与可可脂按照一定比例混合，相容性好，同时也可显著提高巧克力产品耐热性及抗霜性。

酶促酯交换合成高 StOSt 含量的油脂可作为可可脂改良剂（CBI），或者酶法制备得到富含 POP/POSt/StOSt 的油脂可直接作为 CBE。常见 *sn*-1,3 特异性脂肪酶催化酯交换合成 CBE 和可可脂改良剂的油脂原料如下。

（一）产物为 StOSt 型油脂

OOO 型原料油+硬脂酸/硬脂酸甲酯或乙酯。

StOO 型原料油+硬脂酸/硬脂酸甲酯或乙酯。

OOO 型原料油：高油酸葵花籽油、高油酸高硬脂酸葵花籽油、高油酸菜籽油、油茶籽油、橄榄油等。

StOO 型原料油：乳木果油的分提液油、阿兰藤黄脂的低熔点分提物。

（二）产物为 POP/POSt/StOSt 型油脂

POO 型原料油+硬脂酸/硬脂酸甲酯或乙酯。

StOO 型原料油+棕榈酸/棕榈酸甲酯或乙酯。

OOO 型原料油+硬脂酸/硬脂酸甲酯或乙酯+棕榈酸/棕榈酸甲酯或乙酯。

POP 型原料油+硬脂酸/硬脂酸甲酯或乙酯。

SUS 型原料油：烛果油/娑罗双树脂/芒果仁油/雾冰草脂+棕榈油中熔点分提物。

POO 型原料油：棕榈液油。

POP 型原料油：棕榈油中熔点分提物、乌桕脂。

利用微生物发酵也可生产 CBE。研究表明利用土生假丝酵母、卷枝毛霉 3.2208 等优化发酵生产 CBE，其中土生假丝酵母发酵生产 CBE 得率达 10.2%，*sn*-2 位不饱和脂肪酸为 93.4%，卷枝毛霉 3.2208 发酵得到的 CBE 得率为 3.61%，*sn*-2 位不饱和脂肪酸为 79.08%。研究发现新型高 StOSt 含量的两种藻油 Algal butter（ABA，ABB）适合以 5%添加量添加到巧

表 8-8 类可可脂生产原料特性及应用情况

	乳木果油	娑罗双树脂	雾冰草脂	烛果油	芒果仁油	棕榈油
含油情况	果仁含油率40%~50%	种子含48%仁、30%壳和22%羽翼，仁含油率14%~16%	种子含油率40%~60%	烛果内含3~8个种子，占果实质量25%，果仁占种子质量61%，果仁含油率40%~50%	芒果核内仁占59%~85%，仁含油率9%~36%（干基）	果肉含油率46%~50%，果仁含油率50%~60%
法规及使用情况	欧盟，巧克力中添加限量5%；英国、爱尔兰和丹麦等国允许更多添加；中国2017年获批新食品原料	欧盟，巧克力中添加限量5%；马来西亚、印度尼西亚、俄罗斯和中国台湾等允许更多添加量；印度食品标准中央委员会已批准可用于糖果产业	欧盟（Drective 2000/36/EC）和印度溶剂浸出协会先后对CBE原料来源的限定促进雾冰草脂高效发展	欧盟规定其在巧克力中添加限量5%；印度知名的阿育吠陀医学的发展使得烛果及其各部分的药用价值深入印度人理念	欧盟和印度均将其划入CBE原料	全球各地广泛使用的食品原料
熔点/℃	32~45	30~36	37~39	38~42	29~36	34~39
碘值/(g/100g)	52~66	31~45	29~38	32~38	32~60	50~55
甘油二酯/%	8.0~10.0	2.2~7.2	1.0~1.5	—	0.7~0.8	3~8
主要甘油三酯/%						
POP	Tr~3	5	9.9~13.1	Tr~0.2	1.2~8.9	31.1
POSt	6	11~16	40.4~43.2	4.6~6.0	5.7~19.8	5.1
StOSt	21~42	36~42	35.0~40.6	72.8~78.0	5.7~55.4	0.5
StOO	26~34	15~16		12.4~16.2	23（某典型值）	
StOAr		9~13	2.1~4.0	0.8（某典型值）	4（某典型值）	
在CBE中应用	①分提硬脂作调配CBE天然原料 ②分提软脂作为酶法合成StOSt油脂的原料	分提硬脂可作为调配CBE的天然原料	由于油脂本身含有较高含量的POSt和StOSt，不经分提可直接用于调配CBE的原料	本身的StOSt含量较高，可不经分提直接用于调配CBE的原料	分提硬脂用于CBE调配原料	①分提硬脂作调配CBE天然原料 ②也可作为酶法合成POSt油脂的原料

克力中作为可可脂改良剂，也可与 PMF（棕榈油中间分提物）调配作为 CBE。2016 年，Algal butter 已被美国食品与药物管理局（FDA）获批 GRAS（一般认为安全，generally recognized as safe），可作为非氢化、纯素食来源的原料应用在烘焙、涂抹及巧克力产品中（GRN No. 673）。

CBE 在巧克力中的应用及标识问题：从纯脂巧克力的法规来看，欧盟对纯脂巧克力配方中 CBE 添加量限定在 5%以内，且对原料及工艺进行了限定。美国不允许纯脂巧克力中添加除可可脂以外的其他油脂，而其他国家如日本则对 CBE 的添加量及组成没有限制。按照我国目前的法规要求，CBE 可以以低于 5%的添加量加到纯可可脂巧克力产品中，也可以添加更多量，但归属在代可可脂巧克力中。

二、代可可脂

代可可脂按原料来源可分为月桂酸型代可可脂（CBS）与非月桂酸或月桂酸含量低型的代可可脂（CBR）两类。代可可脂的甘油三酯组分与天然可可脂相差很大或者完全不同，只是物理特性表现与可可脂类似，如室温及 30℃时硬脆，35℃时能够快速熔化。代可可脂不需调温，操作简便，但是与可可脂相容性较差。

月桂酸型代可可脂（CBS）：以棕榈仁油、椰子油等月桂酸含量高的油脂为原料，经过分提、氢化或酯交换等工艺制成，物理特性与可可脂相近（图 8-6），其脂肪酸中主要以 $C_{12:0}$和 $C_{14:0}$为主。棕榈仁油和（或）椰子油掺入较少量的非月桂酸型油脂如棕榈油、棉籽油、大豆油，经过酯交换反应，应用在代可可脂巧克力中，能够显示出优良的口感和风味释放性、产品的光泽度好、容易浇模和脱模，且由于饱和脂肪酸含量高，氧化稳定性也较好，结晶速率快。

棕榈仁油分提硬脂（PKST）可称得上是一种优质的代可可脂，PKST 的固体脂肪含量曲线与可可脂的十分接近（图 8-7），PKST 同样可以为巧克力提供像可可脂那样硬脆、熔化迅速的特性，并且价格较低。分提后的 PKST 还可以继续采用氢化工艺，进一步改善其结晶熔化特性。全氢化的 PKST 油脂应用在代可可脂巧克力中，化口性极好，巧克力光泽度好，容易脱模，质构硬脆。由于脂肪酸基本均为饱和脂肪酸，氧化稳定性也很好，常用于代可可脂巧克力排块、烘焙品外层的巧克力涂层等。

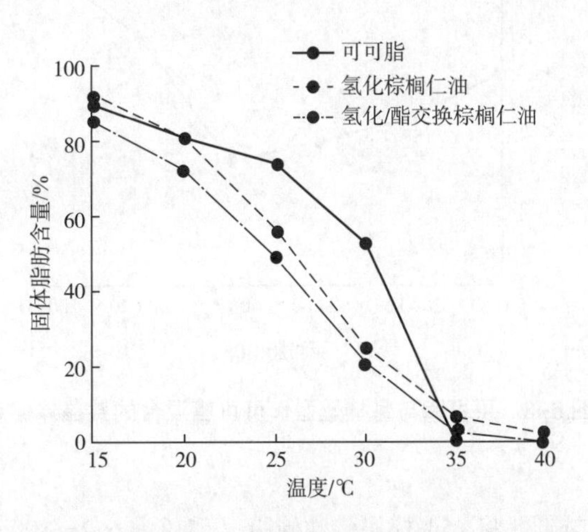

图 8-6　可可脂、氢化棕榈仁油、氢化/酯交换棕榈仁油的固体脂肪含量曲线

月桂酸型代可可脂（CBS）在使用时需注意两点：第一点是，由于脂肪酸中短链脂肪酸含量较高，与可可脂相容性较差，当月桂酸型代可可脂（CBS）油脂与可可脂混合时，会出现严重的共晶现象，导致产品容易变软且失去光泽。图 8-8 为不同含量月桂酸型代可可脂（CBS）和可可脂混合时，混合油的熔点变化，从图 8-8 中可知，当可可脂：月

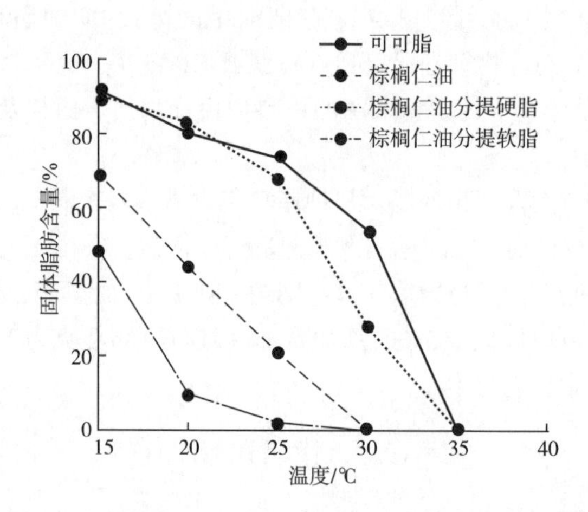

图 8-7 可可脂、棕榈仁油分提硬脂和软脂、棕榈仁油的固体脂肪含量曲线

桂酸型代可可脂（CBS）= 60：40 时，共晶现象最严重，混合物的熔点最低。第二点是，月桂酸型油脂水解生成短链脂肪酸产生不良风味，俗称皂味。预防这些情况的最好办法是：加强加工条件的卫生状况，采用无脂肪酶的原材料，尽可能地限制原材料中的游离水如巧克力原材料中奶粉、可可粉的含水量；加工及储藏时，尽可能避免因温差大引起结露等容易引发水分增加的因素。

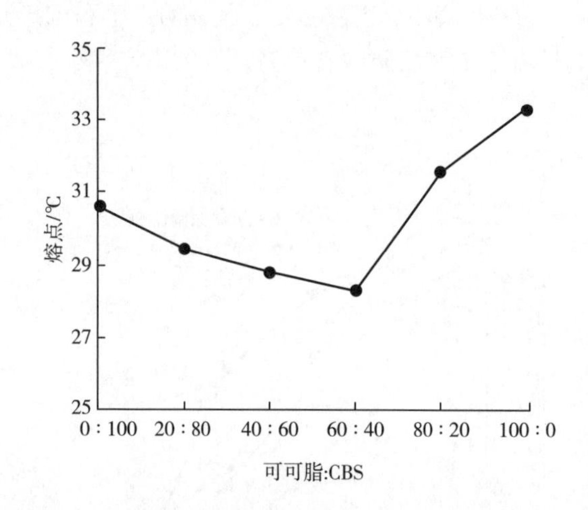

图 8-8 可可脂与月桂酸型代可可脂混合的共晶体熔点

月桂酸含量低或不含月桂酸型的代可可脂（CBR）：起初的 CBR 代可可脂是以常见植物油如大豆油、棉籽油、芥花油以及棕榈油等经过部分氢化或部分氢化再结合分提工艺获得与可可脂物理特性接近的油脂，但甘油三酯组成与可可脂完全不同。由于氢化过程会产生反式脂肪酸，研究表明反式脂肪酸可能对心血管健康有不利影响，因此，反式脂肪酸含量高的 CBR 代可可脂逐步被淘汰，人们开始利用含少量月桂酸型油脂或者不含月桂酸型的油脂经过分提、酯交换再经调配等工艺制成 CBR 代可可脂，这类 CBR 代可可脂的反式脂肪酸含量较低。将 45%棕榈仁油硬脂（碘值为 6.2g/100g）、50%棕榈硬脂（碘值为 33g/100g）、5%全氢化高油酸葵花籽油混合后进行化学随机酯交换，随后进行两步溶剂分提得到 CBR 代可可脂；或将 50%棕榈仁油硬脂（碘值为 6.2g/100g）、45%棕榈硬脂（碘值为 15g/100g）、5%全氢化高油酸葵花籽油混合酯交换制得 CBR 代可可脂，可应用在巧克力块中，巧克力块的耐热性得到提升。

由于 CBR 代可可脂和可可脂相比，不如可可脂那样硬脆，而且收缩率不如可可脂显著，因此 CBR 代可可脂更适合作为一些软质食材如果冻软糖、柔软湿润的蛋糕或其他柔软可塑性食材的表面巧克力涂层，这类涂层产品和可可脂或CBE油脂相比，不用调温，也不易发生开裂和涂层脱落现象，并且具有较高的耐热性，价格也便宜。但是CBR代可可脂的化口性不如可可脂，因此有时通过分提处理CBR代可可脂，能够改善其35℃的固体脂肪含量，提升其口感，如图8-9所示。

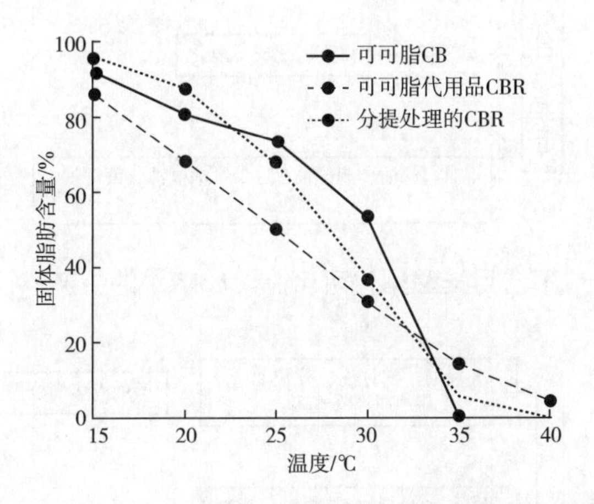

图8-9　可可脂、CBR代可可脂和分提处理CBR代可可脂的固体脂肪含量曲线

三、可可脂替代品生产技术

可可脂替代品的生产技术，离不开油脂改性的三大技术，氢化、分提、酯交换（具体技术见第一章、第二章和第三章），不同类型的可可脂替代品的生产可能涉及三大改性技术的交替组合进行。

（一）CBE类可可脂的生产

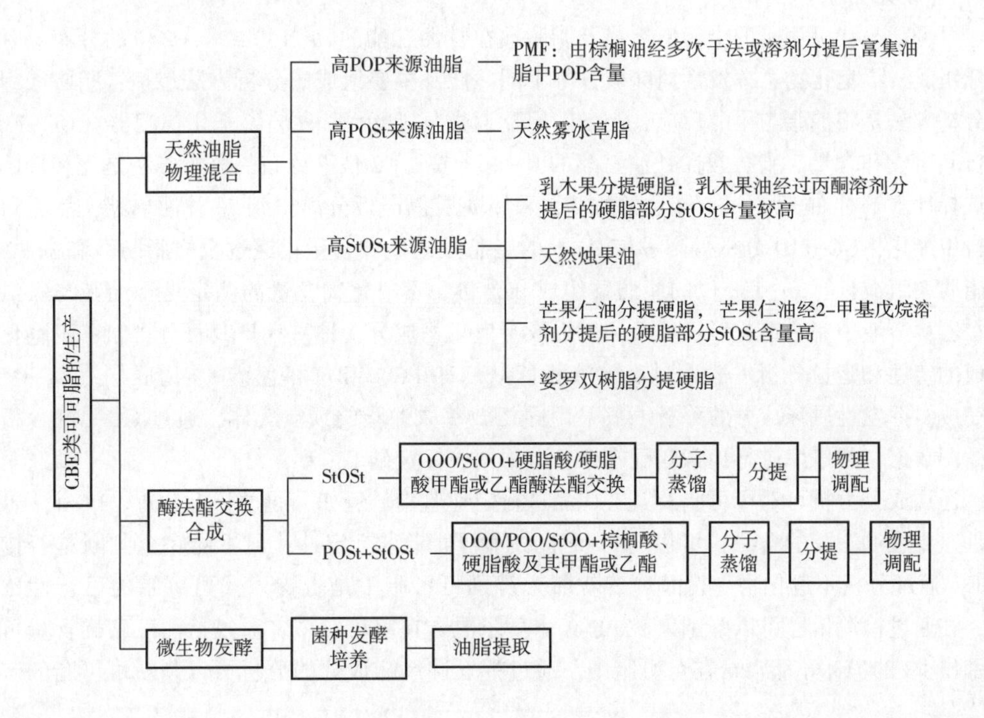

（二）月桂酸型代可可脂（CBS）的生产

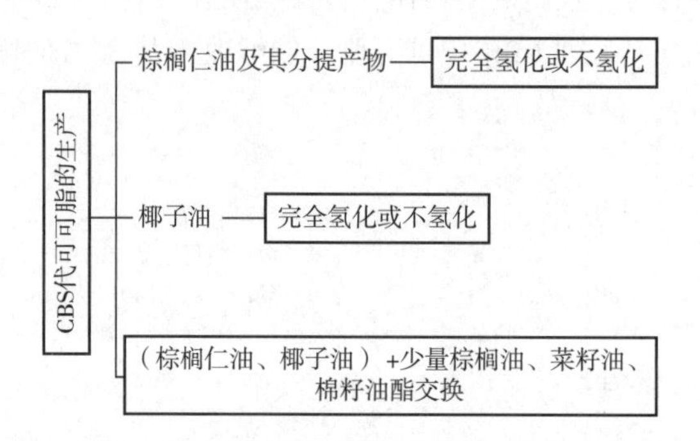

（三）月桂酸含量低或不含月桂酸型代可可脂（CBR）的生产

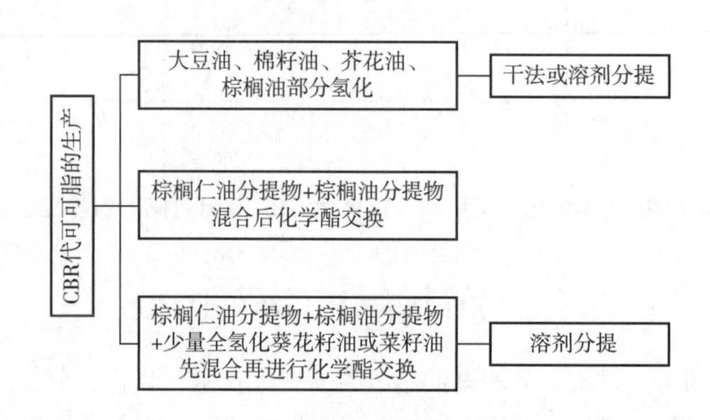

四、 可可脂及其替代品的质量分析

（一）成分分析

可可脂与代可可脂的脂肪酸组成及脂肪酸在甘油三酯的 *sn*-1,3 或 *sn*-2 位的分布、甘油三酯组成、不皂化物、挥发性风味成分等不同。涉及主要组成的分析方法包括：脂肪酸组成的分析方法是将油脂与甲醇反应，制备的甲酯通过气相色谱-火焰离子化检测器（GC-FID）分析其组成和含量。脂肪酸在甘油三酯的 *sn*-1,3 或 *sn*-2 位上分布的分析方法是先利用胰脂酶选择性水解甘油三酯 *sn*-1,3 位的酰基，采用薄层色谱板分离得到 2-甘油单酯，然后对其进行甲酯化，GC-FID 分析得到 *sn*-2 位上的脂肪酸组成和含量；通过全样脂肪酸和 *sn*-2 位的脂肪酸组成计算 *sn*-1,3 位的脂肪酸组成和含量。不皂化物含量的测定是将油脂与氢氧化钾在乙醇溶液中完全皂化后，用石油醚提取不皂化物成分，称重计算其百分含量；不皂化物组成的定性和定量分析一般通过高效液相色谱（HPLC）和气相色谱-质谱联用（GC-MS）来完成。挥发性风味成分的分析一般采用固相微萃取油脂的顶空气体，通过 GC-MS 分析得到谱图数据，与谱库进行检索匹配定性，可采用内标定量。

通过成分分析可对可可脂及其替代品进行定性鉴别。例如，通过分析 POP、POSt、StOSt 三种主要甘油三酯的含量，可以对可可脂或代可可脂进行定性，但不能完全判断是否掺有 CBE。通过分析不皂化物（甾醇、三萜烯）辨别可可脂中是否掺入代可可脂的可行性比较高，如通过检测甾醇可以鉴别出 5%的雾冰草脂混合在可可脂中，通过检测三萜烯含量可以鉴别出 1%的雾冰草脂混合在可可脂中。通过挥发性风味成分的分析可以判断可可脂的产地来源或烘烤程度。研究表明基质辅助激光解析电离飞行时间质谱（MALDI-TOF-MS）和气相色谱结合可以检出可可脂中是否掺入CBE，检测限达4%。

（二）结晶特性分析

1. 固体脂肪含量（SFC）——调温SFC及非调温SFC

由于可可脂及其替代品的结晶特性不同，最直观的表现体现在脉冲核磁共振仪（*p*-NMR）所测定不同温度下的固体脂肪含量上，根据不同温度下的SFC，可以绘制出油脂的SFC曲线。通过油脂的SFC曲线，可以大致判断出油脂做成巧克力后的硬脆度、化口性以及耐热性等。如10~25℃的SFC与巧克力产品的硬脆度有关，30~35℃陡峭的SFC曲线与巧克力产品的清凉化口性有关；35~40℃的SFC与产品的耐热性密切相关。

采用国际纯粹与应用化学联合会（IUPAC）方法对油脂进行稳定后测得调温SFC，具体方法为：将装在核磁玻璃管中的样品先在80℃下静置30min以消除结晶记忆，随后置于0℃稳定90min，26.5℃稳定40h，0℃稳定90min，随后将稳定后的样分别置于10~40℃（间隔5℃）下放置60min后测定不同温度下的SFC。全球主要可可产区可可脂的SFC如图8-10所示。

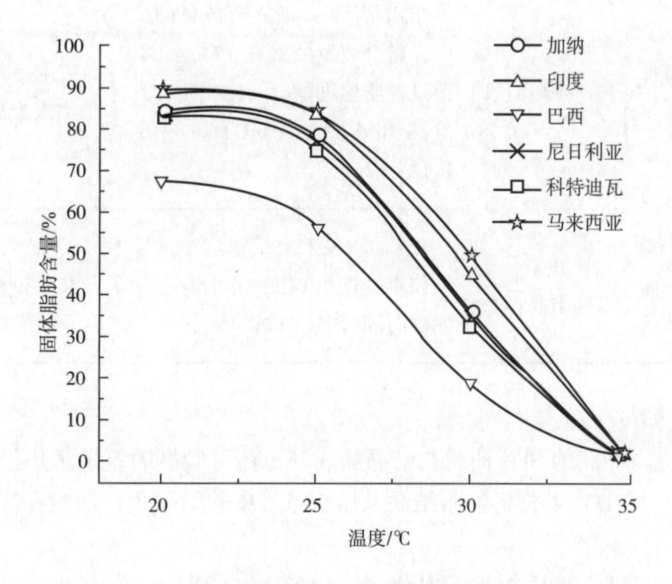

图8-10 全球主要可可产区可可脂的固体脂肪含量曲线

CBS以及CBR代可可脂，由于产品不需要调温，通常只关注其非调温固体脂肪含量，具体检测方法即塑性脂肪常见的方法，可参考AOCS Method Cd 16b-93，IUPAC Method 2.150。

2. 结晶曲线的测定

可可脂及对称型SUS巧克力油脂的结晶曲线是记录熔化后的油脂在特定温度下开始结晶，伴随着结晶放热带来的温度升高和特定冷却温度提供的结晶动力之间的博弈，即记录整体温度的变化过程，除了上述的固体脂肪含量曲线外，常用的还有SCC（shukoff cooling curve，SCC）冷却曲线、JCC（jensen cooling curve，JCC）冷却曲线、BCI（buhler crystallization index，BCI）布勒结晶指数等，具体方法见表8-9。由于可可脂本身的组成比较固定，挑选不同来源的可可脂，利用结晶曲线可以得到一定范围内的结晶温度或数据，根据这些数据可以判断调配型 CBE 或者酶法合成 CBE 油脂与可可脂之间的差异性，从而更好的评估或指导 CBE 的品质提升和配方调整。

表 8-9　　可可脂及对称型 SUS 巧克力油脂冷却曲线测定方法总结表

检测设备	检测方法	具体步骤	数据信息
脉冲核磁共振（p-NMR）	SFC 冷却曲线	80℃熔化，27.5℃或者 30℃放置 1h，随后在 20℃下，根据所需时间间隔进行测定 SFC	时间-固体脂肪含量曲线
Shukoff 烧瓶，水浴及温度记录	SCC 冷却曲线	25g 油脂装入 Shukoff 烧瓶中，置于 17℃水浴中，按一定时间间隔记录温度随时间变化曲线，具体参见 IUPAC Method 2.132、IOCCC Method 31	初始结晶温度及时间，温度最低对应的时间，温度最高对应的时间
Jensen 自动冷却曲线仪	JCC 冷却曲线	75g 油脂装入被夹套包裹的试管中，整个装置放置在 17℃水浴中，记录油脂温度随时间的变化，具体参见 British Standard Method 684：1.13	温度最低对应的时间，温度最高对应的时间
布勒调温检测仪（可可脂温度和结晶测试仪）	BCI 布勒结晶指数	12g 油脂装入测试铝盒中置于检测仪中，选用 BCI 测试程序并记录油样时间-温度曲线	记录数据与 SCC 和 JCC 相似，可直接获得 BCI 值判定结晶性质

3. 其他辅助方法

除了分析巧克力油脂的 SFC 曲线与结晶曲线外，还可以借助差示量热扫描仪（DSC）以及 X 射线衍射仪（XRD）来分析油脂结晶及熔化过程中热焓变化，油脂在特定条件下形成的晶型情况。

DSC 方法比较灵活，也比较难标准化，可参考 AOCS Recommended Practice Cj 1-94，得到热流-时间/温度曲线、stop-and-return 曲线记录的多晶型及晶型转变情况，不同油脂结晶状态下的熔点、比热容、固-液比等。

X 射线衍射观察油脂的晶型方法可参考 AOCS method Cj 2-95。

日本 Sato 教授团队用同步辐射 X 射线衍射 SR-XRD（synchrotron radiation X-ray diffraction）与 DSC 耦合同时观察 POP/OPO 混合物晶型熔化及重结晶的过程，动态表征了晶型转变及其热力学变化过程。

第四节 巧克力的生产及应用

一、巧克力的生产工艺

巧克力的生产过程可以分为原辅料的混合、研磨、精炼、调温、浇注及冷却脱模五个过程，如图 8-11 所示。物料混合是利用带有温度和时间设定的设备，将巧克力配料中的可可液块、糖、可可脂、乳脂和奶粉（根据产品类型而定是否添加）混合在一起，通常是在 40~50℃下混合 12~15min，形成一定强度和塑性结构的混合团状物。

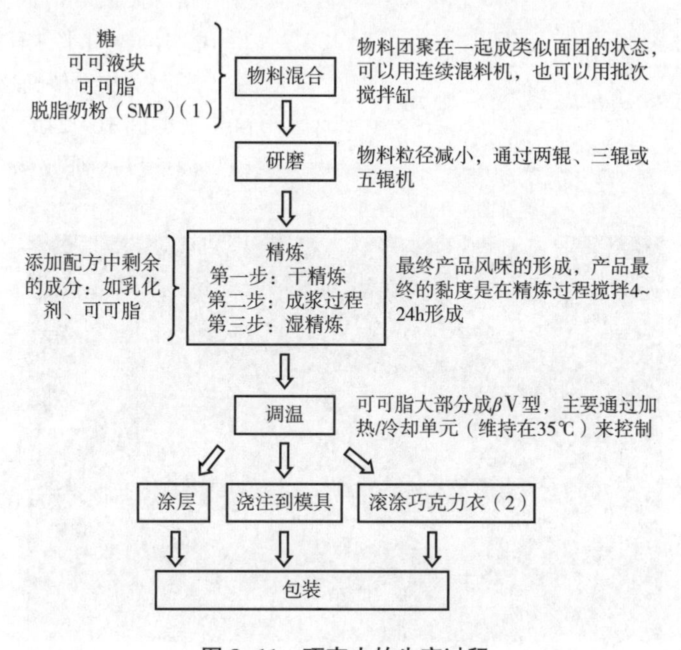

图 8-11 巧克力的生产过程

（1）脱脂奶粉只在牛奶巧克力中使用

（2）滚涂巧克力衣是指巧克力可以作为一些硬脂内芯（如坚果）表层的涂衣

研磨对于巧克力丝滑口感至关重要。通常是利用两辊、三辊或五辊机，将糖和可可液块（乳固体会根据巧克力类型而添加）以及加入了 8%~24%油脂含量的混合物研磨成颗粒度<30μm 的粉状或薄片状。图 8-12 为五辊研磨机的示意图，巧克力从图中 3 处投料，辊间的压力可以控制，辊子夹层内有保温水，通过调节辊间压力大小，能够使巧克力粒径达到需要的大小。经过快速转动的辊轮，巧克力会形成一个很薄的薄片，研磨达到粒径要求后，巧克力会由一个刀片从辊子上刮下来，如图 8-12 中 6 处。

精炼被认为是巧克力风味形成的关键过程，巧克力的黏度大小也基本在这个过程确定。对于纯脂巧克力来说，精炼过程是必不可少的。精炼通常是在高于 50℃下对巧克力搅拌数小时。在精炼的早期即第一步干精炼，水分会被移除，不好的可挥发风味，如可可粉的酸味，

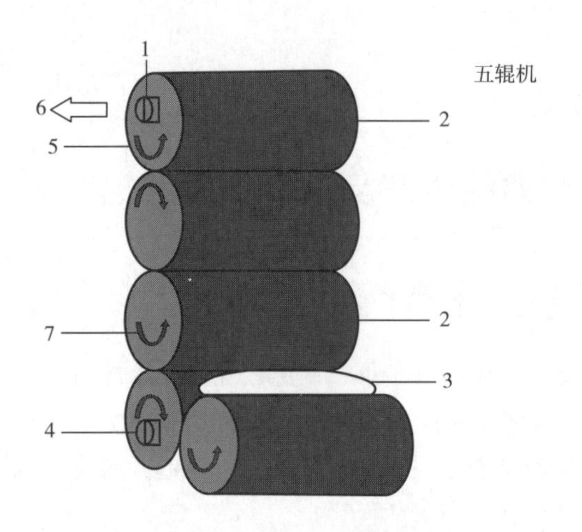

图 8-12　五辊研磨机的示意图

1—辊间压力　2—巧克力薄层　3—巧克力投料
4—投料辊压力　5—固定辊
6—巧克力从刮刀上刮下　7—动力辊

也会被去除。除了酸味和水分的去除，精炼过程因为延长了高温下混合的时间，物料发生美拉德反应，能够为巧克力产品提供焦糖风味。同时精炼过程也能将之前形成的团状物分散开，在湿精炼过程中，加入配方中剩余的油脂及乳化剂，能够将巧克力的黏度降低到呈薄薄的流动液态，便于更好地进行下一步调温。图 8-13 为精炼的三阶段示意图。不同类型巧克力产品精炼的温度和时间不同：一般白巧克力精炼温度和时间为 49~52℃下进行 10~16h。对于含有奶粉、可可粉的牛奶巧克力，精炼温度可上升至 60℃，时间 16~24h。对于黑巧克力来说，温度可达到 70~82℃。

彩图 8-13

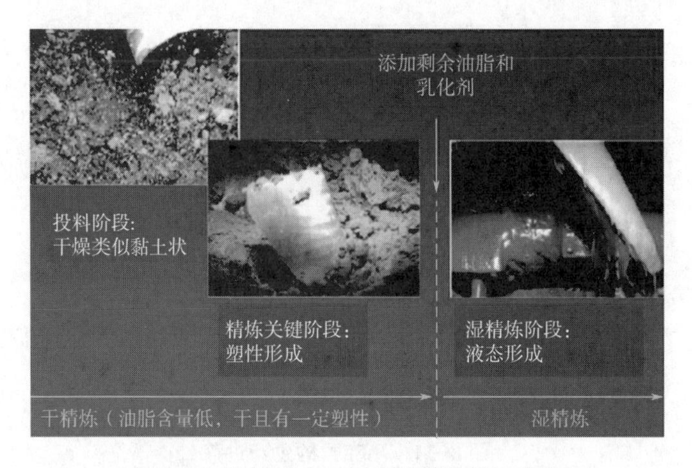

图 8-13　巧克力加工过程中精炼的三阶段

巧克力的调温主要是调整可可脂的结晶，使其尽可能多地形成 V 型晶体，经过调温的巧克力，表面光泽度好，硬脆，而且能够抵御非调温巧克力的起霜问题。调温分为四个阶段：完全熔化（50℃）、冷却结晶（32℃，晶核的形成）、结晶（27℃，晶体的生长）、不稳定晶型的转变（29~31℃）。调温过程中，温度的控制必须非常精准，同时要有搅拌剪切的过程，搅拌可以加速晶体成核，也可以把一些不理想的晶体破坏掉。

调温的程序和产品配方有很大关系。牛奶巧克力的调温条件和黑巧克力不同，因为受到乳脂在可可脂晶格中的影响，乳脂和可可脂之间会形成共晶，延缓起霜，导致巧克力熔点降低，结构更软，因此需要更低的温度来获得晶种（牛奶巧克力获得晶种的温度是 29.4℃，而常规普通巧克力获得晶种的温度为 34.5℃）。

调好温的巧克力浆料便可进行下一阶段的浇注及涂层（图 8-14 和图 8-15），最后经过冷却、包装即可出厂。

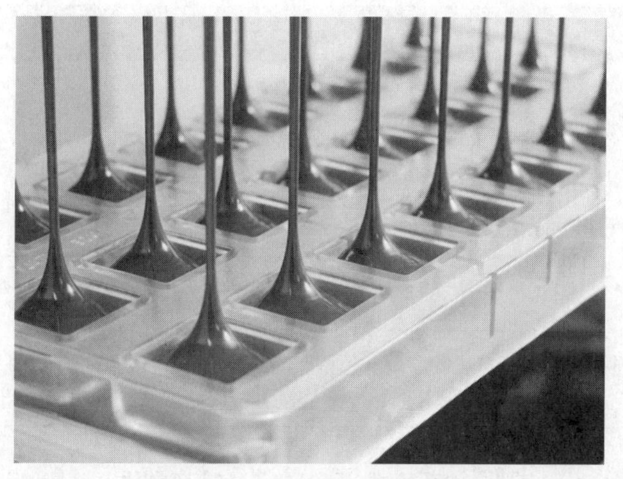

彩图 8-14

图 8-14　巧克力浇注到模具中

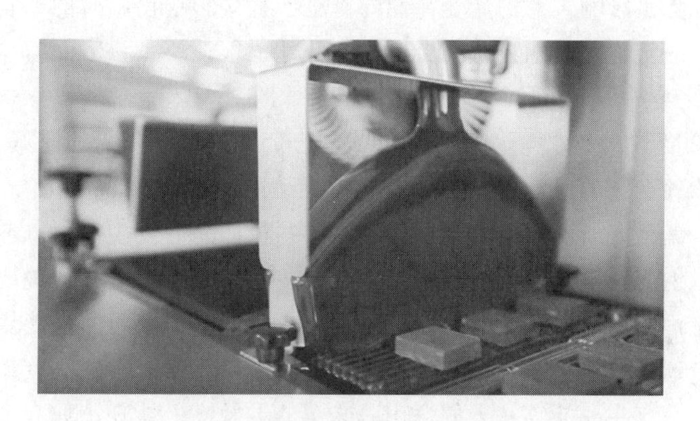

彩图 8-15

图 8-15　巧克力涂层过程

二、巧克力的质量控制

(一) 水分、污染物和致病菌限量

从食品安全角度出发，巧克力的卫生指标需注意微生物及污染物含量的控制，而水分是影响微生物滋生的因素，因此也需要控制。它们的具体分析方法及要求见表 8-10。

表 8-10　　巧克力卫生指标检测方法及限量

	检测方法及标准	在巧克力中限量
水分含量	GB 5009.3—2016《食品安全国家标准 食品中水分的测定》(第二法　减压干燥法) GB/T 19343—2016《巧克力及巧克力制品、代可可脂巧克力及代可可脂巧克力制品》	≤1.5%

续表

	检测方法及标准	在巧克力中限量
污染物限量	GB 9678.2—2014《食品安全国家标准　巧克力、代可可脂巧克力及其制品》	铅（以 Pb 计）≤0.5mg/kg
	GB 2762—2022《食品安全国家标准　食品中污染物限量》	砷（以总砷计）≤0.5mg/kg
致病菌限量	GB 9678.2—2014《食品安全国家标准　巧克力、代可可脂巧克力及其制品》 GB 29921—2021《食品安全国家标准　预包装食品中致病菌限量》	沙门氏菌 $n \leq 5$，$c=0$，$m=0$（若非指定，均以/25g 或/25mL 表示，如 $m=0$，表示每 25g 或每 25mL 不得检出）

（二）加工过程中指标控制——巧克力浆料粒径及流变特性

1. 粒径分布

巧克力的粒径除了影响浆料的流变特性外，也会直接影响食用时的感官特性：大颗粒会带来砂砾感，但是一定细度的颗粒对巧克力的流动性也很重要。一般而言，欧洲巧克力的粒径在 15~22μm，北美的巧克力粒径在 20~30μm。

通常用激光粒度仪来检测巧克力浆料粒径分布，工业上常用的是马尔文粒度分布仪（Malvern Mastersizer），它的灵活性很强，检测粒径范围为 0.01~3500μm，检测结果重复性高。它的工作原理是激光器发出光束，照射到不同颗粒样品后发生散射，散射光的角度和颗粒直径成反比，散射光强随角度的增加呈对数衰减，散射光经傅里叶透镜成像在排列有多环光电探测器的焦平面上，光电探测器将光信号转换成电信号，散射光的能量分布与颗粒的粒径分布直接相关，通过接收和测量散射光的能量分布就可反演出颗粒粒径分布情况。

巧克力的粒径分布主要能够从人们食用时味蕾的灵敏度上体现。如一个巧克力的最大粒径是 30μm，产品在口腔中能明显感到砂砾感。如果巧克力的最大粒径是 20μm，与 30μm 的产品相比会有一种奶油般的口感和质构，也更丝滑。然而，并不是粒径越小越好，粒径越小，颗粒的表面积增加，表面包裹的可可脂会更多。相同含油量的巧克力浆料，如果粒径太小，浆料的流动性会变差、黏度增加。

2. 巧克力浆料的流变特性

熔化的巧克力是非牛顿流体，即巧克力的黏度会随着剪切或时间的变化而变化，具有屈服应力（能够使液体物料开始流动所需要的最小的能量）和塑性黏度（保持流体流动的力或能量）。巧克力的流变特性与体系内固体颗粒的粒径分布，如糖、乳固体、可可固形物以及油相包括油脂和乳化剂等都有关。巧克力的流变特性对巧克力生产时管道泵送难易程度，以及巧克力涂层、浇注等应用特性均有影响，因此控制巧克力浆料在一定温度下的流变特性对于巧克力生产及应用都非常重要。

巧克力流变特性测定方法常用国际可可、巧克力和糖果制造商协会（International Office of Cocoa，Chocolate and Sugar Confectionery，IOCCC）设定的 IOCCC2000 方法，采用旋转黏度计的旋转模式进行剪切速率扫描。具体方法是：对巧克力浆料先进行预剪切，剪切速率为 5/s，时间通常大于 5min，预剪切取点曲线不计入 Casson 方程拟合；接下来在剪切速率为 2~

50/s，取点记录浆料的剪切应力随剪切速率变化曲线，并用 Casson 方程来拟合得出浆料的塑性黏度和屈服应力，可根据 R^2 来判断拟模型选择的合适程度。常规研究流体流变的模型，除了 Casson 模型外，还有 Herschel-Bulkley 和 Bingham 两种模型，可根据实际情况选择合适的模型进行拟合得出流体的塑性黏度和屈服应力。

Herschel-Bulkley： $$\tau = \tau_0 + \eta_{pl} \cdot (\gamma)^n$$

Casson： $$\sqrt{\tau} = \sqrt{\tau_{CA}} + \sqrt{\eta_{CA}} \cdot \sqrt{\gamma}$$

Bingham： $$\tau = \tau_0 + \eta_{pl} \cdot \gamma$$

式中　τ——剪切应力；

τ_0——屈服应力；

η_{pl}——塑性黏度；

τ_{CA}——Casson 屈服值（塑变值）；

η_{CA}——Casson 塑性黏度；

γ——剪切速率；

η——悬浮液的黏度；

n——流动黏度指数。

图 8-16 是含油量为 35%、卵磷脂含量 0.5%、粒径为 50μm 的巧克力浆料的表观黏度（apparent viscosity）和屈服应力（yield stress value）。工业生产通常会通过控制巧克力浆料在同一温度下的表观黏度和屈服应力的范围来控制浆料生产时的品质。

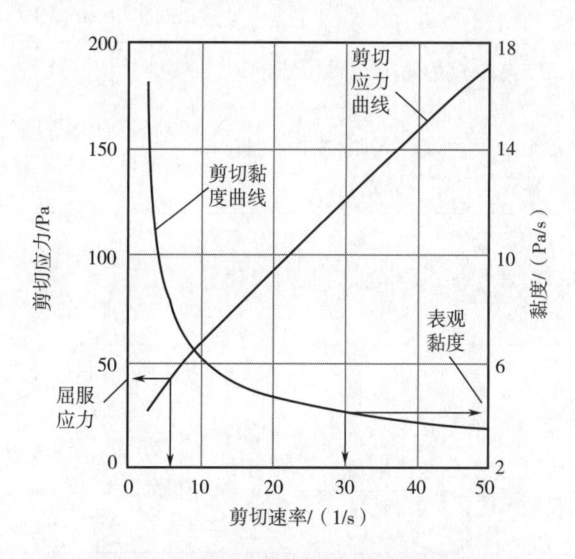

图 8-16　巧克力表观黏度和屈服应力图

3. 成品储藏保质期指标——抗起霜性、耐热性

巧克力在储藏过程中，需关注起霜、耐热性差等影响巧克力品质的现象。科学评价巧克力起霜及耐热性是评估产品质量好坏的关键。

巧克力的起霜情况可以通过对不同储藏温度及时间下巧克力产品肉眼观察的起霜现象来评价，也可以通过色度仪测定的白值（whiteness index，I_W）来分析，通过色度仪测定得到 L、a 和 b，采用如下公式进行计算。

$$I_W = 100\sqrt{(100-L)^2 + a^2 + b^2}$$

也有学者利用计算机视觉与图像分析技术（computer vision system combined with image analysis，CVSIA）处理巧克力产品在起霜过程中的图片，根据图像的灰度将其分为3个主要区域，白斑、灰白背景、原始背景，计算图像中起霜的面积占比。相较于肉眼观察，图像处理技术对巧克力产品起霜过程的分辨率更高。巧克力起霜（除去糖霜及调温不成功外的影响）机制及相应的改善措施，见表8-11。储藏期间油脂晶型的转化、油脂混合物之间相容性差导致的共晶现象、因温度波动或产品微观结构缺陷导致的结晶分层现象、芯料中含较多液油导致液油的迁移等容易引起巧克力的起霜现象。

表8-11 巧克力起霜机制及改善措施

起霜机制	具体情况	改善措施
晶型转化	多见于储藏期间，油脂从βⅤ型转化为βⅥ型，伴随着针状晶体出现而表现出起霜	（1）加入高SUS油脂，如可可脂高熔点的分提物、StOSt和POP、StStO和PPO、BOB等 （2）加入月桂酸型油脂（代可可脂、棕榈仁油分提产物）；乳脂及其改性组分（乳脂、氢化乳脂、乳脂硬脂分提物）；乳化剂（蔗糖酯、司盘65、司盘60等）；其他（如对称与非对称甘油三酯OSatO和SatSatO与CB以1∶1混合）
共晶现象	单体油脂中高熔点的组分与低熔点的组分相分离； 油脂混合物（可可脂+乳脂/棕榈仁油，油脂组成差异较大，相容性差）	避免使用相容性差的油脂
结晶分层	油脂中液相部分因开裂或多孔结构对高熔点部分有溶解作用，与液油含量及温度相关	（1）避免温度波动 （2）关注产品微观结构
油脂迁移	多发生于高液油含量内芯的巧克力涂层产品中，主要是由于扩散及毛细管作用，液油会发生迁移直至达到平衡，涂层表面形态及多孔结构均会对油脂迁移有影响	（1）内芯与外壳之间使用阻隔层油脂（barrier fat） （2）选用内芯与外壳油脂相容性好的油脂组合 （3）关注产品微观结构

注：B—山嵛酸；St—硬脂酸；O—油酸；Sat—饱和酸。

巧克力耐热性的评价方法目前没有统一或标准的方法。有通过DSC对样品以3℃/min加热速率从20℃加热到50℃，根据熔化曲线中主要吸热峰的峰值温度提升程度来判断巧克力热稳定性的提升效果。吉百利的一篇专利中，先对巧克力放置40℃下储藏3h，随后采用质构仪，选用12.8mm圆柱形探头，以0.5mm/s的下压速度，下压高度为3mm对巧克力样品硬度进行测试，通过硬度数值的大小来判断巧克力的抗热性。还有一种方法是利用加热条件下巧克力的形变大小来判断耐热性，利用巧克力保形指数（SRI）评价巧克力耐热性的具体方法为：先记录每块巧克力的宽度 d 及质量 w，然后将巧克力放在托盘中并置于 40℃ 烘箱中保持 1h，将盛有巧克力的托盘从 46cm 高处坠落，测定坠落后巧克力样品的宽度，计算 SRI（I_{SR}）。I_{SR}越接近 100，说明巧克力经历加热后的保形性越好。

$$I_{SR} = 100 \times \left(1 - \frac{d_2^s - d_1^s}{d_2^c - d_1^c} \times \frac{w^c}{w^s}\right)$$

式中　s，c——分别对应测试样和对照样品；

w——样品质量；

d_1，d_2——分别代表测试前后样品的平均宽度。

提升巧克力耐热性的途径有三种，分别是对巧克力微观结构进行巩固、添加可以和油脂结合的多聚物、添加高熔点油脂。其一，可以向巧克力中加入保湿剂或引入水分形成乳化体系，将水分和糖形成二级结晶网络，以提升其耐热性，但水的加入会增加巧克力黏度，后续储藏也容易出现糖霜。其二，可以添加和油脂结合的多聚物如燕麦粉（80%淀粉、6.8%蛋白质，0.5%β-葡聚糖），温度升高时，燕麦粉可以吸收液油从而达到保持产品形状，需注意多聚物的加入会对巧克力的风味和黏度产生影响。其三，添加高熔点油脂如高 StOSt 含量的油脂，能够提高巧克力的耐热性；或者添加烛果油等天然油脂，可以增加巧克力中油脂的熔点，同时不影响巧克力的口感。巧克力的耐热性和口感是此消彼长的关系，因此在提升耐热性的同时，要综合平衡产品口感和耐热性之间的关系。

三、巧克力的应用领域

巧克力在糖果、冷饮、烘焙等领域广泛应用，根据巧克力在产品中的分布位置，将其应用分为排块、涂层、夹心三大类。不同应用领域，巧克力中使用的油脂种类及油脂含量会略有差异。表 8-12 是巧克力在不同产品中应用的情况。

表 8-12　巧克力的应用

种类	产品照片	油脂选择原则
巧克力排块		CB、CBE、CBS 类油脂，油脂含量 30%~40%
巧克力涂层 （烘焙品，威化或饼干表面涂层）		CB、CBE、CBR 类油脂，油脂含量 30%~40%

续表

种类	产品照片	油脂选择原则
巧克力涂层 （坚果或糖果表面涂层）	 	CB、CBE、CBR、CBS类油脂，油脂含量30%~40%
巧克力涂层 （冷饮表面涂层）		CB、CBE、CBS类油脂，油脂含量45%~55%
巧克力夹心 （糖果类夹心）		CBE、CBS类油脂，油脂含量30%~40%

第九章

CHAPTER 9

调味油脂制品

学习要点

1. 了解不同种类涂抹酱（蛋黄酱、花生酱、芝麻酱）的原辅料组成成分，掌握不同品种涂抹酱生产工艺流程、关键操作要点以及关键设备；

2. 掌握蛋黄酱、花生酱、芝麻酱在加工和贮藏过程中质量控制与品质评价技术手段；

3. 了解调味油脂制品中色拉汁的分类与特点，掌握色拉汁原辅料及其制备工艺和关键操作要点；

4. 理解风味调味油的加工方法与原理、风味粉末油脂的功能，掌握常见风味调味油和风味粉末油脂的生产工艺。

第一节　涂抹酱

一、蛋黄酱

蛋黄酱（mayonnaise）是通过含蛋黄的配料，将食用油脂与含酸性配料和/或酸度调节剂的水相乳化，添加或不添加其他辅料、食品添加剂形成稳定的半固态酸性乳化调味酱。蛋黄酱作为一种半固体的乳化食品，具有独特的风味，是一种调味涂抹酱。制备蛋黄酱的基本原料是食用植物油、蛋黄及酸味剂，可选择的辅料主要有食盐、甜味剂、香料、风味剂、脂肪阻晶剂、金属离子螯合剂等。蛋黄酱是经过乳化加工制成的乳化物，其物理结构是由油及油溶性成分组成内相（或不连续相）分散在由醋、蛋黄和其他配料组成的外水相（或连续相）中，因此，蛋黄酱是一种水包油（O/W）型乳化物，它的稠度范围很宽，其主要取决于水相和油相的比例，以及所用蛋黄原料品种和用量。例如，生产较稠的蛋黄酱时，用油量可以比表 9-1 给出的范围高，但当蛋黄酱的含油量超过 85%时，乳状液变得不稳定。蛋黄酱的稳定性除了与配方有关，而且在很大程度上取决于制作时的工艺过程、所用设备类型及具体操作条件。

蛋黄酱的色泽类似奶油的淡黄色，其色泽主要来自蛋黄的颜色。蛋黄酱因其独特的风味为大众所喜爱。同时，由于蛋黄酱在风味及风味稳定性方面优于黄油及人造奶油，它也被大量用来代替黄油和人造奶油，用作面包涂抹料和三明治夹心配料，因此，其产销量很大，已成为一种重要的油脂调味品。近年来，随着饮食生活的多样化，也是出于健康方面的考虑，市场上还出现了一些新型的蛋黄酱制品。比如在配方中不使用蛋黄而使用卵清蛋白、乳清蛋白或植物蛋白加工出的无胆固醇蛋黄酱。

（一）蛋黄酱的原辅料与配方

1. 植物油

用于蛋黄酱的植物油要求是一级油。大豆油、冬化棉籽油、葵花籽油、玉米油、橄榄油、米糠油、菜籽油、红花籽油均可用于蛋黄酱的制备。但是，含有大量饱和脂肪酸的植物油（如棕榈油）、冷藏温度下容易固化的植物油（如花生油）或者未经冬化处理的植物油不宜使用。因为这些油冷藏温度下易出现结晶，而一旦出现结晶，蛋黄酱的乳化体系将会被破坏。用于蛋黄酱的色拉油还要添加微量的羟基硬脂精、卵磷脂或脂肪酸的多元醇酯来防止油中出现结晶。通常是添加不大于0.125%的羟基硬脂精作为阻晶剂。

有时，为了生产特殊风味或具有保健功能的蛋黄酱，也可添加未经脱臭的油或者其他特种油脂。例如，用未脱臭的橄榄油代替10%的色拉油，生产出的蛋黄酱就有一种特别的新型风味。出于对健康的关注，大豆油、菜籽油和其他一些低饱和脂肪酸的植物油常被使用。

蛋黄酱的乳化体系中，油量的多少、油滴的大小及油滴的分散情况都会影响蛋黄酱的品质。虽然蛋黄酱的品质标准一般规定含油量不低于65%，但大多数产品的含油量都远高于这个数值，通常在75%~84%。这是因为当含油量低于75%时，蛋黄酱的稠度就会受到严重影响，变得稀软易流，失去一些功能特性；而当含油量高于84%时，由水溶性成分构成的外相所占的比例就很小，导致油滴之间的间隔层太薄，机械振动等因素很容易使油滴发生相互融合，进而导致蛋黄酱乳化体系的破乳。但这一含油量并不是通用的，具有不同含油量的调味料在世界上很多国家以蛋黄酱产品的形式在市场上销售。

2. 蛋原料

蛋黄酱所用的蛋原料均指鸡蛋产品，可以是液态蛋黄、冷冻蛋黄、蛋黄粉、液态全蛋、冷冻全蛋、全蛋粉或者强化蛋。所谓强化蛋是指蛋黄与蛋清复配物中固形物含量高于26%的蛋料。在蛋黄酱生产中常用固形物含量为33%的强化蛋。当使用全蛋或强化蛋时，其用量根据固形物含量决定，一般是要求它们带入蛋黄酱的固形物量与使用蛋黄时相同，这样才不至于因所用蛋原料种类的不同而影响蛋黄酱的黏稠度。

蛋黄酱配方中起乳化作用的主要是蛋黄，据分析其有效成分主要是磷脂、胆固醇和脂蛋白。另外，卵清蛋白也有助于乳化，并且能提高蛋黄酱乳化体系的稳定性。这是因为卵清蛋白在蛋黄酱的酸性条件下能形成凝胶结构。原则上生产蛋黄酱所用的蛋原料可以是新鲜的、冷冻的或者是喷雾干燥成粉的，但使用效果会有所差别。使用新鲜蛋原料时，所生产的蛋黄酱较软，放置一段时间后稠度会略有增加。纯蛋黄在冷冻时会不可逆地发生胶凝而失去分散性，不利于在蛋黄酱中应用。然而如果在蛋黄中加入10%的食盐或者10%的糖或者蛋清，它在冷冻时就只发生少部分胶凝，解冻后不仅仍能够分散，而且稠度会比冷冻前有所增加。蛋黄酱生产中大多采用这种经冷冻增稠的蛋原料，因为这种蛋原料生产出的蛋黄酱黏稠度好。其中最常用的是添加10%食盐的冷冻蛋黄，因为所加食盐能防止解冻时微生物对蛋黄的污染和破坏。经过干燥处理所得到的蛋粉也适合于生产蛋黄酱。蛋粉在蛋黄酱水相成分中很容易分散溶解，因此在固形物数量相同时，使用蛋粉比使用新鲜的或冷冻的蛋原料所制得的蛋黄酱较黏稠。生产相同稠度的蛋黄酱时，使用蛋粉比使用冷冻品可节省5%的蛋原料（以蛋原料固形物计算）。

生产蛋黄酱所用的蛋原料应经过灭菌处理，以消除其中可能存在的沙门氏菌等细菌。采用适当的方法进行灭菌并不影响其乳化功能。

3. 醋

醋在蛋黄酱中主要有三种作用，一是防止蛋黄酱发生微生物污染而腐败（包括一些酵母引起的腐败），二是调节蛋黄酱的风味，三是醋还具有调节蛋黄酱黏稠度的作用。保质期内蛋黄酱的pH一般控制在4.2或更低，可以控制致病菌的产生。蛋黄酱生产中最常用的酸是食用醋酸。食用醋酸常含有乙酸、乙酸乙酯及其他微量成分，这些微量成分对食用醋酸及蛋黄酱的风味都有影响。醋中可能含有大量的微量金属，而微量金属的存在对蛋黄酱的氧化稳定性产生大的影响，因此所用醋的质量是非常重要的。通过活性炭滤层对食用醋酸进行吸附处理，可使醋的风味和金属离子得到改善。为了提高和改善蛋黄酱的风味，在蛋黄酱配方中也可以使用柠檬汁、苹果汁、酸橙汁、柠檬酸、苹果酸等酸味剂代替部分食用醋酸，这些酸味剂能赋予蛋黄酱特殊的风味，但是过量的酸则影响风味。

在蛋黄酱配方中，酸的用量要保证蛋黄酱外相（水相）中总酸（以醋酸计）不低于2.5%（质量分数），否则就很难起到防止蛋黄酱腐败变质的作用。

4. 盐

盐不仅为蛋黄酱提供优良风味并且是一种风味增强剂，此外，盐具有防腐作用，其与醋一起为蛋黄酱提供防腐效果。

5. 糖

糖可以抵消醋和盐的刺激风味从而增加调味料的风味。常用的糖类可以是蔗糖、果糖、葡萄糖、蜜糖、玉米糖浆、果葡糖浆等。糖也增加了调味料中固形物的含量，这有助于提高光滑和奶油般的口感。不同的糖风味不同，除了糖本身的风味外，它也是其他配料的风味增强剂。

6. 调味剂

随着蛋黄酱产品的日益丰富，不同的调味剂被使用，常用的调味剂有芥末、辣椒、大蒜等。

（1）芥末　芥末含有硫代葡萄糖苷，它水解释放出的异硫氰酸烯丙酯等辛辣刺激性物质，可以赋予蛋黄酱刺激性风味。芥末是由芥籽加工而成的。常见的芥籽有两种，一种是白芥籽，另一种是黄芥籽。由白芥籽制得的芥末，辛辣滋味强而嗅感气味弱；由黄芥籽制得的芥末，刺激性气味强而辛辣滋味弱。生产蛋黄酱时，最好将这两种芥籽按一定比例进行适当的配比，以便达到最佳的风味平衡。芥末通常是以粉状形式用于蛋黄酱，也可以是芥末油。芥末粉除了提供风味外其含有的蛋白质还影响蛋黄酱的稳定性。制备芥末粉所用的芥籽必须经过充分的清理除杂。如果芥籽中含有菜籽、草籽等具有黑色皮壳的杂质，最终会导致蛋黄酱具有黑色斑点，影响蛋黄酱的外观。将芥籽制成芥末油使用不会给蛋黄酱带入黑色斑点。芥末籽根据品种、产地的不同，一般能提取0.5%~1.0%的芥末油。等量的芥末籽，制成芥末油加入蛋黄酱远比制成芥末粉加入所呈现的风味强烈。另外，芥末油在蛋黄酱中所呈现的风味也较稳定、持久，可保持三个月而风味无明显减弱，但芥末粉在蛋黄酱中的风味只能保持半个月左右。根据实践经验，制备蛋黄酱时采用芥末油比采用芥末粉可节约芥末籽60%以上。使用芥末油时要小心谨慎，因为纯芥末油不仅易燃，而且具有强烈的刺激性。纯芥末油溅到皮肤上会使皮肤烧出水泡，眼睛、鼻腔接触或吸入它的蒸气也会受到损害。生产中最好的办法是用色拉油将芥末油配制成稀溶液使用。如果使用芥末油，会失去芥末粉作为一种辅助乳化剂和作为着色物的优点。

（2）辣椒　辣椒常以油树脂的形式用于蛋黄酱。油树脂是用溶剂对干燥红辣椒进行提取所得到的抽提物。辣椒油树脂的风味特色主要是辣，辣味的强弱主要取决于制备油树脂时所用辣椒的品种及所用抽提溶剂。蛋黄酱生产中通常选用辣味较温和的辣椒油树脂。辣椒油树脂在蛋黄酱中的用量很少，一般为6~8mg/kg，用量多时会导致产品发红。

（3）其他调味料　大蒜或洋葱也常用于蛋黄酱来调整风味。洋葱的风味比大蒜温和，更受欢迎，但在蛋黄酱中的稳定性差、容易消失，而大蒜的风味却能在蛋黄酱中长久保持。除此之外，蛋黄酱可用的调味料还有胡椒、龙苗、丁香、多香果、桂皮等及其制品。

7. 金属离子螯合剂

为了钝化具有促氧化作用的金属离子，防止蛋黄酱中油脂的氧化与回味，同时也为了避免因氧化而导致的蛋黄酱色泽消退，通常在蛋黄酱中要加入75mg/kg左右的乙二胺四乙酸（EDTA）二钙盐或乙二胺四乙酸二钠盐。

8. 惰性气体

蛋黄酱产品中通常注入部分惰性气体来提高其货架稳定性。常用的惰性气体为二氧化碳和氮气，其中氮气的效果好于二氧化碳。惰性气体是在乳化均质过程中注入的，通常是直接注入胶体磨的磨腔。惰性气体的注入量通常是根据控制蛋黄酱成品的体积质量来调节。不含气体的蛋黄酱的相对体积质量一般为0.94，实际生产中通过注入惰性气体使蛋黄酱的相对体积质量保持在0.88~0.90。惰性气体含量过高会导致蛋黄酱在流通过程中出现结构变化、外形坍塌；含量过低又会影响经济效益，因为蛋黄酱通常是以体积为单位进行计量销售。

9. 蛋黄酱的配方

蛋黄酱的配方随生产和销售的厂家、地域以及蛋黄酱品种的不同而不同，但大多数蛋黄酱品种的配方在表9-1所列的范围内。

表9-1　蛋黄酱中各原料所占的质量比

配料	比例/%	配料	比例/%
植物油	75.0~84.0	糖	1.5~2.5
蛋黄	7.0~9.0	芥末	0.5~1.0
食醋（醋酸含量4.5%）	9.4~10.8	白胡椒	0.1~0.2
食盐	1.5	水	添加至100%

一些典型蛋黄酱、低蛋蛋黄酱、以蛋黄粉为蛋源的蛋黄酱、以全蛋为蛋源的蛋黄酱和低脂蛋黄酱的配方见表9-2、表9-3、表9-4、表9-5和表9-6。

表 9-2 典型蛋黄酱中各原料所占的质量比

配料	比例/%	配料	比例/%
菜籽油	80.5	糖	0.30
液体蛋黄（含 8%盐）	8.50	芥末	2.50
食醋	2.10	水	5.80
食盐	0.30		

表 9-3 低蛋蛋黄酱配方中各原料所占的质量比

配料	比例/%	配料	比例/%
菜籽油	80.50	糖	0.30
液体蛋黄（含 8%盐）	6.00	芥末	2.50
食醋	2.10	水	8.10
食盐	0.50		

表 9-4 以蛋黄粉为蛋源的蛋黄酱配方

配料	比例/%	配料	比例/%
菜籽油	79.0	糖	4.00
蛋黄粉	2.70	芥末粉	0.30
食醋	3.00	水	9.80
食盐	1.20		

表 9-5 以全蛋为蛋源的蛋黄酱配方

配料	比例/%	配料	比例/%
菜籽油	79.00	食盐	1.04
全蛋	3.60	糖	4.00
液体蛋黄（含 8%盐）	1.96	芥末粉	0.30
食醋	3.00	水	7.10

表 9-6 低脂蛋黄酱配方

配料	比例/%	配料	比例/%
菜籽油	50.00	食盐	0.70
蛋黄	4.00	糖	1.50
增稠剂	4.00	芥末粉	1.50
食醋	3.00	水	35.30

日本的今井忠平对世界上部分国家加工的蛋黄酱进行了抽样分析，结果见表 9-7。

表 9-7　一些国家的蛋黄酱成分分析值　单位：%

国别	水分	粗脂肪	粗蛋白	糖	总酸（以醋酸计）	食盐
美国	13.6~18.1	70.8~83.6	1.00~1.62	0.56~1.65	0.32~0.59	0.55~1.90
加拿大	14.4	83.0	1.03	0.76	0.37	1.29
巴西	15.3	80.0	1.13	1.28	0.45	1.38
德国	12.0~14.3	80.9~84.8	1.00~1.68	0.25~2.64	0.31~0.50	0.88~1.20
俄罗斯	24.5	70.8	2.74	0.13	0.90	1.29
比利时	11.6~14.7	80.9~84.8	1.21~1.23	0~1.07	0.47~0.64	0.84~1.42
荷兰	12.6~12.7	83.8~84.6	1.57~1.69	0.76~0.98	0.44~0.62	0.81~0.84
澳大利亚	22.7	66.0	1.51	3.83	1.18	1.80
波兰	14.2~21.3	73.5~82.4	0.84~1.07	0.45~1.77	0.29~0.60	1.23~1.27
法国	14.8~15.2	80.0~82.1	1.55~1.87	0.63~1.09	0.36~0.47	0.94~2.46
西班牙	15.4~16.3	81.2~82.5	1.10~1.19	0~0.92	0.27~0.38	1.00~1.10
瑞士	10.5~13.1	83.3~87.5	1.17~1.20	0.95~1.13	0.29~0.44	0.73~0.96
瑞典	10.9~17.6	79.5~86.3	0.98~3.47	0.95~1.10	0.38~0.52	0.12~0.89
丹麦	15.3	82.2	1.23	1.15	0.37	1.08
挪威	14.6~23.8	72.2~82.1	1.18~2.18	0.28~0.90	0.13~0.36	1.09~1.21
意大利	14.4	81.9	1.03	1.08	0.32	1.22
以色列	12.3	84.7	1.27	0.82	0.47	0.73
日本	16.6~22.3	72.0~78.3	1.05~2.82	0.27~1.38	0.38~0.71	2.06~2.41

（二）蛋黄酱的制备

蛋黄酱是一种水包油（O/W）的乳化物，其中油相（分散相）的量远远大于水相（连续相）的量，因此，要制备稳定的蛋黄酱是不容易的。在很大程度上来说，蛋黄酱的制备是一种技巧。虽然在理论上已经知道许多因素对乳化物的稳定性起主要作用，但是对于这些因素之间的相互影响以及这些因素与工艺条件之间的相互关系，还有待于进一步研究。制备蛋黄酱时，操作者的经验至关重要。

在间歇操作的混合器中制造蛋黄酱的方法有两种：①把蛋黄、糖、盐、香料和一部分醋（如 35%）混合，然后逐渐地边搅打边加入油，最后将剩余的醋混入来调整其黏度。与在开始时把醋全部加入相比，先加入一部分醋混合、最后加入剩余的醋，得到的蛋黄酱黏稠度较好；②先将蛋黄、糖、盐、香料混合均匀，然后再缓慢加入油。在加入油的过程中通过搅打使混合物尽可能黏稠，然后加入少许醋来调节稠度。这样经过反复地加油增稠，加醋调节，就可以生产出非常细小的油滴，从而使乳化物非常稳定。选用新鲜蛋，用1%高锰酸钾溶液清洗，打蛋后分离出蛋黄。将蛋黄用容器装好，放在60℃的水浴中保温3~5min，以清除蛋内的沙门氏菌等细菌。将蛋黄放在组织捣碎机内先搅拌1min左右，再加入砂糖搅拌至食盐、糖溶解。味精、花椒油、八角油等调味料一次加入，搅拌1min左右。

如果加入调味芥末粉，应加入不含醋和盐的水中，芥末粉的水化伴随一个酶促过程发生，从而产生特有的风味。如果有酸的存在，这个酶过程所产生的风味成分会很少。

蛋黄酱生产的连续工艺一般是先将配料在预混合器中进行混合，然后通过输送泵将其送入胶体磨中进行均质乳化。乳化温度对于蛋黄酱的质量以及能否成功制备蛋黄酱是很重要的。在小型混合器中制备蛋黄酱时，要把产品的温度控制在15~21℃。如果温度过低，最初得到的产品会比较黏稠，而经过后续的熟化阶段后又会变得很稀软。相反，如果温度高于21℃，所得到的乳化物会非常稀软，缺乏应有的黏稠度。使用胶体磨进行连续生产时，进入胶体磨的混合料的温度要控制在10~16℃，因为在胶体磨中均质时料温还会上升5℃左右。胶体磨磨体上的循环冷却装置对于防止温度升高是有益的，但是由于传热系数较低，若进入胶体磨时料温高于16℃，仅靠磨体冷却装置往往不能保证出口料温不超高。一旦胶体磨出口处料温高于24℃，蛋黄酱的生产往往会失败。

蛋黄酱的生产设备均需采用不锈钢材料。应用最广泛的蛋黄酱生产设备是迪西·夏罗特装置（Dixie-Charlotte system），可实现230~4600L/h的加工量。它由迪西混合器（Dixie mixer）和夏罗特胶体磨（Charlotte colloid mill）两部分组成，两者之间通过管道、阀门及输送泵连接。迪西混合器从外形上看很像一个圆筒形储罐，罐内靠底部位置有一个水平轴，轴上并排装有三个涡轮搅拌器（turbine mixer），水平轴由一个变速电机驱动（图9-1）。夏罗特胶体磨是一个由可以高速（3600r/min）运转的转子和固定的定子组合成的机械设备，其中转子和定子之间的间隙是可调的（图9-2）。当物料缓慢进入转子和定子之间的间隙，会受到很强的剪切力而形成细小的微粒。转子和定子之间的间隙一般控制在0.635~1.02mm。调节转子和定子间隙时要考虑下列因素：作用于物料的剪切力的大小，最终产品的黏稠度，胶体磨的处理能力。生产中，物料在迪西混合器中经过预乳化成为粗的乳化物，然后经泵输

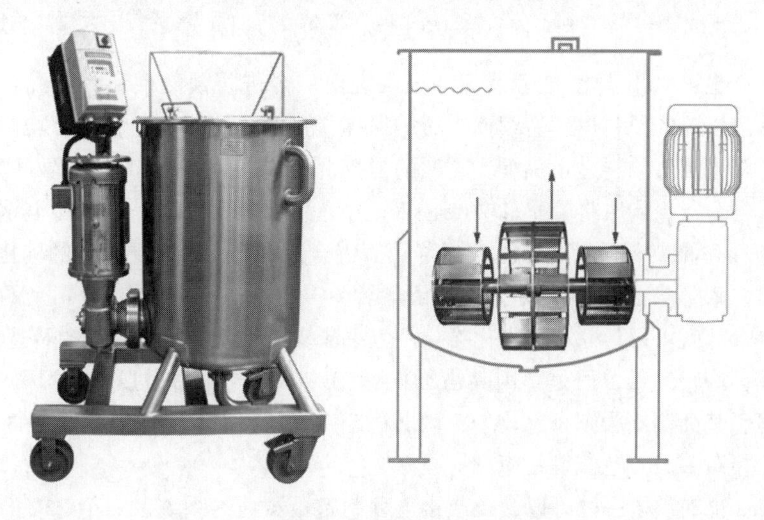

图9-1　迪西混合器外观及其内部结构图

送至夏罗特胶体磨进行均质，得到稳定的乳化产品。为防止乳化过程中油脂的氧化，胶体磨乳化过程常在真空下进行。相对于搅拌混合，真空胶体磨加工的制品分散油的粒度为1~10μm，制品的振动和冻结稳定性较好（表9-8），适用于工业规模连续化生产。

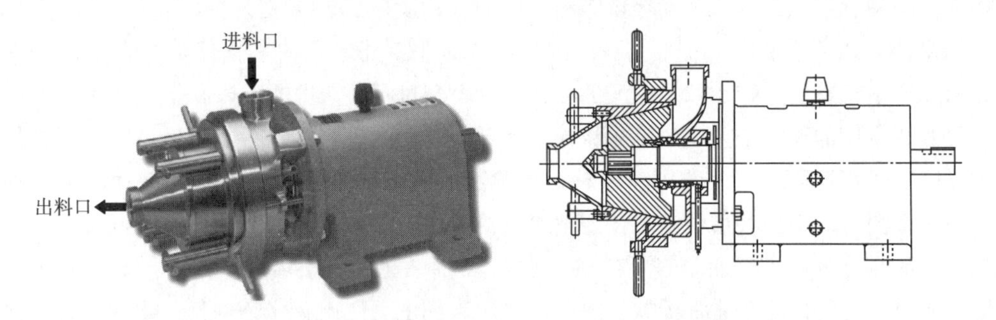

图9-2 夏罗特胶体磨外观及其内部结构图

表9-8 乳化机械和油、食盐、醋酸浓度对蛋黄酱冻结分离度的影响

乳化机械	水相中浓度/%		不同大豆油含量下的分离度/%		
	食盐	醋酸	62	75	85
混合器	0	4	94.8	94.9	96.1
胶体磨			80.9	90.0	96.5
混合器	10	0	78.7	77.6	78.9
胶体磨			0.1	0.8	8.4
混合器	10	2	41.7	83.1	92.7
胶体磨			0.2	1.7	19.2
混合器	10	4	63.8	85.6	93.6
胶体磨			0.6	32.4	75.5

注：加工后在-15℃中保存24h；分离度（%）=（冻结分离油量/蛋黄酱中大豆油总量）×100。

蛋黄酱生产也可采用AMF成套装置。该系统由一个进料预混罐和两个混合段组成。在预混罐中，除醋以外的原料得到持续而缓慢的搅拌，目的是使各种配料混合均匀，防止各成分分离。为了防止混合物料过于黏稠，这时的搅拌混合应平缓而温和。预混好的混合物料接着被送入第一混合段，同时将醋量的20%注入。第一混合段实际上是一个小型锅，锅内安装有转速为875r/min的涡轮搅拌器。预混料经第一混合段混合，成为稠而粗的乳化物。这种粗乳化物接着被泵入第二混合段，即奥克斯混合器（Oakes mixer），同时将剩余的醋注入。经第二混合段混合，就可得到稳定的乳化物——蛋黄酱。奥克斯混合器转子的转速为475r/min，远较夏罗特胶体磨转速低，但是，因其齿形设计特殊，混合作用很强。采用AMF成套装置生产的蛋黄酱，其油滴更为细小、均匀，因而稳定性更高，但色泽较浅。图9-3为采用AFM成套装置生产蛋黄酱的工艺流程示意图。

瑞士Fryma也提供了一种可以分批或半连续制备蛋黄酱的系统。三个75L的不锈钢罐分别装有植物油、蛋液以及醋、水、甜味剂和其他辅料。通过配有控制传感器的泵以一定的比

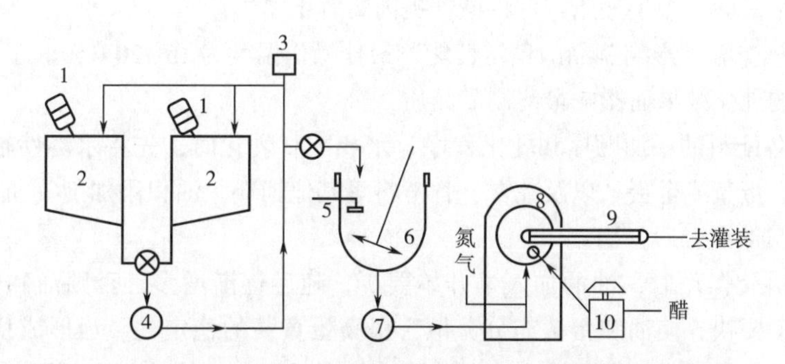

图 9-3 采用 AFM 成套装置连续生产蛋黄酱的工艺流程

1—搅拌器 2—储罐 3—电磁阀 4—卫生泵 5—浮子 6—搅拌锅
7—计量泵 8—奥克斯混合器 9—后混合器 10—流量控制器

例进入 380~1200L 的真空预混料储罐（保持在 300~400MPa），对来自三个罐的流量按顺序和流速进行编程。同时，粗乳液从预混罐底部抽出，并通过设置 1.25mm 间隙的胶体磨循环回到预混料顶部。制备 950L 的混合物大约需要 15min，在蛋黄酱转移到灌装机之前需要 45 次通过胶体磨。

美国 Emulsol 公司提供了一种连续自动蛋黄酱生产系统（图 9-4）。该系统包括四个缓冲罐，配备上限和下限控制传感器，以及四个用于油、醋和/或鸡蛋、淀粉糊、水浆、甜味剂和干配料的配比泵。泵设置已针对速度和添加顺序进行了预编程。配料按计量的量被送入在线混合器或预乳化器，在此形成粗预乳液，然后计量至胶体磨，胶体磨间隙设置为 1.25mm。该系统每小时可生产 1500~7500L 蛋黄酱。

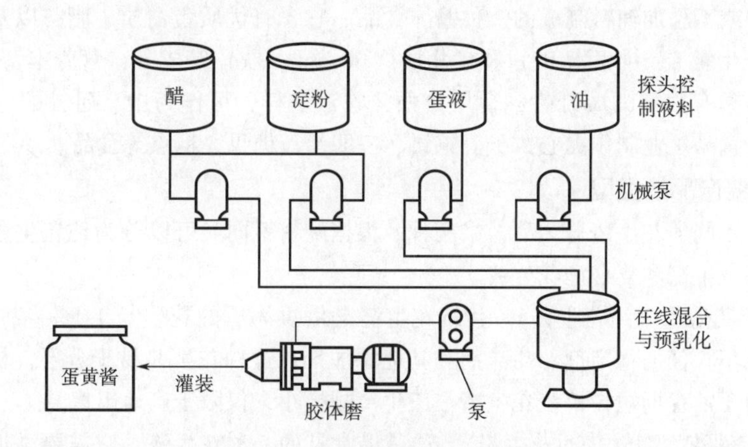

图 9-4 Emulsol 系统工艺流程

蛋黄酱加工过程中关键控制点：

（1）原料需要进行杀菌处理 香辛料和醋也要进行加热杀菌，加工设备、操作者和操作场所都需要严格消毒，避免细菌污染。蛋黄中卵磷脂在-4~2℃时，乳化能力减弱，因此，鲜蛋从冷库取出需回温后再使用。一般以 18℃的温度为佳。若温度超过 30℃，蛋黄粒子硬结，也会降低蛋黄酱质量。

（2）将蛋黄、芥末和香辛料混合 芥末和香辛料一般不溶于水，而蛋黄是一种乳化剂，可将三者混合。蔗糖不溶于油脂，可将蔗糖提前溶解于醋中。

（3）乳化操作温度影响制品的稳定性能　最佳操作温度为15~20℃，低于15℃体系黏稠度大，也会影响乳化效果而影响最终制品品质。

（4）控制各配料的添加顺序和乳化程序　水相配料乳化时，先将水溶性辅料溶于水中，然后再添加醋、蛋黄或全蛋，以及芥末、香辛料等其他辅料。油相添加剂（抗氧化剂、抑晶剂等）应预先与油混合后备用。

（5）进行乳化操作时，油的加入量开始要少，随后逐渐增多，否则油和蛋不能充分融合。搅拌的速度要快，使油和蛋黄充分分散，提高蛋黄酱的稳定性。当形成稳定乳化液后，可适当提高油相加入速度，醋量适中以调节稠度的形式添加，待油相全部添加完后，再将剩余的醋一次性加入，或视制品稠度合理中断。制作时如有油渗出，可另取鲜鸡蛋或熟鸡蛋黄，再把脱油的蛋黄酱逐渐加入。

（6）制品包装后（玻璃罐，一般每瓶250g），密封盖后杀菌方式为120℃进行15~30min杀菌，为避免杀菌对蛋黄酱体系稳定性的破坏可进行原料杀菌或在45℃下8~24h杀菌。产品应储存于低温库房，运输中要避免振动。

除了以鸡蛋为蛋原料的蛋黄酱外，近年来市场上出现了以咸鸭蛋黄为原料的咸蛋黄酱、风味蛋黄酱等制品。同时，在健康饮食的大趋势下，利用植物蛋白替代蛋黄开发无蛋素食蛋黄酱（egg-free vegan mayonnaise）受到市场欢迎。例如，利用大豆分离蛋白、花生分离蛋白、豌豆蛋白等相继开发出植物蛋白基素蛋黄酱制品。

二、花生酱

花生酱（peanut butter）是以花生仁为主要原料，经筛选、焙炒、脱红衣、分选、研磨等工序，添加或不添加辅料制成的一种酱体食品。它含有优质蛋白质、脂肪以及大量的维生素（烟酸、维生素E、维生素B_1）和矿物质（磷、钾、铁）等成分，营养丰富，风味独特。同时，花生酱具有很好的展开性，食用方便，吃法多样，可作为中、西餐的涂抹食品和佐料，也可用于食品工业制作夹心饼干、馅饼、三明治、糖果、糕点等食品。

（一）花生酱产品的类型

根据口味不同，花生酱分为甜、咸两种。根据配料不同又可以分为纯花生酱、稳定性花生酱、颗粒型花生酱和复合型花生酱。

（1）传统花生酱（纯花生酱）　传统花生酱是由烘烤后的花生与1.5%~2%的食盐研磨加工而成。它不含任何稳定剂、甜味剂和其他添加剂。这种花生酱易于分层，析出的油脂易氧化酸败。由于贮存期短，传统花生酱一般生产规模小，仅限于产地出售。

（2）稳定性花生酱（普通花生酱）　这是最常见的一种花生酱，它需要添加稳定剂和甜味剂以改善其质量和风味。普通花生酱的组成是烤花生90%，稳定剂1.6%~2%，食盐1.5%~2%，葡萄糖和玉米饴糖6%~6.9%。

（3）颗粒型花生酱　加入稳定剂等辅料并含有花生颗粒的花生酱，以增加口感。

（4）复合型花生酱　以大豆、芝麻、巧克力碎块与花生（不低于50%）为主要原料，一起烘烤，再加入植物油、糖、盐、稳定剂以及烟酸等物质，一起进行研磨，即可得到一种与花生风味、质地相同的复合型花生酱。例如，将处理后的大豆碎块与花生一起烘烤，再加入植物油、糖、盐、稳定剂以及烟酸等物质，一起进行研磨，即可得到一种大豆-花生复合酱。

除此之外，还有一些其他类型的花生酱制品。

（1）搅打花生酱　将磨细的花生酱搅打充气后，再进行硬化处理而得到的一种含有气泡的花生酱，称为搅打花生酱。一般情况下，花生酱的持气性不强，为了提高持气性，需要对充气后的花生酱进行硬化处理。硬化采用的方法，一是通过增加稳定剂的添加量来实现，即将稳定剂的使用量增加到6%；二是在花生酱充气前进行快速冷却，搅打充气后得到的产品低温存放。

（2）食品工业用花生酱　食品工业中使用花生酱可生产出具有特别风味的饼干、夹心饼、三明治、糖果等食品。与普通花生酱相比，食品工业用花生酱的研磨程度低，粒度大，这主要是为了防止油脂的离析。尽管如此，食品工业用花生酱也要添加稳定剂。

（3）特殊风味花生酱　目前，市场上已出现诸多特殊风味的花生酱。例如，有一种特殊风味的花生酱，它是用糖、调味香料、人造奶油等原料制作而成的。又如薄片花生酱是通过增加稳定剂的用量（3%~3.5%）而使之硬化后切片制得的。这类花生酱中可以添加蜜糖、巧克力碎块、搓碎的奶酪、奶油、熏肉块等。

（二）生产花生酱的原料与辅料

（1）花生　花生是花生酱的主要原料，通常规定花生酱产品中花生所占的比例不能低于90%，否则就只能称为花生泥或仿制花生酱。生产花生酱所用的花生一般要脱去种皮和胚芽，即只用其子叶部分。种皮和胚芽具有苦涩味，对花生酱的口感有影响。为了防止花生酱产品的黄曲霉毒素超标，确保产品质量，应选用未受黄曲霉污染的花生作原料。花生应符合GB/T 1532—2008《花生》规定的一、二、三级要求，并符合 GB 2761—2017《食品安全国家标准　食品中真菌毒素限量》、GB 2762—2022《食品安全国家标准　食品中污染物限量》、GB 2763—2021《食品安全国家标准　食品中农药最大残留限量》的相关规定。

（2）甜味剂　为了调节和改善花生酱的风味，通常要加入一些天然的糖类甜味剂。常用的甜味剂有白砂糖、玉米饴糖、葡萄糖、蜂蜜、葡萄果糖等，可以单独使用或几种配合使用。当使用蜂蜜时，通常要添加少量磷脂或聚乙二醇酯帮助蜂蜜的分散与溶解。新型的甜味剂目前也被广泛使用，如木糖醇、甜菊糖苷和赤藓糖醇等。

（3）稳定剂和乳化剂　花生经磨碎后，其细胞结构被破坏，油脂析出，因相对密度差的作用及油脂与非脂成分互不相溶的特性，使油脂上浮，非脂部分自然沉降，形成坚硬固形物。这会使花生酱的涂抹性、风味、感官质量、贮存期都受到影响。因此，在花生酱中要使用稳定剂和乳化剂来防止油的析出和分离。

常用的稳定剂和乳化剂有：全/部分氢化的植物油（如菜籽油、棉籽油和豆油等）、油脂分提固脂、磷脂、甘油单酯、油凝胶以及玉米淀粉等。

稳定剂在花生酱中能形成网络状结晶，能将油脂和非脂成分固定在其中，并与其形成稳定的均质体系，从而阻止了非脂成分的聚集和油脂的离析。磷脂能与蛋白质形成复合物而使蛋白质在花生酱中易于分散。甘油单酯分子中具有未酯化的自由羟基，是一种非离子型表面活性乳化剂。它既可作为油包水（W/O）型乳化剂，又可作为水包油（O/W）型乳化剂。其乳化与分散作用降低了两相之间的界面张力，提高了两相的兼容性。

在花生酱生产中究竟选用何种稳定剂，使用量定为多少，要根据具体生产情况来定。选择稳定剂时，要考虑生产操作条件、冷却及灌装设备的种类等因素，同时要经过反复试验才能确定最佳的选择和用量。

（4）其他辅料　花生酱生产中使用的其他辅料还有食盐、抗氧化剂、乳清、风味剂等。

（三）花生酱的生产

由于普通花生酱最常见，是最重要的花生酱产品类型，其产量约占花生酱总产量的80%，因此，这里以普通花生酱的生产为例，简要介绍其生产工艺过程和设备。

花生酱的加工工艺流程如图9-5所示，花生酱生产车间设备布置立面图如图9-6所示。

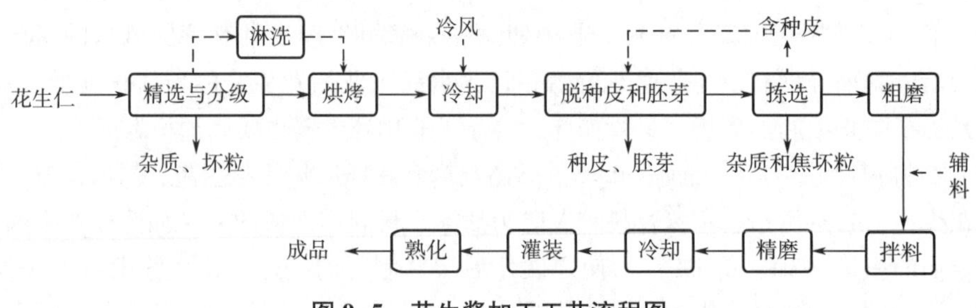

图9-5　花生酱加工工艺流程图

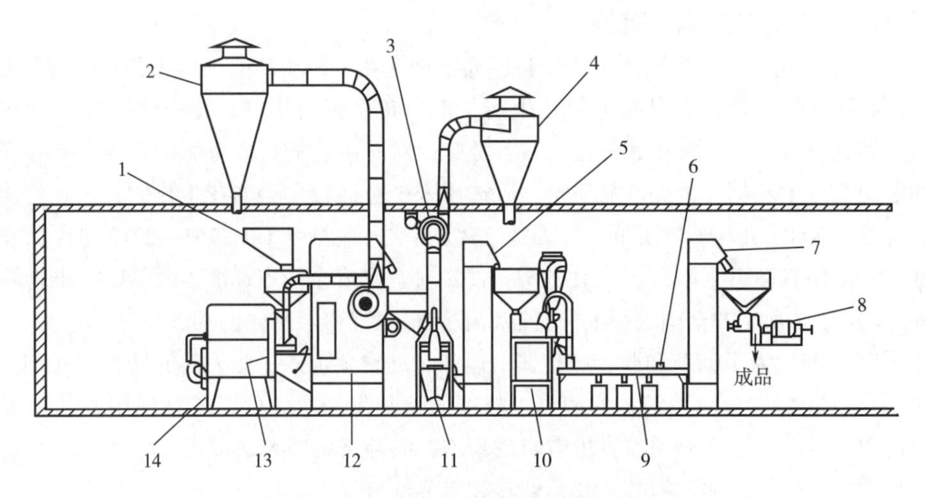

图9-6　花生酱生产车间设备布置立面图

1—进料口　2—集尘器　3—排风机　4—种皮收集器　5—提升机　6—永久磁铁　7—提升机　8—超微磨机　9—拣选台　10—胚芽分离机　11—脱皮机　12—冷却箱　13—色泽控制仪　14—烤炉

1. 精选与分级

精选与分级主要是除去花生仁中的杂质、霉变颗粒、虫蛀颗粒以及未成熟的瘪粒。花生仁经过磁选，去除金属异物。有时，精选分级后的花生仁仍可能沾染黄曲霉毒素，为确保花生酱达到卫生指标，可经过快速水洗有效地降低花生仁中黄曲霉毒素的含量。精选与分级常用的主要设备是机械振动筛、去石机、振动分级筛，需要水洗时可采用喷淋式清洗机。

2. 烘烤

烘烤是直接决定成品风味、口感和色泽的关键工序。烘烤温度和时间随花生的品种、粒径大小、水分含量的不同而不同。通常烘烤温度为135~165℃，烘烤时间为15~25min。花生仁进料厚度保持在4~6cm。烘烤可以在多个间歇式滚筒烤炉中进行，也可以用自动连续进料烘箱分段控温烘烤，二者各有其优点。间歇式烤炉可以根据原料的品种、粒径大小、水分含量的不同，随时调节烘烤的温度和时间；连续式烤炉操作方便，节省人力，烘烤程度的一致性好。烘烤时，不仅要求前后批处理的花生烘烤程度一致，而且要求每粒花生里外烘烤程度一致，避免出现外焦内生的现象，同时还要避免渗油。

花生在烘烤过程中会发生一系列物理和化学变化。首先是水分的快速减少。原料花生的水分一般在5%左右，在烘烤结束时，水分会降至0.5%左右。其次，由于部分油脂会从细胞中渗出，润湿了细胞壁，使花生仁的颜色由白变暗。在烘烤过程中，促使花生变色的最主要原因还是花生中所发生的美拉德（Maillard）反应。美拉德反应使花生发生褐变，呈现出烤花生的浅棕黄色，同时生成大量的风味化合物。在烘烤期间，花生中的蛋白质、碳水化合物、维生素等成分也会发生不同程度的降解，产生一些风味成分。

3. 冷却

当烘烤结束时，从烤炉中排出的热花生应尽快降温至40℃以下，以防余热产生后熟现象，导致花生焦煳。冷却常采用风扇排气法，用大量冷空气驱走花生中的热量。冷却时，要求空气散布均匀，冷却程度一致。

4. 脱种皮与胚芽

待花生的温度降至40℃以下时，就可在花生脱皮机中进行种皮和胚芽的脱除。种皮含有单宁，胚芽含有一种苦涩素，如不除去，不仅会使酱体出现杂色斑点，而且会使产品带苦涩味，影响花生酱的感官指标和口感。花生种皮的残留不超过5%。

5. 拣选

拣选的目的主要是除去烤焦或腐烂的花生仁及其他异物，同时种皮未能脱除的花生仁也要拣出，以便重新进行脱皮。拣选主要是通过光电色选机将花生仁中的异色颗粒自动剔除，使花生仁外观色泽均匀一致，同时还需要通过磁选器和人工手拣，确保拣选的质量。图9-7是光电色选机对烤花生进行拣选的工作原理图。

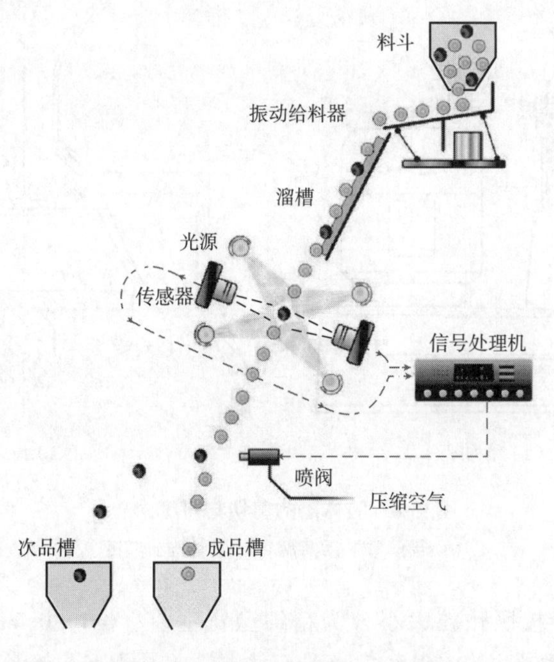

彩图9-7

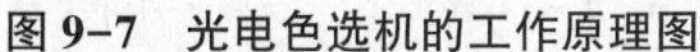
图9-7　光电色选机的工作原理图

6. 粗磨

研磨所用的设备有多种，如粉碎机、碾磨机、均质机、破碎机、锤式粉碎机、胶体磨等。研磨机大多带有调节装置，可调节研磨的细度及处理量。通常，研磨分两步进行，第一步将花生研磨至中等细度（温度应控制在60~70℃，要求200目滤网通过率达到95%），第二步再磨成精细、均一的糊状。

7. 拌料

食盐及其他配料在粗磨后按比例加入。糖粉、盐粉首先磨成200目细粉。向酱体中加入一定比例的糖和盐，糖一般占烘烤花生的5%，盐一般占烘烤花生的1%。氢化植物油和乳化剂等按配方要求泵入螺旋式混合机（氢化油70~80℃保温）。在搅拌罐中，把花生酱加热至100~110℃混合均匀并进行高温杀菌。

8. 精磨

精磨的目的在于进一步磨细酱料，让各种物料充分混合，使稳定剂能够完全分散于酱料中，达到整个体系的均匀状态。精磨细度直接关系到花生酱的适口性及口感，而花生细胞的大小在40μm左右，精磨细度应低于此值，一般在7μm左右较合适，否则会有粗糙感。将胶体磨（图9-8）的转头调制精磨位置，磨盘之间的间隙控制在0.1mm左右为宜，再将已拌料的酱体倒入胶体磨中进行精磨。研磨时会产生很多热量，使酱料升温。过高的温度会导致一系列化学反应的发生，如甜味剂中的还原糖与花生蛋白质中的游离氨基之间发生美拉德反应，油脂及其他成分的氧化反应等。这些反应会影响花生酱的风味和品质。生产中，酱料在磨机出口的温度要控制在68℃以下。要达到这个要求，除了采用两步法进行研磨之外，还要在磨机的夹层通冷却水进行降温，同时控制酱料在磨机中的停留时间少于3min。

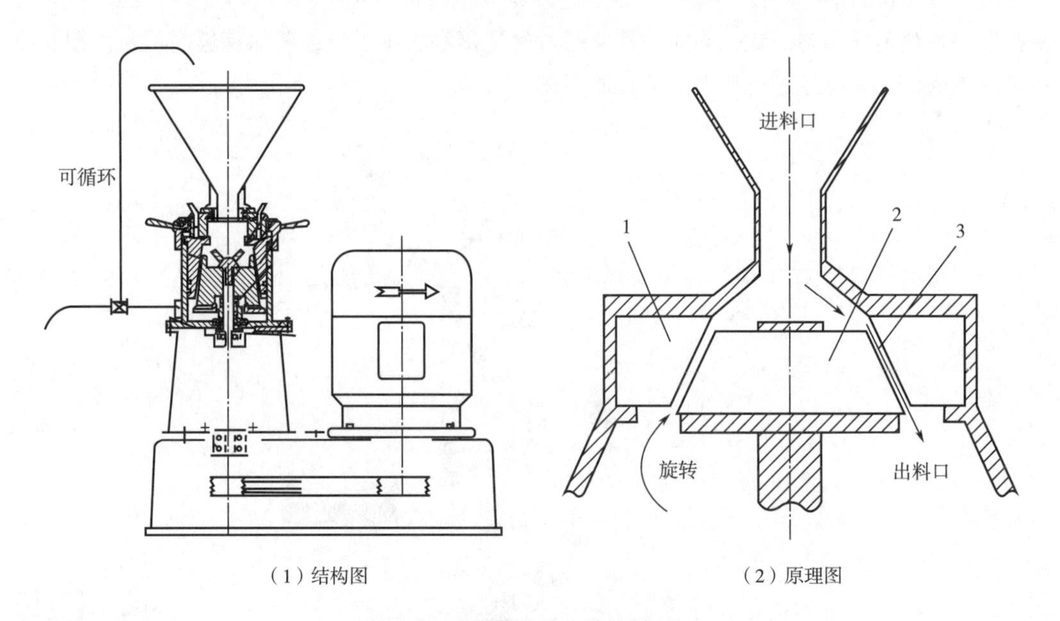

图9-8　胶体磨的剪切与研磨原理

1—定子　2—动磨盘　3—剪切与研磨区

目前花生酱生产按照颗粒大小分为精细型花生酱（0.1~0.6mm）、中等型花生酱（0.4~2.5mm）、粗糙型花生酱（0.5~7mm）三大类，不同类型直接影响着产品的品质和市场价值，通常越精细的花生酱市场销售价格越高，研磨是影响花生酱的精细等级的主要因素，但研磨过程中热量的产生不能有效控制有害微生物及其衍生环境，致使产品容易变质，存放时间短，质量低下；研磨过程中花生油的氧化程度和氧气的溶解吸附量大，致使产品营养流失。花生酱研磨中利用二氧化碳低氧研磨技术可减少研磨、灌装中的氧气含量。利用氮气取代二氧化碳低氧技术，解决了因充二氧化碳所带来的成本高问题。花生仁从磨浆到装罐的生产过程均在连续充氮的环境下进行，实现研磨关键工序的低氧化，可以抑制好氧微生物的正常生理代谢，防止花生酱油脂的氧化。

9. 冷却

精磨后的酱料应立即进行冷却处理，这对于保证花生酱的质量是十分重要的。因为刚刚精磨后形成的乳化胶体物系不稳定，如不迅速排出物系热量，就会因物质之间分子的剧烈运动而破坏这种尚未完全稳定、固化的乳化网络状结构，重新离析出油脂。冷却时，首先应突然降温，使油脂形成大量的晶核，然后再缓慢降温，以便得到细小而稳定的结晶。采用这种冷却方式制得的花生酱，表面有光泽，结构组织细腻，稳定性好。酱料冷却常用的设备是刮板式夹层冷却锅，其结构与常见的刮板式夹层反应锅类似。通常迅速冷却到35℃以下即可进行包装。

10. 灌装

当花生酱冷却到适当的温度时，经过进一步金属探测避免金属异物，即可进行灌装。适宜的包装温度随所添加稳定剂的种类、数量以及所用灌装机类型的不同而变化，一般在30~45℃。通常灌装前对花生酱进行脱气，可常采用真空包装或充氮气包装。

常用的包装容器有玻璃制品、聚乙烯制品、聚丙烯制品、聚酯制品等。一般来说，采用玻璃容器包装的花生酱，可贮存2年；采用塑料容器包装的花生酱，可保存9个月到1年。大批量出售的花生酱常采用马口铁桶、不锈钢桶和鼓形钢桶。

11. 熟化

所谓熟化，就是将包装好的花生酱产品在25℃或更低温度静置48h以上。目的是让花生酱乳化胶体中的网络状结构完全稳固定型。在此期间，任何物理或机械的作用都可能会对酱体的稳定性、稠度产生极大影响。因此，在熟化过程中，应尽量避免对产品的搬动。

三、芝麻酱

芝麻酱（sesame paste），也常被称为麻酱，是中国传统调味品。芝麻酱是以芝麻为原料，经除杂、清洗和焙炒后，采用研磨等工序制成的黏稠糊状或凝固状调味食品。芝麻酱富含蛋白质、脂肪、芝麻木脂素、多种维生素和矿物质（如钙、钾、铁、锌等），具有很高的营养价值以及浓香醇厚的独特风味，深受国人的喜爱，被用于拌酱、蘸酱、涂抹以及夹心酱或馅料等，起到增香增味的作用。根据所采用芝麻的颜色，芝麻酱可分为白芝麻酱和黑芝麻酱。

芝麻酱是一种固-液多相热力学不稳定体系，液相主要为芝麻油，固相主要由变性蛋白质、碳水化合物、木质纤维素和灰分等组成。由于组成固相的高分子化合物亲水性比亲油性强，固体小颗粒吸水后黏结成大颗粒，进而沉降，造成油酱分离的现象。尽管如此，芝麻酱中因芝麻酚和芝麻素等抗氧化活性物质的存在，使得芝麻酱不易氧化变质，具有较长的保质期。

（一）芝麻酱的分类

根据产品选用的原料品种、配比、产品形状的不同，芝麻酱可分为以下几类。

（1）纯芝麻酱（简称芝麻酱） 以纯芝麻为原料，经除杂、清洗、烘炒、研磨制成的黏稠状食品调味品。根据所采用芝麻的颜色，纯芝麻酱可分为白芝麻酱和黑芝麻酱。

（2）芝麻仁酱 以芝麻仁为原料，经除杂、清洗、去皮、烘炒、研磨制成的黏稠状食品调味品。

（3）复合芝麻酱 以芝麻、花生仁（葵花籽仁）为原料，芝麻不少于50%，按照芝麻生产工艺制成的黏稠状食品调味品。

（4）复合芝麻仁酱 以芝麻仁、花生仁（葵花籽仁）为原料，芝麻仁不少于50%，按照芝麻生产工艺制成的黏稠状食品调味品。

（5）固状芝麻酱 以纯芝麻酱或芝麻仁酱、混合芝麻酱、混合芝麻仁酱为基料，加入适量的食用植物固脂、添加剂等制成的凝固状食品调味品。

（二）生产芝麻酱的原料与辅料

（1）原料 原料，即芝麻。芝麻按其种皮颜色可分为白芝麻、黑芝麻、其他纯色芝麻和杂色芝麻四类，其中最为常见并且种植面积最大的是黑芝麻和白芝麻。白芝麻因其脂肪、抗氧化物质含量高，草酸、灰分含量低而更适合制油。黑芝麻表面黑色，呈扁卵圆形，平滑或有网状皱纹，尖端有棕色点状种脐，历来被认为是养生保健、药食两用的佳品，是我国传统的滋补肝肾类中药，中医和养生学家多将其作为药膳治疗一些疾病。此外，与白芝麻酱相比，黑芝麻酱在粗脂肪、体系稳定性方面具有明显优势。

芝麻酱在市场流通过程中稳定性较差，放置一个月后就会有浮油析出，放置时间越长，浮油越多。芝麻酱的浮油现象，不仅导致感官品质下降，还伴随下层酱体板结变硬，严重影响芝麻酱的商品价值。芝麻中的灰分和脂肪含量不利于芝麻酱体的稳定，而可溶性糖和蛋白质高含量有利于芝麻酱体的稳定。一般的芝麻原料的选择，最大含水量为1.5%，最小蛋白质含量为25%，最小脂肪含量为45%，最大总灰分含量为3.5%，最大酸不溶性灰分含量为0.3%。

除了控制芝麻原料组分，还可以通过芝麻萌发改善芝麻酱体的稳定性。萌发会使芝麻中脂肪、灰分等含量降低，促进芝麻酱的稳定性，萌发还会提升芝麻中甾醇、维生素E含量，增加芝麻酱中挥发性风味物质（尤其是吡嗪类风味物质），提升芝麻酱品质。

（2）辅料 芝麻酱的浮油现象不仅影响了芝麻酱的感官品质，底层固形物也板结变硬，严重降低了芝麻酱的商品价值。为了提供芝麻酱稳定性，常在芝麻酱中加入具有两亲性的物质或油脂凝胶剂，如棕榈油、氢化棕榈油、小麦纤维、甘油单酯、蔗糖酯、向日葵蜡和米糠蜡等，提高固相颗粒的亲油性，克服芝麻酱分层的倾向。甘油单酯是芝麻酱中最常用的稳定剂，甘油单酯可有效形成网状结晶，将芝麻酱的油相与非油相物限制在晶格中从而增强稳定性。

（三）芝麻酱的生产

芝麻酱的生产工艺流程如图9-9所示。

1. 筛选

在芝麻酱的生产工艺流程中原料筛选为首个关键点。原料的筛选可直接影响到芝麻酱的品质和安全，选择成熟度好、无霉烂的芝麻，去除被微生物污染的霉变芝麻以及泥土、砂石、铁屑等杂质及杂草籽和不成熟芝麻粒等。

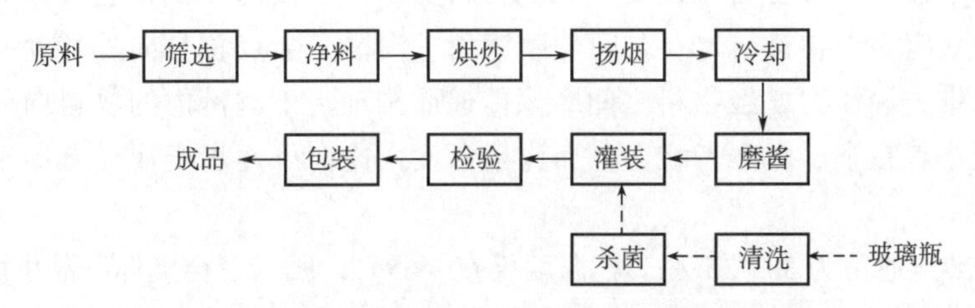

图 9-9 芝麻酱生产工艺流程图

2. 净料

利用自动芝麻清洗机，通过水洗清除芝麻中与芝麻大小相差不大的并肩泥、微小的杂质和灰尘。随后将芝麻在清水中浸泡 10min，并轻轻搅动，捞出漂浮的瘪粒、空皮和杂质。清洗还能降低芝麻表面的农药残留。浸泡后的芝麻含水量为 25%~30%，将芝麻沥干后再烘炒。当生产芝麻仁酱时可利用圆盘式或立筒式脱皮机对芝麻进行脱皮。

3. 烘炒

芝麻的特有香气形成关键在于烘炒过程。芝麻的烘炒常选用电动平底炒锅和转筒烘炒机。烘炒温度在 150~175℃，烘炒时间为 15~20min，以获得芝麻酱所需焙炒芝麻，相对于芝麻制油，焙炒温度低、时间短。若温度过高或者焙炒时间过长都会导致芝麻焦苦，不仅对芝麻酱的风味和口感有所影响，也在焙炒过程中产生对人体有危害的苯并芘物质。

焙炒工序对于芝麻酱的风味至关重要的作用在于在热处理过程中发生一系列的美拉德反应和焦糖化反应等，产生 100 余种杂环类风味化合物如吡嗪类、呋喃类、吡咯类，其中吡嗪类物质含量最多，相对含量占总风味成分的 34%~76%，壬醛、1-辛烯-3-醇、2-乙基-3,5-二甲基吡嗪和 2-戊基吡啶是芝麻酱风味的主要物质。不同的焙炒工艺处理的芝麻酱风味不同，未经烘烤、蒸煮或微波处理的芝麻酱可挥发性化合物检测出 85 种，经烘烤、蒸煮、烘烤加蒸煮和微波处理的分别检测出 117、97、93 和 87 种，并且经烘烤磨制成的芝麻酱风味最佳。

4. 冷却

利用冷风快速对炒好的芝麻进行冷却降温，避免窝锅，同时散尽烟尘，避免芝麻酱颜色发乌。

5. 磨酱

芝麻的研磨过程是芝麻酱状形成的关键步骤之一。将烘炒芝麻用石磨或者胶体磨研磨成浆状，细度一般在 88~100μm 最适，但不大于 280μm。胶体磨研磨过程中转速高，产生大量的热量，酱体的温度会随着研磨次数的增多和研磨时间的延长快速升高，而高温则会使得油脂氧化，影响芝麻酱的品质和风味，因此研磨过程中一般会采用二次研磨法。

石磨磨制过程低温、低压，主要依靠本身的重量进行物料的破碎和研磨。如图 9-10 所示，石磨是平面的两层，两层的接合处刻有斜纹（又称磨齿），物料从上方的孔进入两层中间，沿着纹理向外运移，在滚动过两层面时被磨碎。石磨工作时上下磨盘被物料完全分开，不存在岩石之间的直接接触。沟槽可以剪断颗粒，而齿面对物料的碾压是主要粉碎机理，因而上盘厚度即重量通常大于下盘以产生较大的水平剪切力。输料斜槽尾端以及沟槽交会处的物料因底盘阻碍不能自由向前滑移，受到上盘碾压而变形。石磨上下石盘沟槽的形状并不对称。上下盘沟槽交会时可以使大颗粒物料剪断，并使部分物料进入齿面之间遭受碾压，为此倾角 θ 应小于物料与岩石之间的摩擦角。沟槽交会点总是向外移动，上盘沟槽倾斜的后壁产生推力和压力，经物料之间摩擦传递而推动上下沟槽内的物料向外输送；相应扰动使颗粒较小者在下、较大者在上，而沟槽深度由内向外逐步变浅，有助于物料被后续沟槽剪断。

石磨磨制转速通常为 30~35r/min，温度仅 60~65℃，所以不会破坏制品中的芳香味物质及功能性营养成分。通过石磨磨制出来的芝麻酱口感更加细腻，酱体更加黏稠，香味也更加浓郁。近年来，介质磨也被逐渐应用于芝麻等酱体的制备。相比胶体磨和石磨，介质磨磨制的芝麻酱粒度更小，稳定性也更好。

彩图 9-10

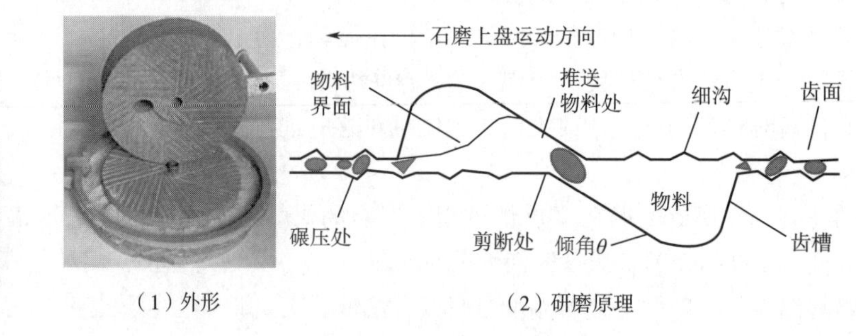

图 9-10　石磨外形及其研磨原理示意图

6. 灌装

包装瓶进入包装间之前进行消毒，灌装时严格控制净含量。

7. 检验

检验员在内包车间随机抽取样品，按照本产品相关标准进行检验，做好原始记录并出具检验报告。

8. 包装

经检验合格的产品送入外包车间进行外包装，对外包装袋及纸箱进行生产日期、品名的标注及净含量的检验。

人们追求芝麻酱的多重口感，因此复合芝麻酱广受欢迎，例如，老北京比较流行“二八酱”。所谓二八酱，是指 20%花生与 80%芝麻调和而成的复合芝麻酱。这种复合芝麻酱不仅提供了双重的口感、风味与影响，还降低了纯芝麻酱的成本。一种花生-芝麻复合酱的加工工艺流程如图 9-11 所示。

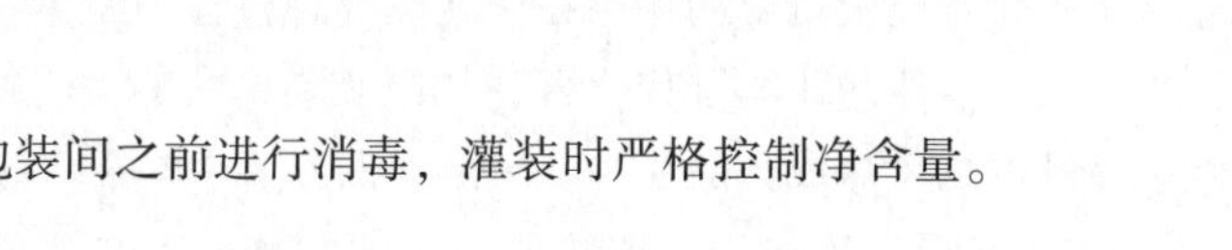

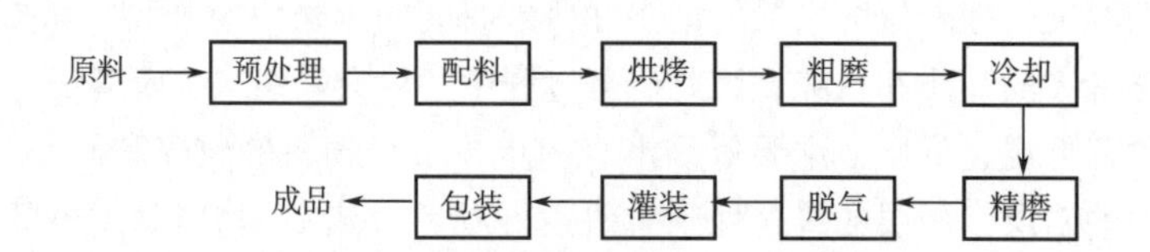

图 9-11　花生-芝麻复合酱加工工艺流程示意图

花生-芝麻复合酱生产过程中的关键控制点、设备和参数见表 9-9。

表 9-9 关键控制点、设备和参数

关键控制点	设备名称	控制参数
原料验收	实验仪器设备	花生符合 GB/T 1532—2008《花生》；芝麻符合 GB/T 11761—2021《芝麻》和 GB 19641—2015《食品安全国家标准 食用植物油料》
配料	电子秤	两者按需求比例配制
烘烤	ZMX-B 型烘烤机	烘烤温度 180~200℃，时间 50~60min
精磨	S353X 花岗岩三辊研磨机	细度过 180 目筛，出料温度 20~30℃
灌装	灌装机	包装瓶消毒 20min，灌装温度 10~20℃

四、涂抹酱质量控制与品质评价

涂抹酱应具有良好的稳定性和较长的保质期，不用冷藏也能保存相当长的时间。但是，由于大量油脂的存在常伴随着物理上的相分离（油脂上浮以及油酱离析）和各种成分中油脂的氧化降解，特别是植物油的氧化降解。

如果生产操作及产品质量控制不好，涂抹酱很容易发生失稳破乳及品质劣变现象。对于非天然原料加工的蛋黄酱而言，影响其结构稳定性，造成乳化体系破坏的主要因素有：原料配合比例不当；油的加入速度太快；乳化时搅拌不规则；储存温度过高或过低；运输过程中有搅动。例如，在蛋黄酱生产中，必须使用品质优良的植物油，否则，不仅会影响产品质量，还会缩短产品的保质期。同样，蛋品原料的质量无论从微生物学或化学角度来讲，都应是优等的，否则会在风味和乳化稳定性方面出现问题。芥末粉不能带有杂质，并要对芥末籽原料进行严格的控制，防止微生物的污染。在加工过程中，必须经常检查操作条件，以便控制正确的操作温度和乳化程序。各种配料的加入顺序和混合时间对乳化稳定性影响很大。乳化良好时，油滴大小均匀且直径在 1~4μm。在真空条件下加工，有利于防止氧化，提高蛋黄酱的质量。在均质时通入氮气，可使蛋黄酱的保质期从 180d 延长至 240d 以上。但氮气充入量必须控制在 6%以下，否则运输过程中会造成产品收缩。另外，添加色氨酸及其衍生物、L-胱氨酸也可改善蛋黄酱的储存品质。

由天然原料加工的花生酱和芝麻酱的货架稳定性是指其发生氧化酸败之前所能贮存的时间，通常其安全贮存期为 2 年左右，长于蛋黄酱。货架稳定性的主要影响因素如下：①原料的质量。实验表明，经高温处理和高温高湿条件下蒸炒后的花生仁或芝麻制作的酱体物理状态较好；高油酸花生仁制作的花生酱货架稳定性也较高；经过脱皮的芝麻制作的芝麻酱货架稳定性较差；黑芝麻较白芝麻能赋予芝麻酱更高的稳定性。②游离脂肪酸的含量。游离脂肪酸含量低，货架稳定性高；反之，货架稳定性差。③贮藏温度。花生酱在 10℃以下贮藏，无论贮藏时间长短，均不会出现油脂分离的现象。贮藏温度越高，花生酱的保质期越短。④光照。强烈的光照，尤其是紫外线，能缩短富含油脂涂抹酱的保质期。⑤辅料。

目前涂抹酱稳定性的方法主要进行了以下研究：添加食品添加剂，如甘油单酯、蔗糖酯等；利用油凝胶替代氢化脂肪也可提高酱体稳定性；通过对利用高油酸花生制备的花生酱与利用普通油酸制备的花生酱进行比较，高油酸花生酱的保质期比较长；使用品质优良的植物油和蛋黄原料会提高蛋黄酱的稳定性；各种配料的加入顺序和混合时间对乳化稳定性影响很大，如油、醋；真空加工、充氮加工可提高蛋黄酱的质量；一般在0~30℃避光保存，开封后4℃以下冷藏保存，并尽快食用完。

涂抹酱的品质可通过多种手段进行综合评价，主要采用感官检测、黏度、稠度、风味、稳定性等指标：①感官评价。口感与表观风味主要采用品尝法来进行感官评定，主要包括色泽和体态、香气、滋味。②物理评价。测定黏度、稠度、软硬度、组织结构等；稳定性通过强化模拟储运条件的试验进行评定；此外，涂抹酱的含油量以及酸碱性也是影响稳定性的指标。③化学稳定性可通过测定蛋黄酱酸值、过氧化值来评价。蛋黄酱的黏度可用黏度计直接测出。稠度的测定主要采用针入度测定计（penetrometer）测定，具体方法是用一个14.5g的带有标尺的锥形针在蛋黄酱表面自然垂直落下，根据标尺读出针插入蛋黄酱的深度，并以此衡量蛋黄酱的稠度，稠度与针入度成正比。

第二节 色拉汁

一、色拉汁的定义及分类

约在1935年，色拉汁（也称沙拉汁、色拉调味汁）作为蛋黄酱的替代品首次出现，后来被单独的列为一类调味油脂制品，例如制作蔬菜沙拉时，主要目的是提供一种油腻的口感。美国食品与药物管理局（FDA）对色拉汁的定义为：是由植物油、水、酸味剂、蛋黄、淀粉乳化制备的一种半固体乳状物，其中植物油含量不少于30%，蛋黄含量不少于4%。色拉汁不同于蛋黄酱之处主要在于它使用淀粉或多糖胶作为增稠剂。此外，它含水量较蛋黄酱高，含油量较蛋黄酱低。

根据形态可将色拉汁分为三种，即半固体状汁（又称为勺舀式汁）、乳化液状汁（又称为可倾倒式汁）以及分离液状汁（使用前需摇动，在静止后又回到原来的两层状态）；根据配方使用成分及用量是否符合标准规定，又可将色拉汁分为标准型色拉汁和非标准型色拉汁；根据产品的性能特点还可以分为低热型色拉汁、保健型色拉汁、热稳定型色拉汁等。

二、色拉汁原辅料与配方

生产色拉汁所用的原料与蛋黄酱原料相似，包括色拉油、醋、蛋黄、食盐、糖、调味品等。但是色拉汁还要使用增稠剂和稳定剂，主要是淀粉和胶。下面简要介绍。

（一）淀粉

色拉汁中使用的淀粉可以是玉米淀粉、木薯淀粉、小麦淀粉、黑麦淀粉中的一种或多种。淀粉是葡萄糖分子链状连接而成的多糖，分为直链淀粉和支链淀粉。二者在制成淀粉糊时表现的性质不同。玉米淀粉由27%的直链淀粉和73%的支链淀粉组成，由它制成的淀粉糊在温度较高时黏度较低，冷却后形成凝胶。但这种凝胶的黏性和强度差，受到振动时容易破坏。另外，玉米淀粉糊在高酸度条件下会发生水解而变稀。因此，使用玉米淀粉制得的色拉汁在储运过程中不稳定，且易变稀。

糯玉米、糯高粱以及木薯中的淀粉全部是支链淀粉，由这些淀粉制得的淀粉糊不论温度高低均有很高的黏度，并且不会发生胶凝。这种支链淀粉糊还有一个优点，就是它具有自恢复性，即在搅拌时变稀，静置一段时间后又恢复到原来的黏稠度。但是，在色拉汁中的酸性条件下，这些淀粉也会发生一定程度的水解破坏。

淀粉可以是天然的也可以是通过脱水或酸解得到的稳定性更好的化学改性淀粉，如羟甲基二淀粉磷酸酯、羟丙基二淀粉磷酸酯、乙酰化双淀粉己二酸酯。这种变性淀粉不易受酸的影响，制成的淀粉糊在冷却后也不发生胶凝。制备色拉汁时通常是将交联淀粉和天然淀粉按一定的比例配合使用，这样可以达到所需要的性能。例如，将淀粉用磷酸盐处理可以得到磷酸盐变性淀粉。这种变性淀粉具有冻融稳定性，利用它可以生产出能够冷冻储存的色拉汁。

（二）食用胶

食用胶加入色拉汁中的目的是产生一种奶油般的质感，增加或改善黏度，控制流动性。常用的胶有黄原胶、阿拉伯树胶、刺槐豆胶、瓜尔豆胶、角叉菜胶、果胶、甲基纤维素以及海藻酸丙二醇酯、羧甲基纤维素钠（纤维素胶）和羟丙基甲基纤维素等，其中黄原胶使用最多，因为能够抵制调味料中酸的水解，维持产品在整个保质期中的黏度。任何此类乳化剂混合物的用量一般不超过成品沙拉酱质量的0.75%。为了增加胶的溶解度，在胶中可以添加不超过胶重0.5%的二辛基硫代琥珀酸钠作为增溶剂。

除了添加淀粉和食用胶增强色拉汁的稳定性外，也常加入具有肠道益处的膳食纤维，如柑橘纤维。

（三）其他组分

加入少量的乳化剂可以使分离式色拉汁在加入沙拉前进行摇动后形成的松散的乳状物更稳定，其中大豆磷脂、聚山梨醇酯（吐温）60使用最多，因为它们能够帮助形成细小油滴的乳状液，同时也能帮助稳定风味，并提高整体的风味感觉。

色拉汁中有时会加入乳制品赋予特有的风味和质构。例如，在色拉汁中加入蓝干酪，会提供一种光滑的奶油质感。同时，乳制品中的蛋白质有助于体系的稳定和口感。也可以加入稀奶油粉、亚麻籽、白芝麻，黑胡椒、海苔、酸水解植物蛋白调味液等赋予特有的风味。

在色拉汁中使用的几种不同的色素，包括β-胡萝卜素、姜黄素和二氧化钛。色素加入可倾倒式色拉汁中使它们看起来更吸引人，同时增加天然的色泽。

虽然醋具有防腐效果，但对于一些柔和风味的色拉汁，如田园沙拉酱，要达到确保微生物的稳定性，所需要加入的醋的量会使产品有太酸而刺激的风味。在这些产品里面常需要加入防腐剂，既要维持微生物稳定性，又要保证令人满意的柔和风味，通常使用山梨酸钾（有时加山梨酸）、脱氢乙酸钠作为防腐剂。苯甲酸钠也是一种可选择的防腐剂，但不常用。

糖在色拉汁中提供良好的风味，常加入约10%的蔗糖。但是过量摄入糖会引发血糖异常、肥胖、龋齿等诸多健康问题。随着消费者越来越重视饮食健康，代糖（甜菊糖苷、罗汉果糖苷、赤藓糖醇、阿洛酮糖等）替代蔗糖用于无糖色拉汁的制备。例如，甜菊糖苷作为从菊科草本植物甜叶菊的叶子中提取出来的一类双萜糖苷，其甜度为蔗糖的200~250倍，具有高甜度、低热量、天然等特点。

色拉汁中有高含量的水分，对油脂的氧化带来挑战，常需加入乙二胺四乙酸二钠或乙二胺四乙酸二钠钙金属螯合剂，甚至丁基羟基茴香醚（BHA）、迷迭香提取物等抗氧化剂。

色拉汁随种类的不同，其配方差别很大。几种色拉汁的配方见表 9-10、表 9-11 和表 9-12。

表 9-10 勺舀式色拉汁的配方

配料	比例/%	配料	比例/%
食用油	40.0	淀粉	6.0
蛋黄	4.5	食醋（含 10%醋酸）	11.5
食盐	2.0	香辛料	0.3
糖	10.5	水	添加至 100%
芥末粉	0.5		

表 9-11 可倾倒式色拉汁的配方

配料	比例/%	配料	比例/%
食用油	26.5	淀粉	4.5
蛋黄	3.5	食醋（含 10%醋酸）	14.0
食盐	2.4	香辛料	0.3
糖	12.0	水	添加至 100%
芥末粉	0.3		

表 9-12 低脂肪勺舀式色拉汁的配方

配料	比例/%	配料	比例/%
食用油	10.0	芥末粉	0.15
蛋黄	3.5	聚山梨酸酯 60	0.15
微晶纤维素	5.0	糖精	0.005
淀粉糊	2.0	苯甲酸钠	0.05
食盐	1.8	山梨酸钾	0.05
单硬脂酸甘油酯	1.5	洋葱粉	0.05
黄蓍胶	0.3	水	添加至 100%

所谓“低能量”色拉汁必须比参照色拉汁的能量低 25%。因为在许多产品里碳水化合物的含量很低，仅仅贡献少量的能量，所以减少能量就意味着要减少油。使用高度酯化的蔗糖酯可减少色拉汁中的能量含量。在生产低能量色拉汁时，通常减少脂肪并用水和添加胶质来替代。高水平的水分含量增加了微生物破坏的可能性，通过水相中的醋酸（醋）和盐浓度增加来控制微生物的生长。由于脂肪减少，就必须增加水分含量，就需要添加更多的酸和

盐来维持达到控制腐败变质所需要的酸和盐的浓度。在实际应用中，盐通常保持不变，通过增加醋的添加量来维持微生物稳定性。如表 9-13 中只含 10%~12%的脂肪稳定低能量奶油状色拉汁声称每汤匙只有 5~20kcal（1kcal=4.186kJ）的能量。采用琼脂和甲基纤维素混合物来生产低能量色拉汁。酸度的增加会给调配的色拉汁带来很刺激的酸味，面对这种挑战，产品开发者通过使用合适的酸的量来确保微生物稳定性，并同时选择可以抵消高酸味的配料。

表 9-13　热稳定型色拉汁的配方

配料	比例/%	配料	比例/%
食用油	36.72	聚山梨酸酯 60	0.30
食醋（含 10%醋酸）	14.0	芥末粉	0.30
山梨醇溶液	10.00	黄蓍胶	0.30
微晶纤维素	5.50	洋葱粉	0.15
食盐	1.50	蒜粉	0.02
淀粉	1.00	白胡椒	0.01
味精	0.20	水	添加至 100%

如果色拉汁在加热到高温下颜色和质量没有损失，则色拉汁的保质期可以得到改善。而且这种热稳定性色拉汁可以添加到罐头肉、鱼、蔬菜沙拉和其他食品中。一种微晶纤维素可以使产品具有这种稳定性。甚至在食用酸的存在条件下加热到 115.5℃也能保持稳定。同样，用黄原胶生产的产品，没有出现肉眼可见的油的分层，且在较大的温度范围内，产品的黏度仍然保持不改变。

三、色拉汁生产工艺与设备

乳化型色拉汁的制备过程与蛋黄酱的制备相似，但也有不同之处。主要区别在于，蛋黄酱的制备方法是把醋液按一定的方式注入蛋黄和油的混合物中，而在色拉汁制备时是把混有糖、食盐和食醋的淀粉糊注入蛋黄和油的混合物中。图 9-12 为色拉汁生产过程和设备示意图。下面主要介绍淀粉糊的制备。

天然淀粉虽然能够分散于水中，但由于不溶于水，易于从水中沉淀分离。它用于色拉汁生产时要预先糊化，制成淀粉糊。其具体过程是将食盐、糖、食醋加入水中溶解，然后加入淀粉混合成浆，接着加热至一定温度。

淀粉根据来源的不同，一般使用低压蒸汽（约 0.17MPa）加热，在 85~90℃开始糊化。在低于糊化温度时，淀粉一般无明显变化。当达到糊化温度时，淀粉的黏度会快速上升，经过 8~10min（在加压条件下时间更短），黏度达到一个最大值，这时要停止加热，并冷却到 27~32℃防止进一步糊化。淀粉糊冷却到所需温度后要尽快利用，否则其功能会减弱或丧失。间歇式的糊化设备是糊化锅。原则上任何带有夹层、装有搅拌装置的锅均可用作淀粉糊化锅。但实际生产中所用的糊化锅一般带有盖子，搅拌器上装有刮刀，可以刮去锅内壁上的黏

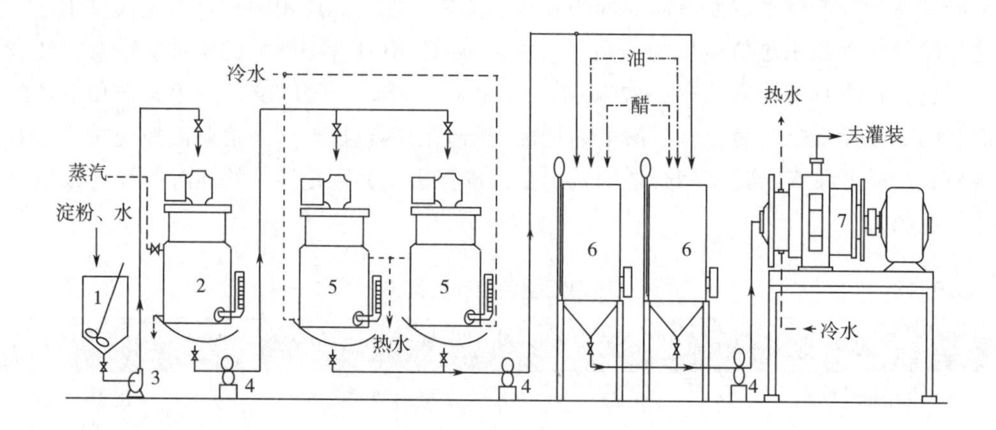

图 9-12 色拉汁生产过程和设备示意图（前半部分制备淀粉糊，后半部分为蛋黄酱生产装置）

1—淀粉制浆罐 2—淀粉糊化锅 3，4—输送泵 5—淀粉冷却锅 6—迪西混合器 7—夏罗特胶体磨

附料。另外，夹层上还装有用于加热的蒸汽管和用于降温的冷却水管。淀粉糊化的连续操作通常是在特别设计的热交换器中进行。分离型色拉汁的制备通常是先将各种原料成分进行充分混合，然后直接灌装。低热量型色拉汁的制备主要是利用可食纤维素粉作为非营养性增稠剂。为了保证色拉汁的口感并提高纤维素在油中的分散性，应对纤维素原料进行超微粉碎。低热量型色拉汁配方中不使用蛋黄，而使用聚山梨酸酯 60 作为乳化剂。

不含胆固醇的色拉汁的制备也不使用蛋黄，而使用大豆蛋白、花生蛋白、卵清蛋白和酪蛋白酸钠等代替。热稳定型色拉汁是利用微晶纤维素作为稳定剂生产出来的。低脂型色拉汁是利用柑橘纤维结合黄原胶等增稠剂生产出来的。这种色拉汁在 132℃ 加热 7.5min 不会出现破乳或者分离，黏度也不会降低。

第三节 风味油脂

一、调味油

调味油（seasoning oil）是以天然食用香辛料和植物油为原料，经过一定方式加工而制得的具有较强嗅感和味感特性的风味油脂。它不仅食用方便，而且卫生，可充分满足人们的生活需要。调味油的生产方法主要有两种。一种是以植物色拉油为溶剂，在一定条件下对天然食用香辛料或蔬菜进行提取，然后分离除去固体残渣，得到调味油。此法的优点是，工艺过程简单，能提取出香辛料中的嗅感成分和味感成分。缺点是植物油黏度大，渗透性差，提取效率低；残渣中植物油的残留造成植物油的部分损失；植物油的过氧化值易于升高。另一种方法是先对天然香辛料进行水蒸气蒸馏，得到香辛料的精油，然后再按一定的比例将所得的精油与植物色拉油进行调配，得到调味油。这种方法的优点是，对天然香辛料中的挥发性风味成分提取效率高，不存在色拉油损失的问题，缺点是对香辛料中高沸点味感成分的提取效果较差。水蒸气蒸馏的工艺流程如图 9-13 所示。

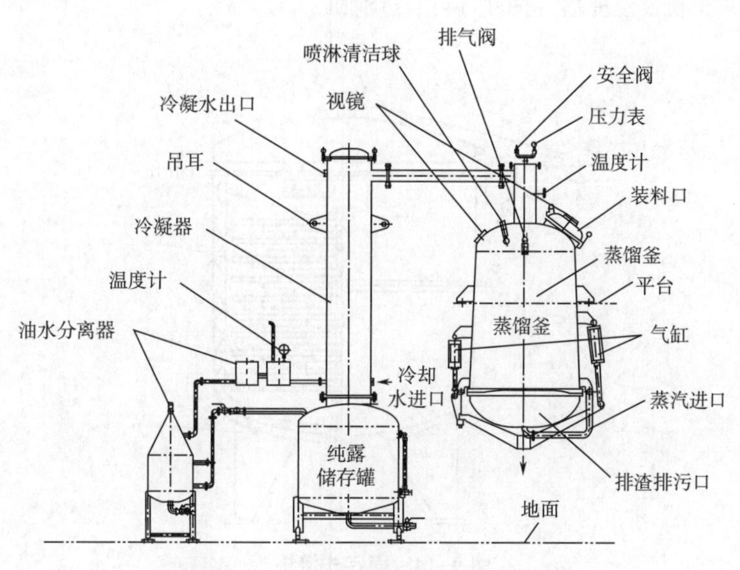

图 9-13　水蒸气蒸馏工艺流程示意图

在生产调味油时，可根据原料的特点、产品的要求以及具体情况，选用恰当的生产方法。几种调味油制备方法及其特征风味成分见表 9-14。下面就常见的五种调味油的生产设备和工艺进行简单介绍。

表 9-14　　几种调味油制备方法及其特征风味成分

调味油	原料	制备方法	特征风味成分
辣椒调味油	辣椒	油脂浸泡提取	辣椒红素、辣椒玉红素
花椒调味油	花椒	油脂浸泡提取	麻味素（沸点高、不易挥发）
葱调味油	葱	油脂浸泡提取	含硫化合物
蒜调味油	大蒜	油脂浸泡提取/水蒸气蒸馏调配	硫化丙烯、蒜素（氧化，充氮保护）
姜调味油	姜	水蒸气蒸馏调配	姜醇、姜烯、莰烯、龙脑、柠檬醛等
芥末（调味）油	芥末	水蒸气蒸馏调配	硫苷类物质、异硫氰酸烯丙酯
胡椒调味油	胡椒	水蒸气蒸馏调配	蒎烯、月桂烯、胡椒醛、水芹烯、石竹烯、松油烯、二氢葛缕酮等

（一）辣椒调味油

辣椒调味油是采用植物油为溶剂，对干辣椒进行加热浸提而制得的。产品中的主要风味物质为辣椒红素、辣椒玉红素，故呈红色或橙红色，澄清透明，有辣油香味。可作为调味料直接食用，也可作为原料进一步加工成各种调味品。

1. 主要设备

粉碎机、烘干机、浸提器（图 9-14）、过滤机。

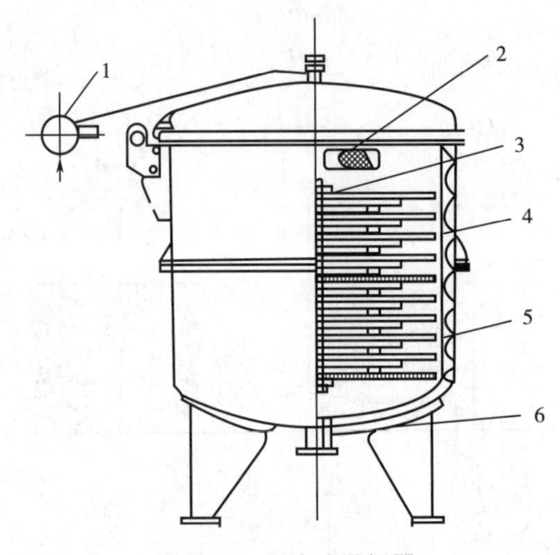

图 9-14　固定式浸提器

1—平衡重锤　2—蒸汽出口　3—吊篮　4—筛板　5—加热蛇管　6—溶剂出口

2. 工艺流程

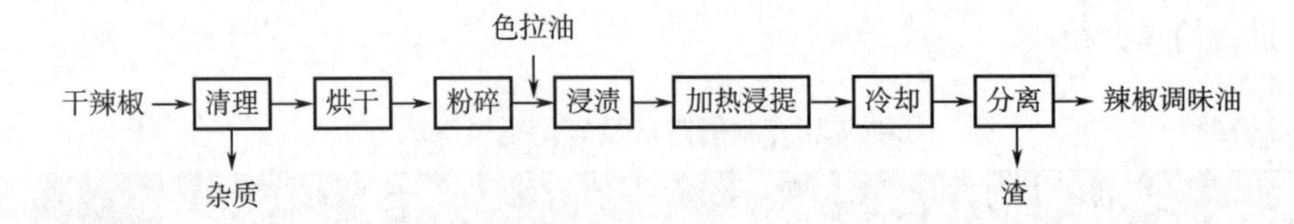

3. 操作要点

（1）选用水分含量在 12%以下的红色干辣椒，要求辣味强，无杂质，无霉变。

（2）粉碎后向辣椒粉加入色拉油［干辣椒：色拉油＝1：(4~5)(质量比)］，不断搅动，浸渍 0.5h 左右。然后缓缓加热，至温度上升到 125℃时维持 10min，然后进行冷却。

（3）冷却至 30℃左右，进行过滤，除去固体残渣，即得到辣椒调味油。

（二）芥末（调味）油

芥末油为浅黄色油状液体，外观清亮透明，是近年来市场上新出现的一种油脂调味品，具有解腻爽口、增进食欲的作用。它以独特的刺激性气味和辛香辣味（主要成分为硫苷类物质、异硫氰酸烯丙酯）而受到人们的欢迎。

1. 主要设备

水解锅、磨碎机、蒸馏锅、冷凝器、油水分离器（图 9-15）、调配罐。

2. 工艺流程

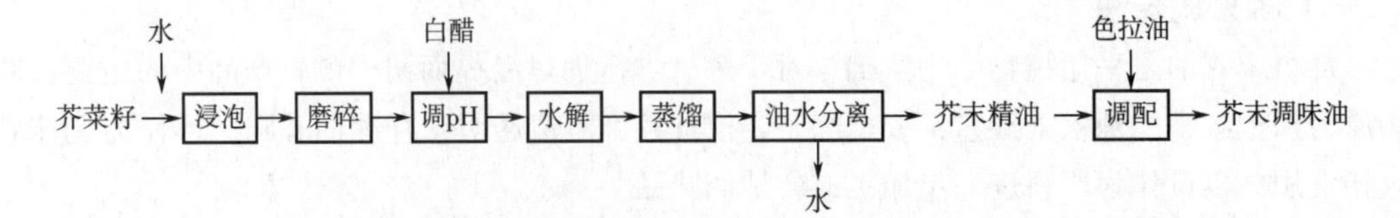

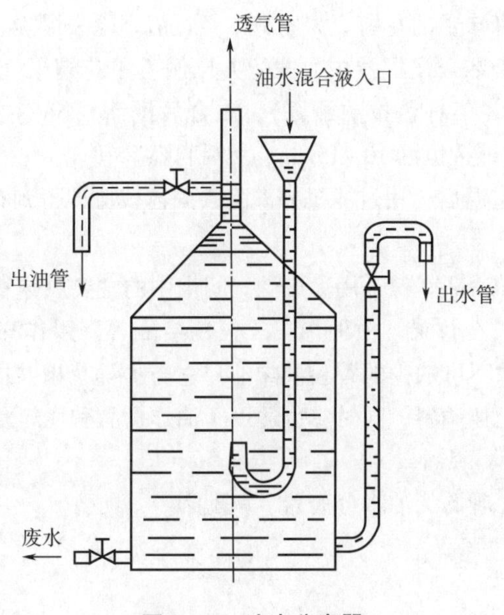

图 9-15　油水分离器

3. 操作要点

（1）选择籽粒饱满、颗粒大、颜色深黄的芥菜籽为原料。

（2）芥菜籽称重计量后，用 6~8 倍 37℃左右的温水浸泡 25~30h，然后用磨碎机磨碎（磨得越细越好），得到芥末糊。用白醋调整芥末糊的 pH 为 6 左右，在 75~80℃下保温水解 2~2.5h。

（3）将水解后的芥末糊转入蒸馏装置中，进行水蒸气蒸馏。当油水分离器上方贮油管中的油层不再增加时，说明风味成分基本完全蒸馏出来，即可停止蒸馏。经分离除去水后得到芥末精油。

（4）将芥末精油与植物色拉油按配方比例［1∶（200~400）（质量比）］混合搅拌均匀，即得芥末调味油。

（三）花椒调味油

花椒含有芳香油和麻味素，其中的麻味素沸点较高，不易挥发，用水蒸气蒸馏的方法不易提取出来。但这些芳香油和麻味素均易溶于油脂，因此，花椒调味油的制备一般采用油脂浸提法。

1. 主要设备

振动分离筛、浸提器、过滤机。

2. 工艺流程

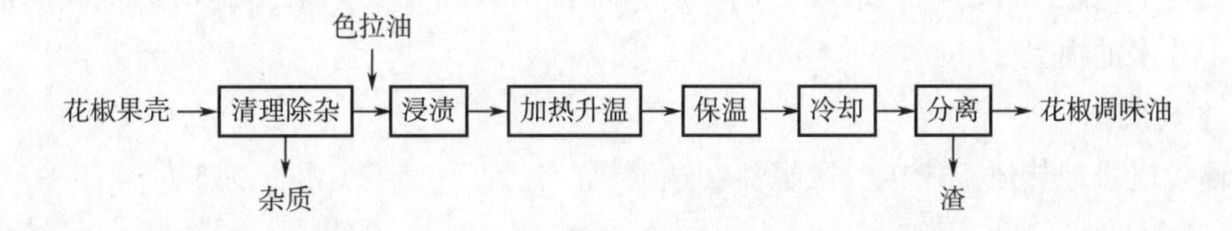

3. 操作要点

（1）选用无霉变、麻味重的花椒壳为原料，经过清理除去浮尘、花椒籽等杂质。

（2）清选后的花椒壳装入浸提器中，按配方比例［干花椒果壳：色拉油=1：(10~15)（质量比)］加入色拉油（菜籽色拉油最好)，混合后浸渍 0.5h 左右，然后缓缓加热升温。当温度上升至 110℃时，维持恒温 10~15min，然后自然冷却。

（3）物料温度接近室温后，用过滤机分离除去固体残渣即得到花椒调味油。

（四）胡椒调味油

胡椒调味油芳香温和，味辛辣，用途广泛。胡椒中的主要风味物质为小分子的蒎烯、月桂烯、胡椒醛、水芹烯、石竹烯、松油烯、二氢葛缕酮等。用作烹饪作料，可增加菜肴香味，增进食欲，是西餐中不可缺少的香料调味油。它与少量花椒共同使用，有浓厚的川式麻辣风味，是烹调川菜的上佳调料，同时，也适用于油炸食品和烧烤食品的调味增香。

1. 主要设备

粉碎机、蒸馏锅、冷凝器、油水分离器、调配罐。

2. 工艺流程

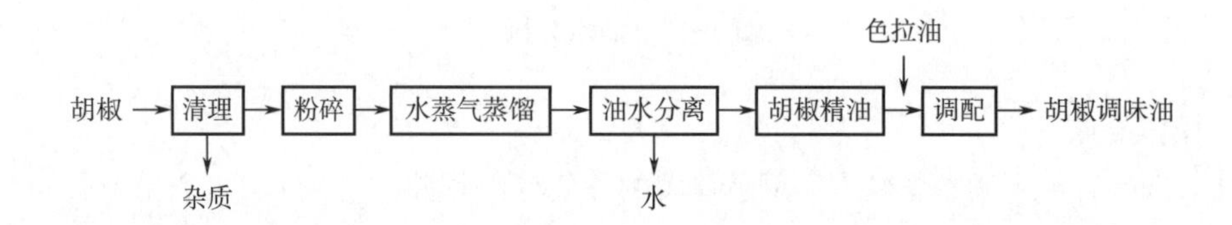

3. 操作要点

（1）选用优质天然黑胡椒为原料，清理除杂后用粉碎机粉碎成能通过 40 目筛网的粗粉。

（2）把胡椒粗粉放入蒸馏锅中，进行水蒸气蒸馏。当油水分离器上方的贮油管中的油层不再增加时，说明已蒸馏完全，即可停止蒸馏。

（3）冷凝液进行油水分离后，所得的无色或略带黄绿色的油相即为胡椒精油。将其与色拉油按比例进行配比［干胡椒：色拉油=1：(3~5)（质量比)］，混合均匀，就得到胡椒调味油。

（五）蒜调味油

大蒜中的含硫化合物在其体内生化因素或体外物理化学因素的作用下，可转变为另外一些含硫化合物。这些化合物也是构成大蒜特有辛辣气味的主要风味物质。大蒜中含硫化合物的基本结构是硫化丙烯，如烯丙基三硫化物、烯丙基二硫化物以及二烯丙基四硫醚等。这些化合物具有挥发性，又溶于油脂，可以采用水蒸气蒸馏法或油脂浸提法提取。大蒜中还含有蒜素，它是大蒜强烈辛辣气味和特殊药效作用的主要有效成分。蒜素在未加工的大蒜中含量少，当大蒜受破碎等物理因素作用后，在其体内酶的催化下，大蒜中的醋氨酸可转化为蒜素。蒜素是不稳定的化合物，因此在制作蒜调味油时，除了要采取措施促进蒜素的形成外，还应防止蒜素的损失。

1. 主要设备

胶辊脱皮机、热风干燥机、浸提器、过滤机。

2. 工艺流程

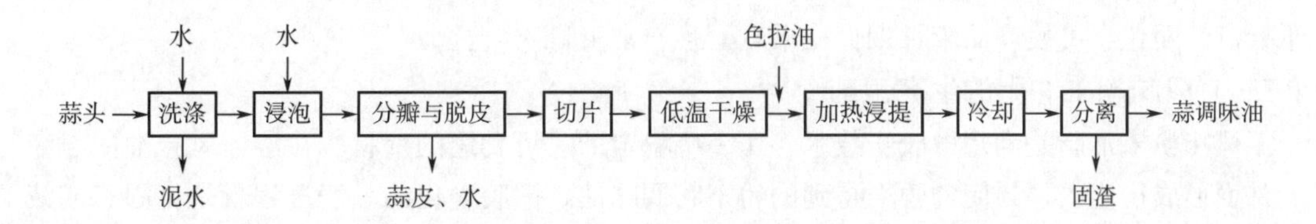

3. 操作要点

（1）蒜头经洗涤除去泥沙后，用水浸泡3~6h，然后放入胶辊脱皮机中，在胶棒搅拌、波轮翻动、旋转摩擦等外力的作用下，将大蒜分瓣并脱皮。

（2）将脱皮后的蒜瓣沥干水并切成薄片，在热风干燥机中于60℃干燥至水分含量为20%。如果水分含量过高或不经干燥直接用油脂浸提的话，不仅会使蒜片中的风味成分随大量水分的蒸发而损失，而且会由于蒜片在油脂中长时间受热，导致风味成分的分解破坏。同时还会引起油脂的酸值和过氧化值升高。

（3）将干燥后的蒜片放入浸提器中，加入色拉油［去皮大蒜：色拉油=1：（5~7）（质量比）］，缓缓加热，待温度升至110℃时，恒温维持10min，冷却后用过滤机分离除去固体残渣，即得到蒜调味油。

二、风味粉末油脂

（一）风味粉末油脂及其功能

粉末油脂是由食用植物油（通常是食用氢化油）、包裹壁材、乳化剂和水经混合、均质、喷雾干燥等工艺，使之成为粉末状态。风味粉末油脂使用的原料油脂包括常用的牛脂、猪脂、鸡脂、棕榈油、氢化油等固态或半固态脂肪，以及菜籽油、花生油、葵花籽油、玉米胚芽油、芝麻油等液态油脂，或者以这些油脂为基料油的具有较强特殊风味的油脂（如芥末油、橙油等）。随着食品加工种类的多样化，粉末油脂需求量增加，以原来油脂没有的新功能作为新食品材料与添加剂登场，引起食品界的关注。

与液体调味油相比，风味粉末油脂具有许多优点，如良好的水分散性及风味稳定性等，可根据要求生产出能控制风味释放速度的产品。同时，粉末油脂还有下列功能特性：

（1）稳定性好　由于油脂被壁材所形成的膜所包裹，避免了与外界环境的接触，增强了抗氧化性，使高油食品不易酸败，大大延长了产品的保质期。

（2）使用方便　粉末油脂将液体或半固体状的油脂转变为粉末状态后，可直接称量和与固体原料混合，使用方便，应用范围也更加广泛。

（3）冲泡溶解性、乳化稳定性好，尤其在汤料食品中避免了表面大量飘油糊嘴的缺点。

（4）能改良食品的组织，赋予食品新风味及良好食感。

（5）能赋予食品乳化性等调理特性，使食品中各种成分稳定混合。

（6）强化特定油脂成分与各种营养、供应热能源等。

（7）营养成分以微胶囊形式存在，生物消化率、吸收率、生物效价大大提高。

风味粉末油脂赋予了液态油脂粉末化的体态和独有的风味，而广泛应用于饮料、调味料预混料、酱汁、冰淇淋、烘焙、乳制品混合物、加工肉、香肠等。将风味粉末油脂添加到咖啡、红茶和牛奶中，能增加香味，提高溶解度，增强口味；可提高产品的溶解度和浓度，延长保质期，增加了实际营养成分，提高口感；作为方便面、方便汤料等方便食品的原料；用于糕点、面包，可使产品较长期保持柔软，且非常爽口。

（二）风味粉末油脂的生产工艺

风味粉末油脂是利用微胶囊技术，用一些稳定的、可食用的壁材，在液体风味油的小液滴外面形成稳定的、封闭的膜而得到的粉末状调味油。微胶囊化的一般过程就是将固态或液态物质包埋到微小、封闭的胶囊之中，使内含物在特定的条件下以可控制的速度进行释放的技术。这一微小封闭的胶囊即微胶囊，其粒径大小一般在5~200μm，壁厚0.2~10μm，其形状以球形为主，也可以呈多种形状（如米粒状、块状、针状等）。

风味粉末油脂由芯材与壁材两部分组成。芯材即“风味油脂”，而壁材即成膜材料，根据释放控制技术要求，有多种材料可供选择，一般分为天然高分子化合物、纤维素衍生物和合成高分子化合物三类，如碳水化合物（植物胶类、淀粉、糊精与纤维素等）和蛋白质（如明胶、酪蛋白及其盐、乳清蛋白等）。壁材的选用，需根据产品的渗透性、吸湿性、溶解度、成膜性、凝胶性、絮凝性、金属络合性以及澄清度等因素来决定，并要求无毒、无臭，对芯材无不良影响。风味粉末油脂主要成分及其作用见表9-15。

表9-15 风味粉末油脂主要成分及其作用

成分	主要来源	主要作用
脂肪	动植物油脂	提供风味，改善口感
蛋白质	乳蛋白、植物蛋白	丰富风味、改善稳定性、提供营养素
碳水化合物	糊精类、淀粉类、糖浆等	主要壁材，增加风味
乳化剂	酯类、磷脂、蛋白质	
稳定剂	磷酸盐、胶体类	增强体系稳定性
缓冲剂	磷酸盐、柠檬酸盐	
其他添加剂	色素、香精、抗氧化剂	增强感官特性、提高稳定性

粉末油脂制备方法，大体可分为喷雾干燥法、喷雾冷却法、空气悬浮成膜法、凝聚法、挤压法、分子包埋法等，但从成本和产品功能性方面考虑，作为食品基础原料用途，目前最常用的是喷雾干燥法。

1. 喷雾干燥法

喷雾干燥是利用热气体快速干燥而由液体或浆料制备干粉的方法。在风味粉末油脂制备过程中，首先将作为基质的蛋白质和碳水化合物等赋形剂溶解在水相中，随后与油脂乳化形成均质乳液后在高温气流中利用压力或离心力对乳液进行喷雾干燥，将其蒸发表面积扩大，在瞬间使水分蒸发形成干燥粉末。包括两个基本步骤：

①制备油脂（芯材）与乳化赋形剂（壁材）的乳化液。

②乳化液在喷雾干燥塔内雾化干燥。

壁材在遇热时会形成一种网状结构，起着筛分作用，水或其他溶剂等小分子物质受热蒸发，透过“网孔”而移出。分子较大的芯材则滞留在网内，形成微胶囊颗粒，芯材通常是香料等风味物质或油脂类。壁材常选用明胶、阿拉伯胶、变性淀粉、蛋白质、纤维酯等食品级胶体，其中阿拉伯胶与麦芽糊精的组合，被认为是用于包埋香味物质性能较好而成本较低的壁材。各种淀粉类衍生物、阿拉伯胶等，由于本身具有优良的乳化性、成膜性与抗氧化性，且拥有较高的玻璃化相变温度，越来越广泛地应用于油脂类产品的微胶囊化。目前喷雾干燥法由于其操作灵活、成本低廉、产品质量保证而应用最为广泛。

（1）主要设备　喷雾干燥法制备风味粉末油脂的设备主要有高压均质机和喷雾干燥机。

含有乳化剂的水相与油相在搅拌混合后需要经过高压均质，将风味油脂包埋并形成稳定的乳状液。高压均质机主要由高压均质腔和增压柱塞（活塞）构成，工作原理示意图如图9-16所示。需处置的物料在柱塞所形成的高压条件下进入可调节压力大小的阀组中，失压后的物料从可调节限流缝隙中以极高的流速（1000~1500m/s）喷出，撞在阀组之一的冲击环上，产生了空穴、撞击、剪切效应，致使通过冲击环的物料强烈粉碎细化，可细化到0.03~2μm粒径。

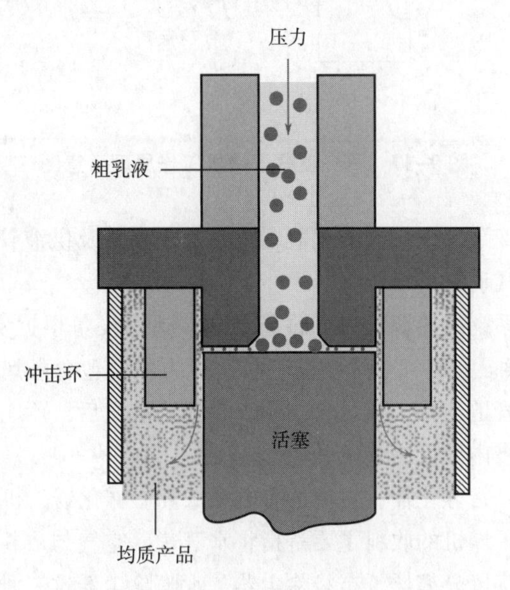

彩图 9-16

图 9-16　高压均质机工作原理示意图

喷雾干燥机是油脂粉末化最为重要的设备，其通过将料液雾化成极小的雾滴状，并使之与热空气直接接触，最大化接触表面积的作用下，雾滴状料液被瞬间烘干，蒸发出的水分随空气经过过滤处理后排出，最终收集到粉状物料。喷雾干燥机按雾化的形式来区分，主要可以分为离心喷雾干燥机和压力喷雾干燥机两种。离心式采用高速离心雾化器将料液以极高的速度沿雾化盘切线甩出，在12000~25000r/min的高转速下，料液被瞬间丝化成为极细的雾滴状。压力式喷雾采用的是高压喷嘴，料液经过高压泵被泵入喷嘴，料液呈直线状被喷出，过程中被雾化。离心喷雾干燥机由于是将料液水平甩出，所以其主塔直径较大；而压力喷雾干燥机由于将料液高压朝下方喷出（也有设计成底喷式），其主塔直径不大，但高度较高。

离心喷雾干燥机使用最为广泛，工作原理示意图如图9-17所示。空气通过过滤器和换热器，进入干燥器顶部的空气分配器，热空气呈螺旋状均匀进入干燥器。料液由料液槽经过过滤器由泵送至干燥器的离心雾化器，使料液喷成极小的雾状液滴，料液和热空气并流接触，水分迅速蒸发，在极短时间内干燥为粉末状成品。成品由干燥塔底部和旋风分离器排出，废气由风机排出。按功能来讲，离心喷雾干燥机主要由供液系统、热风系统、雾化系统、收料系统、控制系统这五部分组成。

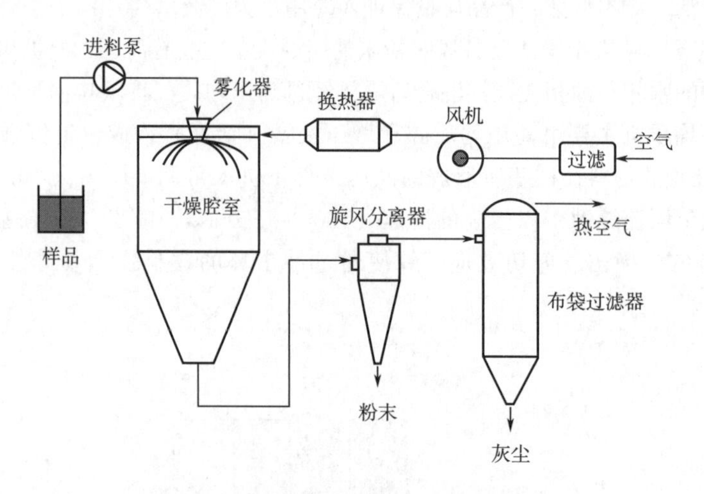

图 9-17 离心喷雾干燥机工作原理示意图

①供液系统：将料液泵入离心式雾化器，主要是供液泵及供液管道。供液泵需要根据物料特性选择，常规的有蠕动泵、螺杆泵。

②热风系统：热风系统由热源与风力设备组成。热源设备根据实际情况可选择电加热、蒸汽散热器+电加热补偿、天然气热风炉这三种。风力设备包含鼓风机与引风机，鼓风机安装于热源设备之前通过管道连接，引风机安装于收料系统之后，后与烟道管道连接进行尾气排放。此外还包括了主塔内设计的热风分风器。

③雾化系统：主要是指雾化器，常规的有电动式离心雾化器、机械式离心雾化器。

④收料系统：喷雾干燥机的收料主要是指将水蒸气、空气与成粉物料进行分离然后收集得到成品，分离设备有旋风分离器、布袋除尘器、水膜除尘器这三种。常规设计时有单独旋风分离器、旋风分离器+布袋除尘器、旋风分离器+水膜除尘器、旋风分离器+布袋除尘器+水膜除尘器这四种组合方式，需要根据物料特性、环保要求以及设备投资成本进行综合考量。

⑤控制系统：统一控制整个离心喷雾干燥系统，主要包含进料控制、温度控制、风量控制等几个部分。可以设计成按钮式控制，也可设计成 PLC 集成电路式控制。

喷雾干燥法工艺流程如下：

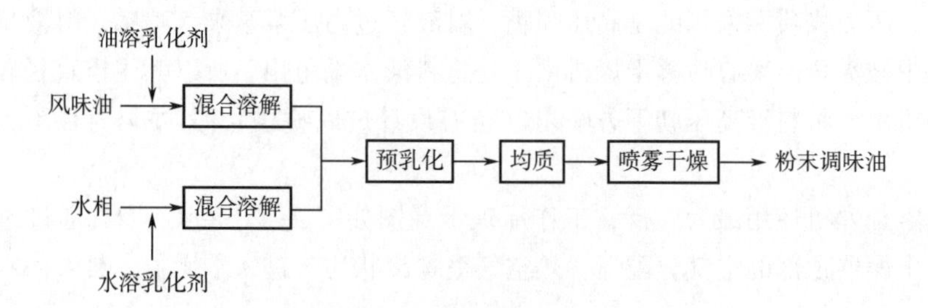

（2）操作要点

①制备粉末调味油所使用的液体调味油可以是各种风味的调味油，用量一般为75%~85%。用量过低，风味不足；用量过高，会出现渗油现象，而且产品的流动性差。

②可以用酪蛋白、小麦蛋白、大豆蛋白等代替酪蛋白酸钠。其用量一般为1%~6%。用量低于1%，包封效果差；用量超过6%，在加热或烘焙过程中，粉末调味油容易褐变，而且调味油的风味成分很难散发出来。

③所使用的碳水化合物除乳糖、糊精外，也可使用阿拉伯树胶、瓜尔豆胶等天然胶质。单独使用或混合使用均可，用量一般为9%~29%。用量低于9%，会使蛋白质的用量相对增多，导致调味油的风味不易散发；用量超过29%，会影响包封效果，而且粉末调味油受热时容易褐变。

④制备粉末调味油时，可以用甘油单酯、山梨糖酯、蔗糖脂、丙二醇酯、磷脂等作为乳化剂。乳化剂用量为1%~2%时，可得到稳定的乳化液。

⑤调制水包油型乳化液时，为了提高蛋白质的分散性，需要使用磷酸钠或六偏磷酸钠，用量为0.1%~1%，最好为0.3%~0.7%。

⑥操作时，将乳化剂溶于调味油中，得到油相；将蛋白质、碳水化合物、磷酸等添加到水中，搅拌使之溶解，得到水相。向水相中添加油相，同时不断搅拌进行预乳化。预乳化的温度控制在35℃以下。然后用高压均质机进行均质处理，得到调味油乳化液。均质压力控制在35~100MPa。最后将乳化液送入喷雾干燥机进行喷雾干燥。若用压力喷雾干燥机，一般采用20~40MPa的压力；若用离心喷雾干燥机，喷头转速采用15000r/min。喷雾干燥进口温度一般不超过160℃，出口温度控制在低于70℃。近年来，低温喷雾干燥技术（热空气温度≤80℃）被用于开发风味粉末油脂的制备。

2. 喷雾冷却法

喷雾冷却法又称冷却固化法，其操作过程与喷雾干燥法相似，不同点是将已经加热熔融的壁材，在冷室中喷雾干燥、迅速降温、凝固成型。典型的壁材有氢化植物油、脂肪酸、脂肪醇、甘油单酯、甘油二酯等。该法适用的芯材包括酸类、维生素类、风味物质等食品添加剂、敏感性物质、溶剂不溶性物质等，可用于烧烤食品、固体汤料及高级脂肪产品。

3. 空气悬浮成膜法

空气悬浮成膜法又称流化床法或喷雾包衣法，基本原理是将芯材颗粒置于流化床中，冲入空气使芯材随气流做循环运动，溶解或熔融的壁材通过喷头雾化，喷洒在悬浮上升的芯材颗粒上，并沉积于芯材表面，形成厚度适中的包裹层，达到微胶囊化的目的。

4. 凝聚法

凝聚法的原理是将一种带正电荷的胶体水溶液与一种带负电荷的胶体水溶液相混合，由于电荷间的相互作用产生相分离，分成凝聚胶体相和稀释的胶体相，前者则可作为微胶囊的壁膜。两相分离是可逆的，凝聚相的构成和数量不仅受pH、温度和体系浓度的影响，而且也受到存在盐的影响，因此在实际微胶囊化过程中，可以采取调节pH、温度和稀释等措施使形成最佳的凝胶相。最常用的是用明胶与阿拉伯胶调节pH凝聚法。

凝聚法微胶囊化过程一般分为凝聚相的形成、壁膜的沉积和壁膜的固化三个阶段。凝聚相形成即首先将芯材和壁材形成的混合物中添加另一种物质，使壁材的溶解度降低，从混合液中凝聚而产生一种新的相。壁膜的沉积过程，即壁材凝聚出来后，附着在芯材表面形成包裹层。壁膜形成后，通过加热、交联、去除溶剂等步骤，最后使壁膜进一步固化形成微胶囊产品。

5. 挤压法

挤压法的基本流程是首先将芯材分散到熔融的碳水化合物中，然后将混合液装入密封容器。在压穿台上利用压力作用，压迫混合液，通过一组膜孔而形成丝状液，挤入吸水剂中。丝状混合液与吸水剂接触后，液状的壁材会脱水、硬化，并将芯材包裹在里面形成丝状固体，然后打碎并从液体中分离出来，干燥而制成丝条状微胶囊。挤压法技术新颖，由于加工过程的低温条件，特别适用于包埋各种风味物质、香料、维生素 C 以及色素等热敏性物质。

6. 分子包埋法

分子包埋法又称包结络合法，即利用具有特殊分子结构的壁材进行包埋而成。常用的壁材是β-环糊精，它是由 7D-吡喃葡萄糖分子，以α-1,4-糖苷键连接成环状化合物。其外形呈圆台状，亲水性基团分布在表面而形成亲水区，内部的中空部位分布着疏水基团，形成疏水中心，它可与许多物质形成包结络合物，将外来分子置于中心部位而完成包埋过程。该法工艺简单，一般只需将环糊精配制成饱和溶液，加入等物质的量的芯材，混合后充分搅拌30min，即得到所需的络合物。对于一些溶解度大的芯材分子，其络合物在水中的溶解度也比较大，因此可以加入有机溶剂使沉淀析出。对于不溶于水的固体芯材，需先用少量溶剂溶解后，再混入环糊精的饱和溶液中。

（三）风味粉末油脂的应用

在食品贮藏过程中，为防止香味的挥发和与其他物质反应并对热和潮湿敏感，应用微胶囊化和控释技术使香味在食品中能长期保存，如在口香糖、咖啡香料、蒜味香料组分、橙油等生产中，可提高产品香料含量，延长释放时间，有利于包囊香料的贮存，防止氧化。此外，风味油脂粉末化后分散性好，便于与物料混合。粉末油脂具有可常温储存、使用简单、不易变质、方便打发、改善风味、营养全面，可使烘焙品组织细腻，延缓面包老化等优点。风味粉末油脂在固体饮料奶茶和咖啡中的应用广泛，增强了固体饮料的风味，并且可以获得丝滑的口感，使其在口感及风味上均得到很好的体现。在火腿肠生产中加入一定量的风味粉末油脂，可改善产品的外观、增加风味、增加弹性、口感鲜美、提高保水性、提高产品的出品率。

第十章

油脂制品包装与质量控制

CHAPTER 10

学习要点

1. 掌握油脂制品包装与储存中油脂制品包装的目的与分类、容器与材质、工艺与设备；

2. 学习影响油脂及其制品安全储存的因素及物理与化学稳定控制技术；

3. 了解当前国内外在油脂及其制品的包装储存和品质控制方面的发展动态和最新科研成果。

第一节　油脂制品的包装

包装是食用油脂及其制品加工的最后一道工序。所谓包装是指商品在储存、运输和流通过程中，为保护产品的性状和价值，用适当的材料、容器等对产品实施的技术保护措施。包装是商品在流通过程中保护产品、方便储运、促进销售，按一定技术方法而采用的容器、材料及辅助物等的总体名称。食用油脂及其制品作为食品进入市场，对其进行科学合理的包装是十分必要和重要的。包装是产品成为商品的不可缺少的组成部分，是商品的脸面和外衣。商品通过包装展示其特征和风貌。对于包装，从静态的角度看，包装是采用有关的材料、容器和辅助物等组成的物件，它将产品保护起来，起到应有的功能。从动态角度看，包装是采用材料、容器和辅助物的技术方法，是设计、工艺、操作及宣传。随着油脂及其制品品种的增加，随着企业和消费者商品意识的增强，油脂及其制品包装显得越来越重要。

一、包装的目的

油脂及其制品作为商品在到达消费者手中的流通过程中，可能会遇到各种严酷的气候，以及物理、化学、生物等条件的影响而受到损害。包装的首要目的就是保护产品，使其避免变质、减少损失。例如，油脂（液态油脂、人造黄油、起酥油等）含有大量不饱和双键，暴露于空气中或与高反应活性物质接触时，易于劣变，产生异味或有害化合物。通过选择包装材料来限制产品暴露于氧气或与金属离子接触，可以防止或减少这种类型的产品变质。包装的另一目的是便于产品的储存、运输和装卸。因此，产品的要求决定了包装结构，进而决定了包装设备。

在市场经济的激烈竞争中，包装是提高商品竞争能力的重要手段，包装可以通过造型、材料、重量、色彩以及能引起消费者关注的装潢来与消费者进行“交流”，从而影响消费者的消费意识，刺激他们的消费欲望。这种“交流”赋予了消费者能够通过独特的形状、品牌和标签立即识别产品的能力，从而实现超市的自助服务运作。今天，现代扫描设备在零售收银台的广泛使用依赖于所有显示通用产品代码（UPC）的包装，该代码可以准确、快速地被读取。在许多国家，要求食品外包装上标注其营养信息。可以通过手机照相功能读取智能标签，从而获取相关信息。当涉及国际贸易并使用不同的语言时，产品代码有助于双方进行有效的沟通交流，可起到宣传产品、树立企业形象的作用，是最直接、最廉价的产品广告。

对食用油脂及其制品进行包装应达到如下基本要求：

（1）选择合适的包装材料，确保油脂及其制品不渗漏、不变形，确保流通环节安全。

（2）做到避光、隔绝空气，不给产品带来金属离子。有条件还应充氮，以避免或减少品质的劣变，确保油脂及其制品质量。

（3）符合食品卫生要求，防止尘埃、微生物及有毒、有害物质的污染，给消费者以安全感。

（4）方便储存、运输和流通，消费方便。

（5）注重造型和装潢设计，注重产品宣传，提高商品价值和竞争力。

（6）降低包装成本，包装器材不给环境带来污染。

二、包装的分类与容器

（一）包装分类

现代包装种类很多，因分类角度的不同形式多样。食用油脂及其制品根据流通领域和市场消费要求分为如下包装形式。

1. 按在流通过程中的作用分类

（1）运输包装　运输包装又称大包装，应具有很好的保护功能以及方便贮运和装卸功能，其外表对贮运注意事项应有明显的文字说明或图示（GB/T 191—2008《包装储运图示标志》），如“怕雨”“不可倒置”等。瓦楞纸箱、木箱、金属大桶、集装箱等都属于运输包装。

（2）销售包装　销售包装又称小包装或商业包装，不仅具有对商品的保护作用，而且更注重包装的促销和增值能力，通过包装装潢设计手段来树立商品和企业形象，吸引消费者，提高竞争力。瓶、罐、盒、袋及组合包装一般属于销售包装。

2. 按包装材料和容器分类

（1）桶包装　适用于粗油、精炼油油品小批量流通领域的包装以及高级食用油制品的小批量应急流通领域包装。

（2）金属罐包装　适用于起酥油、人造奶油、精制猪脂等塑性脂肪包装，以及高级食用油制品的大容量包装。

（3）玻璃瓶包装 适用于珍稀油品、调味油品、蛋黄酱调味汁制品的包装。

（4）塑料吹制品包装 适用于精制油品、调和油直接消费包装。

（5）塑料杯、盒包装 适用于人造奶油、蛋黄酱制品包装。

（6）塑料软包装 适用于精制油品家庭消费小包装。

（7）复合材料软包装 适用于风味油品、半固态调味汁制品包装。

（二）包装容器

1. 金属容器与金属材料

（1）金属油桶 由热轧碳素结构钢薄钢板卷焊而成的圆筒状容器。一端设有以螺旋盖封闭的进油孔和透气孔，标准金属油桶（560mm×850mm）装载容量200L，适用于粗油、精炼油小批量流通领域包装。金属油桶具有容量大、避光、阻气性好、抗冲击等优点，并能够重复使用，是一种较经济的中间包装器具。但存在铁离子渗入油品的缺陷。油品装载前，要用洗净剂、热水进行严格清洗，并确保干燥。

（2）金属罐 由镀锡薄铁皮（马口铁）制成的箱式或罐式容器。内壁涂环氧酚醛树脂。箱式罐容量一般为20kg，适用于起酥油、精制猪脂以及行业用人造奶油和精制食用油的包装。罐式容器一般为圆形或扁形长方体罐，容量一般为0.5~2.5kg，适用于精制食用油、精制猪脂及起酥油包装。由于涂膜具有较强的防渗能力，容器金属不会对油品或制品产生催化、氧化作用，但制作成本高。

（3）金属容器对油脂品质的影响 金属容器用于油脂包装由来已久，因其独特的优势，一直沿用至今。金属容器具有很好的避光、隔氧、隔湿、隔绝微生物以及抗机械破坏的功能。容器内部涂有食品批准的特制保护层，避免了产品与金属的直接接触。新金属容器包装的油脂制品一般比重复使用的金属容器包装的油脂制品具有更长的保质期，因为重复使用的金属容器内层可能发生涂层的脱落或破损而引起金属直接暴露于油脂制品。

2. 玻璃瓶

常用的玻璃质容器有无色和着色两类，适用于珍稀油品、风味油品、蛋黄酱调味汁等制品的零售包装，容量一般较小。玻璃质容器阻气、隔水性较好，易成型，可回收利用，成本也较低，但自身重量较大，容易破碎，给中间包装和运输包装带来了困难。

玻璃容器被广泛用于橄榄油包装，特别是初榨橄榄油。这不仅是由于市场的需求，还因为玻璃容器阻止了氧气分子的进入，减缓了多不饱和脂肪酸的氧化。然而，透明玻璃会导致橄榄油的光氧化，缩短其保质期。使用着色玻璃瓶可以防止或减缓氧化过程，例如，绿色玻璃瓶可以保护油脂免受300~500nm波长的影响。另外，玻璃容器表面覆盖铝箔也被用于保护初榨橄榄油免受光氧化。

玻璃的透光率可以通过添加着色添加剂（例如，金属氧化物、硫化物或硒化物）来控制，玻璃中常见的着色剂列于表10-1中。大多数过渡金属氧化物（例如，钴、镍、铬、铁等）会在可见光、紫外和红外区域产生吸收带。紫外和红外区域的吸收带使玻璃中存在的氧化铁产生绿色。用于生产玻璃容器的三种主要颜色是透明、琥珀色或棕色和绿色。

《美国药典》将耐光容器定义为在290~450nm的任何波长下，不超过10%的入射辐射通过平均侧壁厚度的容器。图10-1给出了常见颜色玻璃的透光率。琥珀色玻璃可以非常经济地提供这种程度的光保护。

表 10-1 玻璃中常见的着色剂

呈现颜色	氧化物
透明	CeO_2，TiO_2
蓝色	Co_3O_4，Cu_2O+CuO
紫色	Mn_2O_3，NiO
绿色	Cr_2O_3，Fe_2O_3+Cr_2O_3+CuO，V_2O_3
棕色	MnO，MnO+Fe_2O_3，TiO_2+Fe_2O_3，MnO+CeO_2
琥珀色	Na_2S
黄色	CdS，CeO_2+TiO_2
棕黄色	CdS+Se
红色	CdS+Se，Au，Cu，Sb_2S_3
黑色	Co_3O_4（+Mn，Ni，Fe，Cu，Cr 的氧化物）

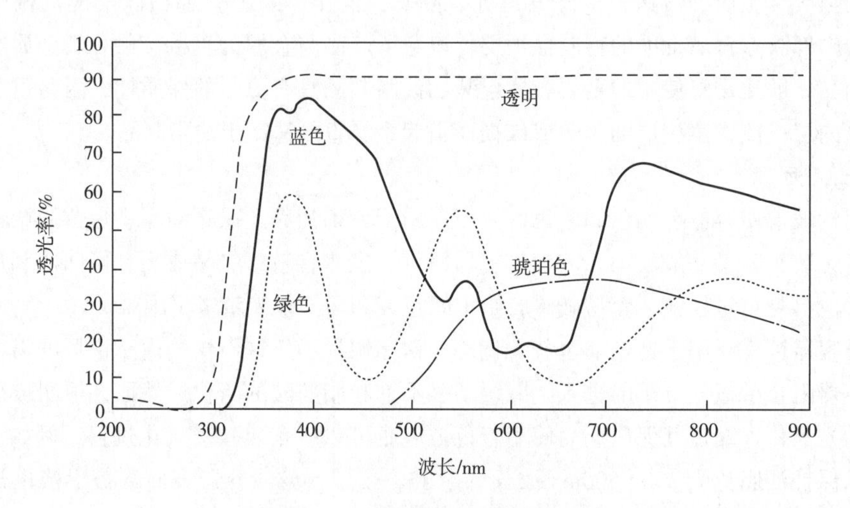

图 10-1 常见颜色玻璃的透光率

3. 塑料容器与塑料材料

塑料容器包括用于液体或流体制品包装的塑料瓶、塑料筒和用于塑性制品包装的塑料杯、塑料盒等，塑料包装容器具有制作方便、适用性广、质量轻、成本低等特点，因而广泛应用于油脂及其制品的销售包装。塑料容器由各类塑料材料加热吹塑而成。可供制作食品包装器具的塑料有：聚乙烯（PE）、聚对苯二甲酸乙二酯（PET）、聚氯乙烯（PVC）、聚丙烯（PP）、聚苯乙烯（PS）、聚偏二氯乙烯（PVDC）等，其特性和用途见表 10-2。

表 10-2　　食品包装常用塑料瓶的特性及用途

	PE		PP		PET	PS	PVC
	低密度聚乙烯（LDPE）	高密度聚乙烯（HDPE）	拉伸 PP	普通 PP			
透明性	半透明	半透明	半透明	半透明	透明	透明	透明
水蒸气透气性	低	极低	极低	极低	中	高	中
透氧性	极高	高	高	高	低	高	低
二氧化碳透过性	极高	高	中－高	中－高	低	高	低
耐酸性	○—★	○—★	○—★	○—★	○—☆	○—☆	☆—★
耐乙醇性	○—★	☆	☆	☆	☆	○	☆—★
耐碱性	☆—★	☆—★	★	★	×—○	☆	☆—★
耐矿物油性	×	○	○	○	☆	○	☆
耐拥挤性	×—○	×—○	×—☆	×—☆	☆	×	×—☆
耐热性	○	○—☆	☆	☆	×—○	○	×—☆
耐寒性	★	★	×—○	★	☆	×	☆
耐光性	○	○	○—☆	○—☆	☆	×—○	×—☆
热变形温度/℃	71~104	71~121	121~127	121~127	38~71	93~104	60~65
硬度	低	中	中－高	中－高	中－高	高－中	高－中
价格	低	低	中	中－高	中	中	中
主要用途	小食品	牛奶 果汁 食用油	果汁 小食品	饮料 果汁	碳酸饮料 食用油 酒类	调料 食用油	食用油 调料

注：★极好，☆好，○一般，×差。

（1）聚乙烯（PE）塑料　聚乙烯塑料属于聚烯烃树脂，是我国食品工业或家用食具中使用最多的一种塑料，其本身毒性极低。由于具有超长饱和直链烷烃，故化学稳定性较高，生物活性很低，在食品卫生学上属于最安全的塑料。制作成油脂包装器具，其单体渗透量很低。用作食品包装的聚乙烯，须符合国家卫生标准。

聚乙烯分高密度聚乙烯（HDPE）和低密度聚乙烯（LDPE）。随着密度增高，聚乙烯的透氧率、透气率、透油率相应降低。高密度聚乙烯是较理想的包装材料。据研究，包装于着成黑色的高密度聚乙烯瓶中的大豆油与包装于金属容器中的大豆油 23℃储存 113d 后，品质之间没有差异，说明高密度聚乙烯具有很好的隔氧和隔湿性能。低密度聚乙烯中的低分子聚合物有溶于油脂的可能，故不适宜作长期储油容器。另外，为防止残留物和添加色素的污染，聚乙烯容器的回收再生制品不宜做油脂容器。

（2）聚酯（PET）塑料　聚酯即聚对苯二甲酸乙二酯，其隔氧、隔湿性好，易着色，耐热、耐化学性好，耐油性也较聚乙烯和聚氯乙烯好，本身无毒，成本低，是较好的油脂包装材料。

（3）聚氯乙烯（PVC）塑料　聚氯乙烯由氯乙烯聚合而成，分硬质、半硬质和软质三类，硬质制品添加增塑剂为0%～5%，软质制品为30%～60%，其他添加物的量为0.5%～3%。PVC的热稳定性和透明性较好，且染色性好，能制成各种色彩的包装器具，不易破碎，加工性能好，价格低廉。但聚氯乙烯塑料中往往混有一定数量的氯乙烯单体，这种单体能够溶于油脂中，具有毒性，会损害动物肝脏，引起病变。因此，用于食品包装的聚氯乙烯，其氯乙烯单体的含量应尽可能低，应符合国家卫生标准。

（4）聚丙烯（PP）塑料　聚丙烯是高结晶结构，其渗透性为聚乙烯的1/4～1/2。聚丙烯透明度高，易加工。但耐寒性差，脆化温度高、易老化、易带静电。故不宜作人造奶油等储藏品的包装材料。

（5）聚偏二氯乙烯（PVDC）塑料　俗称“纱纶”，它的阻气性能在现有塑料中是最优异的（接近于金属的阻气性能）。聚偏二氯乙烯塑料多用于复合薄膜及涂覆材料。其单体有毒，故必须控制含量，一般要求单体含量在1mg/kg以下。

（6）聚苯乙烯（PS）塑料　聚苯乙烯无味、无毒、气密性差，耐油性不太好，很少用于液态油脂的包装，主要用于小盒餐用人造奶油等制品的包装。

塑料包装的缺陷是其透光性和透气性。表10-3给出了包装于PET瓶中的葵花籽油储存9个月过程中过氧化值的变化。对塑料容器进行着色是一种很好的解决光氧化的办法。另外，向塑料包装材料中加入紫外线吸收剂也不失为一种途径。

表10-3　包装于PET瓶中的葵花籽油储存9个月过程中过氧化值的变化　单位：meq/kg

		储存时间				平均值
		初始	3个月	6个月	9个月	
过氧化值	光照	0.230	0.800	3.000	13.90	4.48
	避光	0.230	0.400	0.500	1.100	0.55

注：1meq/kg=0.08g/100g

据研究，向塑料材料中添加氧气清除剂是一种很好的隔氧措施。图10-2给出了包装于含有氧气清除剂的PET瓶中的橄榄油和葵花籽油在25℃储存6个月过程中其氧气的含量变化，与玻璃瓶和不含氧气清除剂的PET瓶为对照。在前3个月，瓶中油脂的氧气含量依次为：含5%氧气清除剂的PET瓶<含1%氧气清除剂的PET瓶<不含氧气清除剂的PET瓶<玻璃瓶。3～6个月时，各瓶油脂中的氧气含量基本一致，说明储存期间消耗的氧气几乎仅限于油中的初始含量。

4. 铝箔

用于人造奶油、起酥油及半固状调味汁的包装。通常与塑料薄膜组成复合材料，用于袋装产品零售包装，也可与聚丙烯制成聚丙烯铝箔、聚丙烯复合罐体，提高强度、避光和气密性能，用于塑性类制品的包装。

5. 纸质容器

加工半透明纸、蜡纸和羊皮纸（硫酸纸），具有良好的耐油性和耐潮性，可加工成纸盒、

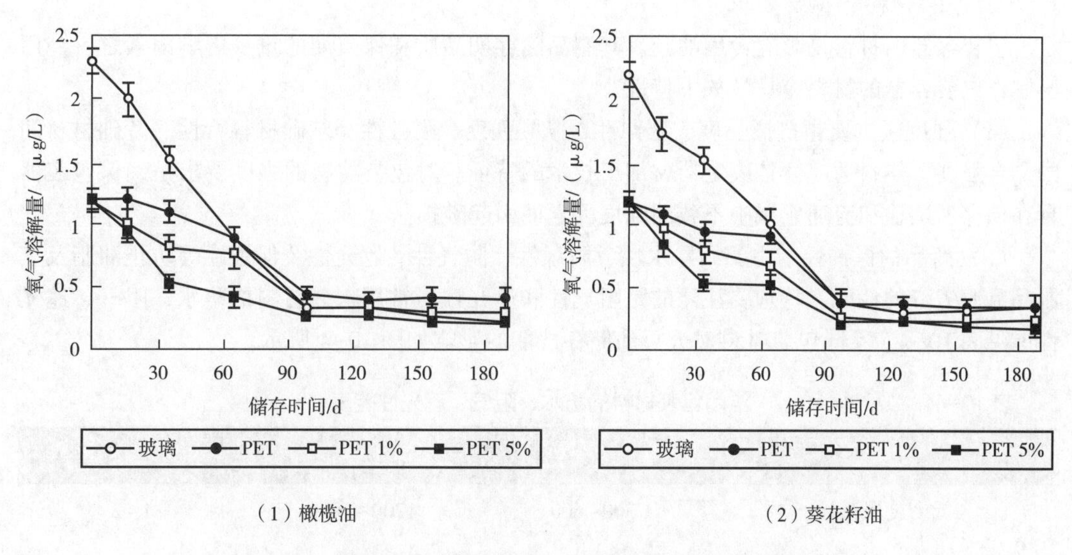

图 10-2　橄榄油和葵花籽油在不同容器中储存期间的溶氧量

纸杯，用于人造奶油和半固体状油脂制品的包装。纸盒、纸杯外涂蜡或复合聚乙烯能提高防渗性能。纸质包装容器后处理性好，对环境污染影响小。

近年来，一些新型的包装如盒中袋、内衬纸盒正在进入油脂制品市场。据研究，利乐无菌砖包装非常适合于橄榄油（图 10-3）。

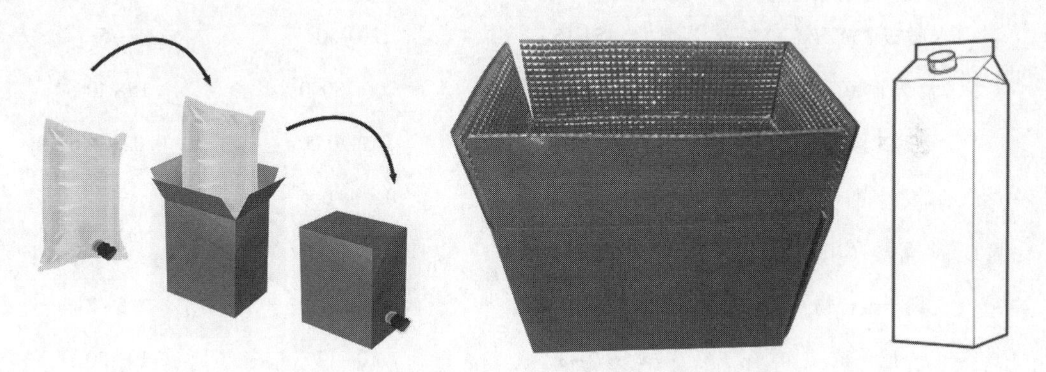

图 10-3　盒中袋包装、内衬包装和利乐无菌砖包装

三、 包装材料

包装材料需要既能满足机器的处理量，又能提供足够的包装屏障，才能充分发挥其功能性。油脂制品的保质期和稳定性与包装材料的透水性、透气性、透光性直接相关。因此，选择能够提供产品所需的保质期的包装材料是至关重要的。例如，对于用油量比较大的餐饮业，油脂制品周转速度很快，所需的保质期只有几周，可以优选使用具有低氧阻隔性的低成本材料进行包装。同样的油脂制品包装在高氧气阻隔材料中，则可以延长其零售保质期至数月。因此，虽然相同的产品以相似的方式进行加工，包装系统也几乎相同，但最终产品会根据所使用的包装材料具有完全不同的保质期特性。

（一）包装材料的特殊要求

包装容器的材料是影响食用油脂及其制品储存期品质和保质期的重要影响因素之一。用于制作包装容器的材料应具备如下特性。

（1）强度　主要指抗拉强度、延伸性、撕裂强度、耐油性等基础材料特性。基础材料间的黏合强度、热封适应性是决定器材加工技术的特征。对包装材料的强度要求是确保包装器具在储存、运输和流通领域中不致因强度因素而引起破损。

（2）商品的保护性　主要指防水性、防湿性、防气性、遮光性及保香性等防止油脂及其制品品质劣变的性能。特别要注意的是阻气性和遮光性。常用包装材料的防水、阻气、遮光性能见表 10-4，不同包装材料对大豆油储存性能的影响如图 10-4 所示。

表 10-4　常用包装材料的防水、阻气、遮光性能表

塑料	氧气透过性①	二氧化碳透过性①	水蒸气透过率②
低密度聚乙烯	300~600	1200~3000	1~2
高密度聚乙烯	100~250	350~600	0.3~0.6
非定向聚丙烯	150~250	500~800	0.6~0.7
定向聚丙烯	100~160	300~540	0.2~0.5
聚苯乙烯	250~350	900~1050	7~10
聚酯	3~6	15~25	1~2
未增塑聚氯乙烯	5~15	20~50	2~5
增塑聚氯乙烯	50~1500	200~8000	15~40
聚偏二氯乙烯	0.1~2	0.2~0.5	0.02~0.6
聚乙烯乙烯醇（干燥）	0.007~0.1	0.01~0.5	—
聚乙烯乙烯醇（100%湿度）	0.2~3	4~10	—
离子聚合物	300~450	—	1.5~2
尼龙 6	2~3	10~12	10~20
聚碳酸酯	180~300	—	10~15

注：①单位：(cm^3/100）/（100in^2/大气压 · 24h），环境温度 25℃；②单位：（g/1000）/（100in^2/24h），环境温度 38℃，相对湿度 90%。1in = 2.54cm。

（3）热特性　指材料的耐热性、低温特性和冻结适应性等性能。

（4）加工适应性　要求材料具有良好的成型、成膜、印刷、黏合等加工适应性。能塑造有利于销售的形状和美的外观。

（5）机械适应性　指对采用自动充填包装时的适应性，包括材料的延伸性、硬度、滑动性以及静电性等。

（6）经济性　指来源广、价廉，不致因包装费用引起商品价格上涨到消费者不易接受的程度。

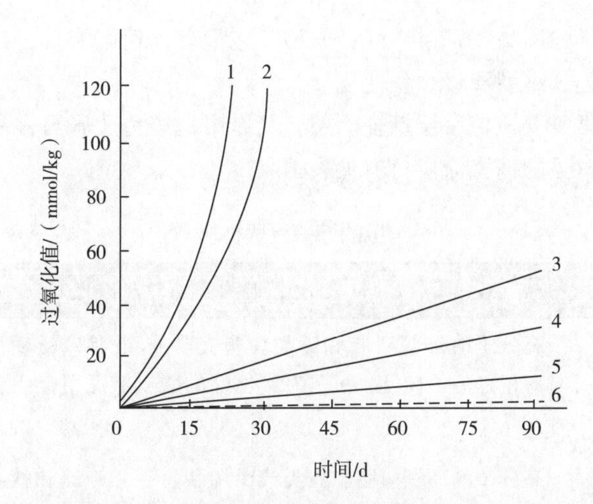

图 10-4　不同包装材料对大豆油储存性能影响

1—聚乙烯　2—聚碳酸酯　3—聚氯乙烯　4—聚偏二氟乙烯　5—聚偏二氯乙烯　6—玻璃

（7）卫生性　对食用油脂及其制品不致带来引起品质劣变或影响人体健康的有害或有毒物质。

（8）后处理性　指包装启封后，包装材料作为废弃物（垃圾）进行后处理的一些特性。包装材料应具有回收（再生）利用、不污染环境的特性。

（9）兼容性　为了延长油脂制品的保质期，多层材料的包装容器是很好的选择。图 10-5 是由三层材料制成的包装容器。内层是高密度聚乙烯，是一种适合与食用油直接接触的材料，并提供足够的防潮屏障。隔层是乙基乙烯醇，提供隔氧屏障。外层是高密度或低密度聚乙烯，提供充足防潮屏障。另一种多层容器是纸和塑料材料的组合，通常用于罐装的起酥油。

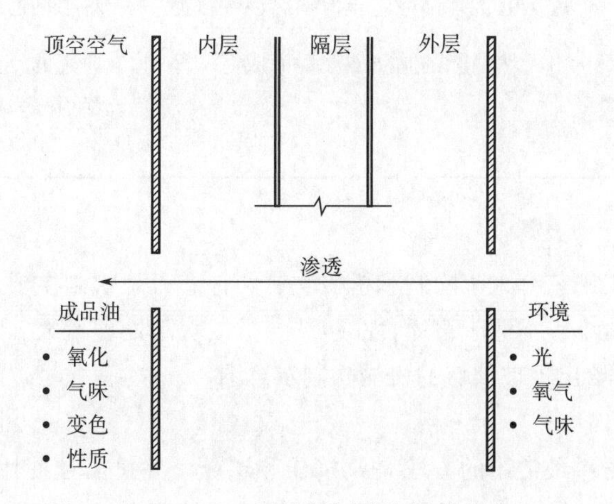

图 10-5　三层材料制成的包装容器

（二）包装材料加工

1. 金属罐材料加工工艺

金属罐包装的加工采用冲、压工艺。金属罐分为两片罐和三片罐。两片罐的罐身与罐底为一体，无接缝，力学强度高，密封性好，成型工艺简单，速度快。三片罐的罐身、罐底和罐盖冲压合成，有拼缝，罐型和尺寸易变化。

金属罐的内壁经常需要覆盖一层搪瓷涂层，其作用是避免金属与食品的直接接触，避免金属被食品所腐蚀。常见的搪瓷涂层材料见表 10–5。

表 10–5　　常见的搪瓷涂层材料

涂层材料	性质	应用
环氧–酚类	高分子的环氧树脂和酚类树脂交联；具有很好的柔韧性；抗具有腐蚀性的酸性产品	最广泛使用的涂料；三片浅底罐通用金色涂料
环氧–胺类和环氧–丙烯酸盐类	高分子的环氧树脂和胺类或丙烯酸盐类交联；现也用作水性涂料	啤酒和饮料罐的通用涂料；高固体含量焊接罐的侧缝条
环氧–酸酐类	高分子的环氧树脂和酸酐硬化剂交联；可塑性好、耐化学性好	三片罐罐身和罐底的内部白色涂层
乙烯基–有机溶胶	聚氯乙烯分散溶解于合适的溶剂中，并与低分子质量的环氧树脂交联稳定化；可塑性好、耐腐蚀	易拉罐，易拉罐盖，常用于环氧–酚类基层涂层表面
热固聚酯	聚酯和酚类或胺类交联；可能含有低分子环氧树脂；可塑性好、耐化学性好	用于肉制品、鱼制品和蔬菜制品的两片罐和三片罐罐身和罐底的内外涂层
热塑聚合物	聚丙烯、聚酯、聚氨酯或其混合物的挤压涂层或层压涂膜	浅底罐；易拉罐罐盖和罐底
酚类	成本低；柔韧性差，但耐腐蚀性食品	对柔韧性要求不高的油桶
油树脂	由天然油脂的脂肪酸改性而成	通用的、金色的价格低廉涂料；曾经用途很广，现在逐渐失去市场

2. 玻璃瓶材料加工工艺

玻璃瓶包装的加工工艺有人工吹制和机械吹制两种。人工吹制主要用于制作高级器皿和艺术玻璃品等，因批量小，不适于普通食品包装。机械吹制处理量大，成本较低，适合于普通食品包装。图 10–6 给出了玻璃瓶的机械吹制示意图。

3. 塑料瓶材料加工工艺

加工塑料瓶包装材料最常用的方法是共挤压和层压。共挤压是使用两台或三台挤出机，将具有相容性的几种热塑性塑料，共用一个复合模头进行层合。层压是通过胶黏剂将两种或多种已预成型的材料进行黏合。

塑料瓶包装的加工主要有三种形式：吹塑，如塑料油瓶；热塑，如盘子；注塑，如盖子。塑料吹塑成型的基本技术源自用于生产玻璃瓶的技术。空气被加压注入密封的熔融材料块中，材料块被所需形状的冷却模具以适当的距离包围。空气的压力导致熔融物质膨胀，与

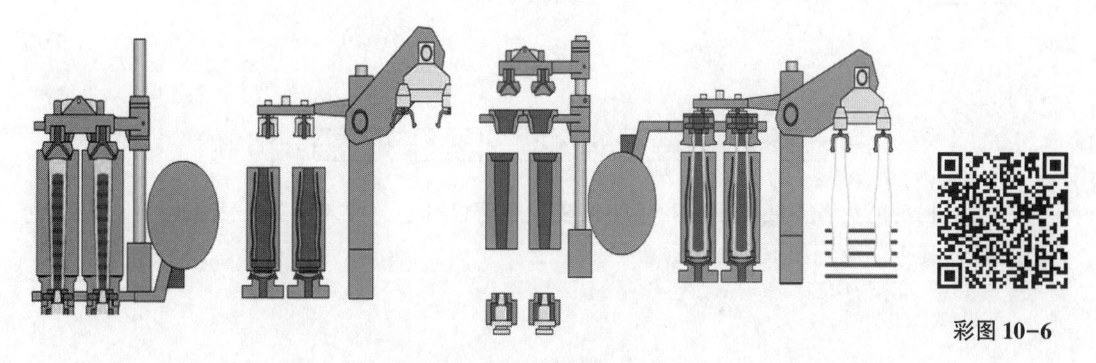

彩图 10-6

图 10-6　玻璃瓶的机械吹制示意图

模具壁接触时被冷却。最后，打开模具并将模制容器顶出。塑料热塑成型主要用于形状深度有限的容器。该工艺通过加热软化多层塑料薄膜，然后将模具放上，并进行施压而形成容器。塑料注塑成型是一种快速制造复杂形状的方法，通常是配件或密封物。密封物的主要作用是确保容器内的物质在解封之前一直处于密封状态。这意味着容器内的物质和外界是隔离的。对于油脂制品，需要进行完全密封。必须能够毫无困难地通过破坏密封打开容器，并且在仅使用部分物质时易重新密封。另外，不同形状的包装容器体积相同，但比表面积不同（表 10-6），导致容器中最终被密封的空气量有差异，容器打开时，内部制品与空气的接触面积有所差异。

表 10-6　　不同形状容器的比表面积（所有容器的体积大约为 450mL）

形状	尺寸/cm	比表面积		增加量/%	比表面积/体积比
		cm^2	m^2		
球形	直径 9. 52	285	0. 0285	0	0. 63
圆筒形	直径 7. 3 高 10. 8	331	0. 0331	16	0. 73
立方形	边长 7. 67	353	0. 0353	24	0. 78
四面体形	边长 15. 65	424	0. 0424	49	0. 94
长方形	长 15 宽 10 高 3	450	0. 0450	58	1. 0
薄体长方形	长 20 宽 22. 5 高 1	985	0. 0985	246	2. 18

四、 包装工艺与设备

油脂及其制品的包装过程中，根据自动程度配套有不同的作业流程、作业设备和输送设备。这些设备均属于食品包装机械，市场上已有不同类型的定型产品，可根据产品包装要求选择配套。食用油脂及其制品的性状分液体食用油和塑性油脂两类，两类物料包装作业线的主要工作部分是灌装。

（一）液体食用油包装

液体食用油的包装分大包装与零售包装。大包装一般采用标准铁桶，由人工灌装、计量和封盖，适用于商品流通领域包装，其工艺流程如下：

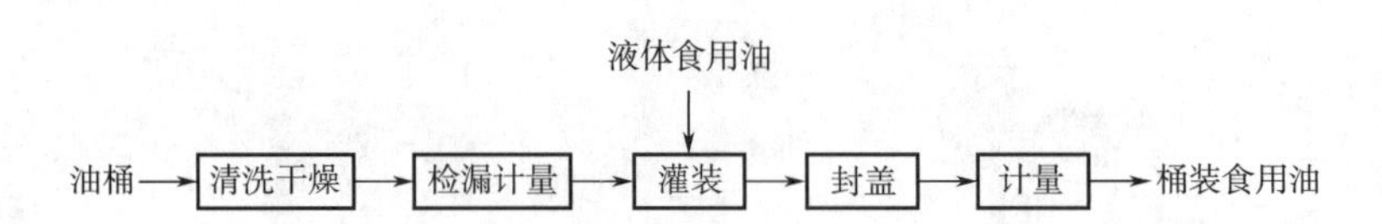

零售包装是消费者直接使用的产品的包装。由于容量小、灌装频繁，多采用自动包装生产线完成，其工艺流程如下：

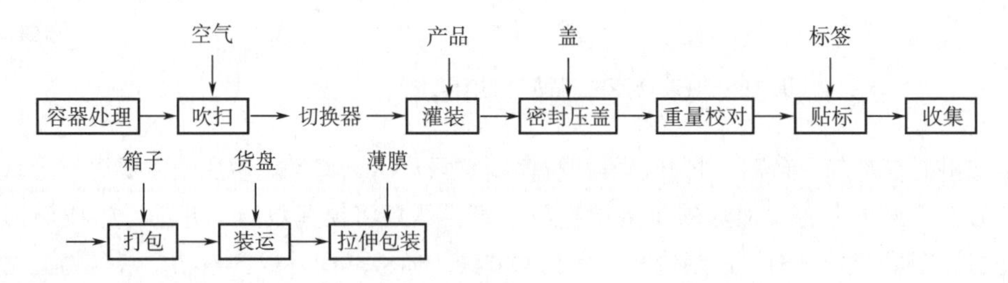

连续灌装生产线由检瓶机、吹扫机、灌装机、压盖机、商标粘贴机、激光打印机以及传送带等组成。可根据自动化要求增减配备各功能作业机。

（二）塑性油脂制品包装

人造奶油、蛋黄酱、起酥油等具有较高黏度的油脂制品，一般在高于储存温度下进行充填包装。

蛋黄酱通常装在玻璃容器中，而花生酱和色拉调味品通常装在塑料容器中，容量为0.2~1.0L，用于国际贸易时有3.79L的包装。为便于产品密封后加热杀菌，蛋黄酱仍装在玻璃瓶中。为了防止产品被容器顶空的氧气氧化，致使产品劣变，通常容器顶空用惰性气体如氮气吹扫。

有多个直排式或旋转头的起酥油灌装机分为按时计量或容积（注塞）式计量，装填速度能达到300桶/min。这些灌装机需要预先成型的杯或桶和盖子，它们能通过专门化的机器按如下方式成型：已打印的塑料片从卷轴上摊开，经过加热段软化，在一个定向的模具中，受热的塑料片在真空作用下可形成杯或桶形。装料机械接受预先成型的杯或桶和盖子。杯或桶装满后，盖子被机械地压入正确的位置，得到密封、装有产品的包装容器。这种热成型容器设备，及把产品充填入容器和密封容器的设备分别称为成型机、装料机、密封机。此种设备已普遍应用于人造奶油包装的热成型装料工序。

根据人造奶油的类型、产品稠度和消费者的喜好，人造奶油包装有多种方式。目前国际上对奶油制品的包装有：传统餐用型以0.4536kg或114g的条状包装、桶装和塑料挤瓶包装。软质人造奶油生产线的各组成部分分别是分配器、成型机、包裹机、装箱机、贴标机、箱子打包机和货盘机。通常由一台机器完成包裹和装箱。此单元必须根据人造奶油的特性如产品温度和乳浊液硬度进行调整。食品服务或工业中使用的人造奶油通常装在50L内衬塑料薄膜的纸箱中，以5L或更大的块状包装，或散装供应。

市场上的条状零售人造奶油，使用两种基本类型的包装机械，一种是将产品充填到一个计量和成型的模具中，成型后再进行包装和装箱。另一种是将来自休止（静置）管的产品装入衬有预制包装袋的盒中，折好包装袋后从盒中取出。第二种机械在人造奶油工业中广泛应用，此种类型的包装机械包装过程的机制如图 10-7 所示，塑性脂肪制品通过带有进料螺杆的槽或直接由休止（静置）管与包装机械相连。连续不断的来自可变卷筒轴的包装材料，在到达制袋平台前被刮刀系统横向切断。柱塞引导包装纸通过折叠槽形成包装袋，然后将包装袋准确定位于间歇式旋转工作台的槽内。已定位的包装袋通过旋转台转至充填物料位置，在装料处，槽连同内置的包装袋一起被升起，这样可保证制品充填时不与空气接触。利用活塞式充料筒将制品装入预制的包装袋中。填充物料的包装袋先后旋转到折叠和校准工装处，完成既定操作后，棱角分明的条状包装制品便从包装机械转入装箱机械中。此包装操作比在产品包装前成型的系统更适合较软的制品。包装材料可以是羊皮纸、铝箔、塑料涂层材料等，包装的折叠方法有底部折叠和侧面折叠，具体折叠过程如图 10-8 所示。

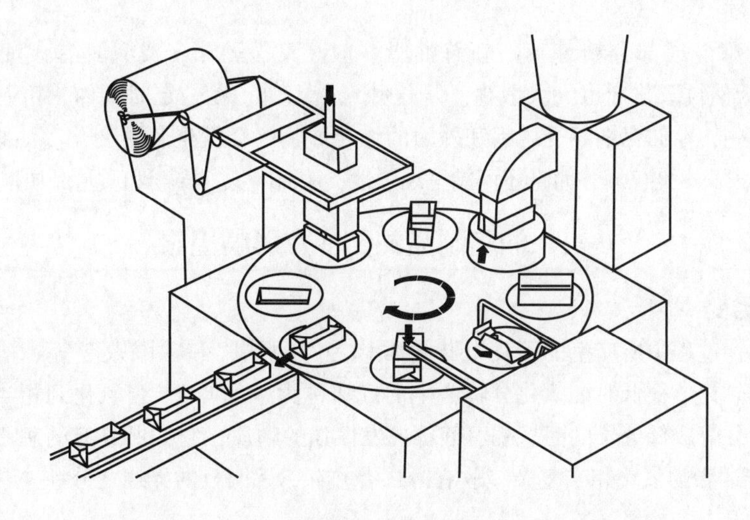

图 10-7 包装袋成型、装料和折叠过程示意图

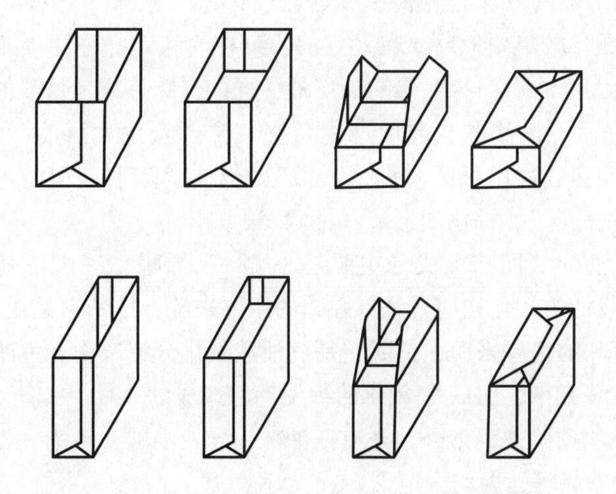

图 10-8 包装袋底部和侧面折叠过程示意图

第二节 油脂制品的质量控制

油脂制品在储存过程中会发生不同程度的劣变，一般由三种途径所致。一是因油脂的固有性质而发生的不利化学变化引起油脂变质。二是来自与油来源相关的天然物质、痕量杀虫剂和通过油脂加工、运输、贮存或使用中而受到的污染。三是掺伪，即故意将一种油与另一种混合，并在储存过程中可能产生对油脂的破坏，最终导致产品质量和得率的损失，甚至引起产品安全问题。

经过全精炼（或部分精炼）的新鲜油脂一般无臭、无味（或只具有该油脂的固有气味），内源性天然抗氧化剂也大大减少。从这种意义上讲，在一定时期内，精制油脂比毛油的安全性要差些，在储存期间受内因和外因的综合影响，会发生各种变化。油脂的劣变不仅产生各种异臭味及不良色泽，而且还可能呈现毒性，从而降低其安全和质量品质以及营养价值。

一、 油脂制品的劣变及影响因素

（一）气味劣变

油脂在储存过程中所产生的不良气味通常称为“回味”和“酸败”等。精炼油脂在极短时间内且过氧化值很低时因氧化分解产生的气味称为“回味”。当氧化到相当深度，致使较多氧化产物分解成低分子的醛、酮、酸等挥发性强的物质，它们所具有的刺激性气味即称“酸败”。由于油脂的氧化相当复杂，故有时二者并存，无明显的界线之分。

1. 回味

鱼油等海产动物油及多烯酸类的高度不饱和植物油在储存过程中会产生鱼腥臭味，因这种腥臭味与精制前的毛油的气味很相似，故称此气味为“回味”，也称“回臭”。对植物油脂而言，“回味”问题比较集中地反映在大豆油、菜籽油和亚麻籽油等亚油酸或亚麻酸含量较高的油脂中。精炼大豆油“回味”最初像奶油一样的气味，或者似淡的豆腥味，继之像青草味或似甘草味，进而像油漆味，最后产生鱼腥臭味。氢化大豆油“回味”呈现“稻草味”。也有将出现油漆味以后的气味看作“酸败”，也称“酸败臭”的。另外，菜籽油和亚麻籽油形成“青草/油漆味”，棕榈油形成“油漆/酸败味”。

现已证实，大豆油的“回味”成分主要是3-顺-己烯醛、2-戊烷基呋喃。据研究，3-顺-己烯醛产生于大豆油的氧化初期，是豆腥味的主要来源，推断它是亚麻酸氧化分解产物；2-戊烷基呋喃是青草味的主要来源，推断它是亚油酸氧化分解产物。鱼油的“回味”主要是由于其高不饱和脂肪酸EPA、DHA等氧化的挥发性醛造成的。

引起“回味”的物质除亚麻酸外，还有亚油酸、异亚油酸、磷脂、不皂化物、氧化聚合物、多价金属及单线态氧等，但均未定论。

2. 酸败

不同类型的油脂在不同的条件下发生不同的化学变化，这些变化最终均导致油脂的酸败。根据油脂的脂肪酸组成及酸败的产物把酸败分为以下三大类型（多种途径）。

（1）不饱和酸（酯）的氧化酸败　其中最主要的是自动氧化酸败，虽已进行大量的研究，但仍有很多问题尚不明晰；其次是光氧化酸败，由于加工过程中光敏剂的去除和加工运输过程中的避光操作，光氧化酸败很难发生，但一旦发生，其速率是自动氧化酸败的千倍以上；再者是酶促氧化酸败，所涉及的酶称为脂肪氧化酶，其具有特异性，仅对含有顺顺五碳双烯结构的多不饱和脂肪酸进行氧化，由于加工过程脂肪氧化酶随胶杂一起被去除，酶促氧化酸败很难发生。以大豆油的自动氧化酸败为例，所产生的“酸败臭”的主要成分有 C_4 ~ C_9 的 Δ^2-烯醛和烷醛、C_7 和 C_8 的 $\Delta^{2,4}$-二烯醛、低分子醇类（n-戊基醇、1-辛烯-3-醇及 1-戊烯-3-醇等）、低分子酸类及戊烷。“酸败臭”成分不大相同。

（2）饱和酸（酯）的氧化酸败　一是 α-氧化酸败，产生低分子的醇、醛、酸等“酸败臭”味；二是 β-氧化酸败，产生的“酸败臭”味为低分子的甲基酮，故又称酮式酸败。在含蛋白质较多的动物油脂中，由于蛋白质的腐败可导致酮式酸败。在植物油中因不饱和脂肪酸氧化分解产生的自由基也能导致饱和脂肪酸的酮式酸败。椰子油的挥发成分中除了甲基酮外，还有 C_6 ~ C_{14} 的 δ-内酯。油料、油脂若受霉菌感染，也会导致酮式酸败。

（3）水解酸败　低分子脂肪酸较多的油脂（如奶油、椰子油、棕榈仁油等）在微生物及解脂酶的作用下水解出低分子的酸，本身就具有刺激性气味，故称水解酸败。

（二）回色

油脂的色泽是判断精炼程度和品质的重要指标之一。经脱胶、脱酸、脱色及脱臭后的精制食用油一般颜色较浅，呈淡黄色，但在以后的储存过程中颜色又逐渐加深，这种现象称为“回色”。

回色起因于油脂中色素的氧化、异构化或低分子色素的聚合。油脂部分氧化能使红色及黄色增加，其中大部分是因生育酚氧化成色满-5,6-醌所致。另外，氧化脱除类胡萝卜素的同时，还能产生其他类型的色素，有时甚至明显地生成醌类。棉籽油中的浅色棉酚会异构化为深色棉酚，也会被氧化成更深色的新色素。有的低分子色素聚合后，分子中的共轭双键增多，颜色就深。

回色达到最高程度，速度快的约几个小时，慢的需半年。回色现象达到峰值后，油脂的颜色又有变浅的趋势。影响回色的因素很多，主要有油脂的品种、油料的品质、制取及精炼的条件、精炼程度及储存条件等。

水分高的油料制取的油脂精炼后易回色。例如，进入浸出器的大豆坯水分含量的高低，对浸出油中的生育酚含量的影响十分显著，水分含量正常时（7%~12%），浸出大豆毛油中的生育酚含量正常；若大豆水分含量大于 12%，油中生育酚含量显著减少。研究表明：生育红［2,7,8-三甲基-2（4′,8′,12′-三癸基-2）-色满-5,6-醌］是颜色回复的前体，大豆油水分含量为 15%~18%时，此物质的含量达到最高值。大豆油水分含量的增加不影响油中 α-生育酚的含量，但 γ-生育酚、δ-生育酚含量减少，色泽的回复涉及 γ-生育酚氧化成二聚产物，并转变成生育红。

在相同条件下最易回色的是棉籽油，并且棉酚含量高的棉籽油回色速度更快；其次是棕榈油，且类胡萝卜素含量高的回色速度快；再者就是含生育酚较多的大豆油和玉米胚芽油。在较低真空度和较高温度下精炼的油脂易回色。精炼程度深的，因天然抗氧化剂留存甚少，又不添加合成抗氧化剂的油脂更易氧化产生新色素，如大豆高烹油和色拉油。在高温、高湿、强光及不洁净储器（污染有金属离子或其他助氧化剂）等不良条件下储存的油脂易回色。精炼油中添加某些抗氧化剂遇到金属离子会生色，如 BHA 和 BHT 与铜、铁离子生成黄色物，而没食子酸丙酯（PG）和没食子酸月桂酯（LG）与铜、铁等金属离子会生成黑色物，导致精炼油脂回色。

（三）影响油脂劣变的因素

油脂自身的组成及储存条件是油脂劣变的内外原因。

1. 油脂的组成

（1）脂肪酸及其分布　油脂的氧化不仅与组成油脂的脂肪酸的碳链长度及不饱和度有关，而且与脂肪酸在甘油基上的分布位置有关。碳链长度不整齐的脂肪酸组成的油脂，低温下易结晶成β'晶型，较疏松，易携空气，稳定性差；脂肪酸碳链短的、不饱和度高的且位于*sn*-1或*sn*-3位时，其活度高，易被氧化，稳定性差。据资料介绍，若把油酸的相对氧化速率界定为1，那么，亚油酸和亚麻酸的相对氧化速率分别为10和25。食用油中的半干性油脂比不干性油脂的稳定性差。不管哪类油脂，其稳定性一般均随碘值的升高而降低，在氧化和相应的风味劣变的方式上，不同脂肪间变化差异较大，产生酸败必须吸收氧，油脂吸收氧的数量与油的组成、存在或缺乏抗氧化剂和促氧化剂以及氧化条件有关。通常，油脂吸收的氧可达油体积的15%~150%或油质量的0.02%~0.2%。图10-9给出了玉米油和添加0.02%、0.10%咖啡酸月桂酯的玉米油达到相同酸败程度的吸氧量，油酸含量高、亚油酸含量低的油脂需要比油酸含量低、亚油酸含量高的油脂吸收更多的氧。

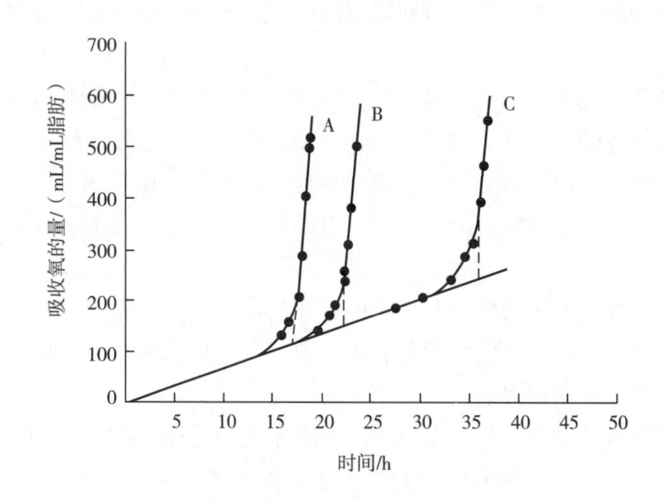

图10-9　玉米油的吸氧量

A—玉米油；B—添加0.02%咖啡酸月桂酯的玉米油；C—添加0.10%咖啡酸月桂酯的玉米油

（2）内源抗氧化剂　油脂的类脂物中，有不少成分在一定储存期内对油脂起抗氧化作用。有的起终止游离基的作用；有的起淬灭单线态氧、避光及夺氧等作用；有的则对酚型抗氧化剂起增效作用。其中抗氧化效能最好、存在普遍并具较高营养价值的是生育酚。植物油比动物油的不饱和度高，但比动物油的稳定性好，其原因之一就是植物油中普遍含有微量生育酚及其他天然抗氧化剂，而动物油中则不含（或极少有）天然抗氧化剂。因此，在精炼过程中应尽可能保留生育酚等天然抗氧化剂。

（3）磷脂、皂、金属离子　毛油精炼过程中磷脂等胶杂去除不彻底，不仅严重影响后序的精炼工序，而且造成成品油脂易回色。成品油脂中磷脂含量越高，回色现象和程度越严重。据报道，磷脂可能也是引起油脂回味的因素之一，但还未有最终定论。皂和金属离子也是引起油脂酸败和回色的重要因素。因此，国家标准规定一级成品油中含皂量不得检出。油脂加工过程中，应尽量采用不锈钢设备，以避免金属离子的溶解。

2. 储存条件

油脂的安全储存还受空气、温度、光线、水分、微量金属及时间等外因的影响。

（1）空气　空气中的氧气是油脂氧化的主要因素，氧气存在时油脂的变质被称为氧化酸败，这是油脂劣变的主要途径。油脂氧化的起始阶段是氧加在一个脂肪酸碳链的双键上或附近以形成称为氢过氧化物的不稳定化合物。随着氧化的进行油脂将发生一些变化。如图 10-10 所示，氧化过程用油脂所吸收的氧来衡量。在起始即诱导阶段，氧化相对较慢且基本上匀速进行，在这期间过氧化物的生成速率远比其被分解的速率快，因此其含量与氧的吸收相当。当氧化至临界状态后，反应进入第二阶段，其特征是以加快的速率进行氧化，开始闻到或尝到油品酸败时即为第二阶段的开始或早期。当油继续氧化时，所形成的过氧化物分解产生挥发和不挥发性化合物，它们形成油脂变质的风味和异味。氧化的极端阶段是聚合和降解，并伴随着油脂黏度的快速增加。氧被吸收数量和氧与食用油脂间的化学反应是相关的。特别在储存后期，这种作用变得更显著，诱导期的缩短导致产品保质期变短，如图 10-11 中曲线 C 所示，通气 70h 后，具有良好稳定性的油也发生酸败，对于曲线 A 和 B，酸败则以更快的速率发生。

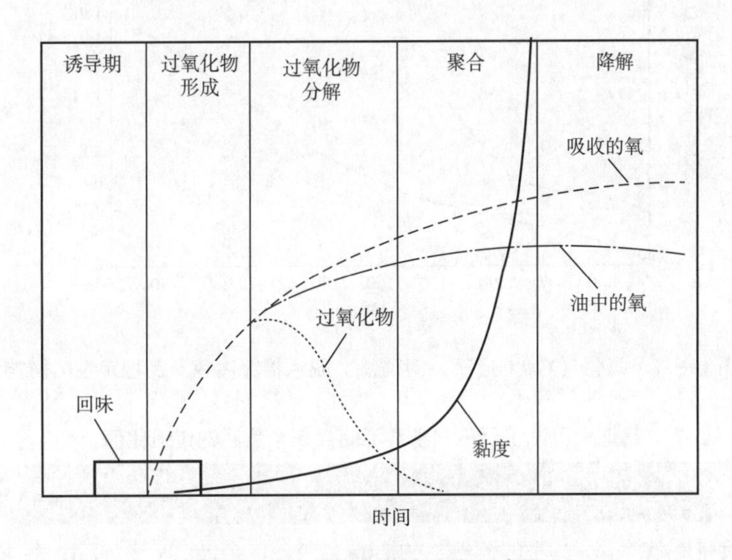

图 10-10　油脂氧化劣变期示意图

另外，氧化对油脂的色泽有重要的影响。氧化使类胡萝卜素色素脱色，形成其他类型色素的颜色，在某些情况下，甚至使脂肪酸或油的甘油酯形成醌类带色化合物。棉籽氧化后颜色显著变黑，有时大豆油也发生这种现象。氧化（120℃通气）对碱炼、脱色棉籽油的色泽及稳定性的影响如图 10-12 所示。

因此，任何与空气接触，特别是在空气流通的情况下储存油脂的做法是不科学的。应该密闭储存，有条件时应充氮储存（表 10-7），若条件不具备的，储油罐及盛具应尽量装满，减小油面上的空间，以减少油脂与氧接触的机会。

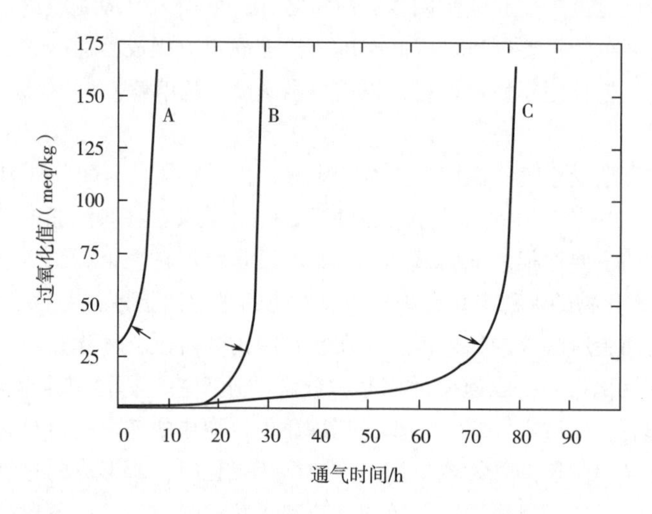

图 10-11 氧化稳定性实验（110℃下通风）

A—接近酸败的氢化花生油；B—脱臭花生油；C—花生油（箭头表示感官评价上的酸败点）

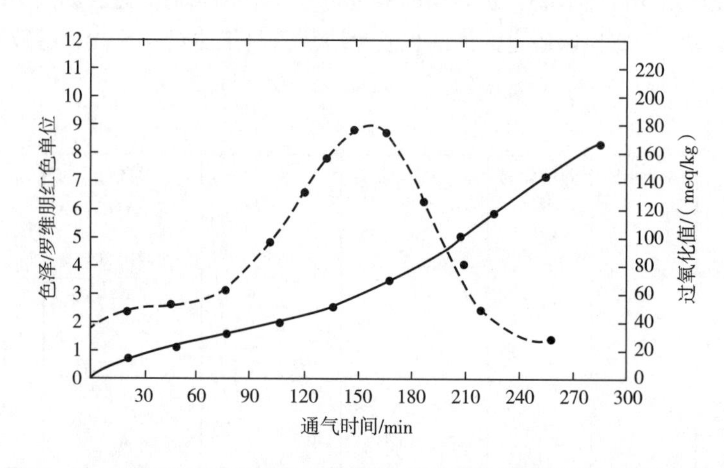

图 10-12 氧化（120℃通气）对碱炼、脱色棉籽油色泽及稳定性的影响

表 10-7 精炼大豆油工厂不同条件下储存 5 个月后的过氧化值

储存条件	氮气	空气
温度范围/℃	15.6~33.9	17.8~30.6
温度平均值/℃	23.9	23.9
储罐顶空氧气平均含量/%	1.4	21
初始过氧化值/(meq/kg)	1.0	1.0
最终过氧化值/(meq/kg)	1.5	5.0

虽然排除空气可以防止油脂氧化劣变，但完全排除空气是不切实际的。22~23℃时氧气在豆油中的溶解度可达 2.1mL/100mL，假设完全参与氧化反应，豆油的过氧化值可达到

18meq/kg。据报道，豆油在过氧化值远小于 18meq/kg 时，甚至在 1meq/kg 左右时，就会发生回味。

即使使用氮气覆盖，油中也可能已经存在足够引起其氧化劣变的氧气。一种更实际的方法是通过适当的处理过程来尽量减少空气进入油中。

应避免的错误处理过程如下：

①液油从储罐顶部注入时不可避免地与空气接触，从而引起油脂氧化劣变。更合理处理方式是将液油从储罐底部注入直至满容量。

②泵密封或配件故障导致泵或管路中吸入空气。

③储罐内搅拌不正确的搅拌会将空气裹入油脂中。应避免产生旋涡或涡流。

④尽量减少或避免采用空气进行吹扫，这反过来可能会通过储存罐中的脂肪产生空气。

（2）温度　温度对油脂稳定性影响是多方面的。随着温度的升高，氧气在油脂中的溶解度增大；油脂的氧化速率增大（一般情况下，每升高 10℃，油脂氧化速率约增大 3 倍）；油脂在水中的溶解度增大；油脂水解速度加快，从而引起酸值升高及金属皂的生成。这些变化均加速油脂的劣变。图 10-13 所示为油脂氧化速率随温度变化的情况。经验规则是油脂的温度保持在能够满足其在泵送时的流动性即可。对于氢化油，温度通常保持在其熔点以上 5~6℃是足够的。对于散装油的储存尽可能考虑采用低温。例如，短绝缘管道将允许较低的储存温度，从而延长散装储存油脂的品质。

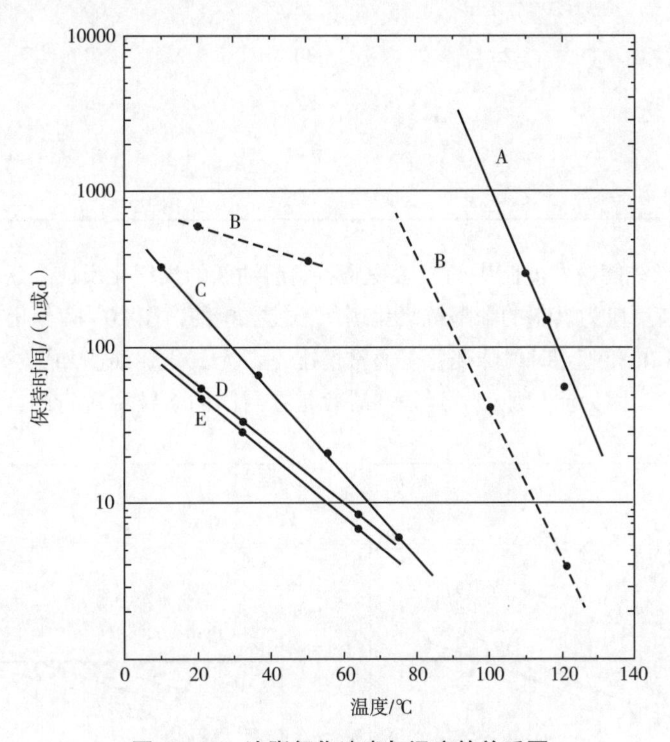

图 10-13　油脂氧化速率与温度的关系图

A—通气至酸败的起酥油；B—通气至过氧化值为 0.04g/100g 油酸甲酯；
C—通气至过氧化值为 0.4g/100g 豆油脂肪酸甲酯；D、E—在 65℃保温和在 21℃、32℃储存至酸败的起酥油

局部过热会引起油脂品质的劣变，应该尽可能避免。所有带有加热装置的储罐都应配备

机械搅拌装置。搅拌不仅可以减少局部过热造成的油脂劣变，还可以节省时间和加热成本。如果搅拌装置暂时故障，油脂和加热介质之间的温差必须保持在最小限度。

散装油运输过程中也应该避免过高温度加速油脂氧化劣变和水解带来的不利影响。国际榨油商协会（International Association of Seed Crushers，IASC）给出了主要油脂在运输期间和卸货时的推荐安全温度（表 10-8）。

表 10-8　主要油脂在运输期间和卸货时的推荐安全温度　单位：℃

油脂	运输期间		卸货时	
	最低	最高	最低	最高
葵花籽油	室温	室温	室温	20
大豆油	室温	室温	20	25
红花籽油	室温	室温	室温	25
花生油	室温	室温	20	25
菜籽油	室温	室温	室温	20
玉米油	室温	室温	室温	20
棕榈油	32	40	50	55
棕榈硬脂	40	45	60	65
棕榈液油	25	30	50	55
椰子油	27	32	40	45
鱼油	20	25	30	35
棕榈脂肪酸馏出物	42	50	67	72

（3）光线　光线能激发油脂中的光敏物质，引起油脂的光氧化反应，这种光氧化反应是目前以终止游离基反应为机制的酚型抗氧化剂所不能抗拒的。图 10-14 给出了葵花籽油 45℃下分别每天光照 12h 和避光时风味变化。通常情况下，光氧化在油脂加工、运输和消费者使用过程中不易发生，因为油脂加工、运输和罐存是在封闭的系统中进行的，很难与光发生接

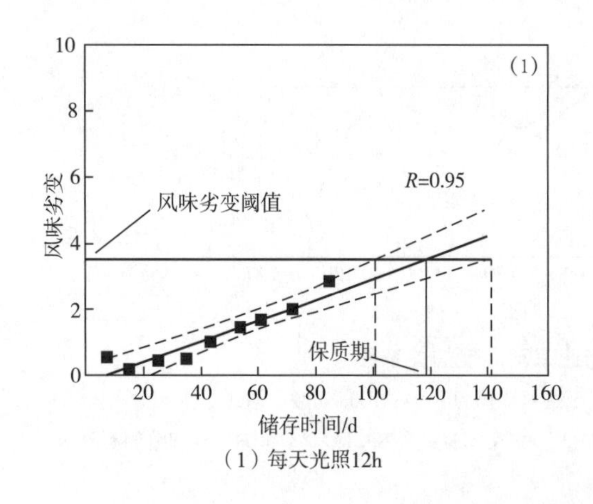

（1）每天光照12h

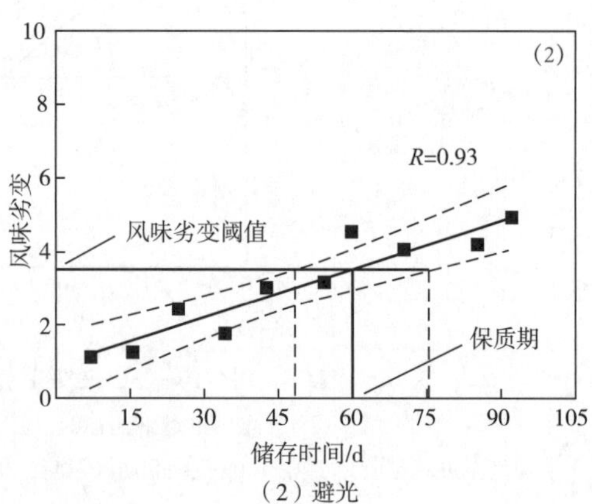

（2）避光

图 10-14　葵花籽油的保质期预测

触。但是，光氧化是小包装（零售）液态油脂储存稳定性的一个重要因素。近年来，以玻璃和塑料等透光材料制作的油脂包装器具逐渐增多，如何避免或减少油脂在这类包装器具内的光氧化反应，是应该重视和研究的课题。

光对油脂的促氧化作用随光的波长而有所差异，波长短（能量高）的光线促氧化的能力尤甚，表 10-9 给出了各种波长光线在 24h 内对油脂品质的影响。

表 10-9　　不同波长光线对油脂品质的影响

薄膜透过的光度范围/nm	油脂的过氧化值/（mmol/kg）			
	玉米胚芽油		棉籽油	
	试样 1	试样 2	试样 1	试样 2
360~520	20.9	20.2	17.6	17.3
420~520	8.7	8.5	12.4	12.5
490~590	4.5	4.9	8.1	7.9
580~680	1.1	1.4	3.1	3.4
680~790	1.0	1.2	2.1	1.8

（4）水分　水分过高会促进油脂的水解酸败。一般精炼油脂的水分应控制在 0.01%以下。绝对干燥的油脂较难维持，且其稳定性也会受到影响，因微量水分具抗氧化作用。

（5）微量金属　微量金属在光照下能够促进油脂的自动氧化及氢过氧化物的分解。表 10-10 给出了使油脂保质期减半的各种金属含量。各种金属的氧化催化活性一般规律为 Cu>Mn>Fe>Cr>Ni>Zn>Al。在豆油中的催化活性是 Cu>Fe>Cr、Co、Zn、Pb>Ca、Mg>Al。据研究，铜和铁是很强的促氧化剂，油脂中铜和铁的含量分别达到 0.01mg/kg 和 0.1mg/kg 时，即可引起油脂劣变。因此，加工和储存油脂时应重视和防止金属离子的促氧化作用，以保证油脂的稳定性能。避免使用铜或含铜合金设备加工和储存油脂。目前，预防铁污染还有些困难，因为大多数加工厂的储罐、泵和管道都是采用碳钢来建造的。但是，通过对碳钢设备的适当处理和清洗，铁的污染可以保持在最低限度。

表 10-10　　使油脂保质期减半的各种金属含量

金属种类	含量/（mg/kg）	金属种类	含量/（mg/kg）
铜	0.05	镍	2.20
锰	0.60	钒	3.00
铁	0.80	锌	19.50
铬	1.20	铝	50.00

（6）时间　即使在理想的条件下储存和处理，任何脂肪或油都会随储存时间延长而劣变。未氢化或轻度氢化油，不需要加热来保持液体，比起酥油具有更强的抗劣变能力。然而，起酥油将在熔化条件下保持 2~3 周。起酥油不允许被先固化，然后在使用时再进行加热熔融。散装储存系统的设计最大周转时间为 2~3 周或在产品的储存期内。应避免将新鲜油脂

与已储存的油脂混合。罐中少量的储存油脂可能会加速与之混合的新鲜油脂的劣变，因此，储罐需要进行定期清理。安排发货时应避免新鲜和储存油脂的混合。可以安装一个辅助罐来存放罐车中残留的油脂，并允许检查和清洗接收罐。

（四）人造奶油的劣变因素

人造奶油是油水乳化产品，其中含油 80%以上，其品质的变化来自两方面。一是油相物质晶型转化结构破坏以及水解、氧化酸败变质；二是水相物质凝聚滋生微生物而霉变腐败。储存和运输过程的条件是品质劣变的诱发因素。由此可见，人造奶油的新鲜程度受晶型转化、氧化、细菌污染、水分、机械作用等诸多因素的影响。

1. 晶型转化

理想的人造奶油需要维持其呈现 β' 晶型，如果晶型发生转化，将严重影响其质构特性、表面光泽、口熔性等。为了维持 β' 晶型不发生转化，通常需要在人造奶油配方中加入 5%～15%氢化油或将氢化油与基料油进行酯交换反应。为了避免部分氢化油中反式脂肪酸对人体健康的影响，人造奶油中通常采用分提或酯交换的油脂进行复配。

2. 氧化

人造奶油特别是健康型制品，其基料油脂中含有较多的不饱和脂肪酸，在光线、氧化剂和微量金属离子的作用下易氧化酸败。基料中的醛基化合物、金属离子是促使制品氧化酸败的氧化剂，因此，加工人造奶油的原料油脂一定要是新鲜的且要严格精炼，茴香胺值（*p*-AnV）不应超过 6，一些天然抗氧化剂（维生素 E）应尽量避免损失。生产过程要严格避免金属离子的污染，若制品中 Fe>0.1mg/kg 或 Cu>0.02mg/kg，几天内即会诱发降解而产生异味。人造奶油的氧化稳定性与基料油的不饱和度有很大关系，亚麻酸含量较高的人造奶油易产生“鱼腥的光激活味”。为了提高其氧化稳定性，多不饱和脂肪酸含量较低的油脂（如高油酸葵花籽油）成为基料油的不错选择。

富含多不饱和脂肪酸和猪脂的制品，必须添加抗氧化剂。光线和高温是制品氧化酸败的触发因素。因此，制品应包装于不透光、不透气的器材中，避免储存或保质期光线直射。

3. 细菌污染

人造奶油是含水营养制品，水分和蛋白质等组分为细菌、微生物的滋生繁殖提供了必要的条件。如果加工、包装、储存和销售中不注意物料、设备和环境消毒，不履行卫生规程，就容易被细菌污染，导致制品霉变腐败。盐和防腐剂的使用以及水相液滴大小的控制可以很好地防止微生物在人造奶油中的滋生。温度是制品被细菌污染滋生繁殖的外因，低温下储存是人造奶油保鲜的必要条件。表 10-11 中列出了不同温度下制品在储存期品质变化的情况。由此可知，温度是导致人造奶油结构破坏、氧化酸败和霉变腐败的重要因素。

表 10-11　不同温度下人造奶油品质劣变情况

储存温度/℃	维生素 A 残存率/%				过氧化值/（meq/kg）		酸值（KOH）/（mg/g）	
	3 个月后	6 个月后	9 个月后	12 个月后	出品日	12 个月后	出品日	12 个月后
5	98.7	96.3	94.2	92.2	0.69	3.83	0.31	1.96
25	92.9	86.2	80.5	71.5	0.69	27.8	0.31	5.87

4. 水分

人造奶油若包装不当，在贮存过程中，其中的水分会快速蒸发损耗，引起人造奶油表面色泽发暗。据报道，将二氧化钛均匀分散于人造奶油制品中可以有效缓解水分损耗引起的人造奶油表面色泽变暗现象。在人造奶油表面涂抹一层薄而透明的脂肪也可以有效地减少微生物滋生和变色问题。水分的损耗快慢与人造奶油制品所处环境的温度与湿度以及包装材质之间也有很大关系。羊皮纸包装材质对水分的保留性远弱于铝箔纸。成品包装时的净重需要同时考虑水分损耗引起的质量损失。

5. 机械作用

人造奶油是乳化塑性制品，其塑性结构除受温度、氧化及霉变等因素影响外，储存和运输过程中不恰当方法和人为因素的机械作用，可导致制品应力变形，甚至结构破坏。机械作用产生的应力破坏包括叠堆高度和运输过程中的野蛮装卸等。应力破坏的结果是塑性变形和“渗油”，从而影响制品外观，导致不新鲜感。储存温度波动通过影响人造奶油中固体脂肪的含量而改变其塑性，是抗机械应力破坏的一个重要因素。

综上所述，由于人造奶油的品质和新鲜程度受多种劣变因素的影响，因此，制品在常温下的保质期较短，一般为8~12周；制品的最佳短期储存温度为10~15℃，长期储存温度以0~5℃为好，最长储存期不应超过10个月。另外，包装箱的上箱板应与制品有5mm以上的间隔，以防止包装箱叠堆时上层箱的应力传递到制品而产生破坏应力。

（五）储存对起酥油的功能特性的影响

起酥油可以分为固态、流态、液态和粉末状。五个因素控制起酥油的功能性：①甘油三酯和乳化剂的组成；②加工条件；③熟化条件；④使用温度；⑤储存条件。

对于不同品种起酥油所要求的储存条件是不同的，但是正确的储存方式会使起酥油在保质期有较好的功能特性和产品稳定性。

1. 固态起酥油

固态起酥油是最通用的产品，可用于煎炸和焙烤。固态起酥油的组成中晶体结构是一个重要的因素，比如：为达到最佳奶油性状（或把空气混入蛋糕糊的能力），起酥油必须是稳定的、呈β'型并具有光滑和奶油般的质构；10%~25%空气经常被混入起酥油中以改善其色泽和质构。不正确和不一致的储存条件都将对产品产生不利的影响，正如重油蛋糕体积所反映的，通用固态起酥油在4.4~21.1℃下储存时，固体脂肪含量变化不大，塑性没有变化，但超出此温度范围，则有显著的变化。温度超过40℃时，固体脂肪含量降至10%以下。烘焙油脂的典型成分与固体脂肪含量见表10-12。

表10-12　烘焙油脂的典型成分与固体脂肪含量

起酥油	成分	固体脂肪含量/%	
		10℃	21.1℃
曲奇和派面团用起酥油	部分氢化大豆油和棕榈油（无乳化）	26~30	18~22
蛋糕和冰淇淋用起酥油	部分氢化大豆油和棉籽油（甘油单酯和甘油二酯）	23~27	16~19

续表

起酥油	成分	固体脂肪含量/%	
		10℃	21.1℃
酵母发酵甜品用起酥油	部分氢化大豆油和棕榈油（甘油单酯和甘油二酯）	24~29	14~18
饼干用起酥油	部分氢化大豆油和棕榈油（无乳化）	25~30	—

高温下，延长固态起酥油的储存时间将引起较低熔点的脂肪液化；较低的温度下，它们凝固形成功能性较差的晶体。固态起酥油在储存时不需要冷藏，因为它们可能吸收异味。因此，固态起酥油应储存在凉爽且远离能产生异味物质的场所。

2. 流态起酥油

流态起酥油是可倾的、不透明的产品。根据其煎炸或焙烤的用途，可含有硬脂或乳化剂的悬浮固体，悬浮固体的含量通常在5%~15%。同固态起酥油一样，正确的储存温度对于产品功能特性的保存是很重要的。低于18.3℃下储存，将引起产品变硬并失去流动性，流动性的损失可通过加热来恢复。储存温度超过32.2℃将引起悬浮固体部分或全部溶解，这是一种不可逆转的现象。因为冷却将导致更大的晶体的形成，不能保持悬浮状态。如果产品用硬脂作为悬浮固体，不正确的储存可能影响不大。因为它们在冷却时仅沉淀到容器的底部。如果固体是乳浊液，沉淀将破坏制品的结构，可能出现上层部分的乳化不足，下层部分的过度乳化。

3. 液态起酥油

液态起酥油包括普通的烹调油、色拉油和来自半硬化脂肪的分提产品。这些产品通常固体脂肪含量很低且乳化剂添加量很低，所以不发生乳化。普通的烹调油和色拉油不会产生异常的储存问题，因为它们没有晶体需要保护并且没有悬浮固体。如果在低温下储存时凝固，只要把产品返回到室温条件下储存就可以将它们恢复成澄清的液体。

4. 粉末起酥油

粉末起酥油是通过喷雾干燥技术，用水溶性涂层材料包裹的产品，其脂肪含量一般在75%~80%。脂肪可以与多种载体在溶液中进行均质化，如脱脂牛奶、玉米糖浆干粉、酪蛋白酸钠、大豆分离蛋白等。将乳化剂添加到脂肪中以实现成品的功能性。粉末起酥油通常与其他粉末成分混合后应用。粉状产品包装在多层纸袋或纸桶中。纸袋规格通常是25kg，而桶容量从45kg到90kg不等。正如对半固态塑性产品所建议的那样，这些起酥油的储存区域应该保持凉爽、干燥且无异味物质。

硬脂可以在没有载体的帮助下制成粉末状或珠状。在塔中喷雾冷却或在冷却辊上固化，然后研磨和筛分以进行粒度筛分是用于将硬脂粉化或成珠的两种方法。这些产品的一些用途是作为花生酱稳定剂、特制混合产品，以及代替需要更快速熔化的片状硬脂。

二、 油脂制品质量控制技术

各种油脂的脂肪酸组成和类脂物决定了该种油脂固有的稳定性特点。油脂生产厂最终将各种品质不同的油脂加工成色淡、无臭味、无氢过氧化物和无污染的制品。为保持或改善其稳定性，必须针对影响劣变的诸因素，采取相应的措施，才能使油脂得以安全储存。

（一）单元操作

单元操作是把未加工的油脂转化为成品如烹调色拉油、人造奶油和起酥油基料所需的基本单元加工操作。在单元加工操作中，用泵在管道中输送食用油脂。所有的食用油脂的加工工序包含许多独立的操作，它们通常不能通过连续流动而相互连接，在每个加工工序之间可能有一个或多个储罐。通常在每个加工工序中，油加热至工序所需的温度，保持温度以便反应，然后冷却以保证油的品质。在各个加工工序间，允许油冷却至一最低温度或室温，然后应保持其液体状态以有利于泵的输送。

基本的加工工序包括：①毛油储存；②脱胶或碱炼；③脱色；④氢化；⑤分提或冬化；⑥脱臭；⑦成品油的储存。

每一工序都从油中除去特定的成分，这些物质可以分为：

（1）天然存在的物质　胶、磷脂、促氧化的金属色素、色腺体、生育酚、植物甾醇、谷维素、甘油单酯、甘油二酯和游离脂肪酸。

（2）在加工中形成的新化合物　皂、氧化产物、氢过氧化物、聚合物及其分解产物、色素、异构体、高熔点甘油三酯、3-氯丙醇（酯）、缩水甘油（酯）、苯并芘。

（3）加工中的添加物　磷酸/柠檬酸、氢氧化钠、氢化催化剂、白土/活性炭/凹凸棒土、从成品油中沉淀出来的金属螯合物质。

（4）通过加工介入的污染物　水分、痕量金属、含碳物质和油不溶性物质。

（5）污染油料的物质　苯并芘。

为生产食用油脂制品（具有所需的色泽、风味、安全性、氧化稳定性和功能特性的油脂），必须尽可能有效地除去天然存在的不利于油脂安定性的化合物和污染油料的化合物，但应防止破坏天然存在的抗氧化剂、营养物质和中性油。新形成的化合物、加工中的添加物的沉淀和污染物都是不合需要的。每一个操作中处理和加工的目标是防止和最大限度地减少这些物质的形成或把它们从油中去掉。单元加工操作中大豆油的储存和处理见表10-13。

表10-13　单元加工操作中大豆油的储存和处理

单元加工操作	去除的物质	处理操作	反应温度/℃	油储存	
				温度/℃	环境
毛油储存	油不溶物	泵送：罐车、油槽或驳船至储罐	室温~54	室温	大气
脱胶	胶，磷脂，微量金属离子	泵送：储罐至混合罐，离心机至储存或精炼	70	室温	大气
碱炼	游离脂肪酸，磷脂，微量金属，色素，苯并芘	泵送：储罐至混合器至离心机	74	室温~50	氮气或大气
水洗	皂	泵送：脱皂离心机至水洗离心机	88	室温~50	氮气或大气

续表

单元加工操作	去除的物质	处理操作	反应温度/℃	油储存	
				温度/℃	环境
干燥	水	泵送：水洗离心机至真空干燥器至储罐	82	室温~50	氮气或大气
脱色	色素，皂，3-氯丙醇（酯），缩水甘油（酯），苯并芘	泵送：储罐至脱色单元至过滤器至储罐	105	室温~60	氮气或大气
氢化	不饱和键	泵送：储罐至氢化反应器	140~225	高于熔点10℃	氮气或大气
冬化	高熔点脂质	从结晶器通过过滤机泵入储罐	4~5	室温~60	氮气或大气
脱臭	色素，不皂化物，游离脂肪酸，3-氯丙醇（酯），缩水甘油（酯），苯并芘，臭味组分	泵送：储罐至脱臭罐	204~274	60~66	氮气或大气
精过滤	白土/活性炭/凹凸棒土，柠檬酸，含碳化合物	泵送：脱臭罐至精过滤机至油冷却器至储罐	50~70	60~66	氮气或大气
成品油储存	油不溶物	从储罐至精过滤机至包装线或至罐车或槽车	50~70	60~66	氮气或大气

实际上所有食用油脂在未加工状态具有最好的氧化稳定性。随着加工的进行，氧化稳定性降低，脱色后达到最低（图 10-15）。但是，不能依赖于脱臭和金属钝化剂或抗氧化剂的处理，来弥补不合理的前处理和加工，因为在毛油储存、脱胶、精炼或脱色过程中过氧化物的积累最终将对成品油的储存性质产生不利影响。

应设计储存和处理措施来弥补油脂制品氧化稳定性的降低。来自脱臭后的油通过换热器和精过滤机除去任何固体物质。在精过滤后，油经冷却器泵入储存罐。包装前通常再过滤一次以除去储存中带入的任何固体杂质。

（二）储油器及盛具

油脂精炼过程和产品包装及储存中要使用各种储存器和盛具。通常，大批量油脂的储存采用钢制油罐，运输周转则采用钢制油槽、油桶等。随着销售流通形式的改进，各种材质的油脂小包装盛具也逐渐增多。

1. 储油罐

储油罐是油脂加工企业的原料和成品油脂的储存容器，也是港口和货站吞吐大批量油脂的储存器，分立式和卧式两种，均由薄钢板焊接而成。卧式储罐因其容量小、容量利用系数

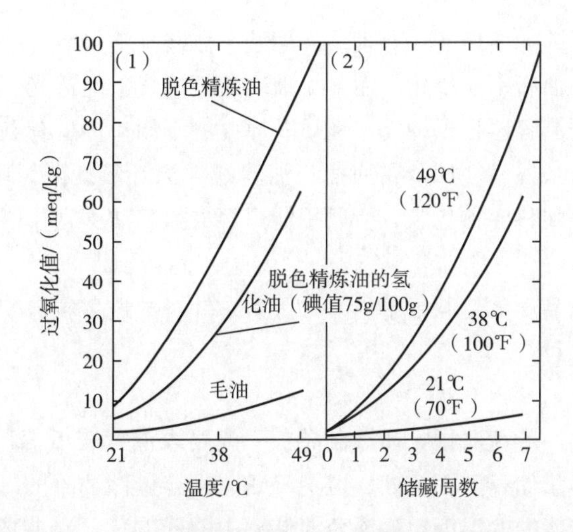

图 10-15　加工过程和储存温度对油脂氧化稳定性的影响

（1）1 夸脱容器中储存 7 周　（2）1 夸脱脱色精炼油

1 夸脱 = 0. 946L

低、钢材耗用量大，故不如立式储罐应用广泛。

立式储油罐为一平底，锥顶圆筒形容器，由罐壁、罐顶、罐底、罐基、油罐附件等组成。罐壁由钢板做成罐圈，然后按照交互式、套筒式或混合式装置法来焊接或铆接而成，罐壁的焊缝采用对接或搭接焊。容量大的油罐需用垫板加强，罐壁上纵向焊缝的位置要层层错开，好似房屋砌砖排列方式。这样纵向和横向焊接缝的交接只有三块钢板相连接，焊接质量与安装速度均能提高。罐壁与罐底以角钢环用连续焊接法焊到罐壁、罐底和罐顶上，其结构如图 10-16 所示。

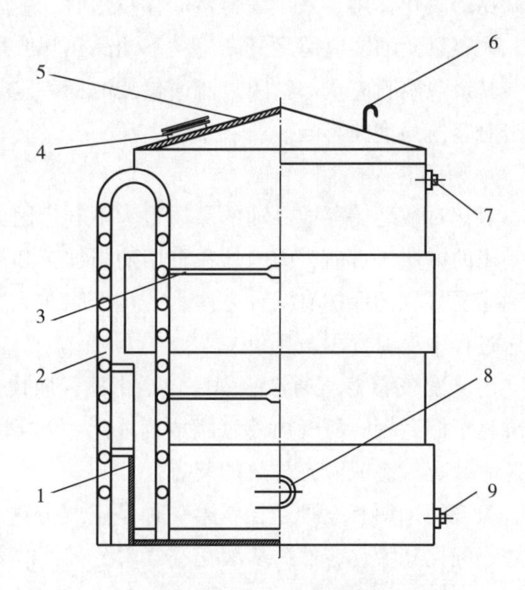

图 10-16　立式储油罐

1—罐体　2—扶梯　3—拉筋　4—人孔

5—顶盖　6—通气孔　7—进油器

8—检修孔　9—出油管

除焊接钢板储油罐外，采用利浦（Lipp）技术建造的螺旋卷板式液体储油罐具有造型美观、耐腐蚀、适应性强的特点。采用内衬不锈钢板卷制的高级食用油储罐，还具有相对造价低的优点，成为现代储油罐的发展方向。针对高熔点的油脂及制品，需要在出油管内壁安装加热盘管，以确保油脂及制品处于液体状态，以便后续出罐、倒罐等。

2. 包装容器

油脂稳定期的长短除取决于油脂品种、精炼深度、天然抗氧化剂的多寡、储油器及储存条件之外，还与包装容器有关。

食用油脂的包装形式如前所述，有桶装、罐装、瓶装及塑料瓶（壶）包装等。金属油桶既不透气，又不透光，油脂不易氧化；而常见玻璃瓶不透气，但透光，棕色玻璃瓶可有效避免透光和透气；塑料制品容器根据种类、性质及厚度的不同，多少有点透气、透光。

可见从油的保存性来说，使用金属油桶装油较好（涂环氧酚醛树脂的桶装最好）。其次是玻璃瓶装，最差的是塑料容器包装，所以用塑料容器盛装油不宜长期储存。

（三）安全储存

如上所述，油脂的品质劣变归根于内、外因素。针对导致品质劣变的外界因素，油脂的安全储存技术有以下几种。

1. 低温储存

人造奶油、起酥油、蛋黄酱调味汁等制品，一般要求储存于低温库房（或冰箱）。流通包装的铁制油桶，应尽量储存于阴凉处，避免日晒。大容量储油罐的罐壁应喷涂反光漆，有资料表明，涂反光漆储罐中的温度比涂深色漆储罐中的低 11℃。精制成品油周转储存时，有条件的可外敷保温层，或外界气温高时，由罐顶喷淋冷却水降温以减少高温对油脂品质的影响。

2. 满容量储存

满容量储存的目的是尽量减少储存器具液面（或料位）以上空间，以减少空气对油品或其制品的氧化作用。采用满容量储存技术时，就考虑油品或制品热膨胀对包装器材的强度影响。大容量储油罐应留足最高温度下油品热膨胀增加的体积，罐顶应安装呼吸阀，除呼吸阀外，其余观察孔应全部密闭。流通包装油桶一定要留足热膨胀容量，以及注意装卸过程油品冲击对容器强度的影响。

3. 密闭充氮储存

氧化对散装储存成品油的品质最为不利。因此，储存过程中除氧是一种防止品质劣变十分实用的方法。目前，国内外在食用油脂加工和储存过程中普遍采用氮气保护。在储存过程中油脂受氮气的保护有两种方法，一是油脂在大容量储油罐储存时的氮气覆盖，二是油脂在输送过程中充氮（氮气喷洒）。

（1）氮气覆盖　通常的程序包括用氮气取代氧气。成品油在氮气完全覆盖的情况下从脱臭罐移至储存罐。氮气由液氮罐或商业上可得到的氮气发生器提供，液氮纯度为 99.998%。液氮罐装有气态或液态排放的装置。

氮气的来源有三种途径，第一种是空气分离，工厂将从周围环境中吸入的空气经过滤、压缩、纯化和液化，然后从液化空气中分馏回收氮气，纯度为 99.999%以上，但氮气产生速率仅有 608L/h。第二种是采用膜空气分离系统，氮气产生速率可达 2431L/h，压力可达 1MPa，纯度为 95%~99.95%。膜系统是以组合膜纤维的选择透气性为基础的。吸入的空气在压力下经过滤、压缩和冷却后进入空气分离腔。相对于氧气、二氧化碳和水蒸气，氮气不容易透过组合膜纤维，在特定的体积、压力和纯度下自动地进入管路分配系统。第三种方法是真空压力周期性变化吸附工序，用于从空气中分离氮气。每小时可产氮气 405~2026L，纯度为 99%~99.9%。

图 10-17 描述了一简单的多罐氮气覆盖系统。一个由调节器控制的压力系统保持氮气的覆盖状态。当罐中充满产品时，压力升高，氮气排入大气。相反，当产品从罐中泵出时，压力下降，置换氮气进入罐内。为了防止储罐因其内部呈现真空状态而引起罐体塌陷，通常的

做法是为储罐配备真空泄压阀或防爆片。当一个罐转至另一个罐时，惰性气体仅被转移。在这样的系统中氮气压力保持在 7～105kPa。在装满或排空过程中，压力产生变化，当压力高于 105kPa 时安全阀开始释放气体。氮气覆盖的储罐不能维持生命活动，维修人员进入罐前，应充分通气。在氮气覆盖的罐上通常挂有“警告”标记。

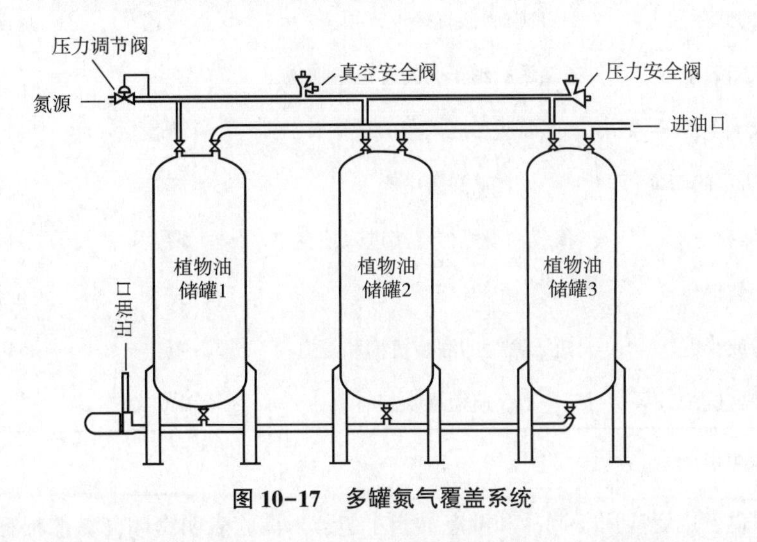

图 10-17 多罐氮气覆盖系统

（2）充氮（喷洒）技术 充氮（喷洒）是一种从精炼厂至目的地的装运过程中用于保护成品油免受氧化变质的实用方法。此技术在把成品油装入铁路油罐车和油槽汽车时特别有效。所涉及的原理是在其完全不含空气和氧气时，即脱臭后用氮气饱和油脂，用喷洒器把细小的氮气泡引入油中；当饱和的油进入铁路油槽车或油槽汽车时，所释放的气体充满容器顶空，使容器中的大部分空气和氧气溢出。氮气喷洒减少了自然渗进铁路油槽车或油槽汽车的空气中的氧气。

由液体和其上的顶空间的气体压力差所产生的喷洒气体的逐步冲洗作用减少了氧气被重新吸收的速率。图 10-18 描述了用于铁路罐车和汽运槽车装料的氮气喷洒（充入）器，使用氮气保护食用油的应用领域见表 10-14。

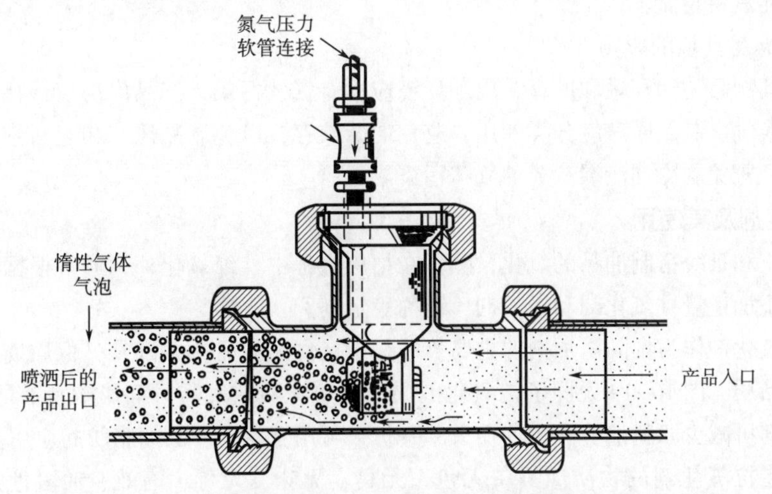

图 10-18 用于铁路罐车和汽运槽车装料的氮气喷洒（充入）器

表 10-14　　使用氮气保护食用油的应用领域

应用领域	使用氮气的方法	分类	近似用量
脱臭工段的加工	在冷却器和储罐间管道中加入	充氮	约 0.125ft^3/gal
散装油的储存	自喷洒器直接进入顶空	覆盖	足以保持正压
装满的铁路罐车	在储罐和罐车间的管道中加入	充氮	0.125ft^3/gal
铁路罐车或卡车槽车	装料后充入车的顶空	覆盖	
罐车至用户工厂的储罐	在输送管中充入	充氮	0.125ft^3/gal
罐中储存	氮气由喷洒器直接进入顶空	覆盖	足以保持正压
储罐泵至灌装包装线	在输送管中充入	充氮	0.125ft^3/gal
灌装油槽或管道	进入密封的灌装机槽和管道	覆盖	足以保持正压
密封或加盖机械	覆盖或吹扫	覆盖或吹扫	

注：1ft^3=0.0283m^3，1gal=3.785L。

该项技术也已广泛应用于制品和液态油脂小包装。试验表明密闭充氮的棉籽油常温下储存一年内过氧化值仅增加0.02%，而对照组的氧化速率却高出85倍。葵花籽油在（55±2）℃的条件下，密闭充氮储存一年内酸值由1.69mg KOH/g增至3.31mg KOH/g，而对照组却由1.69mg KOH/g增至8.42mg KOH/g，酸败速度比充氮储存快4.3倍，可见密闭充氮技术的优越性。

4. 避光

零售包装的油品及其制品应尽可能地避免阳光或灯光的照射，杜绝油品的光氧化。货架陈列的样品应专设，不得销售。零售的商品应存入避光货架。

5. 避免金属促氧化

零售包装金属器具内壁应涂膜，以阻止金属促进油品的氧化。大容量储油罐有条件时，内壁也应以环氧树脂涂膜。

6. 避免恶劣环境的影响

油脂及其制品的储存罐和库存，周围环境应没有气体污染。产品库房应保持清洁，定期消毒和通风换气。制品库房应分类专用，避免混杂储存，以免制品风味相互污染。冷藏库房应经常检查，避免制冷剂泄漏造成的气味污染。

（四）稳定剂及其使用

为了防止和延缓精制油品的氧化，除了在精炼过程中杜绝氧化外，通常根据情况还需向精制油品中添加适量抗氧化剂和增效剂，统称稳定剂。

使用抗氧化剂作为食品添加剂的主要目的是维持食品的品质并延长其保质期，但并不能提高食品的品质。图10-19说明了抗氧化剂如何在氧化酸败发展方面影响食品的质量维持。使用抗氧化剂可减少原料浪费和营养损失，并扩大可用于特定产品的脂肪的应用范围。

作为油脂抗氧化剂的物质应具备无色、无臭、无味、无毒、高效、油溶性好、持久性好、不着色、耐酸碱、耐高温及价廉等条件。但是，到目前为止，无论是人工合成的或天然

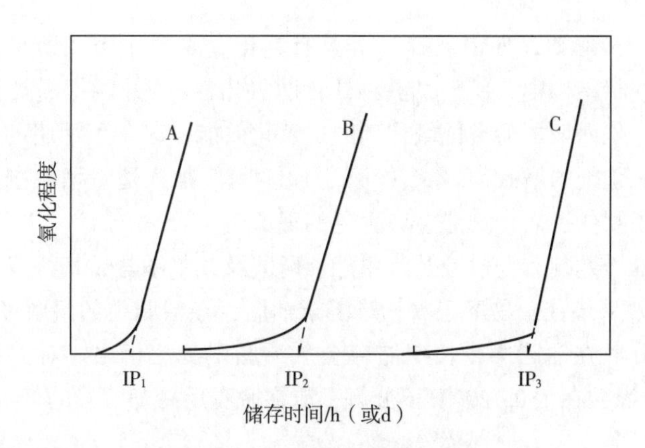

图 10-19　油脂氧化的典型曲线

A—无抗氧化剂添加；B 和 C—外加或内源抗氧化剂，C 的抗氧化活性高于 B；IP_1、IP_2、IP_3是氧化诱导期

的抗氧化剂尚未找到完全符合这些条件的。现将目前国际上部分国家已经批准使用的（或正在试用的）合成抗氧化剂和天然抗氧化剂及其特点介绍如下。

1. 合成抗氧化剂的种类及特点

合成抗氧化剂多为酚类、稠环芳酚类及稠杂环化合物等。

（1）酚类抗氧化剂　该类抗氧化剂的抗氧化机理是通过酚羟基释放的氢原子与自由基结合从而中断自由基的连锁反应，延长自动氧化的诱导期。因此，多元酚一般比单元酚的抗氧化效能高。

单元酚常用的有 BHA［2 或 3-叔丁基-4-羟基-甲氧苯（或茴香醚）］和 BHT（3,5-二叔丁基-4-羟基甲苯）；二元酚有 TBHQ（2-叔丁基氢醌）；三元酚有 PG（3,4,5-三羟基苯甲酸丙酯，俗称没食子酸丙酯）和 BG（3,4,5-三羟基苯甲酸丁酯）；四元酚 NDGA（正二氢化愈创酸）。

（2）稠环芳酚类　该类有 1-萘酚、1,5-萘二酚、1,7-萘二酚、4-苊酚及 3,3′-亚甲基-双 4-苊酚五种。

（3）稠杂环类　该类有氧稠杂环（2,5,7,8-四甲基-色满-2-羧酸）和氮稠杂环（EMQ 即 1,3-二氢-6-乙氧基-2,2,4-三甲基喹啉、花青染料即苯肼吡啶染料及吩噻萘染料等）。

2. 天然抗氧化剂

人工合成的抗氧化剂多少都有点毒性而使人们有不安全感，故寻求天然抗氧化剂是油脂化学家一直关注的重点。油脂中的生育酚、芝麻酚、棉酚、谷维素与其他天然抗氧化剂早就被人们加以利用。研究发现香辛料中的迷迭香和鼠尾草，药用丹参中的隐丹参醌和丹参醌Ⅱ，茶叶中的茶多酚，银杏及其叶中的黄酮类均有较强的抗氧化能力，一些蔬菜、水果中也含有抗氧化成分，为提取、研究天然抗氧化剂提供了有利条件。

天然抗氧化剂取自可为人们食用的植物类。因此，对它的食用安全感远大于人工合成的抗氧化剂。

抗氧化剂能够很好地抑制油脂的自动氧化，但不能抑制光氧化，且对深度氧化的油脂几乎不起作用。

3. 抗氧化剂的增效剂

一些具有游离羟基或羰基的多元酸及其酯（如柠檬酸及其单酯、抗坏血酸、琥珀酸、植酸、磷酸及磷脂等）和醇类（如山梨醇）等具有钝化金属的作用（即与金属络合并将金属包容在络合结构或环状结构中，使金属不再具有助氧化性），并能把酚类抗氧化剂自由基恢复成酚类抗氧化剂，从而增加酚类抗氧化剂的抗氧化效能，改善了油脂的氧化稳定性和滋味稳定性，故称作抗氧化剂的增效剂（又称金属钝化剂）。加入适量增效剂，不仅可提高抗氧化效果，而且避免了某些抗氧化剂遇金属生色的现象。

食用油脂常用的增效剂有柠檬酸及其单酯、磷酸及其单钠盐，其特点如下：

（1）柠檬酸　效果最佳，易溶于水，难溶于油脂，在油脂中的溶解度约为50mg/kg，并且是以微细的质粒分散在油脂中，长期储存会从油脂中沉淀析出。对大豆油的最佳用量为10mg/kg。为避免柠檬酸在150~200℃下分解，应在脱臭后冷却阶段的低温（120℃以下）将其加入脱臭油中。

（2）柠檬酸单酯　其中柠檬酸单异丙酯易溶于甘油单酯、甘油二酯，硬脂酰柠檬酸酯易溶于油脂，用于大豆油、人造奶油、起酥油及色拉油都很方便有效。其用量顺次分别为油脂的0.02%和0.15%，即可得到最佳效果。应在脱臭后、暴露于空气之前加入。

（3）（正）磷酸　无毒，难溶于油脂。在正常情况下磷酸及其单钠盐不会使食品产生不适的气味和颜色，但在高浓度高温下，会引起焦化作用，磷酸与氧化油脂反应产生褐色聚合物。在脱臭冷却油中加入，对大豆油的最适用量为几毫克（每1kg大豆油），若用量达到100mg/kg，则会产生异味。

4. 稳定剂的使用

（1）抗氧化剂使用注意事项　各种抗氧化剂的抗氧化效能不同，同一种抗氧化剂用于不同的油脂其抗氧化效能也不同。某些天然抗氧化剂对同一种油脂的不同状态的抗氧化性也不同，其毒性大小、用量和使用方法也各不相同，因此，在选择使用抗氧化剂时，必须注意以下事项。

①选用抗氧化性能高的抗氧化剂。应根据油脂的脂肪酸组成选择较高效能的抗氧化剂。如半干性油脂中亚油酸占的比例大，因此就应选用对五碳双烯结构的抗氧化能力强的TBHQ，而不要选择低效能的BHA和BHT。

②选用油溶性抗氧化剂。在保证一定的抗氧化能力的前提下，应尽量选择油溶性的抗氧化剂，以使油脂得到均匀地保护。

③选用无色变、无臭、无味、无毒（或毒性小）的抗氧化剂。为保持精制油品的固有色泽、气味和滋味，在保证抗氧化能力的前提下，应尽可能选用本身无色且在储存过程中无色变的、无异味和滋味的抗氧化剂。

④及时加入抗氧化剂。抗氧化剂是通过中断自由基反应而起抗氧化作用的，即在油脂自动氧化的初期（诱导期）才起抗氧化作用。如果油脂已经氧化到繁殖期，抗氧化剂并不能阻止氢过氧化物的分解，起不到抗油脂氧化作用。

（2）稳定剂添加方法　用少量油脂把抗氧化剂溶解，用水或酒精将增效剂（如柠檬酸）溶解，把脱臭油脂冷却到120℃，借真空将抗氧化剂和增效剂溶液吸入油中，搅拌均匀，以充分发挥其效能。对人造奶油、猪脂等固体脂肪，可直接在脂肪中或水相中加入稳定剂，然后靠机械搅拌，充分混合。

（3）稳定剂添加量　目前应用最多的酚型抗氧化剂，有毒性，而且有的抗氧化剂（如生育酚）毒性虽然不大，但使用量大反而会促进氧化，因此，抗氧化剂的用量必须适当。表

10-15 给出了几种抗氧化剂和增效剂在油脂中的最大允许添加量。

表 10-15　几种抗氧化剂和增效剂在油脂中的最大允许添加量

名称		代号	最大允许添加量/%
合成抗氧化剂	2-叔丁基氢醌	TBHQ	0.02
	3,5-二叔丁基-4-羟基甲苯	BHT	0.02
	2 或 3-叔丁基-4-羟基加氧苯	BHA	0.02
	没食子酸丙酯	PG	0.01
	茶多酚棕榈酸酯	—	0.06
	抗坏血酸棕榈酸酯	—	0.02
天然抗氧化剂	迷迭香提取物	—	0.07
	茶多酚	—	0.04
	生育酚	—	按生产需要适量使用
	硫代二丙酸二月桂酯	—	0.02
增效剂	植酸	—	0.02
	磷脂	—	按生产需要适量使用
	磷酸	—	10mg/kg 以下
	乙二胺四乙酸二钠	EDTA	0.025
	柠檬酸	—	0.005

5. 协同抗氧化

两种抗氧化剂或者一种抗氧化剂和增效剂同时使用时，其抗氧化效果远大于对应的抗氧化剂单独使用时抗氧化效果之和，这种现象称之为协同抗氧化。图 10-20 展示了二棕榈酰磷脂酰乙醇胺和没食子酸丙酯在猪脂中的协同抗氧化。协同抗氧化的机制目前还不十分明晰，

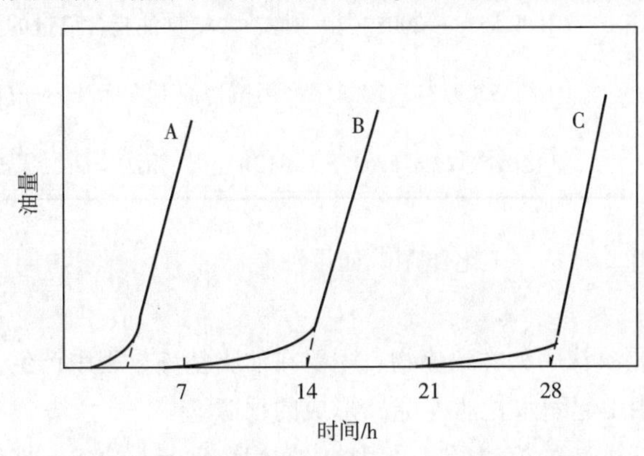

图 10-20　二棕榈酰磷脂酰乙醇胺和没食子酸丙酯在猪脂中的协同抗氧化（120℃）

A—0.32%二棕榈酰磷脂酰乙醇胺；B—0.02%没食子酸丙酯；

C—0.32%二棕榈酰磷脂酰乙醇胺+0.02%没食子酸丙酯

据研究，可能有：两种抗氧化自由基碰撞形成新的酚类抗氧化剂；抗氧化性能强的抗氧化剂形成的自由基接受另一抗氧化剂提供的质子氢而被重生；具有螯合金属离子能力的增效剂通过钝化金属离子减弱自由基氧化程度而减少用于终止自由基反应所消耗的抗氧化剂。

三、 油脂制品的检测与分析技术

油脂制品的劣变可能通过不同途径发生，包括自动氧化、光氧化、酶促氧化和水解过程，所有这些过程均会导致异味产生以及产品危害人体健康，严重影响油脂的质量品质。油料原料的污染和油脂加工不当会引起风险因子超标，严重影响油脂制品的安全品质。不正确的油脂加工同样会引起油脂中营养素的损失，严重降低其营养品质。在食用油的加工和使用过程中通常采用化学和仪器方法检测油脂的品质。

（一）质量品质检测

质量品质指标一般包括水分及挥发物含量、酸值、过氧化值、茴香胺值、全氧化值、含皂量、色泽、氧化稳定性等，其检测对应的标准见表 10-16。

表 10-16　质量品质指标对应的检测标准

质量品质指标	方法及标准
水分及挥发物含量/%	GB 5009.236—2016《食品安全国家标准　动植物油脂水分及挥发物的测定》
酸值（KOH）/(mg/g)	AOCS Cd 3d-63、GB 5009.229—2016《食品安全国家标准　食品中酸价的测定》
过氧化值/(g/100g)	AOCS Cd 8-53、GB 5009.227—2016《食品安全国家标准　食品中过氧化值的测定》
茴香胺值	AOCS Cd 18-90、GB/T 24304—2009《动植物油脂　茴香胺值的测定》
全氧化值	全氧化值=2×过氧化值+茴香胺值
含皂量	GB/T 5533—2008《粮油检验　植物油脂含皂量的测定》
色泽	GB/T 5009.37—2003《食用植物油卫生标准的分析方法》
氧化稳定性	氧化酸败仪法（AOCS Cd 12b）、烘箱法、活性氧法（AOCS Cd 12-57）

（二）安全品质检测

1. 缩水甘油（酯）

缩水甘油（酯）是确认的人类致癌物，主要在油脂精炼过程中产生，甘油单酯和甘油二酯是在油脂加工过程中引起缩水甘油（酯）形成的根源。

油脂中缩水甘油（酯）的检测可以采用瑞士通用公证行（SGS）推荐的方法。该方法是基于加入内标的油样在低浓度的氢氧化钠/甲醇溶液中低温反应 16h 左右，使缩水甘油酯转化为缩水甘油，加入酸性溴化钠溶液结束反应后，缩水甘油转化为溴丙醇，加入苯硼酸将产生的溴丙醇衍生化后，使用 GC-MS 进行检测分析。

2. 3-氯丙醇（酯）

3-氯丙醇（酯）是氯丙醇类化合物的一种，具有生殖毒性、神经毒性，且能引起肾脏肿瘤，是确认的人类致癌物。3-氯丙醇（酯）主要在油脂精炼过程中产生，在油脂加工过程中尽量避免氯离子的引入以及毛油中甘油单酯和甘油二酯的有效去除可以减少3-氯丙醇（酯）的形成。油脂制品中的氯丙醇仅有少量是以3-氯丙醇的形式存在，大部分是以3-氯丙醇酯的形式存在。

油脂中3-氯丙醇（酯）的检测可以采用德国标准方法 DGF C-VI 17。该方法是基于加入内标的油样加入甲醇/甲醇钠溶液反应10min后，与苯硼酸反应衍生化，产生3-氯丙醇衍生物由GC-MS进行检测分析。

3. 反式脂肪酸

反式脂肪酸是一类含有反式双键的非共轭不饱和脂肪酸，可增加心脏病、肥胖病、冠心病、糖尿病、动脉硬化的产生概率。反式脂肪酸主要在油脂精炼的高温脱臭工序和成品油的氢化过程中产生。

油脂中反式脂肪酸的测定可以采用 GB 5009. 257—2016《食品安全国家标准　食品中反式脂肪酸的测定》推荐的气相色谱法。该方法是基于动植物油脂试样或经酸水解法提取的食品试样中的脂肪，在碱性条件下与甲醇进行酯交换反应生成脂肪酸甲酯，并在强极性固定相毛细管色谱柱上分离，用配有氢火焰离子化检测器的气相色谱仪进行测定，面积归一化法定量。图10-21给出了反式脂肪酸甲酯混合标准溶液气相色谱图，采用SP-2560聚二氰丙基硅氧色谱柱，程序升温（初始温度140℃，保持5min，以1. 8℃/min的速率升至220℃，保持20min），进样口温度250℃，检测器温度250℃，高纯氦气（99. 999%）载气流速为1. 3mL/min，分流比为30：1。

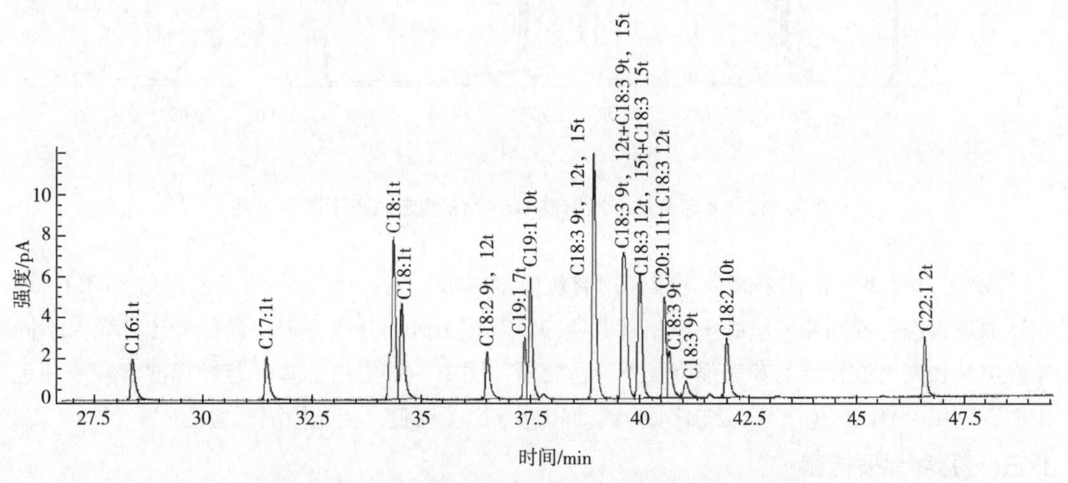

图10-21　反式脂肪酸甲酯混合标准溶液气相色谱图

4. 多环芳烃

多环芳烃是由两个或两个以上芳香环组成的碳氢化合物，是一类致癌、致畸、致突变的持久性有机物污染物。油脂中的多环芳烃主要来源于原料污染、加工污染以及加工过程产生。油脂中多环芳烃的测定可以采用 GB 5009. 265—2021《食品安全国家标准　食品中多环芳烃的测定》推荐的GC-MS法或HPLC法。

GC-MS 法是基于试样中多环芳烃经溶剂提取，氢氧化钾乙醇溶液皂化，固相萃取柱净化，浓缩后用气相色谱-质谱联用仪测定，同位素内标法定量。图 10-22 给出了多环芳烃标准溶液 GC-MS 测定总离子流色谱图，采用 DB-EUPAH 毛细管色谱柱，程序升温（初始温度 80℃，保持 2min，以 10℃/min 升至 250℃，保持 2min，以 8℃/min 升至 315℃，最后以 20℃/min 升至 320℃，保持 5min），进样口温度 280℃，高纯氦气（99.999%）载气流速程序升高（0.7mL/min 保持 32min，再以 5mL/min 从 0.7mL/min 升至 1.5mL/min 至结束），电离能量 70eV，离子源温度 230℃，传输线温度 280℃，四级杆温度 150℃。

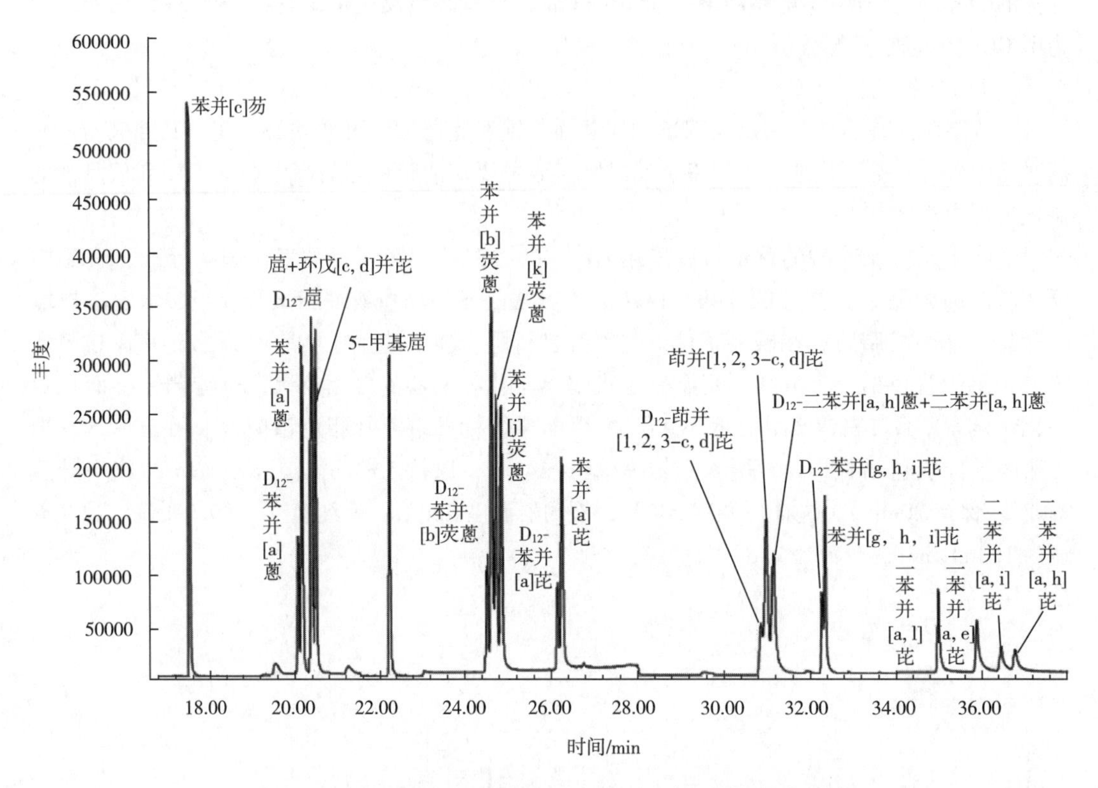

图 10-22　多环芳烃标准溶液 GC-MS 测定总离子流色谱图

HPLC 法是基于试样中的多环芳烃用有机溶剂提取，用 PSA（*N*-丙基乙二胺）和 C_{18} 固相萃取填料净化或用弗罗里硅土固相萃取柱净化，用 HPLC 分离，测定各种多环芳烃在不同激发波长和发射波长处的荧光强度，外标法定量。图 10-23 给出了多环芳烃标准溶液液相色谱图，采用 PAH C_{18} 色谱柱，乙腈水为流动相进行梯度洗脱，荧光检测器检测。

（三）营养品质检测

1. 维生素 E

维生素 E 是生育酚和生育三烯酚的总称，广泛存在于植物油中，因连接在苯环上甲基位置和数目的不同，生育酚和生育三烯酚分别可形成 α-、β-、γ-和 δ-四种异构体。大多数植物油中维生素 E 的主要成分是生育酚，基本不含生育三烯酚。其中，β-生育酚在植物油中含量极少，α-生育酚在体内的生理活性最强，γ-和 δ-生育酚在油脂中的抗氧化活性相对较强。

油脂中维生素 E 的测定主要采用高效液相色谱法（GB/T 26635—2011《动植物油脂　生

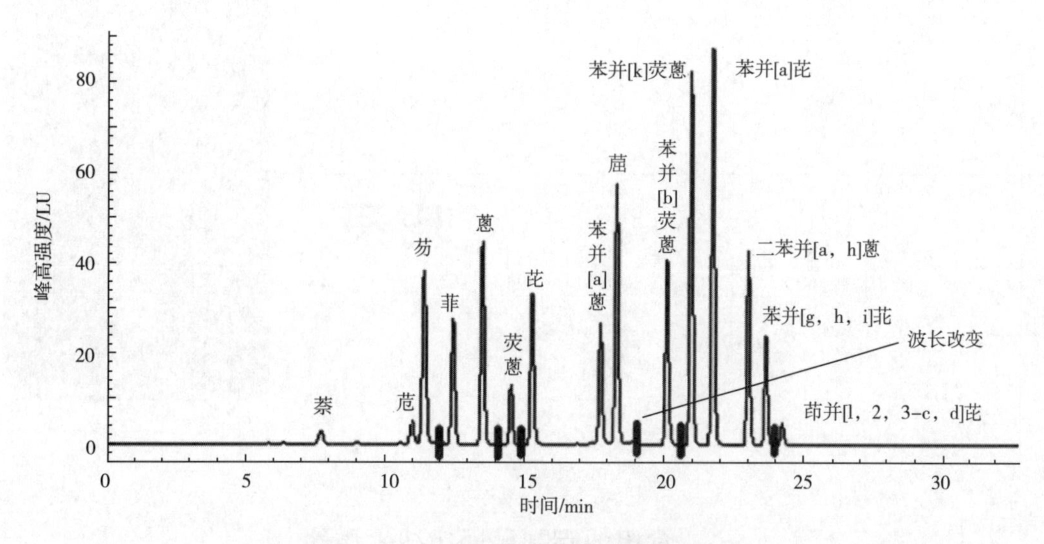

图 10-23　多环芳烃标准溶液液相色谱图

育酚及生育三烯酚含量测定　高效液相色谱法》)。反相高效液相色谱法在测定酚类抗氧化剂方面更为常见，但不能实现β-和γ-异构体的有效分离。相比于反相色谱，正相色谱可以实现所有异构体的有效分离。维生素 E 的苯环结构决定其检测可以采用紫外检测器或荧光检测器。相比于紫外检测器，荧光检测器具有更高的检测灵敏度。

2. 植物甾醇（酯）

植物甾醇（酯）广泛存在于各种植物油、坚果和植物种子中，其中以β-谷甾醇、豆甾醇、菜油甾醇等最为丰富。植物甾醇可以有效降低人体血清中的总胆固醇与低密度脂蛋白胆固醇的浓度。

油脂中植物甾醇（酯）的测定可以采用 GB/T 25223—2010《动植物油脂　甾醇组成和甾醇总量的测定　气相色谱法》推荐的气相色谱法。样品用氢氧化钾-乙醇溶液回流皂化后，不皂化物以氧化铝层析柱进行固相萃取分离。脂肪酸阴离子被氧化铝层析柱吸附，甾醇流出层析柱。通过薄层色谱法将甾醇与不皂化物分离。以桦木醇为内标物，通过气相色谱法对甾醇及其含量进行定性和定量。

3. 谷维素

谷维素是以环木菠萝醇类为主体的阿魏酸酯和甾醇类的阿魏酸酯所组成的一种天然混合物，主要存在于米糠毛油中，其含量为2%~3%。米糠油中环木菠萝醇类阿魏酸酯占总谷维素含量的75%~80%。谷维素可以有效地降低血脂和血清胆固醇、抵抗胆固醇的吸收、防止脂质氧化和预防心血管疾病等。

油脂中谷维素的测定可以采用 LS/T 6121. 1—2017《粮油检验　植物油中谷维素含量的测定　分光光度法》推荐的分光光度法和 LS/T 6121. 2—2017《粮油检验　植物油中谷维素含量的测定　高效液相色谱法》推荐的高效液相色谱法。分光光度法是基于谷维素在 315nm 的紫外吸收进行测定。高效液相色谱法是基于样品溶解在异丙醇中，用高效液相色谱分离，在波长 326nm 条件下采用紫外检测器测定谷维素含量，外标法定量。分光光度法较为简单，但检出限较高（100mg/kg）。相比于分光光度法，高效液相色谱法灵敏度较高，检出限可降至 12mg/kg。

APPENDIX

附录

一、 食用油脂制品通用技术条件

根据 GB 15196—2015《食品安全国家标准　食用油脂制品》，食用油脂制品通用技术条件如下：

1. 通用范围

食用氢化油、人造奶油（人造黄油）、起酥油、代可可脂（类可可脂）、植物奶油、粉末油脂等食用油脂制品。

2. 原料要求

食用植物油应符合 GB 2716—2018《食品安全国家标准　植物油》；食用动物油脂应符合 GB 10146—2015《食品安全国家标准　食用动物油脂》；其他应符合相应的食品标准和有关规定；食品添加剂符合 GB 2760—2014《食品安全国家标准　食品添加剂使用标准》，食品营养强化剂符合 GB 14880—2012《食品安全国家标准　食品营养强化剂使用标准》。

特征指标参照同品种植物油标准执行。

3. 质量指标

见附表 1。

附表 1　　食用油脂制品质量指标

项目	指标
1. 感官要求	
色泽	具有产品应有的色泽
滋味、气味	具有产品应有的气味和滋味，无焦臭、无酸败及其他异味
状态	具有产品应有的形态，质地均匀，无正常视力可见的外来异物
2. 理化指标	
酸值（以脂肪计）（KOH）/(mg/g)	≤1
过氧化值（以脂肪计）/(g/100g)	

续表

项目	指标
食用氢化油	≤0.10
其他	≤0.13
3. 微生物限量	
大肠杆菌/(CFU/g)*	5 (n)、2 (c)、10 (m)、10^2 (M)
霉菌/(CFU/g)	≤50

注：* 采样方案及处理根据 GB 4789.1—2016《食品安全国家标准　食品微生物学检测　总则》。

二、起酥油通用技术条件

根据 GB/T 38069—2019《起酥油》，起酥油的特征指标见附表 2。

附表 2　起酥油的特征指标

项目	特征指标				
	宽塑性起酥油	窄塑性起酥油	流态起酥油	絮片起酥油	粉末起酥油
形态	固态	固态	流态	片状	粉末
塑性范围/℃ (10.0%≤SFC≤37.5%)	≥12	≤9	—	—	—
打发度/(mL/g)	≥1.6	—	—	—	—
熔点范围/℃	—	<42	—	<57	<57
SFC (15℃)/%	—	—	<15	—	—
黏度 (15.5℃~32.2℃)/(mm^2/s)	—	—	≥100	—	—

注：划有“—”为不作要求。

起酥油的质量指标见附表 3。

附表 3　起酥油的质量指标

项目	指标
色泽	白色、乳白色、淡黄色或黄色
滋味、气味	良好，无异味
脂肪含量/%	≥99.0
水分及挥发物含量/%	≤0.50

续表

项目	指标
不溶性杂质含量/%	≤0.05
酸值（以脂肪计）（KOH）/(mg/g)	≤1.0
过氧化值（以脂肪计）/(g/100g)	≤0.13
气体含量/(mL/100g)*	≤20.0
熔点/℃	在产品特征指标范围内，根据用户要求确定

注：* 气体含量不作为判定指标。

三、 起酥油的日本农林标准

根据平成20年（公元2008年）7月23日日本农林水产省告示第1166号，起酥油的日本农林标准（JAS）见附表4。

附表4　　起酥油的日本农林标准

项目	指标
性状	经急冷捏合的起酥油，具有鲜明的色泽，良好的组织结构，无异味；未经急冷捏合的起酥油，具有鲜明的色泽和良好的气味
水分及挥发物含量/%	≤0.5
酸值（KOH)/(mg /g)	≤0.2
气体含量/(mL/100g)	≤20.0（经急冷捏合的起酥油）

四、 天然奶油国家标准

根据GB 19646—2010《食品安全国家标准　稀奶油、奶油和无水奶油》，天然奶油（稀奶油、奶油和无水奶油）质量指标见附表5。

附表5　　天然奶油的质量指标

项目	指标
1. 感官要求	
色泽	呈均匀一致的乳白色、乳黄色或相应辅料应有的色泽
滋味、气味	具有稀奶油、奶油、无水奶油或相应辅料应有的滋味和气味，无异味
组织状态	均匀一致，允许有相应辅料的沉淀物，无正常视力可见异物

续表

项目	指标		
2. 理化指标	稀奶油	奶油	无水奶油
水分/%	—	≤16.0	≤0.1
脂肪/%	≥10.0	≥80.0	≥99.8
酸度/°T	≤1.0	≤1.0	—
非脂乳固体/%	—	≤2.0	—

通用范围

稀奶油（cream）：以乳为原料，分离出的含脂肪的部分，添加或不添加其他原料、食品添加剂和营养强化剂，经加工制成的脂肪含量10.0%~80.0%的产品。

奶油（黄油，butter）：以乳和（或）稀奶油（经发酵或不发酵）为原料，添加或不添加其他原料、食品添加剂和营养强化剂，经加工制成的脂肪含量不小于80.0%产品。

无水奶油（无水黄油，anhydrous milkfat）：以乳和（或）奶油或稀奶油（经发酵或不发酵）为原料，添加或不添加食品添加剂和营养强化剂，经加工制成的脂肪含量不小于99.8%的产品。

五、人造奶油（人造黄油）行业标准

根据NY 479—2002《人造奶油》，人造奶油（人造黄油）农业行业标准见附表6。

附表6　人造奶油（人造黄油）农业行业标准

项目	指标	
	餐用人造奶油	工业用人造奶油
1. 感官要求		
色泽	白色、乳白色或乳黄色	白色、乳白色或乳黄色
滋味和气味	具有良好的气味和滋味	具有良好的气味和滋味
组织状态	均匀一致，无霉变和杂质，涂抹性好	均匀一致，无霉变和杂质
2. 理化指标		
脂肪/%	≥80.0	≥80.0
水分/%	≤16.0	≤16.0
酸值（KOH）/(mg/g)	≤1.0	≤1.0
过氧化值/(g/100g)	≤0.12	≤0.12

续表

项目	指标	
	餐用人造奶油	工业用人造奶油
维生素 A/(mg/kg)	≥4~8	—
食盐/%	≤2.5	—
熔点/℃	≤28~34	—
铜（以 Cu 计）/(mg/kg)	1.0	1.0
镍（以 Ni 计）/(mg/kg)	1.0	1.0
砷（以 As 计）/(mg/kg)	0.5	0.5
铅（以 Pb1.0 计）/(mg/kg)	0.5	0.5
3. 微生物限量		
菌落总数/(CFU/g)	≤200	≤200
大肠杆菌/(MPN/100g)	≤30	≤30
霉菌/(CFU/g)	≤50	≤50
致病菌（指肠道致病菌和致病性球菌）	不得检出	不得检出

六、 人造奶油的日本农林标准

根据平成 28 年（公元 2016 年）2 月 24 日日本农林水产省告示第 489 号，人造奶油（人造黄油）的日本农林标准见附表 7。

附表 7　　人造奶油（人造黄油）的日本农林标准

项目	指标
性状	具有鲜明的色泽，良好的风味和乳化性，无异味
脂肪/%	≥80
乳脂含量/%	≤40
水分含量/%	≤17
内装量	与标识质量相同
原料	食用油脂、牛奶和乳制品、盐、酪蛋白和植物蛋白、糖、香精（不使用以上所列以外的任何原辅料）

七、 涂抹酱的日本农林标准

根据平成28年（公元2016年）2月24日日本农林水产省告示第489号，涂抹酱的日本农林标准见附表8。

附表8 涂抹酱的日本农林标准

项目	指标
性状	具有鲜明的色泽，良好的风味和乳化性，无异味。添加了调味成分的产品，须具有独特的风味和口感
脂肪/%	<80，并符合标识含量
乳脂含量/%	≤40
油脂和水分总量/%	≥85（添加糖、蜂蜜或调味成分的产品为65）
内装量	与标识质量相同
原料	食用油脂、牛奶和乳制品、糖、糖醇（还原糖浆、还原麦芽糖浆和麦芽糖浆粉末）、蜂蜜、香精、盐、醋、酪蛋白和植物蛋白、明胶、淀粉和糊精（不使用以上所列以外的任何原辅料）

八、 沙拉酱的行业标准

1. 沙拉酱定义

以植物油、水、酸性配料为主要原料，添加或不添加食糖、含蛋的配料、食用盐、香辛料等辅料经乳化而成的半固体复合调味料。

2. 质量指标

根据SB/T 10753—2012《沙拉酱》，沙拉酱行业标准见附表9。

附表9 沙拉酱行业标准

项目	指标
1. 感官要求	
色泽	乳白色、淡黄色、红褐色、淡绿色，有光泽
香气	有沙拉酱应有的气味
滋味	酸咸或甜酸味，无异味
体态	细腻均匀一致，无明显分层
2. 理化指标	
油脂含量/%	≥10.0
pH	≤4.3

九、 蛋黄酱标准

根据 SB/T 10754—2012《蛋黄酱》，蛋黄酱行业标准见附表 10。

附表 10　　蛋黄酱行业标准

项目	指标
1. 感官要求	
色泽	乳白色、淡黄色、红褐色、淡绿色等
香气	产品应有的香气，无酸败（哈喇）气味及其他不良气味
滋味	酸咸或酸甜并带有产品的特征风味，无异味
体态	柔软适度，无异物，呈黏稠、均匀的软膏状，无明显油脂析出、分层现象
2. 理化指标	
油脂含量/%	≥65
pH	≤4.2

十、 巧克力、 代可可脂巧克力及其制品国家安全标准

1. 定义

(1) 巧克力定义　以可可制品（可可脂、可可块或可可液块/巧克力浆、可可油饼、可可粉）和（或）白砂糖为主要原料，添加或不添加乳制品、食品添加剂，经特定工艺制成的在常温下保持固体或半固体状态的食品。

(2) 巧克力制品定义　巧克力与其他食品按一定比例，经特定工艺制成的在常温下保持固体或半固体状态的食品。

(3) 代可可脂巧克力定义　以白砂糖、代可可脂等为主要原料（按原始配料计算，代可可脂添加量超过 5%），添加或不添加可可制品（可可脂、可可块或可可液块/巧克力浆、可可油饼、可可粉）、乳制品及食品添加剂，经特定工艺制成的在常温下保持固体或半固体状态，并具有巧克力风味和性状的食品。

(4) 代可可脂巧克力制品定义　代可可脂巧克力与其他食品按一定比例，经特定工艺制成的在常温下保持固体或半固体状态的食品。

2. 说明

代可可脂添加量超过 5%（按原始配料计算）的产品应命名为代可可脂巧克力；巧克力成分含量不足 25%的制品不应命名为巧克力制品。

3. 质量指标

根据 GB 9678.2—2014《食品安全国家标准　巧克力、代可可脂巧克力及其制品》，巧克

力、代可可脂巧克力及其制品感官指标见附表 11。

附表 11 感官指标

项目	指标
色泽	具有产品应有的色泽
滋味、气味	具有产品应有的滋味、气味
状态	常温下呈固体或半固体状态，无正常视力可见的外来异物

根据 GB/T 19343—2016《巧克力及巧克力制品、代可可脂巧克力及代可可脂巧克力制品》，基本成分及理化指标见附表 12 和附表 13。

附表 12 巧克力及巧克力制品的基本成分及理化指标

项目	指标			
	黑巧克力	白巧克力	牛奶巧克力	巧克力制品
可可脂（以干物质计）/(g/100g)	≥18	≥20	—	≥18（黑巧克力部分），≥20（白巧克力部分）
非脂可可固形物（以干物质计）/(g/100g)	≥12	—	≥2. 5	≥12（黑巧克力部分），≥2. 5（牛奶巧克力部分）
总可可固形物（以干物质计）/(g/100g)	≥30	—	≥25	≥30（黑巧克力部分），≥25（牛奶巧克力部分）
乳脂肪（以干物质计）/(g/100g)	—	≥2. 5	≥2. 5	≥2. 5（白巧克力和牛奶巧克力部分）
总乳固体（以干物质计）/(g/100g)	—	≥14	≥12	≥14（白巧克力部分），≥12（牛奶巧克力部分）
细度/μm	≥35	≥35	≥35	—
巧克力制品中巧克力的质量分数/(g/100g)	—	—	—	≥25

附表 13 代可可脂巧克力及代可可脂巧克力制品的基本成分及理化指标

项目	指标			
	代可可脂黑巧克力	代可可脂白巧克力	代可可脂牛奶巧克力	代可可脂巧克力制品
非脂可可固形物（以干物质计）/(g/100g)	≥12	—	≥4. 5	≥12（代可可脂黑巧克力部分），≥4. 5（代可可脂牛奶巧克力部分）

续表

项目	指标			
	代可可脂黑巧克力	代可可脂白巧克力	代可可脂牛奶巧克力	代可可脂巧克力制品
总乳固体（以干物质计）/(g/100g)	—	≥14	≥12	≥14（代可可脂白巧克力部分），≥12（代可可脂牛奶巧克力部分）
细度/μm	≥35	≥35	≥35	—
干燥失重/%	≥1.5	≥1.5	≥1.5	—
代可可脂巧克力制品中代可可脂巧克力的质量分数/(g/100g)	—	—	—	≥25

十一、 可可脂质量国家标准

根据 GB/T 20707—2021《可可脂质量要求》，可可脂质量要求见附表 14。

附表 14　　可可脂质量要求

项目	要求与指标
1. 感官要求	
色泽	熔化后的色泽呈明亮的柠檬黄至淡金黄色或无色
气味	熔化后具有产品固有的气味，无霉味、焦味、哈败味或其他异味
透明度	澄清透明至微浊
2. 理化指标	
色价（$K_2Cr_2O_7/H_2SO_4$）/(g/100mL)	≤0.15
折光指数（n_D^{40}）	1.4560~1.4590
水分及挥发物/%	≤0.20
游离脂肪酸（以油酸计）/%	≤1.75
碘值（以碘计）/(g/100g)	33~42
皂化价（以 KOH 计）/(mg/kg)	188~198
不皂化物/%	≤0.35
滑动熔点/℃	30~34

十二、 芝麻酱行业标准

根据 LS/T 3220—2017《芝麻酱》，芝麻酱行业标准中的质量指标见附表 15。

附表 15 芝麻酱质量指标

项目	质量指标
1. 感官要求	
色泽	土黄色至棕褐色（黑芝麻酱须纯黑色）
气滋味	具有浓郁的熟芝麻香味，口感细腻，无异味
外观	浓稠状酱体，允许有油脂析出，无肉眼可见的外来物及霉斑点
2. 理化指标	
酸值（以脂肪计）（KOH）/(mg/g)	≤3.0
过氧化值（以脂肪计）/(g/100g)	≤0.25
水分含量/%	≤1.0
细度（通过孔径 0.30mm 标准铜筛）/%	≤97.0
脂肪含量/%	≥50.0
含砂量/%	≤0.040

十三、 花生酱行业标准

根据 LS/T 3311—2017《花生酱》，花生酱粮食行业标准见附表 16。

附表 16 花生酱粮食行业标准中质量指标

项目	质量指标
1. 感官要求	
色泽	浅黄色至褐黄色
气滋味	具有浓郁的花生香味，口感细腻，无异味
外观	浓稠状酱体，允许有油脂析出，无肉眼可见外来异物及霉斑点
2. 理化指标	
蛋白质/(g/100g)	≥23.0
水分含量/(g/100g)	≤1.0
脂肪含量/(g/100g)	≥40.0

续表

项目	质量指标
酸值（以脂肪计）（KOH）/(mg/g)	≤3.0
过氧化值（以脂肪计）/(g/100g)	≤0.25
细度（通过孔径 0.15mm 标准铜筛）/%	≥98
灰分/%	≤3.0

注：带颗粒（$\phi \geqslant 3mm$）的花生酱对细度不做检测。

根据 NY/T 958—2006《花生酱》，花生酱农业行业标准中质量指标见附表 17。

附表 17　　花生酱农业行业标准中质量指标

项目	质量指标		
	纯花生酱	稳定型花生酱	颗粒型花生酱
1. 感官要求			
色泽	金黄色至褐黄色，色泽基本一致	浅黄色至（黄）褐色，色泽基本一致	浅黄色至（黄）褐色，色泽基本一致
滋味、气味	具有浓郁的花生香味，无焦糊味、苦滋味及其他异味	具有花生香味和该调味品种花生酱应有的风味，无焦煳味、苦滋味及其他异味	具有花生香味和该调味品种花生酱应有的风味，无焦煳味、苦滋味及其他异味
形态	浓稠状酱体，允许有油脂析出	不流动的软膏状均匀酱体，允许有微量油脂析出，无裂纹	不流动的软膏状均匀酱体，允许有微量油脂析出，无裂纹
组织	口感细腻，无颗粒感	口感细腻，有蜡质感	有颗粒感，无蜡质感
杂质	无	无	无
2. 理化指标			
蛋白质/%	≥25.0	≥20.0	≥20.0
水分/%	≤1.0	≤1.5	≤1.5
灰分/%	≤3.0	≤3.5	≤3.5
脂肪/%	≥40.0	≥40.0	≥40.0
酸值（以脂肪计）（KOH）/(mg/g)	≤3.0	≤3.0	≤3.0
过氧化值（以脂肪计）/(g/100g)	≤0.25	≤0.25	≤0.25

续表

项目	质量指标		
	纯花生酱	稳定型花生酱	颗粒型花生酱
细度（通过 100 目标准筛）/%	≥98	≥98	—
净含量	不低于标示净含量	不低于标示净含量	不低于标示净含量

根据 QB/T 1733.4—2015《花生酱》，花生酱轻工行业标准中质量指标见附表 18。

附表 18　花生酱轻工行业标准中质量指标

项目	质量指标		
	纯花生酱	稳定型花生酱	复合型花生酱
1. 感官要求			
色泽	呈金黄色至褐黄色	具有该产品应有的色泽	具有该产品应有的色泽
滋味、气味	具有浓郁的花生香味，无其他异味	具有花生香味，无其他异味	具有该产品应有的滋味、气味
组织状态	浓稠状酱体，可有油脂析出	不流动的软膏状酱体，无明显油脂析出	具有该产品应有的组织状态
杂质	无正常视力可见外来异物	无正常视力可见外来异物	无正常视力可见外来异物
2. 理化指标			
蛋白质/(g/100g)	≥25.0	≥22.0	≥12.5
水分/(g/100g)	≤1.5	≤2.0	—
灰分/（g/100g)	≤3.0	≤3.5	—
脂肪/(g/100g)	≥40.0	≥40.0	≥20.0
酸值（以脂肪计）(KOH)/(mg/g)	≤3.0	≤3.0	≤3.0
过氧化值（以脂肪计）/(g/100g)	≤0.25	≤0.25	≤0.25
细度（g/100g）	≥98	—	—

参考文献

［1］马传国．油脂深加工与制品［M］．北京：中国商业出版社，2002.

［2］毕艳兰．油脂化学［M］．北京：化学工业出版社，2005.

［3］Shahidi F. 贝雷油脂化学与工艺学［M］.6 版．王兴国，金青哲主译．北京：中国轻工业出版社，2016.

［4］Hui Y. H. 贝雷油脂化学与工艺学［M］.5 版．徐生庚，裘爱泳主译．北京：中国轻工业出版社，2001.

［5］陶瑜．油脂加工工艺与设备［M］．北京：中国财政经济出版社，1999.

［6］韩景生．食用油脂加工工艺学［M］．成都：四川科学技术出版社，1999.

［7］张根旺．油脂化学［M］．北京：中国科学技术出版社，1999.

［8］刘玉兰．植物油脂生产与综合利用［M］．北京：中国轻工业出版社，1999.

［9］张裕中，臧其梅．食品加工技术与装备［M］．北京：中国轻工业出版社，1999.

［10］陈锦屏，张伊莉．调味品加工技术［M］．北京：中国轻工业出版社，2000.

［11］宋钢．新型复合调味品生产工艺与配方［M］．北京：中国轻工业出版社，2000.

［12］吴时敏．功能性油脂［M］．北京：中国轻工业出版社，2001.

［13］陈洁．高级调味品加工工艺与配方［M］．北京：科技文献出版社，2000.

［14］冀聪伟．猪油与棕榈硬脂酶法酯交换制备零反式脂肪酸起酥油的研究［J］．中国油脂，2011，36（12）：20-24.

［15］杨力会，杨国龙，毕艳兰，等．Lipozyme RM IM 催化大豆卵磷脂与棕榈硬脂酯交换［J］．中国油脂，2015，40（6）：52-57.

［16］肖志刚，杨国强，杨庆余，等．酶法合成亚麻酸磷脂的结构特性及抗氧化性［J］. 食品科学，2020，41（22）：57-63.

［17］得丸出．RYOTO 蔗糖酯在油脂产品中的应用［J］．中国食品工业，2004，2：30-31.

［18］池娟娟，陈云波，张亚飞，等．纯脂巧克力用脂及其分析、应用研究进展［J］．中国油脂，2021，46（8）：131-139.

［19］金俊，叶德宏，马少斌，等．起酥油的定义与分类［J］．中国油脂，2020，45（11）：5-8.

［20］金俊，金青哲，王兴国．起酥油的类型与特征指标研究［J］．中国油脂，2021，46（5）：53-57.

［21］华聘聘，黄祖德. 流态起酥油的用途和制备［J］. 粮食与油脂，2000，2：22-23.

［22］杨智明．酶法酯交换生产零反式脂肪酸烘焙用途起酥油［D］．广州：华南理工大学，2014.

［23］陈晓冰．CaO 基固体碱催化酯交换反应合成生物柴油的研究［D］．南京：南京大学，2018.

[24] Afoakwa E O. Chocolate science and technology [M]. New York: John Wiley & Sons, 2016.

[25] Marangoni, Alejandro G., Nissim Garti. Edible oleogels: structure and health implications [M]. Amsterdam: Elsevier, 2018.

[26] Patel, A. R. Edible Oil Structuring [M]. Croydon: Royal Society of Chemistry, 2017.

[27] Afoakwa E O, Paterson A, Fowler M. Factors influencing rheological and textural qualities in chocolate-a review [J]. Trends in Food Science & Technology, 2007, 18 (6): 290-298.

[28] Bricknell J, Hartel R W. Relation of fat bloom in chocolate to polymorphic transition of cocoa butter [J]. Journal of the American Oil Chemists' Society, 1998, 75 (11): 1609-1615.

[29] Chen J, Ghazani S M, Stobbs J A, et al. Tempering of cocoa butter and chocolate using minor lipidic components [J]. Nature communications, 2021, 12 (1): 1-9.

[30] Chaves K F, Barrera-Arellano D, Ribeiro A P B. Potential application of lipid organogels for food industry [J]. Food Research International, 2018, 105: 863-872.

[31] Flöter E, Wettlaufer T, Conty V, et al. Oleogels-their applicability and methods of characterization [J]. Molecules, 2021, 26 (6): 1673-1692.

[32] Ghazani S M, Marangoni A G. Molecular origins of polymorphism in cocoa butter [J]. Annual Review of Food Science and Technology, 2021, 12: 567-590.

[33] Guyon F, Absalon C, Eloy A, et al. Comparative study of matrix-assisted laser desorption/ionization and gas chromatography for quantitative determination of cocoa butter and cocoa butter equivalent triacylglycerol composition [J]. Rapid communications in mass spectrometry, 2003, 17 (20): 2317-2322.

[34] Lipp M, Anklam E. Review of cocoa butter and alternative fats for use in chocolate-Part B. Analytical approaches for identification and determination [J]. Food Chemistry, 1998, 62 (1): 99-108.

[35] Marangoni A G, Van Duynhoven J P M, Acevedo N C, et al. Advances in our understanding of the structure and functionality of edible fats and fat mimetics [J]. Soft Matter, 2020, 16 (2): 289-306.

[36] Puscas A, Muresan V, Socaciu C, et al. Oleogels in food: A review of current and potential applications [J]. Foods, 2020, 9 (1): 70-96.

[37] Reshma M V, Saritha S S, Balachandran C, et al. Lipase catalyzed interesterification of palm stearin and rice bran oil blends for preparation of zero trans shortening with bioactive phytochemicals [J]. Bioresource technology, 2008, 99 (11): 5011-5019.

[38] Sato K. Crystallization behaviour of fats and lipids-a review [J]. Chemical engineering science, 2001, 56 (7): 2255-2265.

[39] Schantz B, Rohm H. Influence of lecithin-PGPR blends on the rheological properties of chocolate [J]. LWT-food Science and Technology, 2005, 38 (1): 41-45.

[40] Stortz T A, Marangoni A G. Heat resistant chocolate [J]. Trends in food science & technology, 2011, 22 (5): 201-214.

[41] Tang Liang, Hu Jiang-ning, Zhu Xue-mei, et al. Enzymatic interesterification of palm stearin with Cinnamomum camphora seed oil to produce zero-trans medium-chain triacylglycerols-enriched plastic fat [J]. Journal of food science, 2012, 77 (4): 454-460.

[42] Wille R L, Lutton E S. Polymorphism of cocoa butter [J]. Journal of the American Oil Chemists' Society, 1966, 43 (8): 491-496.